计算机基础课程系列教材

数据库原理与应用教程

第5版

何玉洁 ●编著

机械工业出版社
CHINA MACHINE PRESS

本书内容全面，既包括数据库的基础理论知识，又包括数据库的应用技术，由三篇及一个附录组成。第一篇由第1～8章组成，介绍了数据库系统的基本概念和基本理论。第二篇由第9～12章组成，主要介绍服务器端数据库管理系统的功能。第三篇由第13章和第14章组成，主要介绍数据仓库与数据挖掘以及数据库技术的发展。附录给出了一个完整的数据库分析与设计示例，帮助读者学以致用。

本书可作为高等院校非计算机专业的数据库教材，也可作为计算机专业学生的补充读物，并可供数据库初学者作为入门读物。

图书在版编目（CIP）数据

数据库原理与应用教程 / 何玉洁编著 . —5版 . —北京：机械工业出版社，2023.6
计算机基础课程系列教材
ISBN 978-7-111-73349-2

Ⅰ.①数…　Ⅱ.①何…　Ⅲ.①关系数据库系统－高等学校－教材　Ⅳ.① TP311.132.3

中国国家版本馆CIP数据核字（2023）第106145号

机械工业出版社（北京市百万庄大街22号　邮政编码100037）
策划编辑：姚　蕾　　责任编辑：姚　蕾　陈佳媛
责任校对：樊钟英　李　杉　　责任印制：李　昂
河北宝昌佳彩印刷有限公司印刷
2023年8月第5版第1次印刷
185mm×260mm · 18.75印张 · 485千字
标准书号：ISBN 978-7-111-73349-2
定价：59.00元

电话服务
客服电话：010-88361066
010-88379833
010-68326294

网络服务
机　工　官　网：www.cmpbook.com
机　工　官　博：weibo.com/cmp1952
金　书　网：www.golden-book.com
机工教育服务网：www.cmpedu.com

前　言

本书第 1 版至第 4 版分别于 2003 年、2007 年、2010 年和 2016 年出版。2006 年，本教材入选普通高等教育“十一五”国家级规划教材。读者的支持和肯定给了我极大的鼓励和鞭策。时间飞逝，第 4 版出版至今又过去了将近 7 年。这几年数据库技术的发展变化非常快，从关系型数据库迅速发展到非关系型数据库，高校的计算机教育水平也有了很大的提升和改变。时代在前进，技术在发展，SQL Server 也从本书第 4 版介绍的 2012 版发展到第 5 版介绍的 2019 版，目前 SQL Server 2022 版已经正式发布。随着新产品、新技术不断涌现，教材也需要不断与时俱进。

相对第 4 版而言，第 5 版进行的修订主要包括：

1）将 SQL Server 实践平台从 SQL Server 2012 升级到 SQL Server 2019。升级了所有与 SQL Server 相关的内容。

2）在第 4 章的查询语句部分增加了新的查询示例，帮助读者更准确地理解语句的功能。

3）改进了外连接的讲解方式，通过图示方法展示外连接的含义，并通过“学生选课”之外的数据说明外连接操作的作用。

4）删除了上一版的第 13 章（数据库应用结构及数据访问接口）。

5）在第 5 章增加了索引的概念和定义方法的介绍。

第 5 版同样由三篇组成。第一篇由第 1～8 章组成，介绍了数据库系统的基本概念和基本理论。主要包括：数据管理技术的发展过程、数据库系统的组成、SQL 语言基础、数据库对象（包括基本表、视图、索引）的功能的定义方法、数据操作语句、关系规范化理论、数据库设计、数据库保护及数据库设计。

第二篇由第 9～12 章组成，主要介绍服务器端数据库管理系统的功能。本书选用 SQL Server 2019 数据库管理系统作为教学及实践平台，介绍了 SQL Server 2019 的安装和配置，主要工具的使用，在该环境中创建数据库、关系表及实现数据完整性约束的方法，以及在该环境中实现安全管理、数据库备份和恢复的方法。第二篇内容是第一篇基础理论的实践应用。

第三篇由第 13 章和第 14 章组成，主要介绍数据仓库与数据挖掘以及数据库技术的发展。

本书的附录给出了一个完整的数据库分析与设计示例，帮助读者学以致用。

本书的特点是内容全面，既包括数据库的基础理论知识，又包括数据库的应用技术（主要是服务器端的应用技术）。本书继续选用 SQL Server 作为实践平台，是因为 SQL Server 是一个应用广泛、操作界面易学易用且易于获得的数据库管理系统。

我深知在教学探索的道路上没有止境，真诚地希望读者和同行对本书提出宝贵意见。我很希望能与广大读者和同人进行交流，以求不断进步。

何玉洁

2023 年 2 月

目 录

第一篇

基础理论

本篇主要介绍数据库的基础理论知识，包括数据和数据模型，关系数据库的标准操作语言——SQL，数据库的安全性和完整性，如何设计性能优越的关系表，如何实现事务的并发控制以及如何对数据库应用系统进行分析和设计。

本篇由下述8章组成：

- 第1章　数据库概述
- 第2章　数据库系统结构
- 第3章　SQL语言基础及数据定义功能
- 第4章　数据操作语句
- 第5章　视图和索引
- 第6章　关系数据库规范化理论
- 第7章　数据库保护
- 第8章　数据库设计

第 1 章

数据库概述

随着信息管理水平的不断提高，信息已成为企业的重要财富和资源，同时，管理信息的数据库技术也在飞速发展，其应用领域越来越广泛。人们在不知不觉中拓展着数据库的使用范围，比如信用卡购物，飞机、火车订票系统，商场的进货与销售，图书馆对书籍及借阅的管理等，无一不使用了数据库技术。从小型事务处理到大型信息系统，从联机事务处理到联机分析处理，从一般企业管理到计算机辅助设计与制造（CAD/CAM）、地理信息系统等，数据库系统已经渗透到我们日常生活中的方方面面，数据库中信息量的大小以及使用的程度已经成为衡量企业信息化程度的重要标志。

数据库是数据管理的最新技术，其主要研究内容是如何对数据进行科学管理，以提供可共享、安全、可靠的数据。数据库技术一般包含数据管理和数据处理两部分。

数据库系统本质上是一个用计算机存储数据的系统，数据库本身可以看作一个电子文件柜，也就是说，数据库是收集数据文件的仓库或容器。

本章介绍数据库系统的基本概念，包括数据管理的发展过程和数据库系统的组成。读者可从本章了解为什么要学习数据库技术，并为后续章节的学习做好准备。

1.1 一些基本概念

在系统地介绍数据库技术之前，首先介绍数据库中常用的一些术语和基本概念。

1.1.1 数据

数据（Data）是数据库中存储的基本对象。早期的计算机系统主要用在科学计算领域，处理的数据基本是数值型数据，因此数据在人们头脑中的直觉反应就是数字，但数字只是数据的一种最简单的形式，是对数据的传统和狭义的理解。目前计算机的应用范围已十分广泛，因此数据种类也更加丰富，比如，文本、图形、图像、音频、视频、商品销售情况等都是数据。

可以将数据定义为：数据是描述事物的符号记录。描述事物的符号可以是数字，也可以是文字、图形、图像、声音、语言等，数据有多种表现形式，经过数字化后都能保存在计算机中。

数据的表现形式并不一定能完全表达其内容，有些还需要经过解释才能明确其表达的含义，比如20，当解释其代表人的年龄时就是20岁，当解释其代表商品价格时，就是20元。因此，数据和数据的解释是不可分的。数据的解释是对数据演绎的说明，数据的含义称为数据的语义。

在日常生活中，人们一般直接用自然语言来描述事物，例如描述一门课程的信息：数据库系统基础课程，4个学分，第5学期开设。在计算机中经常按如下形式描述：

```
(数据库系统基础, 4, 5)
```

即把课程名、学分、开课学期信息组织在一起，形成一个记录，这个记录就是描述课程的数据。这样的数据是有结构的。记录是计算机表示和存储数据的一种格式或方法。

1.1.2 数据库

数据库（Database，DB），顾名思义，就是存放数据的仓库，只是这个仓库是存储在计算机存储设备上的，而且是按一定的格式存储的。

人们在收集并抽取出一个应用所需要的大量数据之后，就希望将这些数据保存起来，以供进一步从中得到有价值的信息，并进行相应的加工和处理。在科学技术飞速发展的今天，人们对数据的需求越来越多，数据量也越来越大。最早人们把数据存放在文件柜里，现在人们可以借助计算机和数据库技术来科学地保存与管理大量的复杂数据，以便方便而充分地利用宝贵的数据资源。

严格地讲，数据库是长期存储在计算机中的有组织的、可共享的大量数据的集合。数据库中的数据按一定的数据模型组织、描述和存储，具有较小的数据冗余、较高的数据独立性和易扩展性，并可为多种用户共享。

概括起来，数据库数据具有永久存储、有组织和可共享三个基本特点。

1.1.3 数据库管理系统

在了解了数据和数据库的基本概念之后，下一个需要了解的就是如何科学有效地组织和存储数据，如何从大量的数据中快速地获得所需的数据以及如何对数据进行维护，这些都是数据库管理系统要完成的任务。数据库管理系统（Database Management System，DBMS）是一个专门用于对数据进行管理和维护的系统软件。

数据库管理系统位于用户应用程序与操作系统软件之间，如图1-1所示。数据库管理系统与操作系统一样都是计算机的基础软件，同时也是一个非常复杂的大型系统软件，其主要功能包括如下几个方面。

1. 数据库的建立与维护功能

数据库的建立与维护功能包括创建数据库及对数据库空间的维护，数据库的备份与恢复功能，数据库的重组功能，数据库的性能监视与调整功能等。这些功能一般是通过数据库管理系统中提供的一些实用工具实现的。

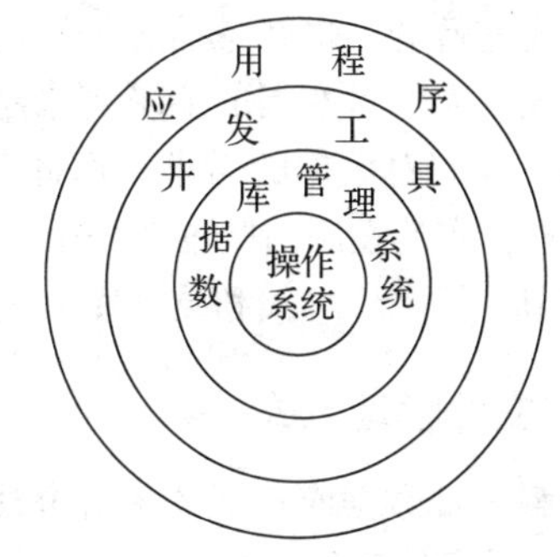

图1-1 数据库管理系统在计算机系统中的位置

2. 数据定义功能

数据定义功能包括定义数据库中的对象，比如表、视图、存储过程等。这些功能一般是通过数据库管理系统提供的数据定义语言（Data Definition Language，DDL）实现的。

3. 数据组织、存储和管理功能

为提高数据的存取效率，数据库管理系统需要对数据进行分类存储和管理。数据库中的数据包括数据字典、用户数据和存取路径数据等。数据库管理系统要确定这些数据的存储结构、存取方法、存储位置，以及如何实现数据之间的关联。确定数据的组织和存储的主要目的是提高存储空间利用率和存取效率。一般的数据库管理系统都会根据数据的具体组织和存储方式提供多种数据存取方法，比如索引查找、Hash查找、顺序查找等。

4. 数据操作功能

数据操作功能包括对数据库数据的查询、插入、删除和更改操作，这些操作一般是通过数据库管理系统提供的数据操作语言（Data Manipulation Language，DML）实现的。

5. 事务的管理和运行功能

数据库中的数据是可供多个用户同时使用的共享数据，为保证数据能够安全、可靠地运行，数据库管理系统提供了事务管理功能，这些功能保证数据能够并发使用并且不会产生相互干扰的情况，而且在发生故障时（包括硬件故障和操作故障等）能够对数据库进行正确的恢复。

6. 其他功能

其他功能包括与其他软件的网络通信、不同数据库管理系统间的数据传输以及互访问功能等。

1.1.4 数据库系统

数据库系统（Database System，DBS）是指在计算机中引入数据库后的系统，一般由数据库、数据库管理系统（及相关的实用工具）、应用程序、数据库管理员组成。为保证数据库中的数据能够正常、高效地运行，除了数据库管理系统之外，还需要一个（或一些）专门人员来对数据库进行维护，这个专门人员称为数据库管理员（Database Administrator，DBA）。

一般在不引起混淆的情况下，常常把数据库系统简称为数据库。

1.2 数据管理技术的发展

数据库技术是应数据管理任务的需要而产生和发展的。数据管理包括对数据进行分类、组织、编码、存储、检索和维护，它是数据处理的核心，而数据处理则是对各种数据的收集、存储、加工和传播的一系列活动的总和。

自计算机产生以来，人们就希望借助它对数据进行存储和管理。最初对数据的管理是以文件方式进行的，也就是通过编写应用程序来实现对数据的存储和管理。后来，随着数据量越来越大，人们对数据的要求越来越多，希望达到的目的也越来越复杂，文件管理方式已经很难满足人们对数据的需求，由此产生了数据库技术，也就是用数据库来存储和管理数据。数据管理技术的发展因此也就经历了文件管理和数据库管理两个阶段。

本节介绍文件方式和数据库方式在管理数据上的主要差别。

1.2.1 文件管理方式

理解今日数据库特征的最好办法是了解在数据库技术产生之前，人们是如何通过文件方式对数据进行管理的。

20世纪50年代后期到60年代中期，计算机在硬件方面已经有了磁盘等直接存取的存储设备；在软件方面，操作系统中已经有了专门的数据管理软件，一般称为文件管理系统。文件管理系统把数据组织成相互独立的数据文件，利用“按文件名访问，按记录进行存取”的管理技术，可以对文件中的数据进行修改、插入和删除等操作。

在程序设计语言出现之后，开发人员不但可以创建自己的文件并将数据保存在自定义的文件中，而且还可以编写应用程序来处理文件中的数据，即编写应用程序来定义文件的结构，实现对文件内容的插入、删除、修改和查询操作，当然，真正实现磁盘文件物理存取操作的还是操作系统中的文件管理系统，应用程序只是告诉文件管理系统对哪个文件的哪些数据进行哪些操作。我们将由开发人员定义存储数据的文件及文件结构，并借助文件管理系统的功能编写访问这些文件的应用程序，以实现对用户数据的处理的方式称为**文件管理**，在本章后面的讨论中将忽略掉文件管理系统，假定应用程序是直接对磁盘文件进行操作的。

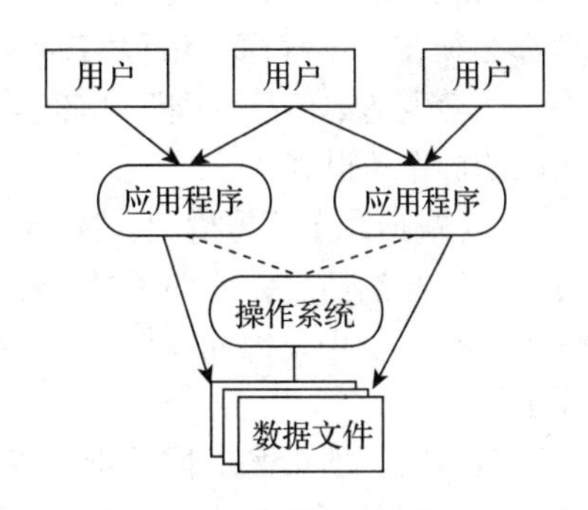

图 1-2　文件管理的操作模式

如果用文件管理数据，用户必须编写应用程序来管理存储在文件中的数据，其操作模式如图 1-2 所示。

假设某学校要用文件的方式保存学生及其选课的数据，并在这些数据文件基础之上构建对学生进行管理的系统。此系统主要实现两部分功能：学生基本信息管理和学生选课情况管理。假设教务部门管理学生选课情况，各系部管理学生基本信息。学生基本信息管理中涉及学生的基本信息数据，假设这些数据保存在文件 F1 中；学生选课情况管理涉及学生的部分基本信息、课程基本信息和学生选课信息，文件 F2 和文件 F3 分别用于保存课程基本信息和学生选课信息的数据。

设 A1 为实现“学生基本信息管理”功能的应用程序，A2 为实现“学生选课管理”功能的应用程序。由于学生选课管理中要用到文件 F1 中的一些数据，为减少冗余，它将使用“学生基本信息管理”（即文件 F1）中的数据，如图 1-3 所示（图中省略了操作系统部分）。

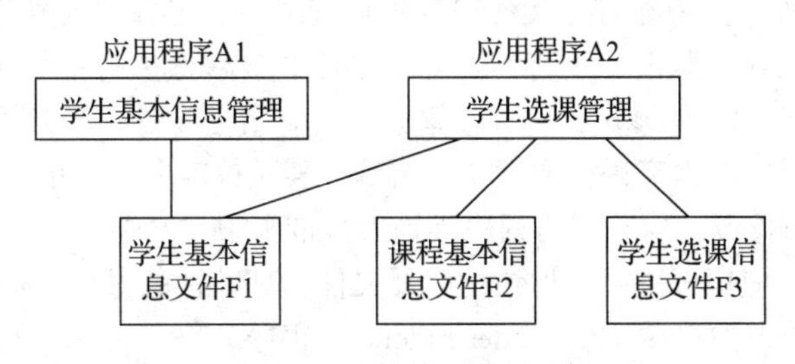

图 1-3　文件管理实现示例

假设文件 F1、文件 F2 和文件 F3 分别包含如下信息：

文件 F1——学号、姓名、性别、出生日期、联系电话、所在系、专业、班号。

文件 F2——课程号、课程名、授课学期、学分、课程性质。

文件 F3——学号、姓名、所在系、专业、课程号、课程名、修课类型、修课时间、考试成绩。

我们将文件中所包含的每一个子项称为文件结构中的“字段”或“列”，将每一行数据称为一个“记录”。

“学生选课管理”的处理过程大致为：在学生选课管理中，若有学生选课，则先查文件

F1，判断有无此学生；若有则再访问文件 F2，判断其所选的课程是否存在；若一切符合规则，就将学生选课信息写到文件 F3 中。

这看似很好，但仔细分析一下，就会发现用文件方式管理数据有如下缺点。

1）编写应用程序不方便。应用程序编写者必须清楚地了解所用文件的逻辑及物理结构，如文件中包含多少个字段，每个字段的数据类型，采用何种逻辑结构和物理存储结构。操作系统只提供了打开、关闭、读、写等几个底层的文件操作命令，而对文件的查询、修改等处理都必须在应用程序中编程实现。这样就容易造成各应用程序在功能上的重复，比如图 1-3 中的“学生基本信息管理”和“学生选课管理”都要对文件 F1 进行操作，而共享这两个功能相同的操作却很难。

2）数据冗余不可避免。由于应用程序 A2 需要在学生选课信息文件（文件 F3）中包含学生的一些基本信息，比如学号、姓名、所在系、专业等，而这些信息同样包含在学生信息文件（文件 F1）中，因此文件 F3 和文件 F1 中存在重复数据，从而造成数据的重复，称为数据冗余。

数据冗余所带来的问题不仅仅是存储空间的浪费（其实，随着计算机硬件技术的飞速发展，存储容量不断扩大，空间问题已经不是我们关注的主要问题），更为严重的是造成了数据的不一致（inconsistency）。例如，某个学生所学的专业发生了变化，我们一般只会想到在文件 F1 中进行修改，而忘记了在文件 F3 中应做同样的修改。由此就造成了同一名学生在文件 F1 和文件 F3 中的“专业”不一样，也就是数据不一致。人们不能判定哪个数据是正确的，尤其是当系统中存在多处数据冗余时，更是如此。这样数据就失去了可信性。

文件本身并不具备维护数据一致性的功能，这些功能完全要由用户（应用程序开发者）负责维护。这在简单的系统中还可以勉强应付，但在复杂的系统中，若让应用程序开发者来保证数据的一致性，几乎是不可能的。

3）应用程序依赖性。就文件管理而言，应用程序对数据的操作依赖于存储数据的文件的结构。文件和记录的结构通常是应用程序代码的一部分，如 C 程序的 struct。文件结构的每一次修改，比如添加字段、删除字段，甚至修改字段的长度（如电话号码从 7 位扩到 8 位），都将导致应用程序的修改，因为在打开文件进行数据读取时，必须将文件记录中不同字段的值对应到应用程序的变量中。随着应用环境和需求的变化，修改文件的结构不可避免，这些都需要在应用程序中进行相应的修改，而（频繁）修改应用程序是很麻烦的。人们首先要熟悉原有程序，修改后还需要对程序进行测试、安装等；甚至修改了文件的存储位置或者文件名，也需要对应用程序进行修改，这显然给程序维护人员带来很多麻烦。

所有这些都是由于应用程序对文件结构以及文件物理特性的过分依赖造成的，换句话说，用文件管理数据时，数据独立性（data independence）很差。

4）不支持对文件的并发访问。在现代计算机系统中，为了有效利用计算机资源，一般都允许同时运行多个应用程序（尤其是在现在的多任务操作系统环境中）。文件最初是作为程序的附属数据出现的，它一般不支持多个应用程序同时对同一个文件进行访问。回忆一下，某个用户打开了一个 Excel 文件，当第二个用户在第一个用户未关闭此文件前打开此文件时，会得到什么信息呢？他只能以只读方式打开此文件，而不能在第一个用户打开的同时对此文件进行修改。再回忆一下，如果用某种程序设计语言编写一个对某文件中的内容进行修改的程序，其过程是先以写的方式打开文件，然后修改其内容，最后再关闭文件。在关闭文件之前，不管是在其他的程序中，还是在同一个程序中都不允许再次打开此文件，这就是文件管理方式不支持并发访问的含义。

对于以数据为中心的系统来说，必须要支持多个用户对数据的并发访问，否则就不会有如今这么多的订票点，也不会有这么多的银行营业网点。

5）数据间联系弱。当用文件管理数据时，文件与文件之间是彼此独立、毫不相干的，文件之间的联系必须通过程序来实现。比如针对上述文件 F1 和文件 F3，文件 F3 中的学号、姓名等学生的基本信息必须是文件 F1 中已经存在的（即选课的学生必须是已经存在的学生）；同样，文件 F3 中课程号等与课程有关的基本信息也必须存在于文件 F2 中（即学生选的课程也必须是已经存在的课程）。这些数据之间的联系是实际应用当中所要求的很自然的联系，但文件本身不具备自动实现这些联系的功能，我们必须编写应用程序，即手工建立这些联系。这不但增加了编写代码的工作量和复杂度，而且当联系很复杂时，也难以保证其正确性。因此，用文件管理数据时很难反映现实世界事物间客观存在的联系。

6）难以满足不同用户对数据的需求。不同的用户（数据使用者）关注的数据往往不同。例如，对于学生基本信息，负责分配学生宿舍的部门可能只关心学生的学号、姓名、性别和班号，而教务部门可能关心的是学号、姓名、所在系、专业和班号。

若多个不同用户希望看到的是学生的不同基本信息，那就需要为每个用户建立一个文件，这势必造成很多的数据冗余。我们希望的是，用户关心哪些信息就为他生成哪些信息，对用户不关心的数据将其屏蔽，使用户感觉不到其他信息的存在。

可能还会有一些用户，其所需要的信息来自多个不同的文件，例如，假设各班班主任关心的是：班号、学号、姓名、课程名、学分、考试成绩等。这些信息涉及三个文件：从文件 F1 中得到“班号”，从文件 F2 中得到“学分”，从文件 F3 中得到“考试成绩”；而“学号”“姓名”可以从文件 F1 或文件 F3 中得到，“课程名”可以从文件 F2 或文件 F3 中得到。在生成结果数据时，必须对从三个文件中读取的数据进行比较，然后组合成一行有意义的数据。比如，将从文件 F1 中读取的学号与从文件 F3 中读取的学号进行比较，学号相同时，才可以将文件 F1 中的“班号”与文件 F3 中的当前记录所对应的学号和姓名组合起来，之后，还需要将组合结果与文件 F2 中的内容进行比较，找出课程号相同的课程的学分，再与已有的结果组合起来。然后再从组合后的数据中提取出用户需要的信息。当数据量很大，涉及的文件比较多时，我们可以想象这个过程有多复杂。因此，这种大容量复杂信息的查询，在按文件管理数据的方式中是很难处理的。

7）无安全控制功能。在文件管理方式中，很难控制某个人对文件能够进行的操作，比如只允许某个人查询和修改数据，但不能删除数据，或者不能修改文件中的某个或者某些字段等。而在实际应用中，数据的安全性是非常重要且不可忽视的。比如，在学生选课管理中，我们不允许学生修改其考试成绩。在银行系统中，更是不允许一般用户修改其存款数额。

总之，人们迫切需要对数据进行有效、科学、正确、方便的管理。针对文件管理方式的这些缺陷，人们逐步开发出了以统一管理和共享数据为主要特征的数据库管理系统。

1.2.2 数据库管理方式

20 世纪 60 年代后期以来，计算机管理数据的规模越来越大，应用范围越来越广，数据量急剧增加，多种应用同时共享数据集合的要求也越来越强烈。

随着大容量磁盘的出现，硬件价格的不断下降，软件价格的不断上升，编制和维护系统软件和应用程序的成本也在不断增加。在数据处理方式上，对联机实时处理的要求越来越多，同时人们开始提出和考虑分布式处理技术。在这种背景下，以文件方式管理数据已经不能满足应用的需求，于是出现了新的管理数据的技术——数据库技术，同时出现了统一管理数据的专门软件——数据库管理系统。

从 1.2.1 节的介绍我们可以看到，在数据库管理系统出现之前，人们对数据的操作是直接针对数据文件编写应用程序实现的，这种模式会产生很多问题。在有了数据库管理系统之后，人们对数据的操作模式发生了根本的变化，现在人们对数据的操作全部是通过数据库管理系统实现的，而且应用程序的编写也不再直接针对存储数据的文件，如图 1-4 所示。

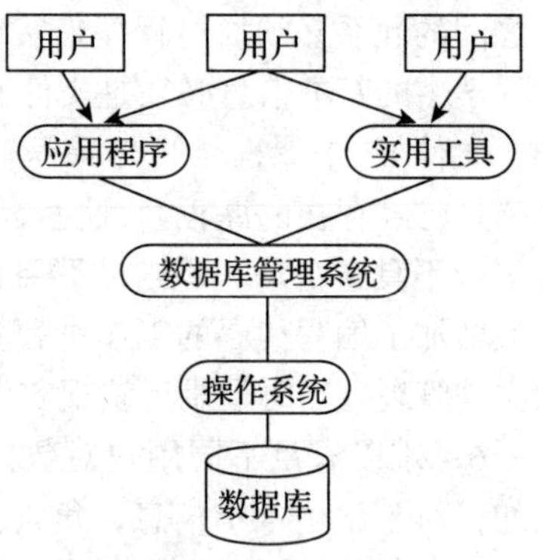

图 1-4　数据库管理的操作模式

比较图 1-2 和图 1-4，可以看到主要区别有两个：第一个是在操作系统和用户应用程序之间增加了一个系统软件——数据库管理系统，使得用户对数据的操作都是通过数据库管理系统实现的；第二个区别是有了数据库管理系统之后，用户不再需要有数据文件的概念，即不再需要知道数据文件的逻辑和物理结构及物理存储位置，而只需要知道存储数据的场所——数据库即可。

从本质上讲，即使在有了数据库技术之后，数据最终还是以文件的形式存储在磁盘上，只是这时对物理数据文件的存取和管理是由数据库管理系统统一实现的，而不是由每个用户的应用程序实现。数据库和数据文件既有区别又有联系，它们之间的关系非常类似于单位的名称和地址之间的关系。单位地址代表单位的实际存在位置，单位名称是单位的逻辑代表。一个数据库可以包含多个数据文件，就像一个单位可以有多个不同的地址一样（很多大学都有多个校址），每个数据文件存储数据库的部分数据。不管一个数据库包含多少个数据文件，对用户来说他只针对数据库进行操作，而无须对数据文件进行操作。这种模式极大地简化了用户对数据的访问。

在有了数据库技术之后，用户只需要知道数据库的名字，就可以对数据库对应的数据文件中的数据进行操作。将对数据库的操作转换为对物理数据文件的操作是由数据库管理系统自动实现的，用户不需要知道，也不需要干预。

对于 1.2.1 节中列举的学生基本信息管理和学生选课管理两个子系统，如果使用数据库技术来管理，其实现方式如图 1-5 所示。

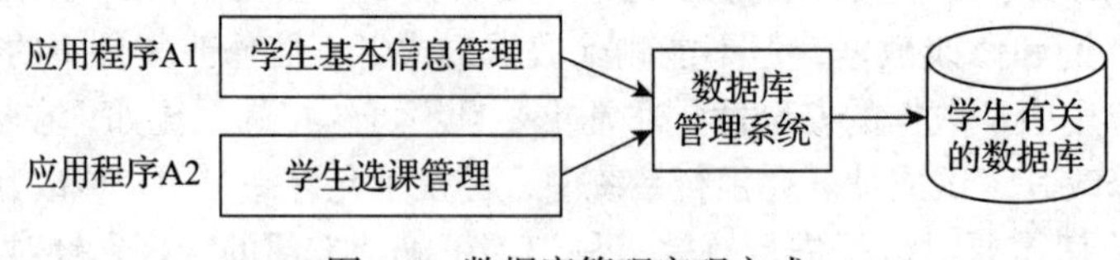

图 1-5　数据库管理实现方式

与文件管理相比，数据库管理具有以下特点：

1）相互关联的数据集合。在数据库系统中，所有相关的数据都存储在一个称为数据库的环境中，它们作为一个整体定义。比如学生基本信息中的“学号”与学生选课管理中的“学号”，这两个学号之间是有关联关系的，即学生选课中的“学号”的取值范围在学生基本信息的“学号”取值范围内。在关系数据库中，数据之间的关联关系是通过定义外键实现的。

2）较少的数据冗余。由于数据是统一管理的，因此可以从全局着眼，合理地组织数据。例如，将 1.2.1 节中文件 F1、文件 F2 和文件 F3 的重复数据挑选出来，进行合理的管理，这样就可以形成如下所示的几部分信息：

学生基本信息：学号、姓名、性别、出生日期、联系电话、所在系、专业、班号。

课程基本信息：课程号、课程名、授课学期、学分、课程性质。

学生选课信息：学号、课程号、修课类型、修课时间、考试成绩。

在关系数据库中，可以将每一类信息存储在一个表中（关系数据库的概念将在后边介绍），重复的信息只存储一份，当在学生选课中需要学生的姓名等其他信息时，根据学生选课中的学号，可以很容易地在学生基本信息中找到此学号对应的姓名等信息。因此，消除数据的重复存储不影响对信息的提取，同时还可以避免由于数据重复存储而造成的数据不一致问题。比如，当某个学生所学的专业发生变化时，只需修改“学生基本信息”即可。

同 1.2.1 节中的问题一样，当所需的信息来自不同地方，比如班号、学号、姓名、课程名、学分、考试成绩信息，这些信息需要从 3 个地方（关系数据库为 3 张表）得到，在这种情况下，也需要对信息进行适当的组合，即学生选课中的学号只能与学生基本信息中学号相同的信息组合在一起，同样，学生选课中的课程号也必须与课程基本信息中的课程号相同的信息组合在一起。过去在文件管理方式中，这个工作是由开发者编程实现的，而现在有了数据库管理系统，这些烦琐的工作可完全交给数据库管理系统来完成。

因此，在数据库管理系统中，避免数据冗余不会增加开发者的负担。在关系数据库中，避免数据冗余是通过关系规范化理论实现的。

3）程序与数据相互独立。在数据库中，数据所包含的所有数据项以及数据的存储格式都与数据存储在一起，它们通过 DBMS 而不是应用程序来操作和管理，应用程序不再需要处理文件和记录的格式。

程序与数据相互独立有两方面的含义。一方面是当数据的存储方式发生变化时（这里包括逻辑存储方式和物理存储方式），比如从链表结构改为散列表结构，或者是顺序和非顺序之间的转换，应用程序不必做任何修改。另一方面是当数据的逻辑结构发生变化时，比如增加或减少了一些数据项，如果应用程序与这些修改的数据项无关，则不用修改应用程序。这些变化都将由 DBMS 负责维护，大多数情况下，应用程序并不知道也不需要知道数据存储方式或数据项已经发生了变化。

在关系数据库中，数据库管理系统可以自动保证程序与数据相互独立。

4）保证数据的安全和可靠。数据库技术能够保证数据库中的数据是安全和可靠的。它的安全控制机制可以有效地防止数据库中的数据被非法使用和非法修改；其完整的备份和恢复机制可以保证当数据遭到破坏时（由软件或硬件故障引起）能够很快地将数据库恢复到正确的状态，并使数据不丢失或只有很少的丢失，从而保证系统能够连续、可靠地运行。保证数据的安全是通过数据库管理系统的安全控制机制实现的，保证数据的可靠是通过数据库管理系统的备份和恢复机制实现的。

5）最大限度地保证数据的正确性。数据的正确性（也称数据的完整性）是指存储到数据库中的数据必须符合现实世界的实际情况，比如人的性别只能是“男”和“女”，人的年龄应该在 0～150 之间（假设没有年龄超过 150 岁的人）。如果在性别中输入了其他值，或者将一个负数输入到年龄中，在现实世界中显然是不对的。数据的正确性是通过在数据库中建立约束来实现的。当建立好保证数据正确的约束之后，如果有不符合约束的数据存储到数据库中，数据库管理系统能主动拒绝这些数据。

6）数据库中的数据可以被共享并能保证数据的一致性。数据库中的数据可以被多个用户共享，即允许多个用户同时操作相同的数据。当然，这个特点是针对支持多用户的大型数据库管理系统而言的，对于只支持单用户的小型数据库管理系统（比如 Access），在任何时候最多只允许一个用户访问数据库，因此不存在共享的问题。

多用户共享问题是数据库管理系统内部解决的问题，它对用户是不可见的。这就要求数据库能够对多个用户进行协调，保证多个用户之间对数据的操作不会产生矛盾和冲突，即在多个用户同时使用数据库时，能够保证数据的一致性和正确性。设想一下火车订票系统，如果多个订票点同时对某一天的同一列火车进行订票，那么必须保证不同订票点订出票的座位不能重复。

数据可共享并能保证共享数据的一致性是由数据库管理系统的并发控制机制实现的。

到今天，数据库技术已经发展为一门比较成熟的技术，通过上述讨论，我们可以概括出数据库具备如下特征。

数据库是相互关联的数据的集合，它用综合的方法组织数据，具有较小的数据冗余，可供多个用户共享，具有较高的数据独立性，具有安全控制机制，能够保证数据的安全、可靠，允许并发地使用数据库，能有效、及时地处理数据，并能保证数据的一致性和正确性。

需要强调的是，所有这些特征并不是数据库中的数据固有的，而是靠数据库管理系统提供和保证的。

1.3 数据独立性

数据独立性是指应用程序不会因数据的物理表示方式和访问技术的改变而改变，即应用程序不依赖于任何特定的物理表示方式和访问技术，它包含两个方面：物理独立性和逻辑独立性。物理独立性是指当数据的存储位置或存储结构发生变化时，不影响应用程序的特性；逻辑独立性是指当表达现实世界的信息内容发生变化时，比如增加一些列、删除无用列等，也不影响应用程序的特性。要理解数据独立性的含义，最好先搞清什么是非数据独立性。在数据库技术出现之前，也就是在使用文件管理数据的时候，实现的应用程序常常是数据依赖的，也就是说数据的物理表示方式和有关的存取技术都要在应用程序中考虑，而且，有关物理表示的知识和访问技术直接体现在应用程序的代码中。例如，如果数据文件使用了索引，那么应用程序必须知道有索引存在，也要知道记录是按什么索引项排序的，这样应用程序的内部结构就是基于这些知识而设计的。一旦数据的物理表示方式改变了，就会对应用程序产生很大的影响。例如，如果改变数据的排序方式，则应用程序不得不做很大的修改。在这种情况下，应用程序修改的部分恰恰是与数据管理密切联系的，而与应用程序最初要解决的问题毫不相干。

在数据库管理方式中，可以尽量避免应用程序对数据的依赖，具体如下。

1）不同的用户关心的数据并不完全相同，即使对同样的数据，不同用户的需求也不尽相同。比如前边的学生基本信息数据，包括学号、姓名、性别、出生日期、联系电话、所在系、专业、班号。分配宿舍的部门可能只需要学号、姓名、班号、性别，教务部门可能只需要学号、姓名、所在系、专业和班号。好的实现方法应根据全体用户对数据的需求存储一套完整的数据，而且只编写一个针对全体用户的公共数据的应用程序，但能够按每个用户的具体要求只展示其需要的数据，而且当公共数据发生变化时（比如增加新信息），可以不修改应用程序，每个不需要这些变化数据的用户也不需要知道发生了这些变化。这种独立性（逻辑独立性）在文件管理方式下是很难实现的。

2）随着科学技术的进步以及应用业务的变化，有时必须要改变数据的物理表示方式和访问技术以适应技术发展及需求变化。比如改变数据的存储位置或存储方式（就像一个单位可以搬到新的地址，或者调整单位各科室的布局）以提高数据的访问效率。理想情况下，这些变化不应该影响应用程序（物理独立性）。这在文件管理方式下也是很难实现的。

因此，数据独立性的提出反映了客观应用的要求。数据库技术的出现正好克服了应用程序对数据的物理表示和访问技术的依赖。

1.4　数据库系统的组成

1.1 节简单介绍了数据库系统的组成，数据库系统是基于数据库的计算机应用系统，一般包括数据库、数据库管理系统（及相应的实用工具）、应用程序和数据库管理员四个部分，如图 1-6 所示。数据库是数据的汇集，它以一定的组织形式保存在存储介质上；数据库管理系统是管理数据库的系统软件，它可以实现数据库系统的各种功能；应用程序专指以数据库数据为基础的程序；数据库管理员负责整个数据库系统的正常运行。

下面分别简要介绍数据库系统包含的主要内容。

1. 硬件

由于数据库中的数据量一般都比较大，而且 DBMS 由于丰富的功能而使得自身的规模很大（SQL Server 2019 的安装至少需要 6GB 硬盘空间，对非 Express 版，至少需要 4GB 内存），因此整个数据库系统对硬件资源的要求很高。必须要有足够大的内存存放操作系统、数据库管理系统、数据缓冲区和应用程序，而且还要有足够大的硬盘空间存放数据库，最好还有足够的存放备份数据的磁带、磁盘或光盘。

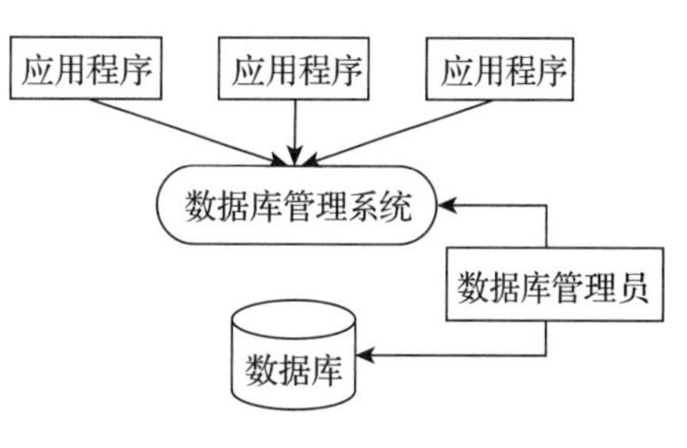

图 1-6　数据库系统简图

2. 软件

数据库系统的软件主要包括：

- 数据库管理系统。它是整个数据库系统的核心，是建立、使用和维护数据库的系统软件。
- 支持数据库管理系统运行的操作系统。数据库管理系统中的很多底层操作是靠操作系统完成的，数据库中的安全控制等功能也是与操作系统共同实现的。因此，数据库管理系统要和操作系统协同工作来实现很多功能。不同的数据库管理系统需要的操作系统平台不尽相同，比如 SQL Server 只支持在 Windows 平台上运行，而 Oracle 有支持 Windows 平台和 Linux 平台的不同版本。
- 具有数据库访问接口的高级语言及编程环境，以便于开发应用程序。
- 以数据库管理系统为核心的实用工具，这些实用工具一般是数据库厂商提供的随数据库管理系统软件一起发行的。

3. 人员

数据库系统中包含的人员主要有：数据库管理员、系统分析人员、数据库设计人员、应用程序编程人员和最终用户。

- 数据库管理员负责维护整个系统的正常运行，负责保证数据库的安全和可靠。
- 系统分析人员主要负责应用系统的需求分析和规范说明，这些人员要和最终用户以及数据库管理员配合，以确定系统的软件和硬件配置，并参与数据库系统的概要设计。
- 数据库设计人员主要负责确定数据库数据，设计数据库结构等。数据库设计人员也必须参与用户需求调查和系统分析。在很多情况下，数据库设计员就由数据库管理员担任。
- 应用程序编程人员负责设计和编写访问数据库的应用系统的程序模块，并对程序进行调试和安装。

- 最终用户是数据库应用程序的使用者，他们是通过应用程序提供的操作界面操作数据库中数据的人员。

1.5　小结

本章首先介绍了数据库中涉及的一些基本概念，然后介绍了数据管理技术的发展，重点是文件管理和数据库管理在操作数据上的差别。文件管理不能提供数据的共享、缺少安全性、不利于数据的一致性维护、不能避免数据冗余，更为重要的是应用程序与文件结构是紧耦合的，文件结构的任何修改都将导致应用程序的修改，而且对数据的一致性、安全性等管理都要在应用程序中编程实现，对复杂数据的检索也要由应用程序来完成，这使得编写使用数据的应用程序非常复杂和烦琐，而且当数据量很大、数据操作比较复杂时，应用程序几乎不能胜任。而数据库管理技术的产生就是为了解决文件管理的诸多不便，它将以前在应用程序中实现的复杂功能转由数据库管理系统统一实现，不但减轻了开发者的负担，而且更重要的是带来了数据的共享、安全、一致性等诸多好处，并将应用程序与数据的结构和存储方式彻底分开，使应用程序的编写不再受数据的存储结构和存储方式的影响。

数据独立性是为方便维护应用程序而提出来的，其主要宗旨是尽量减少因数据的逻辑结构和物理结构的变化而导致的应用程序的修改，同时尽可能满足不同用户对数据的需求。

数据库系统主要由数据库管理系统、数据库、应用程序和数据库管理员组成，其中DBMS是数据库系统的核心。数据库管理系统、数据库和应用程序的运行需要一定的硬件资源的支持，同时数据库管理系统也需要有相应的操作系统的支持。

习题

1. 试说明数据、数据库、数据库管理系统和数据库系统的概念。
2. 数据管理技术的发展主要经历了哪几个阶段？
3. 文件管理方式在管理数据方面有哪些缺陷？
4. 与文件管理相比，数据库管理有哪些优点？
5. 比较用文件管理数据和用数据库管理数据的主要区别。
6. 在数据库管理方式中，应用程序是否需要关心数据的存储位置和存储结构？为什么？
7. 在数据库系统中，数据库的作用是什么？
8. 在数据库系统中，应用程序可以不通过数据库管理系统而直接访问数据文件吗？
9. 数据独立性指的是什么？它能带来哪些好处？
10. 数据库系统由哪几部分组成？每一部分在数据库系统中的作用大致是什么？

第 2 章

数据库系统结构

本章主要介绍数据模型和数据库管理系统的体系结构，包括概念层数据模型和关系数据库采用的组织层数据模型，概念层数据模型用于为现实世界形象的模型，组织层数据模型是为方便计算机处理数据采用的逻辑模型。关系数据库将数据划分为不同的层次，使用户不需要关心数据的物理细节，从而简化用户对数据的访问，这些就是数据库系统结构要介绍的内容。理解本章的内容有助于读者学习后续章节。本章的内容可能有些抽象和枯燥，但在学习完后续章节的内容后，再回顾这部分内容，就会有更好的理解。

2.1 数据和数据模型

数据是我们要处理的信息，数据模型是数据的组织方式。本节介绍数据和数据模型的基本概念。

2.1.1 数据与信息

为了了解世界、研究世界和交流信息，人们需要描述各种事物。用自然语言来描述虽然很直接，但过于烦琐，不便于形式化，而且也不利于用计算机来表达。为此，人们常常只抽取那些感兴趣的事物特征或属性来描述事物。例如，一名学生可以用信息（张三，2312101，男，2004，计算机系，应用软件）描述，这样的一行数据称为一条记录。单看这行数据我们很难知道其确切含义，但对其进行如下解释：张三是 2312101 班的男学生，2004 年出生，计算机系应用软件专业，其内容就是有意义的。我们将描述事物的符号记录称为**数据**，将从数据中获得的有意义的内容称为**信息**。数据有一定的格式，例如，姓名一般是长度不超过 4 个汉字的字符（假设不包括少数民族的姓名），性别是一个汉字的字符。这些格式的规定是数据的语法，而数据的含义是数据的语义。因此，数据是信息存在的一种形式，只有通过解释或处理才能成为有用的信息。

一般来说，数据库中的数据具有静态特征和动态特征两个方面：

1）静态特征。数据的静态特征包括数据的基本结构、数据间的联系以及对数据取值范围的约束。比如 1.2.1 节中给出的学生管理的例子。学生基本信息包含学号、姓名、性别、出生日期、联系电话、所在系、专业、班号，这些都是学生所具有的基本性质，是学生数据的基本结构。学生选课信息包括学号、课程号和考试成绩等，这些是学生选课的基本性质。但学生选课信息中的学号与学生基本信息中的学号是有一定关联的，即学生选课信息中的“学号”能取的值必须在学生基本信息中的“学号”取值范围之内，因为只有这样，学生选课信息中所描述的学生选课情况才是有意义的（我们不会记录不存在的学生的选课情况），这就是数据之间的联系。最后我们看数据取值范围的约束。我们知道人的性别一项的取值只能是“男”或“女”、课程的学分一般是大于 0 的整数值、学生的考试成绩一般在 0～100 分之间等，这些都是对某个列的数据取值范围进行的限制，目的是在数据库中存储正确的、有意义的数据。这就是对数据取值范围的约束。

2）动态特征。数据的动态特征是指对数据可以进行的操作以及操作规则。对数据库数据的操作主要有查询数据和更改数据，更改数据一般又包括对数据的插入、删除和更新。

一般将对数据的静态特征和动态特征的描述称为**数据模型三要素**，即在描述数据时要包括数据的基本结构、数据的约束条件（这两个属于静态特征）和定义在数据上的操作（属于数据的动态特征）三个方面。

2.1.2 数据模型

对于模型，特别是具体的模型，人们并不陌生。一张地图、一组建筑设计沙盘、一架航模飞机等都是具体的模型。人们从模型可以联想到现实生活中的事物。模型是对事物、对象、过程等客观系统中感兴趣的内容的模拟和抽象表达，是理解系统的思维工具。数据模型（Data Model）也是一种模型，它是对现实世界数据特征的抽象。

数据库是企业或部门相关数据的集合，数据库不仅要反映数据本身的内容，而且要反映数据之间的联系。由于计算机不可能直接处理现实世界中的具体事物，因此，必须要把现实世界中的具体事物转换成计算机能够处理的对象。在数据库中用数据模型这个工具来抽象、表示和处理现实世界中的数据和信息。通俗地讲，数据模型就是对现实世界数据的模拟。

现有的数据库系统均是基于某种数据模型的，因此，了解数据模型的基本概念是学习数据库的基础。

数据模型一般应满足三个要求：第一个是数据模型要能够比较真实地模拟现实世界；第二个是数据模型要容易被人们理解；第三个是数据模型要能够很方便地在计算机上实现。用一种模型来同时很好地满足这三个方面的要求在目前是比较困难的。在数据库系统中可以针对不同的使用对象和应用目的，采用不同的数据模型来实现。

数据模型实际上是模型化数据和信息的工具。根据模型应用的不同目的，可以将这些模型分为两大类，它们分别属于两个不同的层次。

第一类是**概念层数据模型**，也称为概念模型或信息模型，它从数据的应用语义视角来抽取模型并按用户的观点来对数据和信息进行建模。这类模型主要用在数据库的设计阶段，它与具体的数据库管理系统无关。另一类是**组织层数据模型**，也称为组织模型，它从数据的组织方式来描述数据。所谓组织层就是指用什么样的数据结构来组织数据。数据库发展到现在主要包括如下几种组织方式（或叫组织模型）：层次模型（用树形结构组织数据）、网状模型（用图形结构组织数据）、关系模型（用简单二维表结构组织数据）以及对象－关系模型（用复杂的表格以及其他结构组织数据）。组织层的数据模型主要是从计算机系统的观点对数据进行建模，它与所使用的数据库管理系统的种类有关，主要用于 DBMS 的实现。

为了把现实世界中的具体事物抽象、组织为某一具体 DBMS 支持的数据模型，人们通常首先将现实世界抽象为信息世界，然后再将信息世界转换为机器世界。即：首先把现实世界中的客观对象抽象为某一种信息结构，这种信息结构并不依赖于具体的计算机系统，而且也不与具体的 DBMS 相关，而是概念级的模型，也就是我们前边所说的概念层数据模型；然后再把概念层的模型转换为具体的 DBMS 支持的组织层数据模型。从现实世界到概念层数据模型使用的是“抽象”技术，从概念层数据模型到组织层数据模型使用的是“转换”。这个过程如图 2-1 所示。

2.2　概念层数据模型

从图 2-1 可以看出，概念层数据模型实际上是现实世界到机器世界的一个中间层次。本节介绍概念层数据模型的基本概念及构建方法。

2.2.1　基本概念

概念层数据模型：抽象现实系统中有应用价值的元素及其关联关系，反映现实系统中有应用价值的信息结构，并且不依赖于数据的组织层数据模型。

概念层数据模型用于对信息世界进行建模，是现实世界到信息世界的第一层抽象，是数据库设计人员进行数据库设计的工具，也是数据库设计人员和用户之间进行交流的工具，因此，该模型一方面应该具有较强的语义表达能力，能够方便、直接地表达应用中的各种语义知识；另一方面它还应该简单、清晰且易于被用户理解。

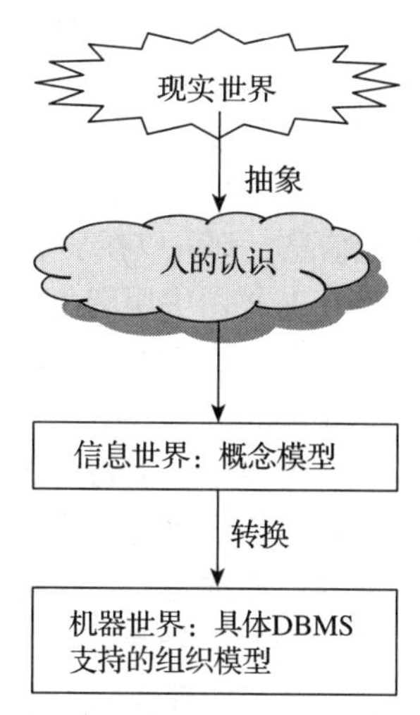

图 2-1　从现实世界到机器世界的过程

概念层数据模型是面向用户、面向现实世界的数据模型，它与具体的 DBMS 无关。采用概念层数据模型，设计人员可以在设计的开始把主要精力放在了解现实世界上，而把涉及 DBMS 的一些技术性问题推迟到后面去考虑。

常用的概念层数据模型有实体 – 联系（Entity-Relationship，E-R）模型、语义对象模型。我们这里只介绍实体 – 联系模型。

2.2.2　实体 – 联系模型

由于直接将现实世界按具体数据模型进行组织，必须同时考虑很多因素，设计工作非常复杂，并且效果也不太理想，因此需要一种方法来对现实世界的信息结构进行描述。事实上这方面已经有了一些方法，我们要介绍的是 P. P. S. Chen 于 1976 年提出的实体 – 联系（Entity-Relationship）方法，即通常所说的 E-R 方法。这种方法由于简单、实用，因此得到了广泛的应用，也是目前描述信息结构最常用的方法。

E-R 方法使用的工具称为 E-R 图，它所描述的现实世界的信息结构称为企业模式（Enterprise Schema），也把这种描述结果称为 E-R 模型。

实体 – 联系方法试图定义许多数据分类对象，然后数据库设计人员就可以将数据项归类到已知的类别中。第 8 章将介绍如何将 E-R 模型转换为组织层数据模型。

1. 实体

实体是具有公共性质的并可相互区分的现实世界对象的集合。实体是具体的，例如：职工、学生、教师、课程都是实体。

在 E-R 图中用矩形框表示具体的实体，把实体名写在框内。如图 2-2a 中的“经理”和“部门”实体。

实体中的每个具体的记录值（一行数据），比如学生实体中的每个具体的学生，我们称之为实体的一个实例。

注意：

有些书也将实体称为实体集或实体类型，而将每行具体的记录称为实体。

2. 属性

每个实体都具有一定的特征或性质，这样我们才能根据实体的特征来区分一个个实例。属性就是描述实体或者联系的性质或特征的数据项，属于一个实体的所有实例都具有相同的性质，在E-R模型中，这些性质或特征就是属性。

比如学生的学号、姓名、性别等都是学生实体具有的特征，这些特征就构成了学生实例的属性。实体所具有的属性的多少是由用户对信息的需求决定的。例如，假设用户还需要学生的民族信息，则可以在学生实例中加一个“民族”属性。

属性在E-R图中用圆角矩形表示，在矩形框内写上属性的名字，并用连线将属性框与它所描述的实体联系起来，如图2-2c所示。

3. 联系

在现实世界中，事物内部以及事物之间是有联系的，这些联系在信息世界反映为实体内部的联系和实体之间的联系。实体内部的联系通常是指一个实体内部各属性之间的联系，实体之间的联系通常是指不同实体之间的联系。比如在职工实体中，假设有职工号、姓名、所在部门和部门经理号等属性，其中部门经理号描述的是管理这个职工的部门经理的职工号。一般来说，部门经理也属于单位的职工，因此，部门经理号和职工号通常采用的是一套编码方式，因此部门经理号与职工号之间有一种关联的关系，即部门经理号的取值在职工号取值范围内。这就是实体内部的联系。而学生和课程之间的关联关系是通过学生选课体现的，在学生选课中至少包含学生的学号以及学生所选的课程号，而且学生选课中的学号必须是学生实体中已经存在的学号，因为我们不允许为不存在的学生记录选课情况。同样，学生选课中的课程号也必须是课程实体中存在的课程号。这种关联到两个不同实体的联系就是实体之间的联系。通常情况下我们遇到的联系大多都是实体之间的联系。

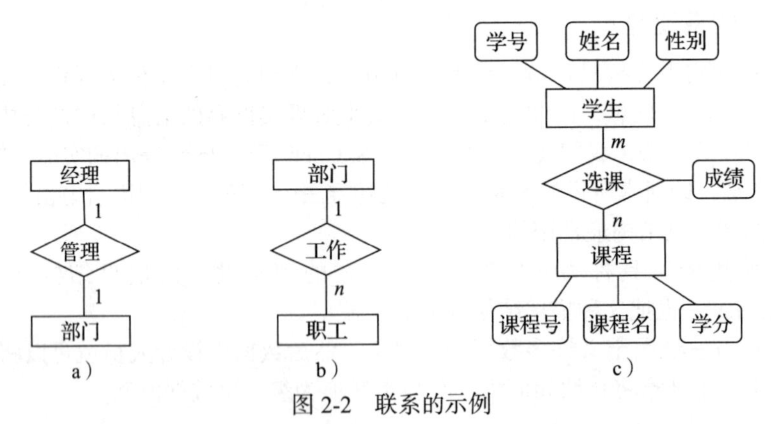

图2-2　联系的示例

联系是数据之间的关联集合，是客观存在的应用语义链。在E-R图中联系用菱形框表示，框内写上联系名，并用连线将联系框与它所关联的实体连接起来，比如图2-2c中的“选课”联系。联系也可以有自己的属性，比如图2-2c中“选课”联系有“成绩”属性。

两个实体之间的联系可以分为三类：

（1）一对一联系（1∶1）

如果实体 A 中的每个实例在实体 B 中至多有一个（也可以没有）实例与之关联，反之亦然，则称实体 A 与实体 B 具有一对一联系，记作：1∶1。

例如，部门和经理（假设一个部门只有一个经理，一个人只能担任一个部门的经理）、系和正系主任（假设一个系只有一个主任，一个人只能担任一个系的主任）都是一对一联系。

一对一联系的 E-R 图示例如图 2-2a 所示。两个实体之间实例的一对一对应关系如图 2-3 所示，注意这个图中“销售部”在“经理”实体中没有对应的实例，表明该部门还没有经理。

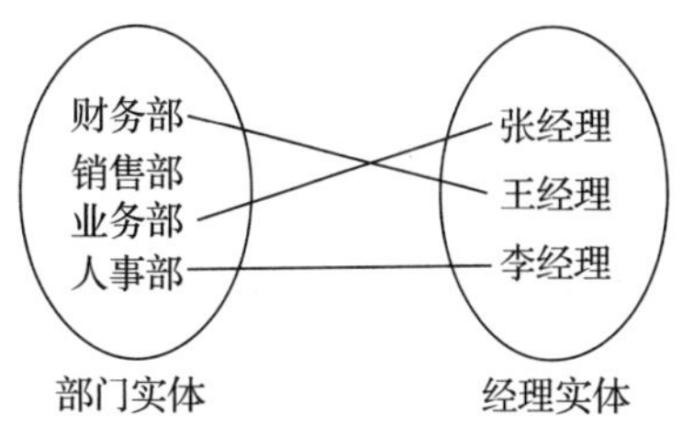

图 2-3 一对一联系中两个实体中实例间的对应关系

（2）一对多联系（1∶n）

如果实体 A 中的每个实例在实体 B 中有 n 个实例（$n \geqslant 0$）与之联系，而实体 B 中每个实例在实体 A 中最多只有一个实例与之联系，则称实体 A 与实体 B 是一对多联系，记作：1∶n。

例如，假设一个部门有若干职工，而一个职工只在一个部门工作，则部门和职工之间就是一对多联系。又比如，假设一个系有多名教师，而一个教师只在一个系工作，则系和教师之间也是一对多联系。一对多联系如图 2-2b 所示。两个实体之间实例的一对多对应关系如图 2-4 所示，注意这个图中的“人事部”在“职工”实体中没有对应的实例，表明该部门还没有职工，“职工”实体中的“李海”实例在“部门”实体中也没有对应的实例，表明该职工还没有被分配到具体部门。

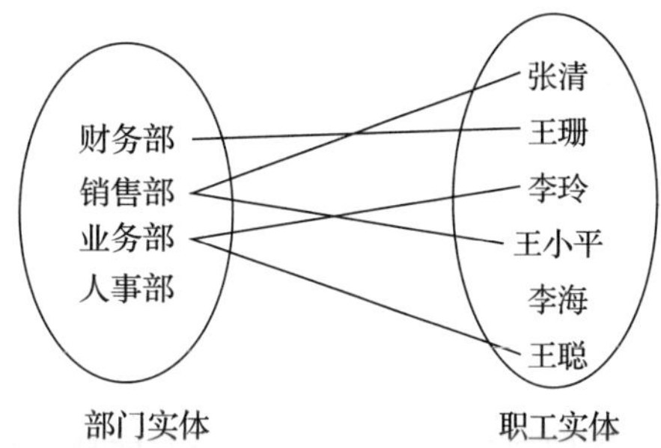

图 2-4 一对多联系中两个实体中实例间的对应关系

（3）多对多联系（m∶n）

如果对于实体 A 中的每个实例，实体 B 中有 n 个实例（$n \geqslant 0$）与之联系，而对实体 B 中的每个实例，在实体 A 中也有 m 个实例（$m \geqslant 0$）与之联系，则称实体 A 与实体 B 的联系是多对多的，记为 m∶n。

比如学生和课程，一个学生可以选多门课程，一门课程也可以被多个学生选，因此学生和课程之间是多对多的联系，如图 2-2c 所示。两个实体之间实例的多对多对应关系如图 2-5 所示。

实际上，一对一联系是一对多联系的特例，而一对多联系又是多对多联系的特例。实体之间联系的种类与语义直接相关。

例如，部门和经理。如果一个部门只有一个经理，一个人只担任一个部门的经理，则部门和经理之间是一对一联系；如果一个部门可以有多个经理，而一个人只担任一个部门的经理，则部门和经理之间就是一对多联系；如果一个部

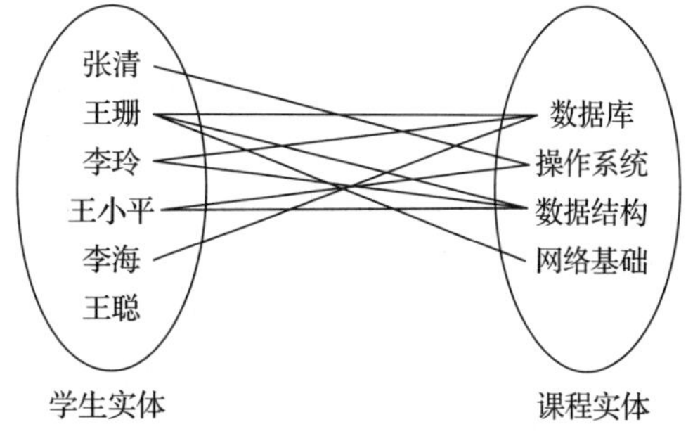

图 2-5 多对多联系中两个实体中实例间的对应关系

门可以有多个经理，而且一个人也可以担任多个部门的经理，则部门和经理之间就是多对多联系。

E-R 图不仅能描述两个实体之间的联系，而且还能描述两个以上实体之间的联系。比如有顾客、商品、售货员三个实体，并且有语义：每个顾客可以从多个售货员那里购买商品，并且可以购买多种商品；每个售货员可以向多名顾客销售商品，并且可以销售多种商品；每种商品可以由多个售货员销售，并且可以销售给多名顾客。描述顾客、商品和售货员之间的关联关系的 E-R 图如图 2-6 所示，这里联系被命名为“销售”。

注意如果将顾客、商品和售货员之间的关联关系描述成如图 2-7 所示的形式，则其描述的是售货员、顾客和商品两两之间的联系，因此不符合语义上所要求的三者之间共同有联系的要求。

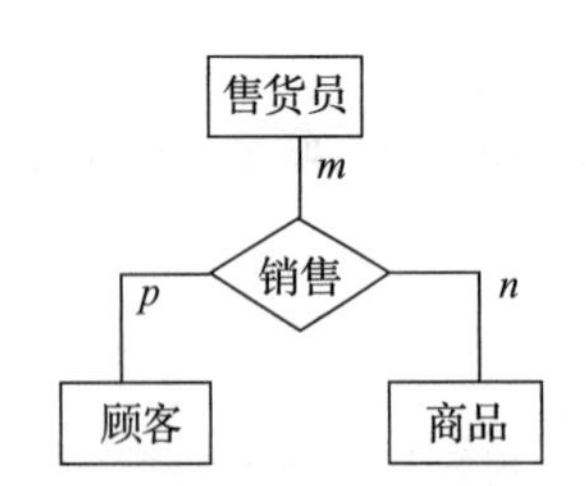

图 2-6　多个实体之间的联系示例

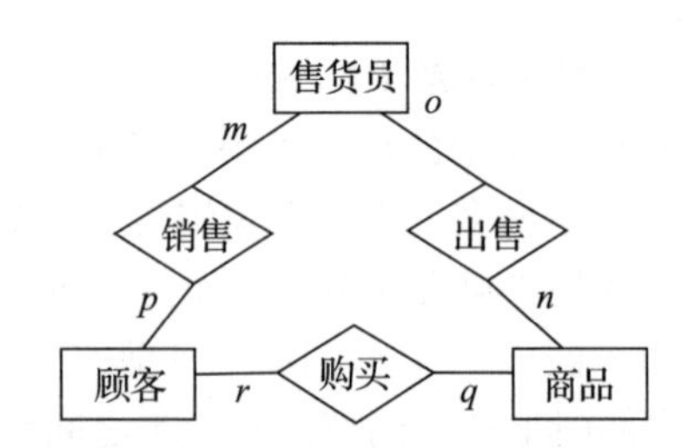

图 2-7　不符合语义要求的联系

2.3　组织层数据模型

组织层数据模型是从数据的组织方式的角度来描述信息，目前，在数据库技术的发展过程中用到的组织层数据模型有四种，它们是：层次模型、网状模型、关系模型和面向对象模型。组织层数据模型是按组织数据的逻辑结构来命名的，比如，层次模型采用树形结构。目前使用最普遍的是关系数据模型。关系数据模型技术从 20 世纪七八十年代开始发展到现在已经非常成熟，因此，我们重点介绍关系数据模型。

关系数据模型（或称为关系模型）是目前最重要的一种数据模型。关系数据库就是采用关系模型作为数据的组织方式。20 世纪 80 年代以来，计算机厂商推出的数据库管理系统几乎都支持关系模型，非关系系统的产品也大都加上了关系接口。下面从数据模型的三要素角度来介绍关系数据模型的特点。

2.3.1　关系模型的数据结构

关系数据模型源于数学，它用二维表来组织数据，而这个二维表在关系数据库中称为**关系**。关系数据库是表（或者说是关系）的集合。

关系数据库要求让用户所感觉的数据库就是一张张表。在关系数据库中，表是逻辑结构而不是物理结构。实际上，系统在物理层可以使用任何有效的存储结构来存储数据，比如，顺序文件、索引、哈希表、指针等。因此，表是对物理存储数据的一种抽象表示——对很多存储细节的抽象，如存储记录的位置、记录的顺序、数据值的表示以及记录的访问结构（如索引等），对用户来说都是不可见的。

用关系表示实体以及实体之间联系的模型称为关系数据模型，简称为关系模型。表 2-1 所示的是学生基本信息的关系模型。

表 2-1　学生基本信息

学号	姓名	性别	年龄	所在系
1512101	李勇	男	19	计算机系
1512102	刘晨	男	20	计算机系
1512103	王敏	女	20	计算机系
1521101	张立	男	22	信息系
1521102	吴宾	女	21	信息系

下面介绍一些关系模型中的基本术语：

1. 关系

关系就是二维表，它满足如下条件：

1）关系中的每一列都是不可再分的基本属性。如表 2-2 所示的表就不是关系，因为“出生日期”列不是基本属性，它包含了子属性“年”“月”“日”。

2）一个关系中的各属性不能重名。

3）关系中的行、列次序并不重要，即交换列的前后顺序，比如将表 2-1 中的“性别”放置在“年龄”的后边，不影响其表达的语义。

表 2-2　包含复合属性的表

学号	姓名	性别	年龄	所在系	出生日期		
					年	月	日
1512101	李勇	男	19	计算机系	1986	4	6
1512102	刘晨	男	20	计算机系	1986	12	15
1512103	王敏	女	20	计算机系	1985	8	21
1521101	张立	男	22	信息系	1985	6	3

2. 元组

关系中的每一行数据称为一个元组，它相当于一个记录值。

3. 属性

关系中的每一列是一个属性值的集合，列可以命名，称为属性名。例如，表 2-1 中有五个属性。属性与前面介绍的实体的属性（特征）或记录的字段意义相当。

因此，关系是元组的集合，如果关系有 *n* 个列，则称该关系是 *n* 元关系。关系中的每一列都是不可再分的基本属性，而且关系中的每一行数据应该不允许完全相同，因为存储值完全相同的两行或多行数据并没有实际意义。

因此，在数据库中有两套标准术语，一套用的是表、行、列；而另外一套就用关系（对应表）、元组（对应行）和属性（对应列）。

4. 主键

主键（primary key）是关系中用于唯一确定一个元组的属性或最小的属性组。主键可以由一个属性组成，也可以由多个属性共同组成。例如，表 2-1 所示的例子中，学号就是此“学生基本信息”关系的主键，因为它可以唯一地确定一个具体的学生（一个元组）。而表 2-3 所示关系的主键就由学号和课程号共同组成。因为一个学生可以选修多门课程，而且一门课程也可以有多个学生选修，因此，只有将学号和课程号组合起来才能共同确定一行数据。我们称由多个属性共同组成的主键为**复合主键**。当某个关系是由多个属性共同作为主键时，就用圆括号将这些属性括起来，表示共同作为主键。比如，表 2-3 的主键是（学号，课程号）。

表 2-3　学生选课信息

学号	课程号	成绩	学号	课程号	成绩
1512101	c01	90	1521102	c01	82
1512101	c02	86	1521102	c02	75
1512101	c06		1521102	c04	92
1512102	c02	78	1521102	c05	50
1512102	c04	66			

注意：

我们不能根据表在某时刻所存储的数据来决定哪些列是主键，这样做只能是猜测，是不可靠的。关系的主键与其实际的应用语义有关且与关系设计者的意图有关。例如，对于表 2-3，用（学号，课程号）作为主键，在一个学生对一门课程只能有一次考试的前提下是成立的，如果实际允许一个学生对一门课程可以有多次考试，则用（学号，课程号）作为主键就不够了，因为一个学生对一门课程有多少次考试，则其（学号，课程号）的值就会重复多少遍。如果是这种情况，可以为这个关系添加一个“考试次数”属性，同时用（学号，课程号，考试次数）作为主键。

有时一个关系中可能存在多个可以做主键的属性，比如，对“学生基本信息”，如果还有身份证号属性的话，则身份证号也可以作为“学生基本信息”关系的主键。如果一个关系中存在多个可以唯一确定一个元组的属性或属性组，则称这些属性或属性组为关系的**候选码**（也称为候选键）。从候选码中选取哪一个作为主键都可以，因此，主键是从候选码中选取出来做主键的属性。

5. 域

属性的取值范围称为**域**。例如，大学生的年龄假设限定在 14～40 岁之间，因此“年龄”属性的域就是（14～40），而人的性别只能是“男”和“女”两个值，因此，“性别”属性的域就是（男，女）。

6. 关系模式

二维表的结构称为**关系模式**，或者说，关系模式就是二维表的表框架或表头结构。

关系模式一般表示为：关系名（属性 1，属性 2，…，属性 n）

例如，表 2-1 所示关系的关系模式为：

```
学生（学号，姓名，性别，年龄，所在系）
```

如果将关系模式理解为数据类型，则关系就是该数据类型的一个具体值。关系模式是对关系的“型”或元组的结构共性的描述。

关系、关系模式、元组以及属性之间的关系如图 2-8 所示。

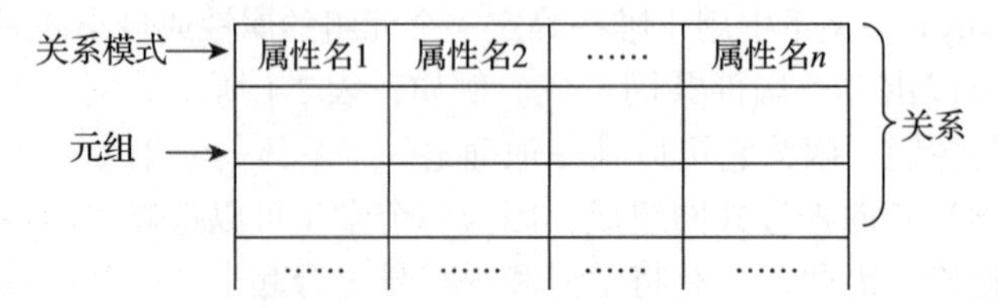

图 2-8　各概念之间的关系

2.3.2　关系模型的数据操作

关系模型的操作对象是集合（也就是关系），而不是单个的行，也就是操作的数据以及操作的结果都是完整的表（是包含行集的表，只包含一行数据的表、不包含数据的空表都是合法的）。而在非关系型数据库系统中，典型的操作是一次一行或一次一个记录。因此，集合处理能力是关系系统区别于其他系统的一个重要特征。

关系数据模型的数据操作主要包括四种：查询、插入、删除和修改数据。关系数据库中的信息只有一种表示方式，就是表中的行列位置有明确的值。关系数据库中没有连接一个表到另一个表的指针。在表 2-1 和表 2-3 中，表 2-1 的"学生基本信息"的第一行数据与表 2-3 的"学生选课信息"中的第一行有联系（当然也与第二行和第三行有联系），因为学生 9512101 选了课程。但在关系数据库中这种联系不是通过指针来实现的，而是通过学生基本信息的"学号"属性中的值与"学生选课"中"学号"属性的值联系的（学号值相等）。但在非关系系统中，这些信息一般由指针来表示，这种指针对用户来说是可见的。

需要注意的是，当我们说关系数据库中没有指针时，并不是指在物理层没有指针，实际上，在关系数据库的物理层也使用指针，但所有这些物理层的存储细节对用户来说都是不可见的，用户所看到的物理层是没有指针的。

2.3.3　关系模型的数据完整性约束

数据完整性是指数据库中存储的数据是有意义的或正确的。关系模型中的数据完整性规则是对关系的某种约束条件。它的数据完整性约束主要包括三大类：实体完整性、参照完整性和用户定义的完整性。

1. 实体完整性

实体完整性指的是关系数据库中所有的表都必须有主键，而且表中不允许存在如下的记录：

- 无主键值的记录。
- 主键值相同的记录。

因为若记录没有主键值，则此记录在表中一定是无意义的。前边我们介绍过，关系模型中的每一行记录都对应客观存在的一个实例或一个事实。比如，一个学号唯一地确定了一个学生。如果关系中存在没有学号的学生记录，则此学生一定不属于正常管理的学生。另外，如果关系中存在主键值相等的两个或多个记录，则这两个或多个记录会对应同一个实例。这会出现两种情况，第一，若表中的其他属性值也完全相同，则这些记录就是重复的记录，存储重复的记录是无意义的；第二，若其他属性值不完全相同则会出现语义矛盾，比如同一个学生（学号相同），而其名字不同或性别不同，显然不可能。

关系模型中使用主键作为记录的唯一标识，主键（准确说是候选码）所包含的属性称为关系的**主属性**，其他的属性称为**非主属性**。在关系数据库中主属性不能取空值。关系数据库中的空值是特殊的标量常数，它代表未定义的（不适用的）或者有意义但目前还处于未知状态的值。比如当向表 2-3 所示的"学生选课信息"中插入一行数据时，在学生还没有考试之前，其成绩是不确定的，因此，此列上的值即为空。空值用"NULL"表示。

2. 参照完整性

参照完整性有时也称为引用完整性。现实世界中的实体之间往往存在着某种联系，在关系模型中，实体以及实体之间的联系都是用关系表示的，这样就自然存在着关系（表）与关系

（表）之间的引用关系。参照完整性就是描述实体与实体之间的联系的。

参照完整性一般是指多个实体或表之间的关联关系。比如表 2-3 中，“学生选课信息”所描述的学生必须受限于表 2-1 学生基本信息表中已有的学生，我们不能在“学生选课信息”中描述一个根本就不存在的学生，也就是“学生选课信息”中学号的取值必须在“学生基本信息”中学号的取值范围内。这种限制一个关系中某属性的取值受另一个关系的某属性取值范围约束的特点就称为参照完整性。在关系数据库中用外键来实现参照完整性。例如，我们只要将“学生选课信息”中的“学号”定义为引用“学生基本信息”的“学号”的外键，就可以保证“学生选课信息”中的“学号”的取值在“学生基本信息”的已有“学号”范围内。

外键一般出现在联系所对应的关系中，用于表示两个或多个实体之间的关联关系。外键实际上是关系中的一个（或多个）属性，它引用某个其他关系（特殊情况下，也可以是外键所在的关系）的主键，当然，也可以是候选码，但多数情况下是主键。

下面我们举例说明如何指定外键。

【例 1】设有“学生”和“专业”两个关系模式，其中主键用下划线标识。

学生（学号，姓名，性别，专业号，出生日期）
专业（专业号，专业名）

这两个关系模式之间存在着属性引用关系，即“学生”中的“专业号”属性引用了“专业”中的“专业号”属性，显然，“学生”关系模式中的“专业号”属性的取值必须是确实存在的专业的专业号。也就是说，“学生”关系模式中的“专业号”参照了“专业”关系模式中的“专业号”，即“学生”关系模式中的“专业号”是引用了“专业”关系模式中的“专业号”的外键。

【例 2】学生、课程以及学生与课程之间的选课关系可以用如下三个关系模式表示，其中主键用下划线标识：

学生（学号，姓名，性别，专业号，出生日期）
课程（课程号，课程名，学分）
选课（学号，课程号，成绩）

在这三个关系模式中，“选课”中的“学号”必须是“学生”中已有的学生，因此“选课”中的“学号”属性引用了“学生”中的“学号”属性。同样“选课”中的“课程号”的取值也必须是“课程”中已有的课程，即“选课”中的“课程号”属性引用了“课程”中的“课程号”属性。因此，“选课”关系模式中的“学号”是引用了“学生”关系模式中的“学号”的外键，而“选课”关系模式中的“课程号”是引用了“课程”关系模式中的“课程号”的外键。

主键要求必须是非空且不重复的，但外键无此要求。外键可以有重复值，这点我们从表 2-3 可以看出。外键也可以取空值，例如：职工、部门以及职工所在的部门可以用如下两个关系模式表示：

职工（职工号，职工名，部门号，工资级别）
部门（部门号，部门名）

其中，“职工”关系模式中的“部门号”是引用“部门”关系模式的“部门号”的外键，如果某新来职工还没有被分配到具体的部门，则其“部门号”就为空值；如果职工已经被分配到了某个部门，则其部门号就有了确定的值（非空值）。

3. 用户定义的完整性

用户定义的完整性也称为域完整性或语义完整性。任何关系数据库管理系统都应该支持实体完整性和参照完整性，除此之外，不同的数据库应用系统根据其应用环境的不同，往往还需要一些特殊的约束条件，用户定义的完整性就是针对某一具体应用领域定义的数据约束条件，它反映某一具体应用所涉及的数据必须满足应用语义的要求。

用户定义的完整性实际上就是指明关系中属性的取值范围，也就是属性的域，这样可以限制属性的数据类型及取值范围，防止属性的值与实际应用语义矛盾。例如，学生考试成绩的取值范围为 0~100，或取 { 优，良，中，及格，不及格 }。

2.4 数据库系统的结构

本节介绍的数据库系统结构是为后续章节介绍的数据库概念建立一个框架结构，这个框架用于描述一般数据库系统的概念，但并不是说所有的数据库管理系统都一定使用这个框架，这个框架结构在数据库管理系统中并不是唯一的，特别是一些“小”的数据库管理系统将难以支持这个体系结构的方方面面。但这里介绍的数据库系统的体系结构基本上能很好地适应大多数数据库管理系统，而且，它基本上和 ANSI / SPARC DBMS 研究组提出的数据库管理系统的体系结构（称作 ANSI / SPARC 体系结构）是相同的。理解本节内容有助于对现代数据库系统的结构和功能有一个较全面的认识。

2.4.1 三级模式结构

数据模型（组织层数据模型）是描述数据的一种形式，模式是用给定的数据模型描述具体的数据（就像用某一种编程语言编写具体应用程序一样）。

我们在 2.3.1 节已介绍模式是数据库中全体数据的逻辑结构和特征的描述。模式的一个具体值称为模式的一个实例，比如表 2-1 中的每一行数据就是其表头结构（模式）的一个具体实例。一个模式可以有多个实例。模式是相对稳定的（结构不会经常变动），而实例是相对变动的（具体的数据值可以经常变化）。数据模式描述一类事物的结构、属性、类型和约束，实质上是用数据模型对一类事物进行模拟，而实例则反映的是某类事物在某一时刻的当前状态。

ANSI / SPARC 体系结构将数据库划分为三层结构：内模式、模式和外模式（参见图 2-9）。

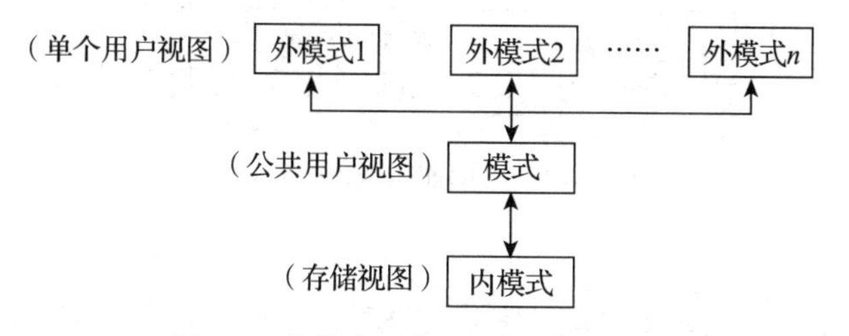

图 2-9 数据库系统的三级模式结构

这三级模式结构的含义如下。

- 内模式：最接近物理存储，也就是数据的物理存储方式；
- 外模式：最接近用户，也就是用户所看到的数据视图；
- 模式：介于内模式和外模式之间的中间层次，也称为概念模式。

在图 2-9 所示的三级模式中，外模式是面向每类用户的信息需求的视图，而模式描述的是一个企业或公司的全体数据。换句话说，外模式可以有许多，每一个都或多或少地抽象表示整个数据库的某一部分数据；而模式只有一个，它是对包含现实世界业务中的全体数据的抽象表示，注意这里的抽象指的是记录和字段这些更加面向用户的概念，而不是位和字节那些面向机器的概念。内模式也只有一个，它表示数据库的物理存储。

我们这里所讨论的内容与数据库系统是不是关系的没有直接关系，但简单说明一下关系系统中的三级体系结构，有助于理解这些概念。

第一，关系系统的模式一定是关系的，在该层可见的实体是关系的表和关系的操作符。

第二，外模式也是关系的或接近关系的，它们的内容来自模式。例如，我们可以定义两个外模式，一个记录学生的学号、姓名、性别 [表示为：学生基本信息 1（学号，姓名，性别）]，另一个记录学生的姓名和所在系 [表示为：学生基本信息 2（姓名，所在系）]，这两个外模式的内容均来自学生基本信息表。“外模式”在关系数据库中对应的是“视图”，它在关系数据库中有特定的含义，我们将在第 5 章详细讨论视图的概念。

第三，内模式不是关系的，因为该层的实体不是关系的原样照搬。其实，不管是什么系统，其内模式都是一样的，都是存储记录、指针、索引、散列表等。事实上，关系模型与内模式无关，它关心的是用户的数据视图。

下面我们从外模式开始进一步详细讨论这三层结构。整个讨论过程都以图 2-10 为基础。该图显示了数据库系统结构的主要组成部分和它们之间的联系。

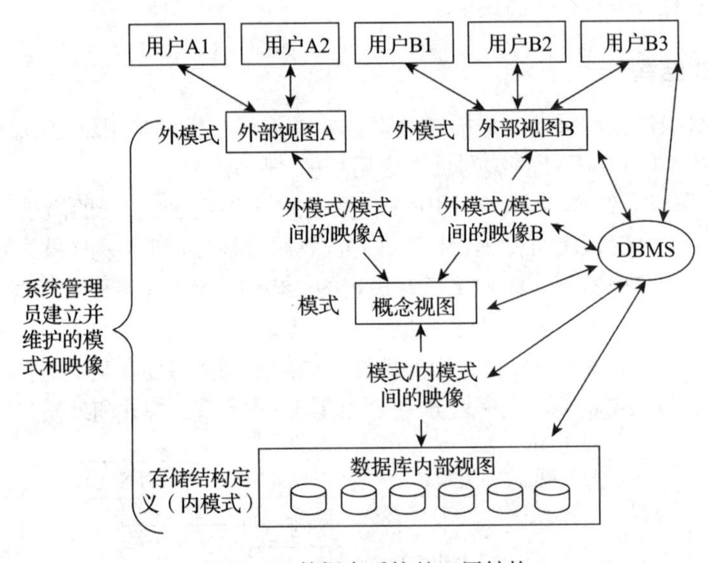

图 2-10 数据库系统的三层结构

1. 外模式

外模式也称为用户模式或子模式，它是对现实系统中用户感兴趣的整体数据结构的局部描述，用于满足不同数据库用户的信息需求的视图，是数据库用户能够看见和使用的局部数据的逻辑结构和特征的描述，是对数据库整体数据结构的子集或局部重构。

外模式通常是模式的子集。一个数据库可以有多个外模式。由于外模式是各个用户的数据视图，如果不同的用户在应用需求、看待数据的方式、对数据保密的要求等方面存在差异，则其外模式描述就不相同。模式中同样的数据，在外模式中的结构、类型、长度等都可以不同。

例如：对于表 2-1 所示的学生基本信息，分配宿舍部门关心的信息可能是学号、姓名和性别；学院管理人员关心的信息可能是学号、姓名、所在系。

因此，可以为这两类用户建立外模式：

```
宿舍部门（学号，姓名，性别）
院部（学号、姓名、所在系）
```

外模式同时也是保证数据库安全的一个措施。每个用户只能看到和访问其所对应的外模式中的数据，并屏蔽其不需要的数据，因此可以避免由于用户的误操作和有意破坏而造成数据损失。例如，假设有“职工”关系模式：

```
职工（职工号，姓名，所在部门，基本工资，职务工资，奖励工资）
```

如果不希望一般职工看到每个职工的“奖励工资”，则可生成一个包含一般职工可以看的信息的外模式，结构如下：

```
职工信息（职工号，姓名，所在部门，基本工资，职务工资）
```

这样就可保证一般用户不会看到“奖励工资”项。

ANSI / SPARC 将用户视图称为外部视图。外部视图就是特定用户所看到的数据库的内容（对那些用户来说，外部视图就是数据库）。

2. 模式

模式也称为逻辑模式或概念模式，是数据库中全体数据的逻辑结构和特征的描述，是所有用户的公共数据视图。模式表示数据库中的全部信息，其形式要比数据的物理存储方式抽象。它是数据库系统结构的中间层，既不涉及数据的物理存储细节和硬件环境，也与具体的应用程序、与所使用的应用开发工具和环境（比如，Visual Basic、PowerBuilder、C#、Java 等）无关。

概念视图是用概念模式定义的。模式实际上是数据库数据在逻辑层次上的视图。一个数据库只有一种模式。数据库模式以某种数据模型为基础，统一综合地考虑了所有用户的需求，并将这些需求有机地结合成一个逻辑整体。定义数据库模式时不仅要定义数据的逻辑结构，比如，数据记录由哪些数据项组成，数据库项的名字、类型、取值范围等，而且还要定义数据之间的联系，定义与数据有关的安全性、完整性要求。

模式不涉及存储字段的表示，也不涉及存储记录对列、索引、指针或其他存储的访问细节。如果概念视图以这种方式真正地实现数据独立性，那么根据这些概念模式定义的外模式也会有很强的独立性。

数据库管理系统提供了模式定义语言（DDL）来定义数据库的模式。

3. 内模式

内模式也称为存储模式。内模式是对整个数据库的底层表示，它描述了数据的存储结构，比如数据的组织与存储。注意，内模式与物理层是不一样的，内模式不涉及物理记录的形式（即物理块或页），也不考虑具体设备的柱面或磁道大小。换句话说，内模式假定了一个无限大的线性地址空间，地址空间到物理存储的映射细节是与特定系统有关的，这些并不反映在体系结构中。

内模式用另一种数据定义语言——内部数据定义语言来描述。在本书中，我们通常使用更直观的“存储结构”来代替“内部视图”，用“存储结构定义”代替“内模式”。

2.4.2 模式映像与数据独立性

数据库系统的三级模式（或三层结构）是对数据的三个抽象级别，它把数据的具体组织留给 DBMS 管理，使用户能逻辑、抽象地处理数据，而不必关心数据在计算机中的具体表示方式与存储方式。为了能够在内部实现这三个抽象层的联系和转换，数据库管理系统在三个模式之间提供了以下两级映像（参见图 2-10）：

- 外模式 / 模式映像。

- 模式 / 内模式映像。

正是这两级映像功能保证了数据库中的数据能够具有较高的逻辑独立性和物理独立性，使数据库应用程序不随数据库数据的逻辑或存储结构的变动而变动。

1. 外模式 / 模式映像

模式描述的是数据的全局逻辑结构，外模式描述的是数据的局部逻辑结构。对应于同一个模式可以有多个外模式。对于每个外模式，数据库管理系统都有一个外模式到模式的映像，它定义了该外模式与模式之间的对应关系，即如何从外模式找到其对应的模式。这些映像定义通常包含在各自的外模式描述中。

当模式发生变化时（比如，增加新的关系、对某个关系增加新的属性、改变属性的数据类型等），可由数据库管理员用外模式定义语句，调整外模式到模式的映像，从而保持外模式不变。由于应用程序一般是依据数据的外模式编写的，因此也不必修改应用程序，从而保证了程序与数据的逻辑独立性。

例如，设有学生关系模式：

```
学生（学号，姓名，性别，所在系，专业）
```

假设在此关系模式上建有外模式：

```
女学生（学号，姓名，专业）
```

则当“学生”关系模式发生变化，比如，增加一个“班号”属性，则外模式“女学生”不需要有任何变化，因为该外模式的用户并不关心“班号”属性。另一种情况是，假设“学生”关系模式的“专业”属性改名为“所学专业”，这时就需要数据库管理员调整“女学生”外模式的“专业”属性，使其从原来与“学生”模式的“专业”属性对应，改为与现在的“所学专业”属性对应，这些变化对使用外模式的用户是不可见的，这就是逻辑独立性的含义。

2. 模式 / 内模式映像

模式 / 内模式映像定义了数据库的逻辑结构与物理存储之间的对应关系，该映像关系通常被保存在数据库的系统表（由数据库管理系统自动创建和维护，用于存放维护系统正常运行的表）中。当数据库的物理存储改变了，比如选择了另一个存储位置，只需要对模式 / 内模式映像做相应的调整，就可以保持模式不变，从而也不必改变应用程序。因此，保证了数据与程序的物理独立性。

在数据库系统的三级模式结构中，模式（即全局逻辑结构）是数据库的中心和关键，它独立于数据库系统的其他层。设计数据库时也要首先设计数据库的逻辑模式。

数据库的内模式依赖于数据库的全局逻辑结构，它独立于数据库的用户视图（也就是外模式），也独立于具体的存储设备。内模式将全局逻辑结构中所定义的数据结构及其联系按照一定的物理存储策略进行组织，以达到较好的时间与空间效率。

数据库的外模式面向具体的用户需求，它定义在逻辑模式之上，独立于存储模式和存储设备。当应用需求发生变化，相应的外模式不能满足用户的要求时，就需要对外模式做相应的修改以适应这些变化。因此设计外模式时应充分考虑到应用的扩充性。

原则上，应用程序都应该在外模式描述的数据结构上进行编写，而且它应该只依赖于数据库的外模式，并与数据库的模式和存储结构独立，但目前很多应用程序都是直接针对模式进行编写的，因为外模式到模式的映像有一些局限性，我们将在第 5 章详细介绍。不同的应用程序有时可以共用同一个外模式。数据库的两级映像保证了数据库外模式的稳定性，从而从底层保证了应用程序的稳定性，除非应用需求本身发生变化，否则应用程序一般不需要修改。

数据与程序之间的独立性，使得数据的定义和描述可以从应用程序中分离出来。另外，由于数据的存取由 DBMS 负责管理和实施，因此，用户不必考虑存取路径等细节，从而简化了应用程序的编制，减少了对应用程序的维护和修改工作。

2.5 数据库管理系统

数据库管理系统（DBMS）是处理数据库访问的系统软件，从概念上讲，它包括以下处理过程（参见图 2-11）：

- 用户使用数据库语言（比如 SQL）发出一个访问请求。
- DBMS 接受请求并分析。
- DBMS 检查用户外模式、相应的外模式 / 模式映像、模式、模式 / 内模式映像和存储结构定义。

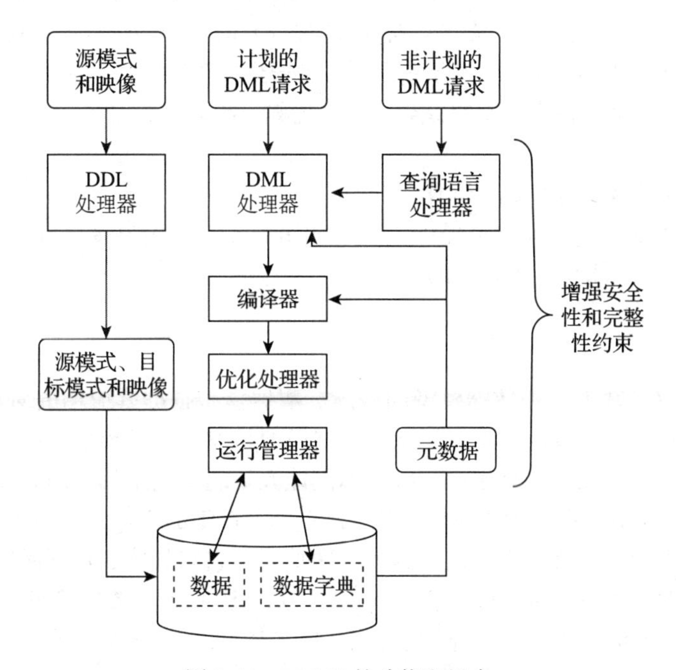

图 2-11 DBMS 的功能和组成

通常在检索数据时，从概念上讲，DBMS 首先检索所有要求的存储记录的值，然后构造所要求的概念记录值，最后再构造所要求的外部记录值。每个阶段都可能需要数据类型或其他方面的转换。当然，这个描述是简化了的，非常简单的。但这也说明了整个过程是解释性的，因为它表明分析请求的处理，检查各种模式等都是在运行时进行的。

下面简单地解释一下 DBMS 的功能。DBMS 的功能包括以下几项。

1. 数据定义

DBMS 必须能够接受数据库定义的源形式，并把它们转换成相应的目标形式。即 DBMS 必须包括支持各种数据定义语言（DDL）的 DDL 处理器或编译器。

2. 数据操作

DBMS 必须能够检索、更新或删除数据库中已有的数据，或向数据库中插入数据。即 DBMS 必须包括数据操作语言（DML）的 DML 处理器或编译器。

3. 优化和执行

计划（在请求执行前就可以预见到的请求）的或非计划（不可预知的请求）的数据操作语言请求必须经过优化器的处理，优化器是用来决定执行请求的最佳方式。

4. 数据安全和完整性

DBMS 要监控用户的请求，拒绝那些会破坏 DBA 定义的数据库安全性和完整性的请求。在编译或运行时都会执行这些任务。实际操作中，运行管理器调用文件管理器来访问存储的数据。

5. 数据恢复和并发

DBMS 或其他相关的软件（通常称为“事务处理器”或“事务处理监控器”）必须保证有恢复和并发控制功能。

6. 数据字典

DBMS 包括数据字典。数据字典本身也可以看作是一个数据库，只不过它是系统数据库，而不是用户数据库。“字典”是“关于数据的数据”（有时也称为数据的描述或元数据）。特别地，在数据字典中，也保存各种模式和映像的各种安全性和完整性约束。

有些人也把数据字典称为目录或分类，有时也称为数据存储池。

7. 性能

DBMS 应尽可能高效地完成全部任务。

总而言之，DBMS 的目标就是提供数据库的用户接口。用户接口可定义为系统的边界，在此之下的数据对用户来说是不可见的。

2.6 小结

本章首先介绍了数据库中数据模型的概念。数据模型根据其应用的对象分为两个层次：概念层数据模型和组织层数据模型。概念层数据模型是对现实世界信息的第一次抽象，它与具体的数据库管理系统无关，是用户与数据库设计人员的交流工具。因此概念层数据模型一般采用比较直观的模型，本章主要介绍的是应用范围很广泛的实体 - 联系（E-R）模型。

组织层数据模型是对现实世界信息的第二次抽象，它与具体的数据库管理系统有关，也就是与数据库管理系统采用的数据的组织方式有关。从概念层数据模型到组织层数据模型的转换一般是很方便的。本章主要介绍了目前应用范围最广、技术发展非常成熟的关系数据模型。

最后本章从体系结构角度分析了数据库系统，介绍了三个模式和两个映像。三个模式分别为：内模式、模式和外模式。内模式最接近物理存储，它考虑数据的物理存储；外模式最接近用户，它主要考虑单个用户看待数据的方式；模式介于内模式和外模式之间，它提供数据的公共视图。两个映像分别是模式与内模式间的映像和外模式与模式间的映像，这两个映像是提供数据的逻辑独立性和物理独立性的关键。最后介绍了数据库管理系统的功能，DBMS 主要负责执行用户的数据定义和数据操作语言的请求，同时也负责提供数据字典的功能。

习题

1. 解释数据模型的概念，为什么要将数据模型分成两个层次？
2. 概念层数据模型和组织层数据模型分别是针对什么进行的抽象？
3. 实体之间的联系有几种？请为每一种联系举出一个例子。
4. 说明实体 - 联系模型中的实体、属性和联系的概念。

5. 指明下列实体间联系的种类：

（1）教研室和教师（假设一个教师只属于一个教研室，一个教研室可有多名教师）。

（2）商店和顾客。

（3）飞机和乘客。

6. 解释关系模型中的主键、外键、主属性、非主属性的概念，并说明主键、外键的作用。

7. 指出下列关系模式的主键：

（1）考试情况（课程号，考试性质，考试日期，考试地点）。假设一门课程（用课程号唯一标识）可以在不同日期进行多次考试，但在同一天只能进行一次考试。同一日期可以有多门不同的课程同时进行考试。

（2）教师授课（教师号，课程号，授课时数，学年，学期）。假设一门课程在同一学期可有多名教师讲授，一名教师在同一个学年和学期可以讲授多门课程，也可以在不同学年和学期多次讲授同一门课程，对每门课程的讲授都有一个授课时数。

（3）图书借阅（书号，读者号，借书日期，还书日期）。假设一个读者可以在不同的日期多次借阅同一本书，一个读者可以同时借阅多本不同的图书，一本书可以在不同的时间借给不同的读者。但一个读者不能在同一天对同一本书借阅多次。

8. 设有如下两个关系模式，试指出每个关系模式的主键、外键，并说明外键的引用关系。

产品（产品号，产品名，价格），其中“产品名”可能有重复。一个产品号代表同一种产品。

销售（产品号，销售时间，销售数量），假设可同时销售多种产品，但同一产品在同一时间只销售一次。

9. 关系模型的数据完整性包含哪些内容？分别说明每一种完整性的作用。

10. 数据库系统结构包含哪三级模式？试分别说明每一级模式的作用。

11. 数据库管理系统提供的两级映像是什么？它带来了哪些数据独立性？

12. 简单说明数据库管理系统包含的功能。

第 3 章

SQL 语言基础及数据定义功能

用户使用数据库时需要对数据库进行各种各样的操作，如查询数据，添加、删除和修改数据，定义、修改数据模式等。DBMS 必须为用户提供相应的命令或语言，这就构成了用户和数据库的接口。接口的好坏会直接影响用户对数据库的接受程度。

数据库所提供的语言一般局限于对数据库的操作，它不是完备的程序设计语言，也不能独立地用来编写应用程序。

SQL（Structured Query Language，结构化查询语言）是用户操作关系数据库的通用语言。SQL 虽然叫结构化查询语言，而且查询操作确实是数据库中的主要操作，但并不是说 SQL 只支持查询操作，它实际上包含数据定义、数据操作和数据控制等与数据库有关的全部功能。

SQL 已经成为关系数据库的标准语言，所以现在所有的关系数据库管理系统，包括小型数据库管理系统（如 Access）都支持 SQL 语言，只是不同的系统支持的 SQL 语言功能有所区别。本章首先介绍一般 SQL 语言支持的数据类型，然后介绍 SQL 语言中的数据定义功能。

3.1 基本概念

SQL 语言是操作关系数据库的标准语言，本节介绍 SQL 语言的发展过程、特点以及主要功能。

3.1.1 SQL 语言的发展

最早的 SQL 原型是 IBM 的研究人员在 20 世纪 70 年代开发的，该原型被命名为 SEQUEL（由 Structured English QUEry Language 的首字母缩写组成）。现在许多人仍将在这个原型之后推出的 SQL 语言发音为“sequel”，但根据 ANSI SQL 委员会的规定，其正式发音应该是“ess cue ell”。随着 SQL 语言的颁布，各数据库厂商纷纷在自己的产品中引入并支持 SQL 语言，但尽管绝大多数产品对 SQL 语言的支持大部分是相似的，但它们之间也存在着一定的差异，这些差异不利于初学者进行学习。因此，我们在本章介绍 SQL 时主要介绍标准的 SQL 语言，我们将其称为基本 SQL。

从 20 世纪 80 年代以来，SQL 就一直是关系数据库管理系统（RDBMS）的标准语言。

最早的 SQL 标准是 1986 年 10 月由美国 ANSI（American National Standards Institute）颁布的。随后，ISO（International Standards Organization）于 1987 年 6 月也正式采纳它为国际标准，并在此基础上进行了补充，到 1989 年 4 月，ISO 提出了具有完整性特征的 SQL，并称之为 SQL-89。SQL-89 标准的颁布，对数据库技术的发展和数据库的应用都起了很大的推动作用。尽管如此，SQL-89 仍有许多不足或不能满足应用需求的地方。为此，在 SQL-89 的基础上，经过 3 年多的研究和修改，ISO 和 ANSI 共同于 1992 年 8 月又颁布了 SQL 的新标准，即 SQL-92（或称为 SQL2）。SQL-92 标准也不是非常完备的，1999 年又颁布了新的 SQL 标准，称为 SQL-99 或 SQL3。

3.1.2　SQL 语言的特点

SQL 之所以能够被用户和业界所接受并成为国际标准，是因为它是一个综合的、功能强大的且又比较简洁易学的语言。SQL 语言集数据查询、数据操作、数据定义和数据控制功能于一身，其主要特点如下。

1. 一体化

SQL 语言风格统一，可以完成数据库活动中的全部工作，包括创建数据库、定义模式、更改和查询数据以及安全控制和维护数据库等。这为数据库应用系统的开发提供了良好的环境。用户在数据库系统投入使用之后，还可以根据需要随时修改模式结构，并且可以不影响数据库的运行，从而使系统具有良好的可扩展性。

2. 高度非过程化

在使用 SQL 语言访问数据库时，用户没有必要告诉计算机“如何”一步步地实现操作，而只需要描述清楚要“做什么”，SQL 语言就可以将要求提交给数据库管理系统，然后由数据库管理系统自动完成全部工作。

3. 简洁

虽然 SQL 语言功能很强，但它只有为数不多的几条命令，另外，SQL 的语法也比较简单，比较接近自然语言（英语），因此容易学习、掌握。

4. 以多种方式使用

SQL 语言可以直接以命令方式交互使用，也可以嵌入到程序设计语言中使用。现在很多数据库应用开发工具（比如 Visual Basic、PowerBuilder、C# 等）都将 SQL 语言直接融入自身的语言中，使用起来非常方便。这些使用方式为用户提供了灵活的选择余地。而且不管是哪种使用方式，SQL 语言的语法基本都是一样的。

3.1.3　SQL 语言的功能概述

SQL 按其功能可分为四大部分：数据定义功能、数据查询功能、数据操作功能和数据控制功能。表 3-1 列出了实现这四部分功能的动词。

表 3-1　SQL 包含的主要动词

SQL 功能	动词
数据定义	CREATE、DROP、ALTER
数据查询	SELECT
数据操作	INSERT、UPDATE、DELETE
数据控制	GRANT、REVOKE、DENY

数据定义功能用于定义、删除和修改数据库中的对象，数据库对象包括关系表、视图等；数据查询用于实现查询数据的功能，查询数据是数据库中使用最多的操作；数据操作功能用于增加、删除和修改数据库数据；数据控制功能用于控制用户对数据库的操作权限。

本章介绍数据定义功能中定义关系表的 SQL 语句，同时介绍在定义表时如何实现数据的完整性约束。在第 4 章介绍实现数据查询和数据操作功能的 SQL 语句，在第 11 章介绍实现数据控制功能的语句，创建数据库的语句在第 10 章介绍。在介绍这些功能之前，首先介绍 SQL 语言所支持的数据类型。因为本书是以 SQL Server 2019 作为实践平台，因此这里主要介绍的是 SQL Server 2019 提供的数据类型。

3.2　SQL Server 提供的主要数据类型

关系数据库中的表由列组成，列指明了要存储的数据的含义，同时指明了要存储的数据的类型，因此，在定义表结构时，必然要指明每个列的数据类型。

每个数据库厂商提供的数据库管理系统所支持的数据类型并不完全相同，而且与标准的 SQL 也有差异，本书主要介绍 SQL Server 支持的常用数据类型。

3.2.1　数字类型

1. 精确数字类型

精确数字类型是指在计算机中能够精确存储的数据，比如整型、定点小数等都是精确数字类型。表 3-2 列出了 SQL Server 支持的整型类型。

表 3-2　整型类型

数据类型	范围	存储
bigint	存储从 -2^{63} (−9 223 372 036 854 775 808) 到 $2^{63}-1$(9 223 372 036 854 775 807) 范围的整数	8 字节
int	存储从 -2^{31} (−2 147 483 648) 到 $2^{31}-1$(2 147 483 647) 范围的整数	4 字节
smallint	存储从 -2^{15} (−32 768) 到 $2^{15}-1$ (32 767) 范围的整数	2 字节
tinyint	存储从 0 到 255 范围的整数	1 字节
bit	存储 1、0 或 NULL。SQL Server 数据库引擎可优化 bit 列的存储。如果表中有不多于 8 个列是 bit 类型，则这些列共用 1 字节存储。如果 bit 类型的列为 9 到 16 个，则这些列用 2 字节存储，以此类推 字符串值 TRUE 和 FALSE 可转换为 bit 值：TRUE 被转换为 1，FALSE 被转换为 0	1 字节

SQL Server 支持的带固定精度和小数位数的精确数据类型有两个，分别是 decimal 和 numeric，这两个类型的语法格式分别为：decimal[(*p*[, *s*])] 和 numeric[(*p*[, *s*])]。

使用最大精度时，有效值的范围为 $-10^{38}+1$ 到 $10^{38}-1$。decimal 的 ISO 同义词为 dec 和 dec(*p*, *s*)。numeric 在功能上等价于 decimal。

- *p*（精度）：最多可以存储的十进制数字的总位数，包括小数点左边和右边的位数。该精度必须是从 1 到最大精度 38 之间的值。默认精度为 18。
- *s*（小数位数）：小数点右边可以存储的十进制数字的位数。从 *p* 中减去此数字可确定小数点左边的最大位数。小数位数必须是从 0 到 *p* 之间的值。仅在指定精度后才可以指定小数位数。默认的小数位数为 0；因此，$0 \leqslant s \leqslant p$。最大存储大小基于精度而变化，如表 3-3 所示。

表 3-3 定点小数类型的存储空间

精度	存储字节数
1～9	5
10～19	9
20～28	13
29～38	17

2. 近似数字类型

用于存储浮点型数据，表示在其数据类型范围内的所有数据在计算机中不一定都能精确表示。表 3-4 列出了 SQL Server 支持的近似数字类型。

表 3-4 SQL Server 支持的近似数字类型

数据类型	说明	存储
float[(*n*)]	−1.79E + 308 至 −2.23E − 308、0 以及 2.23E − 308 至 1.79E + 308	取决于 *n* 的值
real	−3.40E + 38 至 −1.18E − 38、0 以及 1.18E − 38 至 3.40E + 38	4 字节

float [(*n*)] 中的 *n* 为用于存储 float 数值尾数的位数（以科学记数法表示），因此可以确定精度和存储大小。*n* 的值介于 1 和 53 之间，默认值为 53。表 3-5 列出了 *n* 的值对应的精度和存储空间。

表 3-5 float [(*n*)] 中 *n* 的值对应的精度和存储空间

n 值	精度	存储大小
1～24	7 位数	4 字节
25～53	15 位数	8 字节

注：1. SQL Server 将 *n* 视为下列两个可能值之一。如果 $1 \leqslant n \leqslant 24$，则将 *n* 视为 24。如果 $25 \leqslant n \leqslant 53$，则将 *n* 视为 53。

2. SQL Server 的 float[(*n*)] 数据类型从 1 到 53 之间的所有 *n* 值均符合 ISO 标准。double precision（双精度）的同义词是 float(53)。

3.2.2 字符串类型

字符串数据由汉字、英文字母、数字和各种符号组成。目前字符的编码方式有两种：一种是非 Unicode 编码（也称为普通字符编码），另一种是 Unicode（统一字符编码）。非 Unicode 编码指的是不同国家或地区有自己的字符集，这些字符集中的字符编码方式和编码长度不尽相同，比如：英文字母的编码是 1 字节（8 位），中文汉字的编码是 2 字节（16 位）。这样会造成同一个编码在不同的字符集中对应的字符不同。统一字符编码是指不管对哪个地区、哪种语言，一个编码对应唯一的一个字符，即将世界上所有的字符统一进行编码。

ASCII 字符集在 0x00～0x7F 范围内定义字符，其他一些字符集（主要是欧洲字符集），它们在 0x00～0x7F 范围内定义与 ASCII 字符集相同的字符，在 0x80～0xFF 范围内定义扩展字符集。因此，8 位的单字节字符集（SBCS）足以表示 ASCII 字符集以及许多欧洲语言的字符集。但一些非欧洲语言的字符集（如汉字）包含的字符数多于单字节编码方式可表示的字符数，因此需要多字节字符集 (MBCS) 编码。许多多字节字符集将 ASCII 字符集定义为子集。在很多多字节字符集中，0x00～0x7F 范围内的字符都与 ASCII 字符集中具有相同值的字符相同。

SQL Server 中的多字节编码包括：使用代码页 936 及 950（中文）、932（日文）或 949（韩文）的某些东亚语言的双字节字符集（DBCS）。

1. 非 Unicode 字符串类型

非 Unicode 编码的字符串类型有明显的局限性，因为非 Unicode 计算机只能使用一个代码页（客户端使用的代码页由操作系统确定。可在"控制面板"中的"区域设置"中设置客户端的代码页），如果某个应用程序需要在多种语言环境中运行，就会造成一些麻烦。

例如，有一个必须处理三种主要语言的北美洲客户的数据库：

- 墨西哥使用西班牙语名称和地址。
- 魁北克使用法语名称和地址。
- 加拿大其余地区和美国使用英语名称与地址。

当只使用字符列和代码页时，必须小心处理，确保与数据库一起安装的代码页能处理所有这三种语言的字符。当客户端读取另一种语言的字符时，还必须注意确保从一种语言正确转换字符到另一种语言。

表 3-6 列出了 SQL Server 支持的非 Unicode 编码的字符串类型。

表 3-6　SQL Server 支持的非 Unicode 编码的字符串类型

数据类型	说明	存储
char[(n)]	固定长度，非 Unicode 字符串数据。n 用于定义字符串长度，取值范围为 1 到 8000。char 的 ISO 同义词为 character	对于单字节编码字符集，存储 n 个字符需要 n 字节；对于多字节编码字符集，存储大小仍为 n 字节，但可存储的字符数可能小于 n
varchar[(n|max)]	可变长度，非 Unicode 字符串数据。n 用于定义字符串长度，取值范围为 1 到 8000。max 指示最大存储大小是（$2^{31}-1$）字节（2GB）。varchar 的 ISO 同义词为 char varying 或 character varying	对于单字节编码字符集，存储 n 个字符需要（n + 2）字节；对于多字节编码字符集，存储大小仍为（n + 2）字节，但可存储的字符数可能小于 n

注：如果没有在数据定义或变量声明语句中指定 n，则默认长度为 1。

注意：

在 char(n) 和 varchar(n) 中，n 不是可存储的字符数。原因是在使用单字节编码时，char 和 varchar 的存储大小为 n 字节，并且字符数也为 n。但对于多字节编码（如 UTF-8），编码值在 128～1 114 111 范围的会导致一个字符使用两个或更多字节。例如，在定义为 char (10) 的列中，数据库引擎可以存储使用单字节编码（Unicode 范围 0～127）的 10 个字符，但在使用多字节编码（Unicode 范围 128～1 114 111）时，将少于 10 个字符。

2. Unicode 字符串类型

当使用非 Unicode 编码方式时，在一个数据库内很难以多种语言存储数据，也很难为数据库找到一种能存储所有需要的特定语言字符的代码页。此外，当运行不同代码页的不同客户端读取和更新特殊字符时，很难保证正确转换这些字符。因此，支持国际化客户端的数据库应使用 Unicode 数据类型。

Unicode 联盟为每个字符都分配一个唯一编码（介于 000000～10FFFF 之间的值），最常用的字符编码值介于 000000～00FFFF（65 535 个字符）之间。通常将此范围指定为基本多文种平面（BMP）。

但 Unicode 联盟额外建立了 16 个字符"平面"，每个平面的大小都与 BMP 相同。此定义允许字符的 Unicode 编码值在 000000～10FFFF（1 114 112 个字符）之间。编码值大于 00FFFF 的字符需要 2～4 个连续 8 位字（UTF-8），或 2 个连续 16 位字（UTF-16）。

SQL Server 2012 (11.x) 引入了新增补字符 (_SC) 排序规则系列，可以与 nchar、nvarchar 和 sql_variant 数据类型结合使用来表示整个 Unicode 字符范围（000000～10FFFF）。

SQL Server 2019 (15.x) 将增补字符支持扩展到与已启用 UTF-8 的新排序规则 (_UTF8) 结合使用的数据类型 char 和 varchar。这些数据类型也能表示整个 Unicode 字符范围。

使用 SQL Server 2019 (15.x) 时，UTF-8 和 UTF-16 编码都可用来表示整个范围：

- 如果使用 UTF-8 编码，ASCII 范围（000000～00007F）内的字符需要 1 字节，介于 000080 和 0007FF、000800 和 00FFFF 以及 0010000 和 0010FFFF 之间的编码值分别需要 2 字节、3 字节和 4 字节。
- 如果使用 UTF-16 编码，介于 000000 和 00FFFF 以及 0010000 和 0010FFFF 之间的编码值分别需要 2 字节和 4 字节。

SQL Server 提供用于存储介于 BMP 范围（000000～00FFFF）内的 Unicode 数据的数据类型，SQL Server 的 Unicode 字符串数据使用 Unicode UCS-2 字符集。表 3-7 列出了 SQL Server 支持的 Unicode 字符串类型。

表 3-7　SQL Server 支持的 Unicode 字符串类型

数据类型	说明	存储
nchar[(*n*)]	固定长度的 Unicode 字符串数据。*n* 用于定义字符串长度，取值范围为 1 到 4000。nchar 的 ISO 同义词为 national char 和 national character	2×*n* 字节
nvarchar[(*n*|max)]	可变长度的 Unicode 字符串数据。*n* 用于定义字符串长度，取值范围为 1 到 4000。max 指示最大存储大小是 ($2^{31}-1$) 字节 (2GB)。nvarchar 的 ISO 同义词为 national char varying 和 national character varying	（2×*n*+2）字节

注：如果在数据定义或变量声明语句中没有指定 *n*，则默认长度为 1。

对 char、varchar、nchar 和 nvarchar 的使用，可参考如下建议：

- 如果列数据项的大小一致，则建议使用 char 或 nchar。
- 如果列数据项的大小差异相当大，则建议使用 varchar 或 nvarchar。
- 如果列数据项大小相差很大，而且大小可能超过 8000 字节，则使用 varchar(max) 或 nvarchar(max)。
- 如果希望支持多语言，则建议使用 nchar 或 nvarchar 类型，以最大限度地消除字符转换问题。

注意：

- SQL Server 中的字符串常量要用单引号括起来，比如‘数据库’。
- 对固定长度的字符串数据，系统分配固定的字节数。如果空间未被占满，则系统自动用空格填充。比如对 char(6) 类型数据，若存储‘abc’，则系统分配 6 字节空间，后边补 3 个空格。

3. 二进制字符串类型

二进制字符串数据类型用于存储图形图像数据，表 3-8 列出了 SQL Server 支持的二进制字符串类型。

表 3-8　SQL Server 支持的二进制字符串类型

数据类型	说明	存储
binary[(*n*)]	固定长度为 *n* 字节的二进制数据，*n* 的取值从 1 到 8000	*n* 字节
varbinary[(*n*|max)]	可变长度二进制数据。*n* 的取值从 1 到 8000，max 指示最大存储大小为 $2^{31}-1$ 字节。varbinary 的 ANSI SQL 同义词为 binary varying	所输入数据的实际长度＋2 字节

注：如果没有在数据定义或变量声明语句中指定 *n*，则默认长度为 1。

3.2.3 日期和时间类型

SQL Server 2019 支持的日期和时间类型有：datetime、smalldatetime、date、time、datetime2 和 datetimeoffset，这些类型的介绍如表 3-9 所示。

表 3-9　日期和时间类型

数据类型	说明	范围	存储
datetime	用于定义一个与采用 24 小时制并带有秒小数部分的一日内时间相组合的日期 格式：YYYY-MM-DD hh:mm:ss.*n** *n** 为一个 0 到 3 位的数字，范围为 0 到 999，表示秒的小数部分	日期范围： 1753-1-1 到 9999-12-31 时间范围： 00:00:00 到 23:59:59.997	8 字节
smalldatetime	定义结合了一天中的时间的日期。此时间为 24 小时制，秒始终为零 (:00)，并且不带秒小数部分 格式：YYYY-MM-DD hh:mm:00 精确到 1min	1900-01-01 到 2079-06-06	4 字节
date	定义一个日期。格式：YYYY-MM-DD	0001-01-01 到 9999-12-31	3 字节
time	定义一天中的某个时间 格式：hh:mm:ss[.*n**] *n** 是 0 到 7 位数字，范围为 0 到 9999999，表示秒的小数部分	00:00:00.0000000 到 23:59:59.9999999	5 字节
datetime2	定义结合了 24 小时制时间的日期。可将 datetime2 视作现有 datetime 类型的扩展，其数据范围更大，默认的小数精度更高，并具有可选的用户定义的精度 格式：YYYY-MM-DD hh:mm:ss[.*n**] *n** 代表 0 到 7 位数字，范围从 0 到 9999999，表示秒小数部分。准确度为 100ns，默认精度为 7 位数	0001-01-01 到 9999-12-31	精度小于 3 时为 6 字节；精度为 3 和 4 时为 7 字节。所有其他精度则需要 8 字节
datetimeoffset	用于定义一个与采用 24 小时制并可识别时区的一日内时间相组合的日期 YYYY-MM-DD hh:mm:ss[.*n**] [{+|−}hh:mm] *n** 是 0 到 7 位数字，范围为 0 到 9999999，表示秒的小数部分 hh 是两位数，范围为 −14 到 +14 mm 是两位数，范围为 00 到 59	0001-01-01 到 9999-12-31	10 字节

注：对于新的工作，请使用 time、date、datetime2 和 datetimeoffset 数据类型，这些类型符合 SQL 标准，更易于移植。time、datetime2 和 datetimeoffset 提供更高精度的秒数。

对于 SQL Server 来说，日期和时间类型的数据常量也需要用单引号括起来，比如 '2022-4-20' 和 '2022-4-22 10:23:50'。

3.3 数据定义功能

表是数据库中非常重要的对象，它用于存储用户的数据。在有了数据类型的基础知识后，我们就可以开始创建数据库表了。关系数据库的表是二维表，包含行和列，创建表就是定义表所包含的各列的结构，其中包括：列的名称、数据类型、约束等。列的名称是人们为列取的名字，一般为了便于记忆，最好取有意义的名字，比如“学号”或“Sno”，而不要取无意义的名字，比如“a1”；列的数据类型说明了列的可取值范围；列的约束更进一步限制了列的取值范围，这些约束包括：列取值是否允许为空、主键约束、外键约束、列取值范围约束等。

3.3.1 基本表的定义与删除

1. 定义基本表

定义基本表使用 SQL 语言数据定义功能中的 CREATE TABLE 语句实现，其一般格式为：

```
CREATE TABLE <表名> (
<列名> <数据类型> [列级完整性约束定义]
{, <列名> <数据类型> [列级完整性约束定义]… }
[,表级完整性约束定义] )
```

注意：

默认时 SQL 语言不区分大小写。

其中：

- <表名>是所要定义的基本表的名字，同样，这个名字最好能表达表的应用语义，比如，“学生”或“Student”。
- <列名>是表中所包含的属性列的名字，<数据类型>指明列的数据类型，一个表可以包含多个列，因此也就可以包含多个列定义。
- 在定义表的同时还可以定义与表有关的完整性约束条件，这些完整性约束条件都会存储在系统的数据字典中。大部分完整性约束都既可以在“列级完整性约束定义”处定义，也可以在“表级完整性约束定义”处定义；但有些涉及多个列的完整性约束则必须在“表级完整性约束定义”处定义。

上述语法中用到了一些特殊的符号，比如 [ ]，这些符号是文法描述的常用符号，而不是 SQL 语句的部分。我们简单介绍一下这些符号的含义（在后边的语法介绍中也要用到这些符号），有些符号在上述这个语法中可能没有用到。

方括号（[ ]）中的内容表示是可选的（即可出现 0 次或 1 次），比如 [列级完整性约束定义] 代表可以有也可以没有列级完整性约束定义。花括号（{ }）与省略号（…）一起，表示其中的内容可以出现 0 次或多次。竖杠（|）表示在多个短语中选择一个，比如 term1 | term2 | term3，表示在三个选项中任选一项。竖杠也能用在方括号中，表示可以选择由竖杠分隔的子句中的一个，但整个句子又是可选的（也就是可以没有子句出现）。

在定义基本表时可以同时定义表中各列的完整性约束。定义完整性约束时可以在定义列的同时定义，也可以将完整性约束作为独立的项定义。在列定义同时定义的约束称为**列级完整性约束**，作为表中独立的一项定义的完整性约束称为**表级完整性约束**。在列级完整性约束定义处可以定义如下约束：

- NOT NULL：限制列取值非空。
- DEFAULT：指定列的默认值。
- UNIQUE：限制列取值不重复。
- CHECK：限制列的取值范围。
- PRIMARY KEY：定义主键约束。
- FOREIGN KEY：定义外键约束。

在上述约束中，除了 NOT NULL 和 DEFAULT 只能在“列级完整性约束定义”处定义之外，其他约束均可在“表级完整性约束定义”处定义。但有几点需要注意，第一，如果

CHECK 约束是定义多列之间的取值约束，则只能在“表级完整性约束定义”处定义；第二，如果在“表级完整性约束定义”处定义主键，则在定义 PRIMARY KEY 时，主键列要用括号括起来，即：PRIMARY KEY (< 列名 > [, … n])；第三，如果在“表级完整性约束定义”处定义外键，则 FOREIGN KEY 和外键列名均不能省略。

下面简单介绍如何定义主键约束和外键约束。

（1）定义主键约束

如果是在列级完整性约束处定义主键，则语法格式为：

```
<列名>数据类型 [CONSTRAINT 约束名 ] PRIMARY KEY [(<列名> [, … n] )]
```

如果是在表级完整性约束处定义主键，则语法格式为：

```
[CONSTRAINT 约束名 ] PRIMARY KEY (<列名> [, … n] )
```

（2）定义外键约束

一般情况下外键都是单列的，它可以定义在列级完整性约束处，也可以定义在表级完整性约束处。定义外键的语法格式为：

```
[CONSTRAINT 约束名 ][FOREIGN KEY (<列名>)] REFERENCES <外表名>(<外表列名>)
```

如果是在列级完整性约束处定义外键，则可以省略“FOREIGN KEY(< 列名 >)”部分。

【例 1】用 SQL 语句创建如下三张表：学生（Student）、课程（Course）和学生修课（SC），这三张表的结构如表 3-10 至表 3-12 所示。

表 3-10　Student 表结构

列名	含义	数据类型	约束
Sno	学号	普遍字符编码定长字符串类型，长度为 7	主键
Sname	姓名	统一字符编码可变长字符串类型，长度为 10	非空
Ssex	性别	统一字符编码定长字符串类型，长度为 1	
Sage	年龄	微整型	
Sdept	所在系	统一字符编码可变长字符串类型，长度为 20	

表 3-11　Course 表结构

列名	含义	数据类型	约束
Cno	课程号	普遍字符编码定长字符串类型，长度为 6	主键
Cname	课程名	统一字符编码可变长字符串类型，长度为 20	非空
Credit	学分	微整型	
Semster	学期	微整型	

表 3-12　SC 表结构

列名	含义	数据类型	约束
Sno	学号	普遍字符编码定长字符串类型，长度为 7	主键列，引用 Student 表的外键
Cno	课程名	普遍字符编码定长字符串类型，长度为 6	主键列，引用 Course 表的外键
Grade	成绩	小整型	

创建满足约束条件的上述三张表的 SQL 语句如下（注意，为了说明约束定义的灵活性，我们将 Student 表的主键约束定义在列级完整性约束处，将 Course 表的主键约束定义在表级

完整性约束处）：

```
CREATE TABLE Student (
  Sno      char(7)       PRIMARY KEY,         /* 在列级完整性约束处定义主键约束 */
  Sname    nvarchar(10)  NOT NULL,            /* 非空约束 */
  Ssex     nchar(1),
  Sage     tinyint,
  Sdept    nvarchar(20)
)

CREATE TABLE Course (
  Cno       char(6)       NOT NULL,
  Cname     nvarchar(20)  NOT NULL,
  Credit    tinyint,
  Semester  tinyint,
  PRIMARY   KEY(Cno)                          /* 在表级完整性约束处定义主键约束 */
)

CREATE TABLE SC (
  Sno    char(7)  NOT NULL,
  Cno    char(6)  NOT NULL,
  Grade  smallint,
  PRIMARY KEY(Sno, Cno),
  FOREIGN KEY(Sno) REFERENCES Student(Sno),
  FOREIGN KEY(Cno) REFERENCES Course(Cno)
)
```

注意：

"--"为 T-SQL 语言的单行注释符，"/* … */"为 T-SQL 语言的块注释符。

2. 删除表

当确信不再需要某个表时，可以将其删除，删除表时会将表中的数据一起删掉。

删除表的 SQL 语句为 DROP TABLE，其语法格式为：

```
DROP  TABLE  <表名>  { ,<表名>  … }
```

【例 2】删除 test 表，语句为：

```
DROP TABLE test
```

3.3.2　修改表结构

在定义完表之后，如果需求有变化，比如需要添加列、删除列或修改列定义，则可以使用 ALTER TABLE 语句实现。ALTER TABLE 语句可以实现添加列、删除列和修改列定义的功能，也可以实现添加和删除约束的功能。

不同数据库厂商的数据库产品的 ALTER TABLE 语句的格式略有不同，我们这里给出 SQL Server 支持的 ALTER TABLE 语句格式，对于其他的数据库管理系统，可以参考它们的语言参考手册。

ALTER TABLE 语句的部分语法格式如下：

```
ALTER TABLE <表名>
ALTER COLUMN <列名> <数据类型>             -- 修改列定义
| ADD  <列名> <数据类型> <约束>            -- 添加新列
| DROP COLUMN <列名>                       -- 删除列
```

```
| ADD  [constraint <约束名>] 约束定义          -- 添加约束
| DROP [constraint] <约束名>                  -- 删除约束
```

下面我们介绍添加、删除和修改列定义的例子。

【例 3】为 Student 表添加“专业”列，此列的定义为：Spec char(10)，允许为空。

```
ALTER TABLE Student
  ADD Spec char(10) NULL
```

【例 4】将新添加的“专业”列的类型改为 char(20)。

```
ALTER TABLE Student
  ALTER COLUMN Spec char(20)
```

【例 5】删除新添加的“专业”列。

```
ALTER TABLE Student
  DROP COLUMN Spec
```

3.4　数据完整性

数据完整性是指数据的正确性和相容性。例如，每个人的身份证号都是唯一的，人的性别只能是“男”或“女”，人的年龄应该在 0～150 岁之间（假设人现在最多能活到 150 岁）的数字，学生所在的系必须是学校已有的系等。

数据完整性约束是为了防止数据库中存在不符合语义的数据，为了维护数据的完整性，数据库管理系统必须提供一种机制来检查数据库中的数据，看其是否满足语义规定的条件。这些加在数据库数据之上的语义约束条件就是数据完整性约束，这些约束条件作为表定义的一部分存储在数据库中。而 DBMS 检查数据是否满足完整性约束条件的机制就称为完整性检查。

3.4.1　完整性约束条件的作用对象

完整性检查是围绕完整性约束条件进行的，因此，完整性约束条件是完整性控制机制的核心。完整性约束条件的作用对象可以是表、元组和列。

1. 列级约束

列级约束主要指对列的类型、取值范围、精度等的约束，具体包括如下内容。

- 对数据类型的约束：包括数据类型、长度、精度等。例如，学生学号的数据类型为普通编码定长字符型，长度为 7。
- 对数据格式的约束：如规定学号的前两位表示学生的入学年份，第 3 位表示系的编号，第 4 位表示专业编号，第 5 位表示班的编号等。
- 对取值范围或取值集合的约束：如学生的成绩取值范围为 0～100，最低工资要大于 1600 等。
- 对空值的约束：有些列允许有空值（比如成绩），有些列则不允许有空值（比如姓名），在定义列时应指明其是否允许取空值。

2. 元组约束

元组约束指元组中各个字段之间的相互约束，如某学生的入学日期必须早于其毕业日期，某工作的最低工资应小于其最高工资。

3. 关系约束

关系约束指若干元组之间、关系之间的联系的约束。比如，学号的取值不能重复也不能取空值，学生修课表中“学号”的取值受学生表中“学号”取值的约束等。

3.4.2 实现数据完整性

实现数据完整性一般是在服务器端完成的。在服务器端实现数据完整性的方法主要有两种，一种是在定义表时声明数据完整性，另一种是在服务器端编写触发器来实现数据完整性（本书只介绍在定义表时声明完整性的方法）。不管采用哪种方法，只要用户定义好了数据完整性，后续执行对数据的增加、删除、修改操作时，数据库管理系统都会自动检查用户定义的完整性约束，只有符合约束条件的操作才会被执行。

这里介绍如何使用 SQL 语句实现实体完整性（PRIMARY KEY）、引用完整性（FOREIGN KEY）和用户定义的完整性。在用户定义的完整性中我们介绍默认值（DEFAULT）约束、列值取值范围（CHECK）约束和唯一值（UNIQUE）约束的实现方法。

下面以雇员表和工作表为例，逐步在这两张表上添加约束。

雇员表结构如下。

雇员编号：普通编码定长字符型，长度为 7，非空；

雇员名：普通编码定长字符型，长度为 10；

工作编号：普通编码定长字符型，长度为 8；

工资：整型；

电话号码：普通编码定长字符型，长度为 11，非空。

工作表结构如下。

工作编号：普通编码定长字符型，长度为 8，非空；

最低工资：整型；

最高工资：整型。

其中，“雇员编号”是雇员表的主键，“工作编号”是工作表的主键，而且雇员表中的“工作编号”是引用工作表中的“工作编号”的外键。

假设我们已经按上述要求创建好了这两张表，现在要为这两张表添加需要的约束。

1. 主键（PRIMARY KEY）约束

添加主键约束要注意如下问题：

- 每个表只能有一个主键约束。
- 用主键约束的列取值不能有重复，而且不允许有空值。

添加主键约束的 ALTER TABLE 语句语法格式如下：

```
ALTER TABLE 表名
  ADD [ CONSTRAINT <约束名> ] PRIMARY KEY (<列名> [, … n])
```

【例 6】对雇员表和工作表分别添加主键约束。

```
ALTER TABLE 雇员
  ADD CONSTRAINT  PK_EMP PRIMARY KEY (雇员编号)
ALTER TABLE 工作
  ADD CONSTRAINT PK_JOB PRIMARY KEY (工作编号)
```

2. 唯一值（UNIQUE）约束

唯一值约束用于限制在一个列中不能有重复的值。这个约束用在事实上具有唯一性的属性列上，比如每个人的身份证号码、驾驶证号码等均不能有重复值。定义唯一值约束时需要注意如下事项：

- 唯一值约束的列允许有一个空值。
- 在一个表中可以定义多个唯一值约束。
- 可以在多个列上定义一个唯一值约束，表示这些列组合起来不能有重复值。

当一个表中存在多个不允许有重复值的属性时，唯一值约束就非常有用，比如雇员表中，雇员编号和电话号码都不允许取值重复（假设雇员的电话号码不能重复），已经在雇员编号上定义了主键约束，因此可以保证雇员编号取值不重复。这时电话号码取值不重复就必须使用唯一值约束来保证了。

添加唯一值约束的语法格式如下：

```
ALTER TABLE 表名
  ADD [ CONSTRAINT <约束名> ] UNIQUE (<列名> [, … n])
```

【例 7】为雇员表的“电话号码”列添加唯一值约束。

```
ALTER TABLE 雇员
  ADD CONSTRAINT UK_SID UNIQUE (电话号码)
```

3. 外键（FOREIGN KEY）约束

外键约束实现了引用完整性，添加外键约束时要注意：外键所引用的列必须是有主键约束或唯一值约束定义的列。

添加外键约束的语法格式如下：

```
ALTER TABLE 表名
  ADD [ CONSTRAINT <约束名> ]
  FOREIGN KEY (<列名>) REFERENCES 引用表名 (<列名>)
```

【例 8】为雇员表的工作编号添加外键引用约束，此列引用工作表的工作编号列。

```
ALTER TABLE 雇员
  ADD CONSTRAINT FK_job_id
  FOREIGN KEY (工作编号) REFERENCES 工作表 (工作编号)
```

4. 默认值（DEFAULT）约束

默认值约束用于提供列的默认值。只有在向表中插入数据时系统才检查默认值约束。

添加默认值约束的语法格式如下：

```
ALTER TABLE 表名
  ADD [ CONSTRAINT <约束名> ] DEFAULT 默认值 FOR 列名
```

【例 9】定义雇员表的工资的默认值为 3600。

```
ALTER TABLE 雇员
   ADD CONSTRAINT DF_SALARY DEFAULT 3600 FOR 工资
```

5. 列取值范围（CHECK）约束

列取值范围约束用于限制列的取值在指定范围内，使数据库中存储的值都是有意义的。例如，人的性别只能是“男”或“女”，工资必须大于等于 1600 元（假设最低工资为 1600 元）。使用列取值范围约束可以限制一个列的取值范围，也可以实现同一个表中多个列之间的相互取值约束，比如最低工资小于最高工资。

添加列取值范围约束的语法格式如下：

```
ALTER TABLE 表名
  ADD [CONSTRAINT <约束名>] CHECK (逻辑表达式)
```

【例 10】在雇员表中，添加限制雇员的工资必须大于等于 2000 的约束。

```
ALTER TABLE 雇员
  ADD CONSTRAINT  CHK_Salary CHECK (工资 >= 2000)
```

【例 11】添加限制工作表的最低工资小于等于最高工资的约束。

```
ALTER TABLE 工作
  ADD CONSTRAINT  CHK_Job_Salary CHECK (最低工资 <= 最高工资)
```

上述这些约束都可以在定义表的同时定义，综合起来如下：

```
CREATE TABLE 工作 (
  工作编号 char(8) PRIMARY KEY,
  最低工资 int,
  最高工资 int,
  CHECK (最低工资 <= 最高工资)
)

CREATE TABLE 雇员 (
  雇员编号 char(7) PRIMARY KEY,
  雇员名  char(10),
  工作编号 char(8) REFERENCES 工作 (工作编号),
  工资 int DEFAULT 3600 CHECK (工资 >= 2000),
  电话号码 char(11) NOT NULL UNIQUE
)
```

3.5 小结

本章首先介绍了 SQL 语言的发展、特点以及所支持的数据类型。SQL 支持的主要数据类型有数值型、字符串型、日期和时间类型等。

本章还介绍了基本表的创建、删除和修改语句，并详细介绍了实现数据完整性的方法。数据完整性可以在定义表的同时定义，也可以在定义完表之后再通过修改表结构的方法添加。当创建完表而约束又有变化时，就可以使用修改表结构的语句来添加数据约束。定义了数据完整性约束之后，每当执行修改数据的操作时，数据库管理系统首先检查所做的操作是否满足数据完整性约束要求，若不满足，则不执行这个修改数据的操作。

对数据完整性约束的检查是由数据库管理系统自动实现的，而且是在数据更改操作执行之前先判断完整性约束。

习题

1. tinyint 数据类型定义的数据的取值范围是多少？
2. 日期时间类型中的日期和时间的输入格式是什么？
3. SmallDatatime 类型精确到哪个时间单位？
4. 定点小数类型 numeric(p, q) 中 p 和 q 的含义分别是什么？
5. char(10)、nchar(10) 的区别是什么？分别可以存储多少个汉字？
6. char(n) 和 varchar(n) 的区别是什么？其中 n 的含义是什么？

7. 数据完整性的含义是什么？

8. 在对数据进行什么操作时，系统检查默认值约束？在进行什么操作时，检查列取值范围约束？

9. 唯一值约束的作用是什么？

10. 写出创建如下三张表的 SQL 语句，要求在定义表的同时定义数据的完整性约束：

（1）“图书”表结构如下：

书号：统一字符编码定长类型，长度为 6，主键；

书名：统一字符编码可变长类型，长度为 30，非空；

作者名：普通编码定长字符类型，长度为 10，非空；

出版日期：小日期时间型；

价格：定点小数，小数部分 1 位，整数部分 3 位。

（2）“书店”表结构如下：

书店编号：统一字符编码定长类型，长度为 6，主键；

店名：统一字符编码可变长类型，长度为 30，非空；

电话：普通编码定长字符类型，8 位长；

地址：普通编码可变长字符类型，40 位长。

邮政编码：普通编码定长字符类型，6 位长。

（3）“图书销售”表结构如下：

书号：统一字符编码定长类型，长度为 6，非空；

书店编号：统一字符编码定长类型，长度为 6，非空；

销售日期：小日期时间型，非空；

销售数量：微整型，大于等于 1。

主键为（书号，书店编号，销售日期）；

其中“书号”为引用“图书”表中“书号”的外键；

“书店编号”为引用“书店”表中“书店编号”的外键。

11. 为图书表添加“印刷数量”列，类型为整数，同时添加约束，要求此列的取值要大于等于 1000。

12. 删除书店表中的“邮政编码”列。

13. 将图书销售表中“销售数量”列的数据类型改为整型。

第 4 章

数据操作语句

数据存储到数据库中之后，如果不对其进行分析和处理，数据就是没有价值的。最终用户对数据库中数据进行的操作大多是查询和修改，修改包括增加新数据、删除旧数据和更改已有的数据。SQL 语言提供了功能强大的数据查询和修改的功能，本章将详细介绍这些功能。

4.1 数据查询

查询功能是 SQL 语言的核心功能，是数据库中使用得最多的操作，查询语句也是 SQL 语句中比较复杂的一种语句。

如果没有特别说明，本章所有的查询均在 3.3 节创建的三张表（Student、Course 和 SC 表）上进行。

假设这三张表中已经有了数据，数据内容如表 4-1 至表 4-3 所示。

表 4-1 Student 表数据

Sno	Sname	Ssex	Sage	Sdept
1512101	李勇	男	19	计算机系
1512102	刘晨	男	20	计算机系
1512103	王敏	女	18	计算机系
1512104	李小玲	女	19	计算机系
1521101	张立	男	22	信息系
1521102	吴宾	女	21	信息系
1521103	张海	男	20	信息系
1531101	钱小平	女	18	数学系
1531102	王大力	男	19	数学系

表 4-2　Course 表数据

Cno	Cname	Credit	Semester
c001	计算机文化学	3	1
c002	高等数学	6	1
c003	高等数学	3	2
c004	大学英语	6	2
c005	Java	2	3
c006	程序设计	3	3
c007	数据结构	5	4
c008	操作系统	4	4
c009	数据库基础	4	5
c001	计算机网络	5	6

表 4-3　SC 表数据

Sno	Cno	Grade	Sno	Cno	Grade
1512101	c001	90	1521102	c007	92
1512101	c002	86	1521102	c009	50
1512101	c003	92	1521103	c002	68
1512101	c005	88	1521103	c006	NULL
1512101	c006	NULL	1521103	c007	NULL
1512102	c001	76	1521103	c008	78
1512102	c002	78	1531101	c001	80
1512102	c005	66	1531101	c005	50
1512104	c002	66	1531101	c007	45
1512104	c005	78	1531102	c001	80
1512104	c008	66	1531102	c002	75
1521102	c001	82	1531102	c005	85
1521102	c005	75	1531102	c009	88

4.1.1　查询语句的基本结构

查询语句是数据库操作中最基本和最重要的语句之一，其功能是从数据库中检索满足条件的数据。查询的数据源可以来自一张表，也可以来自多张表或者视图，查询的结果是由 0 行（没有满足条件的数据）或多行记录组成的一个记录集合，并允许选择一个或多个字段作为输出字段。SELECT 语句还可以对查询的结果进行排序、汇总等。

查询语句的基本结构可描述为：

```
SELECT <目标列名序列>              -- 需要哪些列
  FROM <数据源>                    -- 来自哪些表
  [WHERE <检索条件表达式>]         -- 根据什么条件
  [GROUP BY <分组依据列>]
  [HAVING <组提取条件>]
  [ORDER BY <排序依据列>]
```

在上述结构中，SELECT 子句用于指定输出的字段；FROM 子句用于指定数据的来源；WHERE 子句用于指定数据的选择条件；GROUP BY 子句用于对检索到的记录进行分组；HAVING 子句用于指定组的选择条件；ORDER BY 子句用于对查询的结果进行排序。在这些子句中，SELECT 子句和 FROM 子句是必须的，其他子句都是可选的。

4.1.2 单表查询

本节介绍单表查询，即数据源只涉及一张表的查询。为读者更好地理解各 SQL 语句的执行情况，这里对大部分查询语句均列出了其执行的结果。

1. 选择表中若干列

（1）查询指定的列

在很多情况下，用户可能只对表中的一部分属性列感兴趣，这时可通过在 SELECT 子句的 < 目标列名序列 > 中指定要查询的列来实现。

【例 1】查询全体学生的学号与姓名。

学号、姓名列均包含在 Student 表中，因此该查询的数据源是 Student 表。

```
SELECT Sno, Sname FROM Student
```

查询结果如图 4-1 所示。

【例 2】查询全体学生的姓名、学号和所在系。

```
SELECT Sname, Sno, Sdept FROM Student
```

查询结果如图 4-2 所示。

	Sno	Sname
1	1512101	李勇
2	1512102	刘晨
3	1512103	王敏
4	1512104	李小玲
5	1521101	张立
6	1521102	吴宾
7	1521103	张海
8	1531101	钱小平
9	1531102	王大力

图 4-1　例 1 的查询结果

	Sname	Sno	Sdept
1	李勇	1512101	计算机系
2	刘晨	1512102	计算机系
3	王敏	1512103	计算机系
4	李小玲	1512104	计算机系
5	张立	1521101	信息系
6	吴宾	1521102	信息系
7	张海	1521103	信息系
8	钱小平	1531101	数学系
9	王大力	1531102	数学系

图 4-2　例 2 的查询结果

从该示例我们可以看到，目标列的选择顺序与表中定义的字段顺序没有必然的对应关系，它们的顺序可以不一致。

（2）查询全部列

如果要查询表中的全部列，可以使用两种方法：一种是在 < 目标列名序列 > 中列出所有的列名；另一种是如果列的显示顺序与其在表中定义的顺序相同，则可以简单地在 < 目标列名序列 > 中写星号“*”。

【例 3】查询全体学生的详细信息。

```
SELECT Sno, Sname, Ssex, Sage, Sdept FROM Student
```

等价于：

```
SELECT * FROM Student
```

查询结果如图 4-3 所示。

	Sno	Sname	Ssex	Sage	Sdept
1	9512101	李勇	男	19	计算机系
2	9512102	刘晨	男	20	计算机系
3	9512103	王敏	女	20	计算机系
4	9521101	张立	男	22	信息系
5	9521102	吴宾	女	21	信息系
6	9521103	张海	男	20	信息系
7	9531101	钱小平	女	18	数学系
8	9531102	王大力	男	19	数学系

图 4-3　例 3 的查询结果

（3）查询经过计算的列

SELECT 子句中的 <目标列名序列> 可以是表中存在的属性列，也可以是表达式、常量或者函数。

【例 4】增加计算列。查询全体学生的姓名及出生年份。

在 Student 表中只记录了学生的年龄，而没有记录学生的出生年份，但我们可以根据当前年和学生的年龄计算出出生年份，即用当前年减去年龄，得到出生年份。因此实现此功能的查询语句为：

```
SELECT Sname, 2015 - Sage  FROM Student
```

查询结果如图 4-4 所示。

【例 5】增加常量列。查询全体学生的姓名和出生年份，并在“出生年份”列前加一个新列，新列的每行数据均为“出生年份”常量值。

```
SELECT Sname, '出生年份', 2015 - Sage FROM Student
```

查询结果如图 4-5 所示。

	Sname	(无列名)
1	李勇	1996
2	刘晨	1995
3	王敏	1997
4	李小玲	1996
5	张立	1993
6	吴宾	1994
7	张海	1995
8	钱小平	1997
9	王大力	1996

图 4-4　例 4 的查询结果

	Sname	(无列名)	(无列名)
1	李勇	出生年份	1996
2	刘晨	出生年份	1995
3	王敏	出生年份	1997
4	李小玲	出生年份	1996
5	张立	出生年份	1993
6	吴宾	出生年份	1994
7	张海	出生年份	1995
8	钱小平	出生年份	1997
9	王大力	出生年份	1996

图 4-5　例 5 的查询结果

注意：

选择列表中的常量和计算是对表中的每行数据进行的。

从例 4 和例 5 所显示的查询结果我们看到，经过计算的列、常量列的显示结果都没有列名 [图中显示为“(无列名)”]。通过为列起别名的方法可以指定或改变查询结果显示的列名，这个列名就称为列别名。这对于含算术表达式、常量、函数运算等的列尤为有用。

指定列别名的语法格式为：

```
列名 | 表达式 [ AS ] 列别名
```

或

```
列别名 = 列名 | 表达式
```

例如，例 5 的查询可写成：

```
SELECT Sname AS 姓名 , '出生年份' AS 常量列 , 2015 - Sage AS 年份
   FROM Student
```

查询结果如图 4-6 所示。

2. 选择表中的若干元组

前面我们介绍的例子都是选择表中的全部行数据，而没有对行数据进行任何有条件的筛选。实际上，在查询过程中，除了可以选择列之外，还可以对行数据进行选择，使查询的结果更加满足用户的要求。

（1）消除取值相同的行

本来在数据库表中并不存在取值全都相同的元组，但在进行了对列的选择后，就有可能在查询结果中出现取值完全相同的行。取值相同的行在结果中是没有意义的，因此应删除这些行。

	姓名	常量列	年份
1	李勇	出生年份	1996
2	刘晨	出生年份	1995
3	王敏	出生年份	1997
4	李小玲	出生年份	1996
5	张立	出生年份	1993
6	吴宾	出生年份	1994
7	张海	出生年份	1995
8	钱小平	出生年份	1997
9	王大力	出生年份	1996

图 4-6　例 5 取列别名后的结果

【例 6】在选课表中查询有哪些学生选修了课程，列出选课学生的学号。

```
SELECT Sno FROM  SC
```

查询结果的部分数据如图 4-7 所示。

从图 4-7 显示的结果可以看出，在这个结果中有重复的数据行（实际上一个学生选了多少门课程，其学号就在结果中重复多少次）。

SQL 语言中的 DISTINCT 关键字可以去掉查询结果中的重复行数据。DISTINCT 关键字放在 SELECT 词的后边、目标列名序列的前边。

去掉上述查询结果中重复行的语句为：

```
SELECT  DISTINCT  Sno  FROM  SC
```

则查询结果如图 4-8 所示。

	Sno
1	1512101
2	1512101
3	1512101
4	1512101
5	1512101
6	1512102
7	1512102
8	1512102

图 4-7　例 6 的部分数据

	Sno
1	1512101
2	1512102
3	1512104
4	1521102
5	1521103
6	1531101
7	1531102

图 4-8　去掉重复行后的结果

（2）查询满足条件的元组

查询满足条件的元组是通过 WHERE 子句实现的。WHERE 子句常用的查询条件如表 4-4 所示。

表 4-4　常用的查询条件

查询条件	谓词
比较（比较运算符）	=, >, >=, <, <=, <>（或 !=）
确定范围	BETWEEN AND, NOT BETWEEN AND

（续）

查询条件	谓词
确定集合	IN, NOT IN
字符匹配	LIKE, NOT LIKE
空值	IS NULL, IS NOT NULL
多重条件（逻辑谓词）	AND, OR

1）比较大小。

【例 7】查询计算机系全体学生的姓名。

```
SELECT Sname FROM Student WHERE Sdept = '计算机系'
```

查询结果如图 4-9 所示。

【例 8】查询所有年龄在 20 岁以下的学生的姓名和年龄。

```
SELECT Sname, Sage FROM Student WHERE Sage < 20
```

查询结果如图 4-10 所示。

	Sname
1	李勇
2	刘晨
3	王敏
4	李小玲

图 4-9　例 7 的执行结果

	Sname	Sage
1	李勇	19
2	王敏	18
3	李小玲	19
4	钱小平	18
5	王大力	19

图 4-10　例 8 的执行结果

【例 9】查询考试成绩有不及格的学生的学号。

当一个学生有多门课程不及格时，应该只列出一次该学生的学号，因此该查询应该用 DISTINCT 去掉 Sno 的重复值。

```
SELECT DISTINCT Sno FROM SC WHERE Grade < 60
```

2）确定范围。

确定范围使用 BETWEEN … AND 和 NOT BETWEEN … AND 运算符，这个运算符可以用来查找属性值在（或不在）指定范围内的元组，其中 BETWEEN 后边指定范围的下限，AND 后边指定范围的上限。使用 BETWEEN … AND 的格式为：

```
列名 | 表达式 [ NOT ] BETWEEN 下限值 AND 上限值
```

BETWEEN … AND 通常用于对数值型数据和日期型数据进行比较。列名或表达式的类型要与下限值或上限值的类型相同。

“BETWEEN 下限值 AND 上限值”的含义是：如果列或表达式的值在下限值和上限值范围内（包括边界值），则结果为 True，表明此记录符合查询条件。

“NOT BETWEEN 下限值 AND 上限值”的含义正好相反：如果列或表达式的值在下限值和上限值范围内（包括边界值），则结果为 False，表明此记录不符合查询条件。

【例 10】查询年龄在 20～23 岁之间的学生的姓名、所在系和年龄。

```
SELECT Sname, Sdept, Sage FROM Student
  WHERE Sage BETWEEN 20 AND 23
```

此句等价于：

```
SELECT Sname, Sdept, Sage FROM Student
  WHERE Sage >=20 AND Sage<=23
```

查询结果如图 4-11 所示。

【例 11】查询年龄不在 20～23 岁之间的学生姓名、所在系和年龄。

```
SELECT Sname, Sdept, Sage  FROM Student
  WHERE Sage NOT BETWEEN 20 AND 23
```

此句等价于：

```
SELECT Sname, Sdept, Sage  FROM Student
  WHERE Sage <20 OR Sage>23
```

查询结果如图 4-12 所示。

	Sname	Sdept	Sage
1	刘晨	计算机系	20
2	张立	信息系	22
3	吴宾	信息系	21
4	张海	信息系	20

图 4-11　例 10 的查询结果

	Sname	Sdept	Sage
1	李勇	计算机系	19
2	王敏	计算机系	18
3	李小玲	计算机系	19
4	钱小平	数学系	18
5	王大力	数学系	19

图 4-12　例 11 的查询结果

3）确定集合。

确定某个属性的值是否在一个集合范围内使用 IN 运算符，这个运算符可以用来查找属性值属于指定集合的元组。IN 的语法格式为：

```
列名 [ NOT ] IN （常量 1, 常量 2, …, 常量 n ）
```

用 IN 进行比较的数据多为字符型数据，当然也可以是数值或日期类型的数据。

IN 的含义为：当列中的值与 IN 中的某个常量值相等时，则结果为 True，表明此记录为符合查询条件的记录。

NOT IN 的含义正好相反：当列中的值与某个常量值相等时，结果为 False，表明此记录为不符合查询条件的记录。

【例 12】查询信息系、数学系和计算机系学生的姓名和性别。

```
SELECT Sname, Ssex FROM Student
  WHERE Sdept IN ('信息系', '数学系', '计算机系')
```

此句等价于：

```
SELECT Sname, Ssex FROM Student
  WHERE Sdept = '信息系' OR Sdept = '数学系' OR Sdept = '
    计算机系'
```

查询结果如图 4-13 所示。

	Sname	Ssex
1	李勇	男
2	刘晨	男
3	王敏	女
4	李小玲	女
5	张立	男
6	吴宾	女
7	张海	男
8	钱小平	女
9	王大力	男

图 4-13　例 12 的查询结果

【例 13】查询既不是信息系、数学系，也不是计算机系学生的姓名和性别。

```
SELECT Sname, Ssex  FROM Student
```

```
  WHERE Sdept NOT IN ('信息系', '数学系', '计算机系')
```

此句等价于：

```
SELECT Sname, Ssex  FROM Student
  WHERE Sdept!= '信息系' AND Sdept!= '数学系' AND Sdept!= '计算机系'
```

该查询的执行结果为不包含任何数据的空集，表明表中没有满足条件的数据。

4）字符串匹配。

LIKE 用于查找指定列中与匹配串匹配的元组。匹配串是一种特殊的字符串，其特殊之处在于它不仅可以包含普通字符，还可以包含通配符。通配符用于表示任意的字符或字符串。在实际应用中，如果需要从数据库中检索一批记录，但又不能给出精确的字符查询条件，这时就可以使用 LIKE 运算符和通配符来实现模糊查询。在 LIKE 运算符前边也可以使用 NOT 运算符，表示对结果取反。

LIKE 运算符的一般形式为：

```
列名 [NOT ] LIKE <匹配串>
```

匹配串中可以包含字符常量，也可包含如下四种通配符：

- _（下划线）：匹配任意一个字符。
- %（百分号）：匹配 0 个或多个字符。
- [ ]：匹配 [ ] 中的任意一个字符。如 [acdg] 表示匹配 a、c、d、g 中的任何一个。对于连续字母的匹配，例如匹配 [abcd]，则可简写为 [a-d]。
- [^]：不匹配 [ ] 中的任意一个字符。如 [^acdg] 表示不匹配 a、c、d、g。对于连续字母的比较，例如比较 [^abcd]，则可简写为 [^a-d]。

【例 14】查询姓“张”的学生的详细信息。

```
SELECT * FROM Student WHERE Sname LIKE  '张%'
```

查询结果如图 4-14 所示。

【例 15】查询学生表中姓“张”、姓“李”和姓“刘”的学生的详细信息。

```
SELECT * FROM Student WHERE Sname LIKE  '[张李刘]%'
```

或者：

```
SELECT * FROM Student
  WHERE Sname LIKE  '张%' OR Sname LIKE  '李%' OR Sname LIKE  '刘%'
```

查询结果如图 4-15 所示。

	Sno	Sname	Ssex	Sage	Sdept
1	1521101	张立	男	22	信息系
2	1521103	张海	男	20	信息系

图 4-14　例 14 的查询结果

	Sno	Sname	Ssex	Sage	Sdept
1	1512101	李勇	男	19	计算机系
2	1512102	刘晨	男	20	计算机系
3	1512104	李小玲	女	19	计算机系
4	1521101	张立	男	22	信息系
5	1521103	张海	男	20	信息系

图 4-15　例 15 的查询结果

【例 16】查询名字中第 2 个字是“小”或“大”的学生的姓名和学号。

```
SELECT Sname, Sno FROM Student WHERE Sname LIKE '_[小大]%'
```

查询结果如图 4-16 所示。

【例 17】查询所有不姓“王”也不姓“张”的学生姓名。

```
SELECT Sname FROM Student WHERE Sname NOT LIKE '[王张]%'
```

或者：

```
SELECT Sname FROM Student WHERE Sname LIKE '[^王张]%'
```

或者：

```
SELECT Sname FROM Student
  WHERE Sname NOT LIKE '王%' AND Sname NOT LIKE '张%'
```

这三个查询语句的结果均如图 4-17 所示。从这三个查询语句可以看出，使用“[]”通配符可以简化字符串匹配的书写。

	Sname	Sno
1	李小玲	1512104
2	钱小平	1531101
3	王大力	1531102

图 4-16　例 16 的查询结果

	Sname
1	李勇
2	刘晨
3	李小玲
4	吴宾
5	钱小平

图 4-17　例 17 的查询结果

【例 18】查询姓“王”且名字是 2 个字的学生姓名。

```
SELECT Sname FROM Student WHERE Sname LIKE '王_'
```

查询结果如图 4-18 所示。

【例 19】查询姓“王”且名字是 3 个字的学生姓名。

```
SELECT Sname FROM Student WHERE Sname LIKE '王__'
```

查询结果如图 4-19 所示。

	Sname
1	王敏

图 4-18　例 18 的查询结果

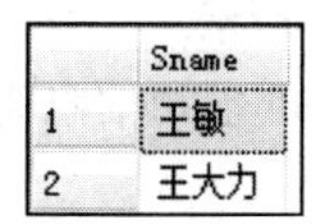

	Sname
1	王敏
2	王大力

图 4-19　例 19 的查询结果

显然这个结果与预想的不一样，这个结果即包括姓“王”的名字是 2 个字的学生，也包括姓“王”的名字是 3 个字的学生。造成这种情况的原因是对 Sname 列我们定义的是非 Unicode 定长字符类型，即 char(10)（可参见 3.3 节），因此系统为 Sname 列的每个值均固定分配 10 字节的空间，不足部分自动用空格填充。即对“王敏”，系统实际存储的是“王敏”后边再加上 6 个空格（称之为尾随空格）。在用 LIKE 进行字符串匹配时，系统并不会自动去掉尾随空格，空格是一个字符，也满足“_”通配符。因此在结果中会出现两个字的情况。

如果希望系统在比较时能够去掉尾随空格的干扰，可以使用数据库管理系统（这里指的是 SQL Server 数据库管理系统，其他系统的函数可能与此不同）提供的去掉尾随空格的函数：RTRIM。RTRIM 函数的使用格式为：

```
RTRIM(列名)
```

其功能是去掉指定列中尾随的空格，返回没有尾随空格的数据。例如，将例 19 的查询改为：

```
SELECT Sname FROM Student WHERE RTRIM(Sname) LIKE '王__'
```

则查询结果如图 4-20 所示。这是符合查询要求的数据。关于更多的 SQL Server 提供的系统函数，读者可参考 SQL Server 系统的相关文档。

	Sname
1	王大力

图 4-20　例 19 的改进查询结果

5）涉及空值的查询。

空值（NULL）在数据库中有特殊的含义，它表示不确定的值。例如，如果某些学生选修课程后还没有参加考试，则这些学生虽然有修课记录，但没有考试成绩，因此考试成绩为空值。判断某个属性的值是否为 NULL，不能使用普通的比较运算符（=、!= 等），而只能使用专门的判断 NULL 值的子句来完成。

判断列取值是否为空的语句格式为：

```
列名 IS [NOT] NULL
```

【例 20】查询没有考试成绩的学生的学号和相应的课程号。

```
SELECT Sno, Cno FROM SC WHERE Grade IS NULL
```

查询结果如图 4-21 所示。

	Sno	Cno
1	1512101	c006
2	1521103	c006
3	1521103	c007

图 4-21　例 20 的查询结果

【例 21】查询所有有考试成绩的学生的学号和课程号。

```
SELECT Sno, Cno FROM SC WHERE Grade IS NOT NULL
```

6）多重条件查询。

在 WHERE 子句中可以使用逻辑运算符 AND 和 OR 来组成多条件查询。AND 表示必须满足所有的条件表达式结果才为 True，OR 表示只要满足其中一个条件表达式结果即为 True。

【例 22】查询计算机系年龄在 20 岁以下的学生姓名和年龄。

```
SELECT Sname,Sage FROM Student
WHERE Sdept = '计算机系' AND Sage < 20
```

查询结果如图 4-22 所示。

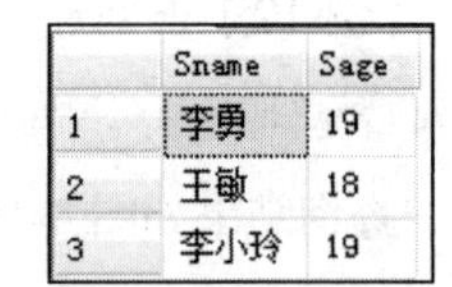

	Sname	Sage
1	李勇	19
2	王敏	18
3	李小玲	19

图 4-22　例 22 的查询结果

【例 23】查询计算机系和信息系年龄大于等于 20 岁的学生姓名、所在系和年龄。

```
SELECT Sname,Sdept, Sage FROM Student
  WHERE (Sdept = '计算机系' OR Sdept = '信息系')
    AND Sage >= 20
```

查询结果如图 4-23 所示。

	Sname	Sdept	Sage
1	刘晨	计算机系	20
2	张立	信息系	22
3	吴宾	信息系	21
4	张海	信息系	20

图 4-23　例 23 的查询结果

由于 AND 的优先级高于 OR，因此这里需要使用括号来改变运算顺序。该查询也可以写为：

```
SELECT Sname,Sdept, Sage FROM Student
  WHERE Sdept IN ('计算机系', '信息系')
    AND Sage >= 20
```

3. 对查询结果进行排序

如果希望将查询的结果按一定的顺序显示出来，比如按考试成绩从高到低排列学生的考试情况，则可使用 SELECT 语句中的 ORDER BY 子句实现。使用 ORDER BY 子句可以将查询结果按用户指定列的值进行排序，并且可以按一个列或多个列的值进行排序，排序可以是从小到大（升序），也可以是从大到小（降序）。排序子句的格式为：

```
ORDER BY <列名> [ASC | DESC ] [ , … n ]
```

其中 <列名> 为排序的依据列，可以是列名或列的别名。ASC 表示按列值进行升序排序，DESC 表示按列值进行降序排序。如果没有指定排序方式，则默认的排序方式为升序排序。

如果在 ORDER BY 子句中使用多个列进行排序，则这些列在该子句中出现的顺序决定了对结果集进行排序的方式。当指定多个排序依据列时，首先按排在最前面的列的值进行排序，如果排序后存在两个或两个以上列值相同的记录，则将值相同的记录再依据排在第二位的列的值进行排序，依此类推。

【例 24】将学生按年龄升序排序。

```
SELECT * FROM Student ORDER BY Sag.ASC
```

查询结果如图 4-24 所示。

【例 25】查询选修了“c002”课程的学生的学号及成绩，查询结果按成绩降序排列。

```
SELECT Sno, Grade FROM SC
    WHERE Cno='c002' ORDER BY Grade DESC
```

查询结果如图 4-25 所示。

	Sno	Sname	Ssex	Sage	Sdept
1	1512103	王敏	女	18	计算机系
2	1531101	钱小平	女	18	数学系
3	1531102	王大力	男	19	数学系
4	1512104	李小玲	女	19	计算机系
5	1512101	李勇	男	19	计算机系
6	1512102	刘晨	男	20	计算机系
7	1521103	张海	男	20	信息系
8	1521102	吴宾	女	21	信息系
9	1521101	张立	男	22	信息系

图 4-24　例 24 的查询结果

	Sno	Grade
1	1512101	86
2	1512102	78
3	1531102	75
4	1521103	68
5	1512104	66

图 4-25　例 25 的查询结果

【例 26】查询全体学生的信息，查询结果按所在系的系名升序排列，同一系的学生按年龄降序排列。

```
SELECT * FROM Student ORDER BY Sdept, Sage DESC
```

查询结果如图 4-26 所示。

	Sno	Sname	Ssex	Sage	Sdept
1	9512102	刘晨	男	20	计算机系
2	9512103	王敏	女	18	计算机系
3	9512101	李勇	男	19	计算机系
4	9531102	王大力	男	19	数学系
5	9531101	钱小平	女	18	数学系
6	9521101	张立	男	22	信息系
7	9521102	吴宾	女	21	信息系
8	9521103	张海	男	20	信息系

图 4-26　例 26 的查询结果

4. 使用聚合函数汇总数据

聚合函数也称为集合函数、统计函数或聚集函数，其作用是对一组值进行计算并返回一个单值。SQL 提供如下聚合函数。

- COUNT(*)：统计表中元组的个数。
- COUNT([DISTINCT] <列名>)：统计本列非空列值个数，DISTINCT 表示不包括列的重复值。

- SUM(< 列名 >)：计算列值的和值（必须是数值型列）。
- AVG(< 列名 >)：计算列值平均值（必须是数值型列）。
- MAX(< 列名 >)：求列值最大值。
- MIN(< 列名 >)：求列值最小值。

上述函数中除 COUNT(*) 外，其他函数在计算过程中均忽略 NULL 值。

聚合函数的计算范围可以是满足 WHERE 子句条件的记录（如果是对整个表进行计算），也可以对满足条件的组进行计算（如果进行了分组操作，关于分组我们将在后边介绍）。

【例 27】统计学生总人数。

```
SELECT COUNT(*) AS 学生人数 FROM Student
```

统计结果如图 4-27 所示。

【例 28】统计选修了课程的学生人数。

```
SELECT COUNT (DISTINCT Sno) 选课人数 FROM SC
```

由于一个学生可选多门课程，为避免重复计算这样的学生，加 DISTINCT 去掉重复值。

统计结果如图 4-28 所示。

	学生人数
1	9

图 4-27 例 27 的统计结果

	选课人数
1	7

图 4-28 例 28 的统计结果

【例 29】计算“1512101”学生的选课门数和考试总成绩。

```
   SELECT COUNT(*) AS 选课门数 , SUM(Grade) AS 总成绩
FROM SC WHERE Sno = '1512101'
```

统计结果如图 4-29 所示。

【例 30】计算“c001”课程的考试平均成绩。

```
SELECT AVG(Grade) AS 平均成绩 FROM SC WHERE Cno = 'c001'
```

统计结果如图 4-30 所示。

	选课门数	总成绩
1	5	356

图 4-29 例 29 的统计结果

	平均成绩
1	81

图 4-30 例 30 的统计结果

【例 31】查询“c001”课程的考试最高分和最低分。

```
   SELECT MAX(Grade) AS 最高分 , MIN(Grade) AS 最低分
  FROM SC WHERE Cno=' c001'
```

查询结果如图 4-31 所示。

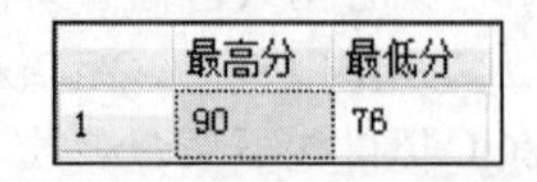

	最高分	最低分
1	90	76

图 4-31 例 31 的查询结果

【例 32】查询“1512101”学生的选课门数、已考试课程门数以及考试最高分、最低分和平均分。

```
   SELECT COUNT(*) AS 选课门数 , COUNT(Grade) AS 考试门数 ,
     MAX(Grade) AS 最高分 , MIN(Grade) AS 最低分 ,
     AVG(Grade) AS 平均分
```

```
FROM SC WHERE Sno = '1512101'
```

图 4-32 显示了“1512101”学生所选的全部课程，从图中我们可以看到该学生共选了 5 门课，其中有一门课（c006）还没有考试，成绩是空值。

例 32 查询的结果如图 4-33 所示，从图中可以看到 MAX、MIN、AVG、COUNT(列名) 函数都会去掉空值后再计算，而 COUNT(*) 在计算时不忽略空值。

	Sno	Cno	Grade
1	1512101	c001	90
2	1512101	c002	86
3	1512101	c003	92
4	1512101	c005	88
5	1512101	c006	NULL

图 4-32 “1512101”学生所选的全部课程

	选课门数	考试门数	最高分	最低分	平均分
1	5	4	92	86	89

图 4-33 例 32 的查询结果

注意：

聚合函数不能出现在 WHERE 子句中。

例如：查询年龄最大的学生的姓名，如下写法是错误的：

```
SELECT Sname FROM Student WHERE Sage = MAX(Sage)
```

正确的写法我们将在 4.1.5 节的子查询部分介绍。

5. 对查询结果进行分组统计

前面所举的统计例子都是对全表进行计算，有时我们希望计算的粒度更精确些，比如统计每个学生的考试平均成绩，而不是全体学生的考试平均成绩，这时就需要用到查询语句的分组统计功能。

在查询语句中实现分组功能的子句是 GROUP BY。GROUP BY 可将统计控制在组一级。分组的目的是细化聚合函数的作用对象。在一个查询语句中，可以使用多个列进行分组。需要注意的是，如果使用了分组子句，则查询列表中的每个列要么是分组依据列（在 GROUP BY 子句中列出的列），要么是聚合函数。

使用 GROUP BY 子句时，如果在 SELECT 语句的查询列表中包含聚合函数，则是针对每个组计算出一个汇总值，从而实现对查询结果的分组统计。

分组子句跟在 WHERE 子句的后边，它的一般形式为：

```
GROUP BY <分组依据列> [, … n ]
[ HAVING <组筛选条件> ]
```

注意：

分组依据列不能是 text、ntext、image 类型。

（1）使用 GROUP BY 子句

【例 33】统计每门课程的选课人数，列出课程号和选课人数。

```
  SELECT Cno as 课程号 , COUNT(Sno) as 选课人数
FROM SC GROUP BY Cno
```

该语句首先对 SC 表的数据按 Cno 的值进行分组，所有具有相同 Cno 值的元组归为一组，然后再对每一组使用 COUNT 函数进行计算，求得每组的学生人数。其执行过程示意图如图 4-34 所示（①分组；②对每组进行统计）。查询结果如图 4-35 所示。

	Sno	Cno	Grade
1	1512101	c001	90
2	1512101	c002	86
3	1512101	c003	92
4	1512101	c005	88
5	1512101	c006	NULL
6	1512102	c001	76
7	1512102	c002	78
8	1512102	c005	66
9	1512104	c002	66
10	1512104	c005	78
11	1512104	c008	66
12	1521102	c001	82
13	1521102	c005	75
14	1521102	c007	92
15	1521102	c009	50
16	1521103	c002	68
17	1521103	c006	NULL
18	1521103	c007	NULL
19	1521103	c008	78
20	1531101	c001	80
21	1531101	c005	50
22	1531101	c007	45
23	1531102	c001	80
24	1531102	c002	75
25	1531102	c005	85
26	1531102	c009	88

①

	Sno	Cno	Grade
1	1512101	c001	90
2	1512102	c001	76
3	1521102	c001	82
4	1531102	c001	80
5	1531101	c001	80
6	1531102	c002	75
7	1521103	c002	68
8	1512102	c002	78
9	1512104	c002	66
10	1512101	c002	86
11	1512101	c003	92
12	1512101	c005	88
13	1512104	c005	78
14	1512102	c005	66
15	1521102	c005	75
16	1531102	c005	85
17	1531101	c005	50
18	1521103	c006	NULL
19	1512101	c006	NULL
20	1521103	c007	NULL
21	1521102	c007	92
22	1531101	c007	45
23	1521103	c008	78
24	1512104	c008	66
25	1521102	c009	50
26	1531102	c009	88

②

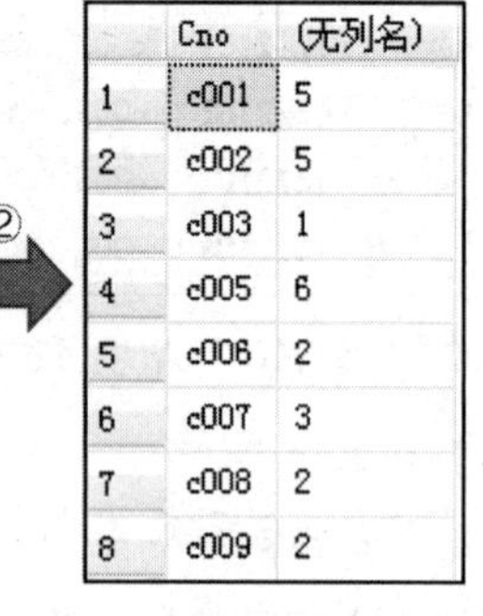

	Cno	(无列名)
1	c001	5
2	c002	5
3	c003	1
4	c005	6
5	c006	2
6	c007	3
7	c008	2
8	c009	2

图 4-34　分组统计执行过程

	课程号	选课人数
1	c001	5
2	c002	5
3	c003	1
4	c005	6
5	c006	2
6	c007	3
7	c008	2
8	c009	2

图 4-35　例 33 的查询结果

【例 34】统计每个学生的选课门数和平均成绩。

```
SELECT Sno 学号 , COUNT(*) 选课门数 , AVG(Grade) 平均成绩
FROM SC
GROUP BY Sno
```

查询结果如图 4-36 所示。

使用 GROUP BY 子句的注意事项：

- 分组依据列必须是表中存在的列名，不能使用 AS 子句指派的结果集列别名。例如，例 34 中不能将 GROUP BY 子句写成：GROUP BY　学号。
- 带有 GROUP BY 子句的 SELECT 语句的查询列表中只能出现分组依据列或聚合函数，因为分组后每个组只返回一行结果。
- 分组依据列必须出现在 SELECT 语句的 FROM 子句中，但不要求出现在 SELECT 列表中。

	学号	选课门数	平均成绩
1	1512101	5	89
2	1512102	3	73
3	1512104	3	70
4	1521102	4	74
5	1521103	4	73
6	1531101	3	58
7	1531102	4	82

图 4-36　例 34 的查询结果

例如，如下几个语句都是允许的：

```
SELECT ColA, ColB FROM T GROUP BY ColA, ColB;
SELECT ColA + ColB FROM T GROUP BY ColA, ColB;
SELECT ColA + ColB FROM T GROUP BY ColA + ColB;
SELECT ColA + ColB +常量 FROM T GROUP BY ColA, ColB;
```

但下面的语句是不允许使用的：

```
SELECT ColA, ColB FROM T GROUP BY ColA + ColB;
SELECT ColA +常量+ ColB FROM T GROUP BY ColA + ColB;
```

【例 35】统计每个系的学生人数和平均年龄。

```
SELECT Sdept, COUNT(*) AS 学生人数 , AVG(Sage) AS 平均年龄
  FROM Student GROUP BY Sdept
```

查询结果如图 4-37 所示。

	Sdept	学生人数	平均年龄
1	计算机系	4	19
2	数学系	2	18
3	信息系	3	21

图 4-37　例 35 的查询结果

【例 36】带 WHERE 子句的分组。统计每个系的女生人数。

```
SELECT Sdept, Count(*) 女生人数 FROM Student
  WHERE Ssex = '女'
  GROUP BY Sdept
```

该语句是先执行 WHERE 子句，然后再对筛选出的满足 WHERE 条件的数据执行 GROUP BY 操作。其执行过程示意图如图 4-38 所示。

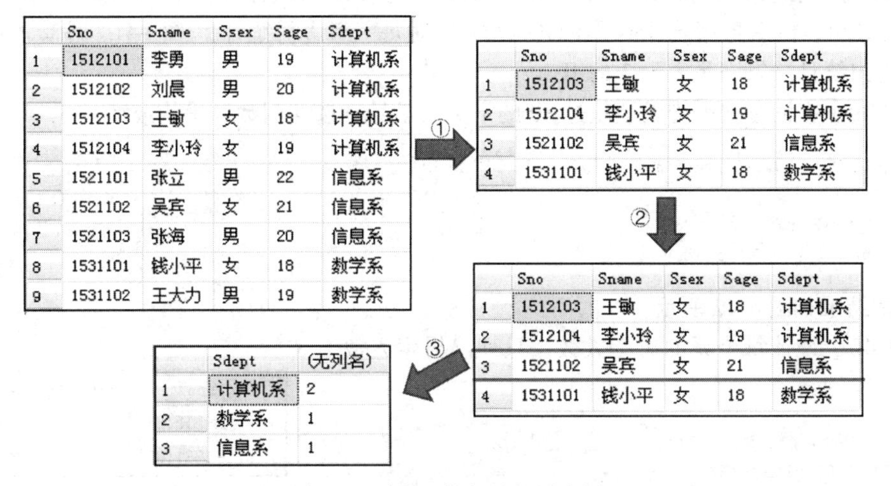

	Sno	Sname	Ssex	Sage	Sdept
1	1512101	李勇	男	19	计算机系
2	1512102	刘晨	男	20	计算机系
3	1512103	王敏	女	18	计算机系
4	1512104	李小玲	女	19	计算机系
5	1521101	张立	男	22	信息系
6	1521102	吴宾	女	21	信息系
7	1521103	张海	男	20	信息系
8	1531101	钱小平	女	18	数学系
9	1531102	王大力	男	19	数学系

①

	Sno	Sname	Ssex	Sage	Sdept
1	1512103	王敏	女	18	计算机系
2	1512104	李小玲	女	19	计算机系
3	1521102	吴宾	女	21	信息系
4	1531101	钱小平	女	18	数学系

②

	Sno	Sname	Ssex	Sage	Sdept
1	1512103	王敏	女	18	计算机系
2	1512104	李小玲	女	19	计算机系
3	1521102	吴宾	女	21	信息系
4	1531101	钱小平	女	18	数学系

③

	Sdept	(无列名)
1	计算机系	2
2	数学系	1
3	信息系	1

图 4-38　例 36 执行过程示意图

其执行步骤是：①执行 WHERE 子句，筛选出全部的女生；②执行 GROUP BY 将系相同学生分在一组；③对每组进行统计。

例 36 的查询结果如图 4-39 所示。

【例 37】按多列分组。统计每个系的男生人数和女生人数，以及男生的最大年龄和女生的最大年龄。结果按系名的升序排序。

```
SELECT Sdept, Ssex, Count(*) 人数 , Max(Sage) 最大年龄
  FROM Student
  GROUP BY Sdept, Ssex
  ORDER BY Sdept
```

查询结果如图 4-40 所示。

	Sdept	女生人数
1	计算机系	2
2	数学系	1
3	信息系	1

图 4-39　例 36 的查询结果

	Sdept	Ssex	人数	最大年龄
1	计算机系	男	2	20
2	计算机系	女	2	19
3	数学系	男	1	19
4	数学系	女	1	18
5	信息系	男	2	22
6	信息系	女	1	21

图 4-40　例 37 的查询结果

（2）使用 HAVING 子句

HAVING 子句用于对分组后的结果再进行筛选，它的功能有点像 WHERE 子句，但它用于组而不是单个记录。在 HAVING 子句中可以使用聚合函数对分组后的数据进行筛选，但在 WHERE 子句中则不能。HAVING 通常与 GROUP BY 子句一起使用。

【例 38】查询选修了 3 门以上课程的学生的学号和选课门数。

```
  SELECT Sno, Count(*) 选课门数 FROM SC
GROUP BY Sno
HAVING COUNT(*) > 3
```

查询结果如图 4-41 所示。

	Sno	选课门数
1	1512101	5
2	1521102	4
3	1521103	4
4	1531102	4

图 4-41　例 38 的查询结果

此语句的处理过程为：先执行 GROUP BY 子句对 SC 表数据按 Sno 进行分组，然后再用统计函数 COUNT 分别对每一组进行统计，最后筛选出统计结果满足大于 3 的组。

【例 39】查询考试平均成绩超过 80 的学生的学号、选课门数和平均成绩。

```
SELECT Sno, COUNT(*) 选课门数 , AVG(Grade) 平均成绩
  FROM SC
  GROUP BY Sno
  HAVING AVG(Grade) >= 80
```

查询结果如图 4-42 所示。

	Sno	选课门数	平均成绩
1	1512101	5	89
2	1531102	4	82

图 4-42　例 39 的查询结果

【例 40】统计每个系的男生人数，只列出男生人数大于等于 2 人的系。

```
SELECT Sdept, COUNT(*) 人数
  FROM Student
  WHERE Ssex = '男'
```

```
GROUP BY Sdept
HAVING COUNT(*) >= 2
```

该语句的执行过程为：①执行 WHERE 子句，挑选出全部男生；②执行 GROUP BY 子句，将相同系学生放置在一个组中；③执行聚合函数，每组产生一个统计值；④执行 HAVING 子句，筛选出满足要求的结果。图 4-43 示意了该语句的执行过程。

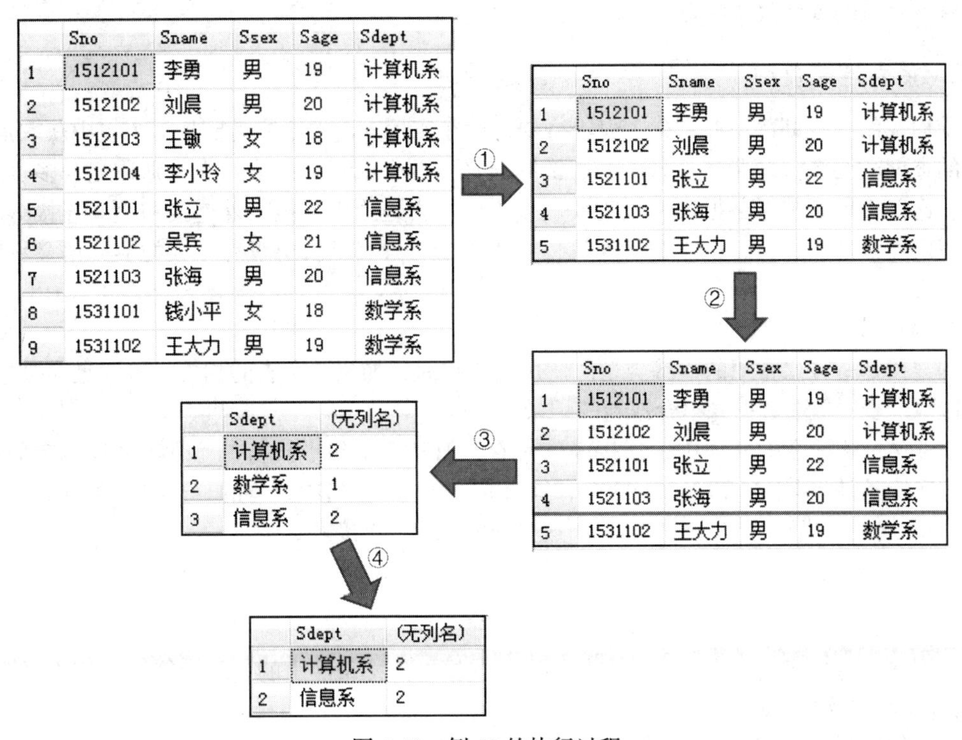

图 4-43　例 40 的执行过程

正确理解 WHERE、GROUP BY、HAVING 子句的作用及执行顺序，对编写正确、高效的查询语句很有帮助。

- WHERE 子句用来筛选 FROM 子句中指定的数据源所产生的行数据。
- GROUP BY 子句用来对经 WHERE 子句筛选后的结果数据进行分组。
- HAVING 子句用来对分组后的结果数据再进行筛选。

对于可以在分组操作之前应用的搜索条件，在 WHERE 子句中指定它们更有效，这样可以减少参与分组的数据行。在 HAVING 子句中指定的搜索条件应该是那些必须在执行分组操作之后应用的搜索条件。因此，建议将所有应该在分组之前进行的搜索条件放在 WHERE 子句中而不是 HAVING 子句中。

例如，查询计算机系和信息管理系的学生人数，可以使用如下两种方法。

方法一：

```
SELECT Sdept, COUNT(*)  FROM Student
  GROUP BY Sdept
  HAVING Sdept IN ( '计算机系', '信息管理系')
```

方法二：

```
SELECT sdept, COUNT (*)  FROM Student
  WHERE Sdept IN ( '计算机系', '信息管理系')
  GROUP BY Sdept
```

第二种方法比第一种方法执行效率高，因为 WHERE 子句在 GROUP BY 子句之前执行，因此参与分组的数据会减少。

4.1.3　多表连接查询

前面介绍的查询都是针对一个表进行的，但在实际查询中往往需要从多个表中获取信息，这时的查询就会涉及多张表。若一个查询同时涉及两个或两个以上的表，则称之为多表连接查询。连接查询是关系数据库中最主要的查询，主要包括内连接、外连接和交叉连接等。本书介绍内连接和外连接，由于交叉连接使用得很少，且其结果也没有太大的实际语义，因此不做介绍。

1. 内连接

内连接是一种最常用的连接类型。使用内连接时，如果两个表的相关字段满足连接条件，则从这两个表中提取数据并组合成新的记录。

在非 ANSI 标准的实现中，连接操作是在 WHERE 子句中执行的（即在 WHERE 子句中指定表连接条件），在 ANSI SQL-92 中，连接是在 JOIN 子句中执行的。这些连接方式分别被称为 theta 连接方式和 ANSI 连接方式。这里介绍 ANSI 连接方式。

内连接的语法格式为：

```
FROM 表1  [ INNER ]  JOIN 表2  ON  <连接条件>
```

在连接条件中指明两个表按什么条件进行连接，连接条件中的比较运算符称为连接谓词。连接条件的一般格式为：

```
[<表名1>.]<列名> <比较运算符> [<表名2>.]<列名>
```

注意：

连接条件中的连接字段必须是可比的，即必须是语义相同的列，否则比较将是无意义的。

当比较运算符为等号（=）时，称为等值连接，使用其他运算符的连接称为非等值连接。

从概念上讲，DBMS 执行连接操作的过程是：首先取表 1 中的第 1 个元组，然后从头开始扫描表 2，逐一查找满足连接条件的元组，找到后就将表 1 中的第 1 个元组与该元组拼接起来，形成结果表中的一个元组。表 2 全部查找完毕后，再取表 1 中的第 2 个元组，然后再从头开始扫描表 2，逐一查找满足连接条件的元组，找到后就将表 1 中的第 2 个元组与该元组拼接起来，形成结果表中的另一个元组。重复这个过程，直到表 1 中的全部元组都处理完毕。

【例 41】查询每个学生及其选课的详细信息。

由于学生基本信息存放在 Student 表中，学生选课信息存放在 SC 表中，因此这个查询涉及两个表，这两个表之间进行连接的连接条件是两个表中的 Sno 相等。

```
SELECT * FROM Student INNER JOIN SC
  ON Student.Sno = SC.Sno      -- 将 Student 与 SC 连接起来
```

查询结果的部分数据如图 4-44 所示。

	Sno	Sname	Ssex	Sage	Sdept	Sno	Cno	Grade
1	1512101	李勇	男	19	计算机系	1512101	c001	90
2	1512101	李勇	男	19	计算机系	1512101	c002	86
3	1512101	李勇	男	19	计算机系	1512101	c003	92
4	1512101	李勇	男	19	计算机系	1512101	c005	88
5	1512101	李勇	男	19	计算机系	1512101	c006	NULL
6	1512102	刘晨	男	20	计算机系	1512102	c001	76
7	1512102	刘晨	男	20	计算机系	1512102	c002	78
8	1512102	刘晨	男	20	计算机系	1512102	c005	66
9	1512104	李小玲	女	19	计算机系	1512104	c002	66
10	1512104	李小玲	女	19	计算机系	1512104	c005	78
11	1512104	李小玲	女	19	计算机系	1512104	c008	66
12	1521102	吴宾	女	21	信息系	1521102	c001	82
13	1521102	吴宾	女	21	信息系	1521102	c005	75
14	1521102	吴宾	女	21	信息系	1521102	c007	92
15	1521102	吴宾	女	21	信息系	1521102	c009	50

图 4-44　例 41 的查询结果

从图 4-44 可以看到，两个表的连接结果中包含了两个表的全部列，其中有两个 Sno 列：一个来自 Student 表，一个来自 SC 表（不同表中的列可以重名），这两个列的值是完全相同的（因为这里的连接条件就是 Student.Sno = SC.Sno）。因此，在写多表连接查询语句时有必要将这些重复的列去掉，方法是在 SELECT 子句中直接列出所需要的列名，而不是写“*”。另外，由于进行多表连接之后，在连接生成的表中可能存在列名相同的列，因此，为了明确需要的是哪个列，可以在列名前添加表名前缀限制，其格式如下：

```
表名 . 列名
```

比如在上例中，在 ON 子句中对 Sno 列就加上了表名前缀限制。

从上述结果还可以看到，在 SELECT 语句中的查询列表可以来自两个表的连接结果中的列，而且在 WHERE 子句中所涉及的列也可以是连接结果中的列。因此，根据要查询的列以及数据的选择条件涉及的列可以确定这些列所在的表，从而也就确定了进行连接操作的表。

【例 42】去掉例 41 中的重复列。

```
SELECT Student.Sno, Sname, Ssex, Sage, Sdept, Cno, Grade
  FROM Student JOIN SC ON Student.Sno = SC.Sno
```

该语句的部分查询结果如图 4-45 所示。

【例 43】查询计算机系学生的修课情况，要求列出学生的学号、名字、所选的课程号和成绩。

```
SELECT Student.Sno, Sname, Cno, Grade
  FROM Student JOIN SC ON Student.Sno = SC.Sno
  WHERE Sdept = '计算机系'
```

查询结果如图 4-46 所示。

	Sno	Sname	Ssex	Sage	Sdept	Cno	Grade
1	1512101	李勇	男	19	计算机系	c001	90
2	1512101	李勇	男	19	计算机系	c002	86
3	1512101	李勇	男	19	计算机系	c003	92
4	1512101	李勇	男	19	计算机系	c005	88
5	1512101	李勇	男	19	计算机系	c006	NULL
6	1512102	刘晨	男	20	计算机系	c001	76
7	1512102	刘晨	男	20	计算机系	c002	78
8	1512102	刘晨	男	20	计算机系	c005	66
9	1512104	李小玲	女	19	计算机系	c002	66
10	1512104	李小玲	女	19	计算机系	c005	78
11	1512104	李小玲	女	19	计算机系	c008	66
12	1521102	吴宾	女	21	信息系	c001	82
13	1521102	吴宾	女	21	信息系	c005	75
14	1521102	吴宾	女	21	信息系	c007	92
15	1521102	吴宾	女	21	信息系	c009	50

图 4-45 例 42 的查询结果

	Sno	Sname	Cno	Grade
1	1512101	李勇	c001	90
2	1512101	李勇	c002	86
3	1512101	李勇	c003	92
4	1512101	李勇	c005	88
5	1512101	李勇	c006	NULL
6	1512102	刘晨	c001	76
7	1512102	刘晨	c002	78
8	1512102	刘晨	c005	66
9	1512104	李小玲	c002	66
10	1512104	李小玲	c005	78
11	1512104	李小玲	c008	66

图 4-46 例 43 的查询结果

可以为表取别名，以简化表名的书写。其格式如下：

```
FROM <源表名> [ AS ] <表别名>
```

例如，使用别名时例 43 可写为如下形式：

```
SELECT Sname, Cno, Grade FROM Student S JOIN SC
  ON S.Sno = SC.Sno
  WHERE Sdept = '计算机系'
```

注意：

当为表指定了别名时，在查询语句中，所有用到表名的地方都要使用别名，而不能再使用原表名。

【例 44】查询"信息系"选修了"计算机文化学"课程的学生的成绩，要求列出学生姓名、课程名和成绩。

```
SELECT Sname,Cname,Grade
  FROM  Student s JOIN SC ON s.Sno = SC. Sno
  JOIN  Course c ON c.Cno = SC.Cno
  WHERE Sdept = '信息系'
    AND Cname = '计算机文化学'
```

查询结果如图 4-47 所示。

	Sname	Cname	Grade
1	吴宾	计算机文化学	82

图 4-47 例 44 的查询结果

注意：

此查询涉及了三张表（"信息系"信息在 Student 表中，"计算机文化学"课程信息在 Course 表中，"成绩"信息在 SC 表中）。每连接一张表，就需要加一个 JOIN 子句。

【例 45】查询所有选修了 Java 课程的学生情况，列出学生姓名和所在系。

```
SELECT Sname, Sdept FROM Student S
  JOIN SC ON S.Sno = SC. Sno
```

```
JOIN Course C ON C.Cno = SC.cno
WHERE Cname = 'Java'
```

查询结果如图 4-48 所示。

	Sname	Sdept
1	李勇	计算机系
2	刘晨	计算机系
3	李小玲	计算机系
4	吴宾	信息系
5	钱小平	数学系
6	王大力	数学系

图 4-48 例 45 的查询结果

注意：

在这个查询语句中，虽然所要查询的列和元组的选择条件均与 SC 表无关，但这里还是用了三张表进行连接，原因是 Student 表和 Course 表没有可以进行连接的列（语义相同的列），因此，这两张表的连接必须借助于第三张表：SC 表。

【例 46】有分组的多表连接查询。统计每个系的学生的考试平均成绩。

```
SELECT Sdept, AVG(grade) as AverageGrade
  FROM Student S JOIN SC ON S.Sno = SC.Sno
  GROUP BY Sdept
```

查询结果如图 4-49 所示。

【例 47】有分组和行选择条件的多表连接查询。统计计算机系每门课程的选课人数、平均成绩、最高成绩和最低成绩。

```
SELECT Cno, COUNT(*) AS Total, AVG(Grade) as AvgGrade,
  MAX(Grade) as MaxGrade, MIN(Grade) as MinGrade
  FROM Student S JOIN SC ON S.Sno = SC.Sno
  WHERE Sdept = '计算机系'
  GROUP BY Cno
```

查询结果如图 4-50 所示。

	Sdept	AverageGrade
1	计算机系	78
2	数学系	71
3	信息系	74

图 4-49 例 46 的查询结果

	Cno	Total	AvgGrade	MaxGrade	MinGrade
1	c001	2	83	90	76
2	c002	3	76	86	66
3	c003	1	92	92	92
4	c005	3	77	88	66
5	c006	1	NULL	NULL	NULL
6	c008	1	66	66	66

图 4-50 例 47 的查询结果

2. 自连接

自连接是指相互连接的表在物理上为同一张表，但在逻辑上将其看成是两张表。

要让物理上的一张表在逻辑上成为两个表，必须通过为表取别名的方法实现。例如：

```
FROM 表 1 T1    -- 在内存中生成表名为“T1”的表
JOIN 表 1 T2    -- 在内存中生成表名为“T2”的表
```

因此，在使用自连接时一定要为表取别名。

【例 48】查询与刘晨在同一个系学习的学生的姓名和所在系。

分析此查询的实现过程：首先应找到刘晨在哪个系学习（在 Student 表中，不妨将这个表称为 S1 表），然后再找出此系的所有学生（也在 Student 表中，不妨将这个表称为 S2 表），S1 表和 S2 表的连接条件是两个表的系（Sdept）相同。因此，实现此查询的 SQL 语句如下：

```
SELECT S2.Sname, S2.Sdept FROM Student S1 JOIN Student S2
  ON S1.Sdept = S2.Sdept    -- 是同一个系的学生
  WHERE S1.Sname = '刘晨'     -- S1 表作为查询条件表
  AND S2.Sname != '刘晨'      -- S2 表作为结果表，并从中去掉“刘晨”本人
```

查询结果如图 4-51 所示。

	Sname	Sdept
1	李勇	计算机系
2	王敏	计算机系
3	李小玲	计算机系

图 4-51 例 48 的查询结果

【例 49】 查询与“数据结构”学分相同的课程的课程名和学分。

这个例子与例 48 类似，只要将 Course 表想象成两张表，一张表作为查询条件的表，另一张表作为结果的表即可。

```
SELECT C1.Cname, C1.Credit
  FROM Course C1 JOIN Course C2
  ON C1.Credit = C2. Credit                  -- 学分相同
  WHERE C2.Cname = '数据结构'                 -- C2 表作为查询条件表
```

查询结果如图 4-52 所示。

	Cname	Credit
1	数据结构	5
2	计算机网络	5

图 4-52 例 49 的查询结果

观察例 48 和例 49 可以看到，在自连接查询中，一定要注意区分好查询条件表和查询结果表。在例 48 中，用 S1 表作为查询条件表（WHERE S1.Sname = '刘晨'），S2 表作为查询结果表，因此在查询列表中写的就是：SELECT S2.Sname, …。在例 49 中，用 C2 表作为查询条件表（ C2.Cname ='数据结构'），C1 表作为查询结果表，因此在查询列表中写的就是：SELECT C1.Cname, …。

例 48 和例 49 的另一个区别是，在例 48 的查询结果中去掉了与查询条件相同的数据（S2.Sname != '刘晨'），而在例 49 的查询结果中保留了这个数据。具体是否要保留，由用户的查询要求决定。

3. 外连接

在内连接操作中，只有满足连接条件的元组才能作为结果输出，但有时我们也希望输出那些不满足连接条件的元组信息，比如查看全部课程的选修情况，包括有学生选的课程和没有学生选的课程。如果用内连接实现（通过 SC 表和 Course 表的内连接），则只能找到有学生选的课程，因为内连接的结果首先是要满足连接条件，SC.Cno = Course.Cno。对于在 Course 表中有，但在 SC 表中没有的课程（没有人选），由于不满足 SC.Cno = Course.Cno 条件，因此是查找不出来的。这种情况就需要使用外连接来实现。

外连接是只限制一张表中的数据必须满足连接条件，而另一张表中的数据可以不满足连接条件。ANSI 方式的外连接的语法格式为：

```
FROM 表 1 LEFT | RIGHT [ OUTER ] JOIN 表 2 ON  <连接条件>
```

LEFT [OUTER] JOIN 称为左外连接，RIGHT [OUTER] JOIN 称为右外连接。左外连接的含义是限制表 2 中的数据必须满足连接条件，而不管表 1 中的数据是否满足连接条件，均输出表 1 中的内容；右外连接的含义是限制表 1 中的数据必须满足连接条件，而不管表 2 中的数据是否满足连接条件，均输出表 2 中的内容。

theta 方式的外连接的语法格式如下。

左外连接：`FROM 表 1, 表 2 WHERE [表 1.] 列名 (+) = [表 2.] 列名`

右外连接：FROM 表 1, 表 2 WHERE [表 1.] 列名 = [表 2.] 列名 (+)

SQL Server 支持 ANSI 方式的外连接，Oracle 支持 theta 方式的外连接。这里采用 ANSI 方式的外连接格式。

（1）外连接与内连接的比较

设有表 A 和表 B，其中表 A 和表 B 中有列值相同的数据，图 4-53 所示的数据集 *A* 表示表 A 的全部数据，数据集 *B* 表示表 B 中的全部数据，数据集 *C* 表示表 A 和表 B 中某列值相同的数据，数据集 *A*1 表示表 A 中有表 B 中没有的数据，数据集 *B*1 表示表 B 中有表 A 中没有的数据。

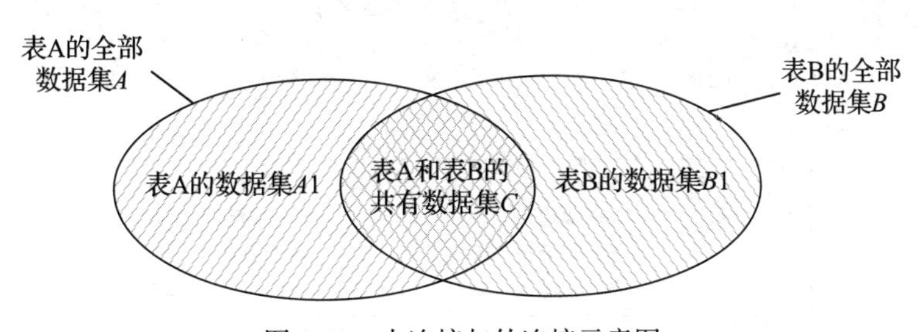

图 4-53　内连接与外连接示意图

- 对图 4-53 所示数据集执行下述内连接操作，返回结果为：数据集 *C*。

```
FROM 表 A JOIN 表 B ON 表 A. 某列 = 表 B. 某列
```

- 对图 4-53 所示数据集执行下述左外连接操作，返回结果为：数据集 *A*1 + 数据集 *C*。

```
FROM 表 A LEFT JOIN 表 B ON 表 A. 某列 = 表 B. 某列
```

- 对图 4-53 所示数据集执行下述右外连接操作，返回结果为：数据集 *B*1 + 数据集 *C*。

```
FROM 表 A RIGHT JOIN 表 B ON 表 A. 某列 = 表 B. 某列
```

示例：设有商品表 A 和商品表 B，其结构和包含的数据如表 4-5 和表 4-6 所示。

表 4-5　商品表 A

商品号	商品名	价格
P01	34 平面电视	1400
P02	42 液晶电视	2800
P04	52 液晶电视	3600

表 4-6　商品表 B

商品号	商品名	价格
P01	34 平面电视	1400
P02	42 液晶电视	2800
P03	56 智能电视	5600

- 执行下述内连接查询语句，结果如图 4-54 所示。

```
SELECT A. 商品号 as A表商品号 , A. 商品名 as A商品名 ,A. 价格 as A价格 ,
       B. 商品号 as B表商品号 , B. 商品名 as B商品名 ,B. 价格 as B价格
FROM 商品表A A JOIN 商品表B B ON A. 商品号 = B. 商品号
```

	A表商品号	A商品名	A价格	B表商品号	B商品名	B价格
1	P01	34平面电视	1400	P01	34平面电视	1400
2	P02	42液晶电视	2800	P02	42液晶电视	2800

图 4-54 内连接查询结果

从图 4-54 可以看到，连接结果中包含“P01”和“P02”两个商品，它们是商品表 A 和商品表 B 中同时有的数据。

- 执行下述左外连接查询语句，结果如图 4-55 所示。

```
SELECT A.商品号 as A表商品号 , A.商品名 as A商品名 ,A.价格 as A价格 ,
       B.商品号 as B表商品号 , B.商品名 as B商品名 ,B.价格 as B价格
FROM 商品表A A LEFT JOIN 商品表B B ON A.商品号= B.商品号
```

	A表商品号	A商品名	A价格	B表商品号	B商品名	B价格
1	P01	34平面电视	1400	P01	34平面电视	1400
2	P02	42液晶电视	2800	P02	42液晶电视	2800
3	P04	52液晶电视	3600	NULL	NULL	NULL

图 4-55 左外连接查询结果

从图 4-55 可以看到，左外连接结果中包含了商品表 A 中的全部数据，即使商品表 B 中并没有表 A 中包含的商品号为“P04”的数据（在外连接结果中商品表 B 中的该行数据均是 NULL）。

- 执行下述右外连接查询语句，结果如图 4-56 所示。

```
SELECT A.商品号 as A表商品号 , A.商品名 as A商品名 ,A.价格 as A价格 ,
       B.商品号 as B表商品号 , B.商品名 as B商品名 ,B.价格 as B价格
FROM 商品表A A RIGHT JOIN 商品表B B ON A.商品号= B.商品号
```

	A表商品号	A商品名	A价格	B表商品号	B商品名	B价格
1	P01	34平面电视	1400	P01	34平面电视	1400
2	P02	42液晶电视	2800	P02	42液晶电视	2800
3	NULL	NULL	NULL	P03	56智能电视	5600

图 4-56 右外连接查询结果

从图 4-56 可以看到，连接结果中包含了商品表 B 中的全部数据，即使商品表 A 中并没有商品号为“P03”的数据（在外连接结果中商品表 A 中的该行数据均是 NULL）。

（2）外连接示例

【例 50】查询没人选的课程，列出课程名。

分析：如果某门课程没有人选，则必定是在 Course 表中有，但在 SC 表中没出现的课程，即在进行外连接后，没有人选的课程记录在 SC 表中相应的 Sno、Cno 或 Grade 列上必定都是空值，因此我们只要在连接后的结果中选出 SC 表中 Sno 为空或者 Cno 为空的记录即可。（不选 Grade 为空作为筛选条件的原因是，Grade 本身允许有 NULL 值，因此，当以 Grade 是否为空来作为判断条件时，就可能将有人选但还没有考试的课程列出来，而这些记录是不符合查询要求的。）

完成此功能的查询语句如下：

```
SELECT Cname FROM Course C LEFT JOIN SC ON C.Cno = SC.Cno
  WHERE SC.Cno IS NULL
```

查询结果如图 4-57 所示。

【例 51】查询计算机系没选课的学生，列出学生姓名和性别。

```
SELECT Sname, Ssex
  FROM Student LEFT OUTER JOIN SC
  ON Student.Sno = SC.Sno
  WHERE SC.Sno IS NULL AND Sdept = '计算机系'
```

查询结果如图 4-58 所示。

【例 52】统计第 2～4 学期开设的课程中，每门课程的选课人数，包括没人选的课程，列出课程号和选课人数。

```
SELECT C.Cno 课程号 , COUNT(SC.Cno) 选课人数
  FROM Course C LEFT OUTER JOIN SC ON C.Cno = SC.Cno
  WHERE Semester IN(2,3,4)
  GROUP BY C.Cno
```

查询结果如图 4-59 所示。

	Cname
1	大学英语
2	计算机网络

图 4-57　例 50 的查询结果

	Sname	Ssex
1	王敏	女

图 4-58　例 51 的查询结果

	课程号	选课人数
1	c003	1
2	c004	0
3	c005	6
4	c006	2
5	c007	3
6	c008	2

图 4-59　例 52 的查询结果

4.1.4　使用 TOP 限制结果集

在使用 SELECT 语句进行查询时，有时只希望列出结果集中的前几行结果，而不是全部结果。例如，竞赛时，一般只取成绩最高的前三名，这时就可以使用 TOP 谓词来限制输出的结果。

使用 TOP 谓词的格式如下：

```
TOP n [ percent ] [WITH TIES ]
```

其中：

- n 为非负整数。
- TOP n：表示取查询结果的前 *n* 行数据；
- TOP n percent：表示取查询结果的前 *n*% 行数据；
- WITH TIES：表示包括并列的结果。

TOP 谓词写在 SELECT 单词的后边（如果有 DISTINCT 的话，则写在 DISTINCT 单词之后），查询列表的前边。

【例 53】查询年龄最大的三名学生的姓名、年龄及所在系。

```
SELECT TOP 3 Sname, Sage, Sdept
  FROM Student
  ORDER BY Sage DESC
```

查询结果如图 4-60 所示。

若要包括年龄并列第 3 名的所有学生，则此句可写为如下形式：

```
SELECT TOP 3 WITH TIES Sname, Sage, Sdept
  FROM Student
  ORDER BY Sage DESC
```

查询结果如图 4-61 所示。

	Sname	Sage	Sdept
1	张立	22	信息系
2	吴宾	21	信息系
3	刘晨	20	计算机系

图 4-60 例 53 不包括并列情况的查询结果

	Sname	Sage	Sdept
1	张立	22	信息系
2	吴宾	21	信息系
3	张海	20	信息系
4	刘晨	20	计算机系

图 4-61 例 53 包括并列情况的查询结果

注意：

如果在 TOP 子句中使用了 WITH TIES 谓词，则要求必须使用 ORDER BY 子句对查询结果进行排序，否则会出现语法错误。但如果没有使用 WITH TIES 谓词，则可以不使用 ORDER BY 子句，但此时要注意这样取的前若干名结果可能与预想的不一样。因此，最好同时使用 TOP 谓词与 ORDER BY 子句。

【例 54】查询 Java 课程考试成绩前三名的学生的姓名、所在系和成绩。

```
SELECT TOP 3 WITH TIES Sname, Sdept, Grade
  FROM Student S JOIN SC on S.Sno = SC.Sno
  JOIN Course C ON C.Cno = SC.Cno
  WHERE Cname = 'Java'
  ORDER BY Grade DESC
```

查询结果如图 4-62 所示。

【例 55】查询选课人数最多的前两门课程（包括并列情况），列出课程号和选课人数。

```
SELECT TOP 2 WITH TIES C.Cno 课程号 , COUNT(*) 选课人数
  FROM Course C JOIN SC ON C.Cno = SC.Cno
  GROUP BY C.Cno
  ORDER BY COUNT(*) DESC
```

查询结果如图 4-63 所示。

	Sname	Sdept	Grade
1	李勇	计算机系	88
2	王大力	数学系	85
3	李小玲	计算机系	78

图 4-62 例 54 的查询结果

	课程号	选课人数
1	c005	6
2	c001	5
3	c002	5

图 4-63 例 55 的查询结果

4.1.5 子查询

在 SQL 语言中，一个 SELECT-FROM-WHERE 语句称为一个查询块。

如果一个 SELECT 语句嵌套在一个 SELECT、INSERT、UPDATE 或 DELETE 语句中，

则称之为子查询或内层查询；而包含子查询的语句则称为主查询或外层查询。一个子查询也可以嵌套在另一个子查询中。为了与外层查询有所区别，总是把子查询写在圆括号中。与外层查询类似，子查询语句中也必须至少包含 SELECT 子句和 FROM 子句，并根据需要选择使用 WHERE 子句、GROUP BY 子句和 HAVING 子句。

子查询语句可以出现在任何能够使用表达式的地方，但通常情况下，子查询语句是用在外层查询的 WHERE 子句或 HAVING 子句中，与比较运算符或逻辑运算符一起构成查询条件。

1. 使用子查询进行基于集合的测试

使用子查询进行基于集合的测试时，通过运算符 IN 或 NOT IN，将一个表达式的值与子查询返回的结果集进行比较。其形式为：

```
WHERE 表达式 [NOT] IN （子查询）
```

这与前边讲的 WHERE 子句中的 IN 运算符的作用完全相同。使用 IN 运算符时，如果表达式的值与集合中的某个值相等，则此测试结果为真；如果表达式的值与集合中的所有值均不相等，则为假。

这种形式的子查询的语句是分步骤实现的，即先执行子查询，然后在子查询的结果基础上再执行外层查询。子查询返回的结果实际上就是一个集合，外层查询就是在这个集合上使用 IN 运算符进行比较。

注意：

使用子查询进行基于集合的测试时，由该子查询返回的结果集中的列的个数、数据类型以及语义必须与表达式中的列的个数、数据类型以及语义相同。当子查询返回结果之后，外层查询将用这个结果作为筛选条件。

【例 56】查询与“刘晨”在同一个系学习的学生。

```
SELECT Sno, Sname, Sdept FROM Student
  WHERE Sdept IN (
    SELECT Sdept FROM Student WHERE Sname = '刘晨')
```

实际的查询过程如下。

1）确定“刘晨”所在的系（执行子查询）：

```
SELECT Sdept FROM Student WHERE Sname = '刘晨'
```

查询结果为“计算机系”。

2）在子查询的结果中查找所有在此系学习的学生：

```
SELECT Sno, Sname, Sdept FROM Student
  WHERE Sdept IN('计算机系')
```

查询结果如图 4-64 所示。

从查询结果中可以看到其中也包含学生刘晨，如果不希望刘晨出现在查询结果中，可以对上述查询语句添加一个条件，如下所示：

```
SELECT Sno, Sname, Sdept FROM Student
  WHERE Sdept IN (
     SELECT Sdept FROM Student WHERE Sname = '刘晨')
  AND Sname != '刘晨'
```

	Sno	Sname	Sdept
1	1512101	李勇	计算机系
2	1512102	刘晨	计算机系
3	1512103	王敏	计算机系
4	1512104	李小玲	计算机系

图 4-64　例 56 的查询结果

注意：

这里的“Sname !='刘晨'”不需要使用表名前缀限制，因为对于外层查询来说，这个列名是没有二义的。

之前曾用自连接实现过此查询，从这个例子可以看出，SQL 语言的使用是很灵活的，同样的查询可以用多种形式实现。随着进一步的学习，我们会对这一点有更深的体会。

【例 57】查询考试成绩大于 90 分的学生的学号和姓名。

```
SELECT Sno, Sname FROM Student
  WHERE Sno IN (
    SELECT Sno FROM SC
      WHERE Grade > 90 )
```

查询结果如图 4-65 所示。

此查询也可以用多表连接实现：

```
SELECT SC.Sno, Sname FROM Student JOIN SC
  ON Student.Sno = SC.Sno WHERE Grade > 90
```

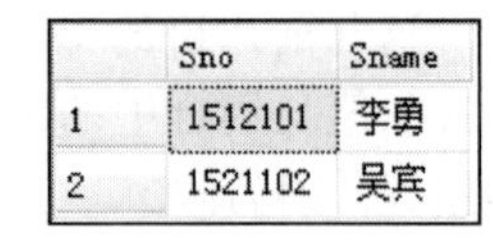

	Sno	Sname
1	1512101	李勇
2	1521102	吴宾

图 4-65 例 57 的查询结果

【例 58】查询选修了 Java 课程的学生的学号和姓名。

```
SELECT Sno, Sname FROM Student
  WHERE Sno IN (
    SELECT Sno FROM SC
      WHERE Cno IN (
        SELECT Cno FROM Course
          WHERE Cname = 'Java') )
```

查询结果如图 4-66 所示。

此查询也可以用多表连接实现：

```
SELECT Student.Sno, Sname FROM Student
  JOIN SC ON Student.Sno = SC.Sno
  JOIN Course ON Course.Cno = SC.Cno
  WHERE Cname = 'Java'
```

	Sno	Sname
1	1512101	李勇
2	1512102	刘晨
3	1512104	李小玲
4	1521102	吴宾
5	1531101	钱小平
6	1531102	王大力

图 4-66 例 58 的查询结果

【例 59】统计选修了 Java 课程的这些学生的选课门数和平均成绩。

```
SELECT Sno 学号 , COUNT(*) 选课门数 , AVG(Grade) 平均成绩
  FROM SC WHERE Sno IN (
    SELECT Sno FROM SC JOIN Course C
      ON C.Cno = SC.Cno
      WHERE Cname = 'Java')
  GROUP BY Sno
```

查询结果如图 4-67 所示。

注意：

很多子查询语句都可以用多表连接的形式实现，例如前边的例 56 至例 58，但例 59 这个查询语句就不能用连接查询实现，因为这个查询的语义是要先找出选了 Java 课程的学生，然后再计算这些学生的选课门数和平均成绩。如果用连接查询实现，则其执行结果如图 4-68 所示。具体代码如下。

	学号	选课门数	平均成绩
1	1512101	5	89
2	1512102	3	73
3	1512104	3	70
4	1521102	4	74
5	1531101	3	58
6	1531102	4	82

图 4-67 例 59 的查询结果

```
SELECT Sno 学号 , COUNT(*) 选课门数 , AVG(Grade) 平均成绩
  FROM SC JOIN Course C ON C.Cno = SC.Cno
  WHERE Cname = 'Java'
  GROUP BY Sno
```

从这个结果可以看出，每个学生的选课门数均为 1，实际上这个 1 指的是 Java 这一门课程，其平均成绩也是 Java 课程的考试成绩。之所以产生这个结果，是因为连接查询在执行时首先是将所有进行连接操作的表连接成一张大表，这个大表中的数据为全部满足连接条件的数据。之后系统再在这个大表上执行 WHERE 子句，然后是 GROUP BY 子句。显然执行“ WHERE Cname = 'Java'”子句后，大表中的数据就只剩下 Java 这一门课程的信息了。这种处理模式显然不符合我们的查询要求。而 IN 这种形式的子查询是先内后外逐层执行的，正好符合此例的查询要求。因此当查询需要分步骤实现时就只能用子查询来实现。

	学号	选课门数	平均成绩
1	1512101	1	88
2	1512102	1	66
3	1512104	1	78
4	1521102	1	75
5	1531101	1	50
6	1531102	1	85

图 4-68　用连接查询实现例 59 的查询结果

2. 使用子查询进行比较测试

使用子查询进行比较测试时，通过比较运算符（=、<>、<、>、<=、<=），将一个表达式的值与子查询返回的值进行比较。如果比较运算的结果为真，则比较测试返回 True。

使用子查询进行比较测试的语法格式为：

```
WHERE 表达式比较运算符 (子查询)
```

注意：

使用子查询进行比较测试时，要求子查询语句必须是返回单值的查询语句。

我们之前曾经提到，聚合函数不能出现在 WHERE 子句中，对于要与聚合函数进行比较的查询，应该使用进行比较测试的子查询实现。

同基于集合的子查询一样，用子查询进行比较测试时，也是先执行子查询，然后再根据子查询返回的结果执行外层查询。

【例 60】查询选了“c005”课程且考试成绩高于此课程的平均成绩的学生的学号和成绩。

分析：首先计算“c005”号课程的平均成绩：

```
SELECT AVG(Grade) from SC
  WHERE Cno = 'c005'
```

执行结果为：73。

然后，查找“c005”课程所有的考试成绩中，高于 73 分的学生的学号和成绩：

```
SELECT Sno , Grade  FROM SC
  WHERE Cno = 'c005'
    AND Grade > 73
```

将两个查询语句合起来即为满足要求的查询语句：

```
SELECT Sno , Grade FROM SC
  WHERE Cno = 'c005' AND Grade > (
    SELECT AVG(Grade) FROM SC
      WHERE Cno = 'c005')
```

查询结果如图 4-69 所示。

【例 61】查询计算机系年龄最大的学生的姓名和年龄。

```
SELECT Sname, Sage FROM Student
  WHERE Sdept = '计算机系'
    AND Sage = (
      SELECT MAX(Sage) FROM Student
        WHERE Sdept = '计算机系')
```

查询结果如图 4-70 所示。

	Sno	Grade
1	1512101	88
2	1512104	78
3	1521102	75
4	1531102	85

图 4-69　例 60 的查询结果

	Sname	Sage
1	刘晨	20

图 4-70　例 61 的查询结果

在这个例子中，子查询和外层查询的“WHERE Sdept = '计算机系'”子句部分都不能省。因为，如果在子查询中省略了这个子句，则子查询部分查询的最大年龄是全体学生的最大年龄，而不是计算机系学生的最大年龄。如果在外层查询中省略了此子句，则查询的结果是全体学生中年龄等于计算机系最大年龄的学生。

这个查询也可以用 TOP 子句实现：

```
SELECT TOP 1 WITH TIES Sname, Sage FROM Student
  WHERE Sdept = '计算机系'
  ORDER BY Sage DESC
```

从上边的例子我们可以看到，用子查询进行基于集合测试和比较测试时，都是先执行子查询，然后再在子查询的结果基础之上执行外层查询。子查询都只执行一次，子查询的查询条件不依赖于外层查询，我们将这样的子查询称为**不相关子查询**或**嵌套子查询**。当然，也可以将多表连接和子查询混合起来使用。

【例 62】查询 Java 考试成绩高于 Java 平均成绩的学生的姓名、所在系和 Java 成绩。

这个查询要列出的信息包含在三张表中：“课程号”信息在 Course 表中，“姓名”和“所在系”信息在 Student 表中，“成绩”在 SC 表中。如果在查询中要列出来自多张表的属性，则必须用多表连接实现。由于该查询是和 Java 的平均成绩进行比较，这种形式的查询必须用子查询形式实现，因此该查询需要同时用到子查询和多表连接查询。

```
SELECT Sname, Sdept, Grade
  FROM Student S JOIN SC ON S.Sno = SC.Sno
  JOIN Course C ON C.Cno = SC.Cno
  WHERE Cname = 'Java' AND Grade > (
    SELECT AVG(Grade) FROM SC              --统计 Java 平均成绩
      JOIN Course C ON C.Cno = SC.Cno
        WHERE Cname = 'Java')
```

查询结果如图 4-71 所示。

3. 使用子查询进行存在性测试

使用子查询进行存在性测试时，通常使用 EXISTS 谓词，其形式为：

```
WHERE [NOT] EXISTS (子查询)
```

带 EXISTS 谓词的子查询不返回查询的结果，只产生真值和假值。

- EXISTS 的含义是：当子查询中有满足条件的数据时，EXISTS 返回真值，否则返回假值。
- NOT EXISTS 的含义是：当子查询中有满足条件的数据时，NOT EXISTS 返回假值；当子查询中不存在满足条件的数据时，NOT EXISTS 返回真值。

	Sname	Sdept	Grade
1	李勇	计算机系	88
2	李小玲	计算机系	78
3	吴宾	信息系	75
4	王大力	数学系	85

图 4-71 例 62 的查询结果

【例 63】查询选了“c001”课程的学生姓名。

```
SELECT Sname FROM Student
  WHERE EXISTS (
    SELECT * FROM SC
      WHERE Sno = Student.Sno
      AND Cno = 'c001')
```

查询结果如图 4-72 所示。

	Sname
1	李勇
2	刘晨
3	吴宾
4	钱小平
5	王大力

图 4-72 例 63 的查询结果

使用子查询进行存在性测试时需注意以下问题：

1）带 EXISTS 谓词的查询是先执行外层查询，然后再执行内层查询。由外层查询的值决定内层查询的结果；内层查询的执行次数由外层查询的结果决定。

上述查询语句的处理过程如下：

①无条件执行外层查询语句，在外层查询的结果集中取第一行结果，得到 Sno 的一个当前值，然后根据此 Sno 值处理内层查询。

②将外层的 Sno 值作为已知值执行内层查询，如果在内层查询中有满足其 WHERE 子句条件的记录存在，则 EXISTS 返回一个真值（True)，表示在外层查询结果集中的当前行数据为满足要求的一个结果。如果内层查询中不存在满足 WHERE 子句条件的记录，则 EXISTS 返回一个假值（False)，表示在外层查询结果集中的当前行数据不是满足要求的结果。

③顺序处理外层表（Student 表）中的数据，直到处理完所有行（由第 2 行至最后一行）。

2）由于 EXISTS 的子查询只能返回真值或假值，因此在子查询中指定列名是没有意义的。所以在有 EXISTS 的子查询中，其目标列名序列通常都用“*”。

带 EXISTS 的子查询由于在子查询中要涉及与外层表数据的关联，因此经常将这种形式的子查询称为**相关子查询**。

例 63 的查询等价于：

```
SELECT Sname FROM Student JOIN SC
   ON SC.Sno = Student.Sno WHERE Cno = 'c001'
```

或：

```
SELECT Sname FROM Student
  WHERE Sno IN (
    SELECT Sno FROM SC WHERE Cno = 'c001' )
```

由此也可以看到，同一个查询可以用不同的方式来实现。总体来说，多表连接查询的效率比子查询的效率要高（因为查询优化器可以对多表连接查询进行更多的优化）。

NOT EXISTS（子查询语句）的含义与前面介绍的基于集合的 NOT IN 运算的含义相同，NOT EXISTS 的含义是当子查询中至少存在一个满足条件的记录时，NOT EXISTS 返回假值，当子查询中不存在满足条件的记录时，NOT EXISTS 返回真值。

【例 64】查询没选“c001”课程的学生姓名和所在系。

这是一个带否定条件的查询，如果利用多表连接和子查询分别实现这个查询，则一般有如下几种形式。

1）用多表连接实现。

```
SELECT DISTINCT Sname, Sdept
  FROM Student S JOIN SC
  ON  S.Sno = SC.Sno
  WHERE Cno != 'c001'
```

执行结果如图 4-73a 所示。

2）用嵌套子查询实现。

①在子查询中否定。

```
SELECT Sname, Sdept FROM Student
  WHERE Sno IN (
    SELECT Sno FROM SC
      WHERE Cno != 'c001'  )
```

执行结果与图 4-73a 所示相同。

②在外层查询中否定。

```
SELECT Sname, Sdept FROM Student
  WHERE Sno NOT IN (
    SELECT Sno FROM SC
      WHERE Cno = 'c001' )
```

执行结果如图 4-73b 所示。

3）用相关子查询实现。

①在子查询中否定。

```
SELECT Sname, Sdept FROM Student
  WHERE EXISTS (
    SELECT * FROM SC
      WHERE Sno = Student.Sno
        AND Cno != 'c001' )
```

执行结果与图 4-73a 所示相同。

②在外层查询中否定。

```
SELECT Sname, Sdept FROM Student
  WHERE NOT EXISTS (
    SELECT * FROM SC
      WHERE Sno = Student.Sno
        AND Cno = 'c001' )
```

执行结果与图 4-73b 所示相同。

观察上述 5 种实现方式产生的结果，可以看到，多表连接查询与在子查询中否定的嵌套子查询和在子查询中否定的相关子查询所产生的结果是一样的，在外层查询中否定的嵌套子查询与在外层查询中否定的相关子查询产生的结果是一样的。通过对数据库中的数据进行分析，发现 1）、2）中的①和 3）中的①的结果均是错误的。2）中的②和 3）中的②的结果是正确的，即将否定放置在外层查询中时其结果是正确的。其原因就是不同的查询执行的机制是不同的。

	Sname	Sdept
1	李小玲	计算机系
2	李勇	计算机系
3	刘晨	计算机系
4	钱小平	数学系
5	王大力	数学系
6	吴宾	信息系
7	张海	信息系

a）

	Sname	Sdept
1	王敏	计算机系
2	李小玲	计算机系
3	张立	信息系
4	张海	信息系

b）

图 4-73　例 64 的两种查询结果

- 对于多表连接查询，所有的条件都是在连接之后的结果表上进行的，而且是逐行进行判断，一旦发现满足要求的数据（Cno!='c001'），则此行即作为结果产生。因此，由多表连接产生的结果必然包含没有选修“c001”号课程的学生，也包含选修了“c001”同时又选修了其他课程的学生。
- 对于含有嵌套子查询的查询，是先执行子查询，然后在子查询的结果基础之上再执行外层查询，而在子查询中也是逐行进行判断，当发现有满足条件的数据时，即将此行数据作为外层查询的一个比较条件。分析这个查询，要查的数据是在某个学生所选的全部课程中不包含“c001”课程，如果将否定放在子查询中（2）中的①），则查出的结果是既包含没有选修“c001”课程的学生，也包含选修了“c001”课程同时也选修了其他课程的学生。显然，这个否定的范围不够。如果将否定放在子查询外边（2）中的②），则子查询返回的是所有选了“c001”课程的学生，外层查询的“NOT IN”实际是去掉了子查询返回的结果，因此最终的结果是没有选修“c001”课程的学生。
- 对于相关子查询，情况同嵌套子查询类似，这里不再详细分析。

通常情况下，对于否定条件的查询都应该使用子查询来实现，而且应该将否定放在外层。

【例 65】查询计算机系没选 Java 课程的学生姓名和性别。

分析：对于这个查询，首先应该在子查询中查出全部选修了 Java 课程的学生，然后再在外层查询中去掉这些学生（即为没有选修 Java 课程的学生），最后从这个结果中筛选出计算机系的学生。语句如下：

```
SELECT Sname, Ssex FROM Student
  WHERE Sno NOT IN (
    SELECT Sno FROM SC JOIN Course    -- 子查询：查询选了 Java 课程的学生
      ON SC.Cno = Course.Cno
        WHERE Cname = 'Java')
  AND Sdept = '计算机系'
```

查询结果如图 4-74 所示。

	Sname	Ssex
1	王敏	女

图 4-74　例 65 的查询结果

4.2　数据更改

前一节我们讨论了如何检索数据库中的数据，通过 SELECT

语句将返回由行和列组成的结果，查询操作不会使数据库中的数据发生任何变化。如果要对数据进行各种更新操作，包括插入数据、更新数据和删除数据，需要使用数据修改语句：INSERT、UPDATE 和 DELETE。

4.2.1　插入数据

插入数据的 INSERT 语句的格式为：

```
INSERT [INTO] <表名> [(<列名>[, … n])] VALUES (值列表)
```

其中，<列名表>中的列名必须是表定义中已有的列名，值列表中的值可以是常量也可以是 NULL 值，各值之间用逗号分隔。

INSERT 语句用来新增一个符合表结构的数据行，将值列表数据按表中列定义顺序（或<列名表>中指定的顺序）逐一赋给对应的列名。

使用插入语句时应注意：

- 值列表中的值与列名表中的列按位置顺序对应，它们的数据类型必须一致。
- 如果<表名>后边没有指定列名，则新插入记录的值的顺序必须与表中列的定义顺序一致，且每一个列均有值（可以为空）。

【例 66】将新生记录（1521104，陈冬，男，18 岁，信息系）插入到 Student 表中。

```
INSERT INTO Student VALUES ('1521104', '陈冬', '男', 18, '信息系')
```

【例 67】在 SC 表中插入一条新记录，学号为“1521104”，选的课程号为“ c001”，成绩暂缺。

```
INSERT INTO SC(Sno, Cno) VALUES('1521104', 'c001')
```

注意：对于例 67，由于 VALUES 中给出的值的个数与表中定义的列个数不一致，因此在插入语句中必须列出列名。而且 SC 表中的 Grade 列必须允许为 NULL，因为此句实际插入的值为：('1521104', 'c001'，NULL)

4.2.2　更新数据

在用 INSERT 语句向表中添加记录之后，如果某些数据发生了变化，可以使用 UPDATE 语句对表中已有的数据进行更新。UPDATE 语句的语法格式为：

```
UPDATE <表名> SET <列名> = 表达式 [,… n]
  [ WHERE 更新条件 ]
```

参数说明如下：

- <表名>给出需要更新数据的表的名称。
- SET 子句指定要更新的列，表达式指定更新后的新值。
- WHERE 子句用于指定更改条件。如果省略 WHERE 子句，则是无条件更新表中的全部记录的某列值。UPDATE 语句中 WHERE 子句的作用和写法同 SELECT 语句中的 WHERE 子句一样。

1. 无条件更新

【例 68】将所有学生的年龄加 1。

```
UPDATE Student SET Sage = Sage + 1
```

2. 有条件更新

当用 WHERE 子句指定更改数据的条件时，可以分两种情况。一种是基于本表条件的更新，即要更新的记录和更新记录的条件在同一张表中。例如，将计算机系全体学生的年龄加 1，要修改的表是 Student 表，而更新条件：学生所在系（这里是计算机系）也在 Student 表中。另一种是基于其他表条件的更新，即要更新的记录在一张表中，而更新的条件来自另一张表，如将计算机系全体学生的成绩加 5 分，要更新的是 SC 表的 Grade 列，而更新条件：学生所在系（计算机系）在 Student 表中。基于其他表条件的更新可以用两种方法实现：一种是使用多表连接方法，另一种是使用子查询方法。

（1）基于本表条件的更新

【例 69】将"1512101"学生的年龄改为 21 岁。

```
UPDATE Student SET Sage = 21
  WHERE Sno = '1512101'
```

（2）基于其他表条件的更新

【例 70】将计算机系全体学生的成绩加 5 分。

- 用子查询实现。

```
UPDATE SC SET Grade = Grade + 5
  WHERE Sno IN
    (SELECT Sno FROM Student
      WHERE Sdept = '计算机系' )
```

- 用多表连接实现。

```
UPDATE SC SET Grade = Grade + 5
  FROM SC JOIN Student ON SC.Sno = Student.Sno
    WHERE Sdept = '计算机系'
```

4.2.3　删除数据

当确定不再需要某些记录时，可以使用 DELETE 语句删除数据。DELETE 语句的语法格式为：

```
DELETE [ FROM ] <表名> [ WHERE 删除条件 ]
```

其中，<表名>说明了要删除哪个表中的数据。WHERE 子句说明要删除表中的哪些记录，即只删除满足 WHERE 条件的记录。如果省略 WHERE 子句，则是无条件删除，表示删除表中的全部记录。

1. 无条件删除

无条件删除是删除表中全部数据，但保留表的结构。

【例 71】删除所有学生的选课记录。

```
DELETE FROM SC -- SC 成空表
```

2. 有条件删除

当用 WHERE 子句指定要删除记录的条件时，同 UPDATE 语句一样，也分为两种情况。第一种是基于本表条件的删除。例如，删除所有不及格学生的选课记录，要删除的记录与删除的条件都在 SC 表中。第二种是基于其他表条件的删除，如删除计算机系不及格学生的选课记录，要删除的记录在 SC 表中，而删除的条件（计算机系）在 Student 表中。基于其他表条件的删除同样可以用两种方法实现，一种是使用多表连接，另一种是使用子查询。

（1）基于本表条件的删除

【例 72】删除所有不及格学生的选课记录。

```
DELETE FROM SC WHERE Grade < 60
```

（2）基于其他表条件的删除

【例 73】删除计算机系不及格学生的选课记录。

- 用子查询实现。

```
DELETE FROM SC
WHERE Grade < 60 AND Sno IN (
SELECT Sno FROM Student
  WHERE Sdept = '计算机系' )
```

- 用多表连接实现。

```
DELETE FROM SC
  FROM SC JOIN Student ON SC.Sno = Student.Sno
    WHERE Sdept = '计算机系' AND Grade < 60
```

4.3 数据查询扩展

4.3.1 将查询结果保存到新表中

当使用 SELECT 语句查询数据时，产生的结果保存在内存中。如果希望将查询结果永久保存，比如保存在一个表中，可以通过在 SELECT 语句中使用 INTO 子句实现。

包含 INTO 子句的 SELECT 语句的语法格式为：

```
SELECT 查询列表序列 INTO <新表名>
  FROM 数据源
  …          -- 其他行选择、分组等语句
```

其中 <新表名> 是要存放查询结果的表名。这个语句将查询的结果保存到一个新表中。实际上这个语句包含两个功能：

- 第一是根据查询语句产生的列名和数据类型创建一个新表；
- 第二是执行查询语句并将查询的结果插入到该新表中。

【例 74】查询计算机系学生的姓名、选的课程名和成绩，并将查询结果保存到永久表 S_C_G 中。

```
SELECT Sname, Cname, Grade INTO S_C_G
FROM Student s JOIN SC ON s.Sno = SC.Sno
JOIN Course c ON c.Cno = SC.Cno
WHERE Sdept = '计算机系'
```

【例 75】统计每个系的学生人数，并将结果保存到永久表 dept_cnt 中

```
SELECT Sdept, COUNT(*) AS 人数 INTO dept_cnt
  FROM Student
  GROUP BY Sdept
```

注意：

这个语句必须为 COUNT (*) 命名列别名，否则无法创建新表，因为新表的列名要采用查询结果产生的列名。

4.3.2 CASE 表达式

CASE 是一种多分支表达式，它可以根据条件列表的值返回多个可能的结果表达式中的一个。

CASE 表达式可用在任何允许使用表达式的地方，但它不是一个完整的 T-SQL 语句，因此不能单独执行，只能作为一个可以单独执行的语句的一部分来使用。

CASE 表达式分为简单 CASE 表达式和搜索 CASE 表达式两种类型。

1. 简单 CASE 表达式

简单 CASE 表达式将一个测试表达式和一组简单表达式进行比较，如果某个简单表达式与测试表达式的值相等，则返回相应的结果表达式的值。

简单 CASE 表达式的语法格式为：

```
CASE input_expression
  WHEN when_expression THEN result_expression
  [ ... n ]
  [ ELSE else_result_expression ]
END
```

其中各参数含义如下。

- input_expression：使用简单 CASE 格式时所计算的表达式。该表达式可以是一个变量名、字段名、函数或子查询。
- WHEN when_expression：使用简单 CASE 格式时要与 input_expression 进行比较的简单表达式。简单表达式中不能包含比较运算符，它们给出被比较的表达式或值，其数据类型必须与 input_expression 的数据类型相同，或者可以隐式转换为 input_expression 的数据类型。
- n：占位符，表明可以使用多个 WHEN when_expression THEN result_expression 子句。
- THEN result_expression：当 input_expression = when_expression 计算结果为 TRUE 时返回的表达式。
- ELSE else_result_expression：比较运算计算结果均不为 TRUE 时返回的表达式。如果忽略此参数且所有的比较运算计算结果均不为 TRUE，则 CASE 表达式返回 NULL。else_result_expression 的数据类型必须与 result_expression 的数据类型相同，或者可以隐式转换为 result_expression 的数据类型。

简单 CASE 表达式的执行过程为：

- 计算 input_expression，然后按从上到下的书写顺序对每个 WHEN 子句的 input_expression = when_expression 进行计算。
- 返回 input_expression = when_expression 的第一个计算结果为 TRUE 的 result_expression。
- 如果 input_expression = when_expression 的计算结果均不为 TRUE，则在指定了 ELSE 子句的情况下，SQL Server 返回 else_result_expression；若没有指定 ELSE 子句，则返回 NULL。

CASE 表达式经常被应用在 SELECT 语句中，作为不同数据的不同返回值。

【例 76】查询选修 Java 课程的学生的学号、姓名、所在系和成绩，并对所在系进行如下处理：

当所在系为“计算机系”时，在查询结果中显示“CS”；

当所在系为“信息系”时，在查询结果中显示“IM”；

当所在系为“数学系”时，在查询结果中显示“MA”。

分析：这个查询需要对学生所在系做分情况处理，并根据不同的系返回不同的值，因此需要用 CASE 表达式对“所在系”列进行测试。其语句如下：

```
SELECT s.Sno 学号,Sname 姓名,
  CASE Sdept
    WHEN '计算机系' THEN 'CS'
    WHEN '信息系' THEN 'IM'
    WHEN '数学系' THEN 'MA'
  END AS 所在系,Grade 成绩
  FROM Student s join SC ON s.Sno = SC.Sno
  JOIN Course c ON c.Cno = SC.Cno
WHERE Cname = 'Java'
```

查询结果如图 4-75 所示。

	学号	姓名	所在系	成绩
1	1512101	李勇	CS	88
2	1512102	刘晨	CS	66
3	1512104	李小玲	CS	78
4	1521102	吴宾	IM	75
5	1531101	钱小平	MA	50
6	1531102	王大力	MA	85

图 4-75　例 76 的查询结果

2. 搜索 CASE 表达式

简单 CASE 表达式只能将 input_expression 与一个单值进行相等的比较，如果需要将 input_expression 与一个范围内的值进行多条件比较，比如，比较成绩在 80 到 90 之间，则简单 CASE 表达式就实现不了，这时就需要使用搜索 CASE 表达式。

```
CASE
  WHEN Boolean_expression THEN result_expression
  [ ...n ]
  [ ELSE else_result_expression ]
END
```

其中，WHEN Boolean_expression 表示使用 CASE 搜索格式时所计算的布尔表达式。其他各参数含义同简单 CASE 表达式。

搜索 CASE 表达式的执行过程为：

- 按从上到下的书写顺序计算每个 WHEN 子句的 Boolean_expression。
- 返回第一个取值为 TRUE 的 Boolean_expression 所对应的 result_expression。
- 如果 Boolean_expression 计算结果不为 TRUE，则在指定 ELSE 子句的情况下返回 else_result_expression；若没有指定 ELSE 子句，则返回 NULL。

用搜索 CASE 表达式，例 76 的查询可写为：

```
SELECT s.Sno 学号,Sname 姓名,
  CASE
    WHEN Sdept = '计算机系' THEN 'CS'
    WHEN Sdept = '信息系' THEN 'IM'
    WHEN Sdept = '数学系' THEN 'COM'
  END AS 所在系, Grade 成绩
  FROM Student s join SC ON s.Sno = SC.Sno
  JOIN Course c ON c.Cno = SC.Cno
```

```
    WHERE Cname = 'Java'
```

下面给出几个 CASE 表达式应用的示例。

【例 77】查询“c001”课程的考试情况，列出学号、成绩以及成绩等级，对成绩等级的处理如下：

- 如果成绩大于等于 90，则等级为“优”；
- 如果成绩在 80～89 分，则等级为“良”；
- 如果成绩在 70～79 分，则等级为“中”；
- 如果成绩在 60～69 分，则等级为“及格”；
- 如果成绩小于 60 分，则等级为“不及格”。

这个查询需要对成绩进行分情况判断，而且是将成绩与一个范围的数值进行比较，因此，需要使用搜索 CASE 表达式实现。具体如下：

```
SELECT Sno,Grade, CASE
    WHEN Grade >= 90 THEN '优'
    WHEN Grade between 80 and 89 THEN '良'
    WHEN Grade between 70 and 79 THEN '中'
    WHEN Grade between 60 and 69 THEN '及格'
    WHEN Grade < 60 THEN '不及格'
  END AS 等级
  FROM SC  WHERE Cno = 'c001'
```

查询结果如图 4-76 所示。

	Sno	Grade	等级
1	1512101	90	优
2	1512102	76	中
3	1521102	82	良
4	1531101	80	良
5	1531102	80	良

图 4-76　例 77 的查询结果

【例 78】统计每个学生的考试平均成绩，列出学号、考试平均成绩和考试情况，其中考试情况的处理为：

- 如果平均成绩大于等于 90 分，则考试情况为“好”；
- 如果平均成绩在 80～89 分，则考试情况为“比较好”；
- 如果平均成绩在 70～79 分，则考试情况为“一般”；
- 如果平均成绩在 60～69 分，则考试情况为“不太好”；
- 如果平均成绩低于 60 分，则考试情况为“比较差”。

这个查询是对考试平均成绩进行分情况处理，需要使用搜索 CASE 表达式。

```
SELECT Sno 学号, AVG(Grade) 平均成绩,
  CASE
    WHEN AVG(Grade) >= 90 THEN '好'
    WHEN AVG(Grade) BETWEEN 80 AND 89 THEN '比较好'
    WHEN AVG(Grade) BETWEEN 70 AND 79 THEN '一般'
    WHEN AVG(Grade) BETWEEN 60 AND 69 THEN '不太好'
    WHEN AVG(Grade) < 60 THEN '比较差'
  END AS 考试情况
  FROM SC
  GROUP BY Sno
```

查询结果如图 4-77 所示。

【例 79】统计计算机系每个学生的选课门数，包括没有选课的学生。列出学号、选课门数和选课情况，其中对选课情况的处理为：

- 如果选课门数超过 4，则选课情况为“多”；

- 如果选课门数在 2～4，则选课情况为“一般”；
- 如果选课门数少于 2，则选课情况为“少”；
- 如果学生没有选课，则选课情况为“未选”。

并将查询结果按选课门数降序排序。

分析：1）由于这个查询需要考虑有选课的学生和没有选课的学生，因此，应使用外连接实现。2）需要对选课门数进行分情况处理，因此需要用 CASE 表达式。

具体代码如下：

	学号	平均成绩	考试情况
1	1512101	89	比较好
2	1512102	73	一般
3	1512104	70	一般
4	1521102	74	一般
5	1521103	73	一般
6	1531101	58	比较差
7	1531102	82	比较好

图 4-77　例 78 的查询结果

```
SELECT S.Sno, COUNT(SC.Cno) 选课门数 ,CASE
  WHEN COUNT(SC.Cno) > 4 THEN '多'
  WHEN COUNT(SC.Cno) BETWEEN 2 AND 4 THEN '一般'
  WHEN COUNT(SC.Cno) BETWEEN 1 AND 2 THEN '少'
  WHEN COUNT(SC.Cno) = 0 THEN '未选'
END AS 选课情况
FROM Student S LEFT JOIN SC ON S.Sno = SC.Sno
WHERE Dept = '计算机系'
GROUP BY S.Sno
ORDER BY COUNT(SC.Cno) DESC
```

查询结果如图 4-78 所示。

CASE 表达式也可以用在数据更新语句中，以实现分情况更新，这在实际情况中也有比较广泛的应用。比如，发放困难补助时，经常就是根据经济收入的不同，补助的金额也不同，再比如，给职工涨工资时，经常会根据职工职称或级别的不同，涨的幅度也不同。

	Sno	选课门数	选课情况
1	1512101	5	多
2	1512102	3	一般
3	1512104	3	一般
4	1512103	0	未选

图 4-78　例 79 的查询结果

【例 80】修改全体学生的 Java 考试成绩，修改规则如下：

- 对数学系学生，成绩加 10 分；
- 对信息系学生，成绩加 5 分；
- 对其他系学生，成绩不变。

```
UPDATE SC SET Grade = Grade +
  CASE Dept
    WHEN '数学系' THEN 10
    WHEN '信息系' THEN 5
    ELSE 0
  END
  FROM Student S JOIN SC ON S.Sno = SC.Sno
  JOIN Course C ON C.Cno = SC.Cno
  WHERE Cname = 'Java'
```

4.3.3　查询结果的并、交、差运算

查询语句的执行结果是产生一个集合，SQL 支持对查询的结果再进行并、交、差运算。本节介绍的这些操作并不一定在所有的数据库产品中都得到了实现，但在大多数产品中已经被实现了。

1. 并运算

并运算可将两个或多个查询语句的结果集合并为一个结果集，这个运算可以使用 UNION

运算符实现。UNION 可以实现让两个或更多的查询产生单一的结果集。

UNION 操作与 JOIN 连接操作不同，UNION 更像是将一个查询结果追加到另一个查询结果中（虽然各数据库管理系统对 UNION 操作略有不同，但基本思想是一样的）。JOIN 操作是水平地合并数据（添加更多的列），而 UNION 是垂直地合并数据（添加更多的行）。

使用 UNION 谓词的语法格式为：

```
SELECT 语句 1
UNION [ ALL ]
SELECT 语句 2
UNION [ ALL ]
…
SELECT 语句 n
```

其中，ALL 表示在结果集中包含所有查询语句产生的全部记录，包括重复的记录。如果没有指定 ALL，则系统默认是删除合并后结果集中的重复记录。

使用 UNION 时，需要注意以下几点：

- 各 SELECT 语句中查询列的个数必须相同，而且对应列的语义应该相同。
- 各 SELECT 语句中每个列的数据类型必须与其他查询语句中对应列的数据类型是隐式兼容的，即只要它们能进行隐式转换即可。例如，如果第一个查询语句中第二个列的数据类型是 char(20)，而第二个查询语句中第二个列的数据类型是 varchar(20)，则是可以的。
- 合并后的结果集将采用第一个 SELECT 语句的列标题。
- 如果要对查询的结果进行排序，则 ORDER BY 子句应该写在最后一个查询语句之后，且排序的依据列应该是第一个查询语句中出现的列名。

【例 81】查询李勇和刘晨所选的全部课程，列出课程名和开课学期。

```
SELECT Cname, Semester FROM Course C
  JOIN SC ON C.Cno = SC.Cno
  JOIN Student S ON S.Sno = SC.sno
  WHERE Sname = '李勇'
UNION
SELECT Cname, Semester FROM Course C
  JOIN SC ON C.Cno = SC.Cno
  JOIN Student S ON S.Sno = SC.sno
  WHERE Sname = '刘晨'
```

执行结果如图 4-79 所示，从结果中可以看到这个结果不包含重复的结果。

若包含 ALL 选项，执行下列语句，则查询结果如图 4-80 所示，从结果可以看到使用 ALL 选项进行查询结果的并运算时，系统不去掉重复的行数据。

```
SELECT Cname, Semester FROM Course C
  JOIN SC ON C.Cno = SC.Cno
  JOIN Student S ON S.Sno = SC.sno
  WHERE Sname = '李勇'
UNION ALL
SELECT Cname, Semester FROM Course C
  JOIN SC ON C.Cno = SC.Cno
  JOIN Student S ON S.Sno = SC.sno
  WHERE Sname = '刘晨'
```

	Cname	Semester
1	Java	3
2	程序设计	3
3	高等数学	1
4	高等数学	2
5	计算机文化学	1

图 4-79　例 81 不含 ALL 选项的查询结果

	Cname	Semester
1	计算机文化学	1
2	高等数学	1
3	高等数学	2
4	Java	3
5	程序设计	3
6	计算机文化学	1
7	高等数学	1
8	Java	3

图 4-80　例 81 含 ALL 选项的查询结果

2. 交运算

交运算是返回同时在两个集合中出现的记录，即返回两个查询结果集中各个列的值均相同的记录，并用这些记录构成交运算的结果。

实现交运算的 SQL 运算符为 INTERSECT，其语法格式为：

```
SELECT 语句 1
INTERSECT
SELECT 语句 2
INTERSECT
…
SELECT 语句 n
```

INTERSECT 运算的注意事项同 UNION 运算。

【例 82】查询李勇和刘晨所选的相同的课程（即查询同时被李勇和刘晨选中的课程），列出课程名和学分。

```
SELECT Cname,Credit
  FROM Student S JOIN SC ON S.Sno = SC.Sno
  JOIN Course C ON C.Cno = SC.Cno
  WHERE Sname = '李勇'
INTERSECT
SELECT Cname,Credit
  FROM Student S JOIN SC ON S.Sno = SC.Sno
  JOIN Course C ON C.Cno = SC.Cno
    WHERE Sname = '刘晨'
```

查询结果如图 4-81 所示。

	Cname	Credit
1	Java	2
2	高等数学	6
3	计算机文化学	3

图 4-81　例 82 的查询结果

3. 差运算

差运算是返回在一个集合中有，但在另一个集合中没有的记录。

实现差运算的 SQL 运算符为 EXCEPT，其语法格式为：

```
SELECT 语句 1
EXCEPT
SELECT 语句 2
EXCEPT
…
SELECT 语句 n
```

使用 EXCEPT 的注意事项同 UNION 运算。

【例 83】查询李勇选了但刘晨没有选的课程的课程名和开课学期。

```
SELECT C.Cno, Cname, Semester FROM Course C
  JOIN SC ON C.Cno = SC.Cno
  JOIN Student S ON S.Sno = SC.Sno
  WHERE Sname = '李勇'
EXCEPT
SELECT C.Cno, Cname, Semester FROM Course C
  JOIN SC ON C.Cno = SC.Cno
  JOIN Student S ON S.Sno = SC.Sno
  WHERE Sname = '刘晨'
```

查询结果如图4-82所示。

	Cno	Cname	Semester
1	c003	高等数学	2
2	c006	程序设计	3

图4-82　例83的查询结果

4.4　小结

本章主要介绍了SQL语言中的数据操作功能——增、删、改、查，其中，查询是数据库中使用最多的操作。

本章首先介绍的是查询语句，介绍了单表查询和多表连接查询，包括无条件的查询、有条件的查询、分组、排序、选择结果集中的前若干行等功能。多表连接查询介绍了内连接、自连接和外连接。对条件查询介绍了多种实现方法，包括用子查询实现和用连接查询实现。

在综合运用这些方法实现数据查询时，有如下事项需要注意。

- 当查询语句的目标列中包含聚合函数时，若没有分组子句，则目标列中只能写聚合函数，而不能再写其他列名。若包含分组子句，则在查询的目标列中除了可以写聚合函数外，只能写分组依据列。
- 对行的过滤条件一般用WHERE子句实现，对组的过滤条件用HAVING子句实现。
- 不能将对统计后的结果进行筛选的条件写在WHERE子句中，应该写在HAVING子句中。

例如，查询条件为平均年龄大于20，若将条件写成：

```
WHERE AVG(Sage) > 20
```

则是错误的，应该是：

```
HAVING AVG(Sage) > 20
```

- 不能将列值与统计结果值进行比较的条件写在WHERE子句中，这种条件一般都用子查询来实现。

例如，查询条件为年龄大于平均年龄，若将条件写成：

```
WHERE Sage > AVG(Sage)
```

则是错的，应该是：

```
WHERE Sage > ( SELECT AVG(Sage) FROM Student )
```

- 当查询的目标列来自多个表时，必须用多表连接实现。子查询语句中的列不能用在外层查询中。
- 使用自连接时，必须为表取别名，使其在逻辑上成为两张表。
- 带否定条件的查询一般用子查询实现（NOT IN或NOT EXISTS），不用多表连接实现。
- 当使用TOP子句限制选取结果集中的前若干行数据时，一般情况下都要使用ORDER BY子句。

对数据的更改操作，介绍了数据的插入、修改和删除。对删除和更新操作，介绍了无条件的操作和有条件的操作，对有条件的删除和更新操作又介绍了用多表连接实现和用子查询实现两种方法。

在进行数据的增、删、改时数据库管理系统自动检查数据的完整性约束，而且这些检查是在对数据进行操作之前进行的，只有当数据完全满足完整性约束条件时才进行数据更改操作。

最后介绍了查询语句的一些扩展，包括将查询结果保存到新表中，CASE 表达式，以及查询结果的并、交、差运算，注意在进行查询结果的并、交、差运算时，每个查询语句产生的集合的结构要相同，对应列的语义要一致。

习题

利用第 3 章定义的 Student、Course 和 SC 表结构，实现如下操作。

1. 查询选课表中的全部数据。
2. 查询计算机系学生的姓名和年龄。
3. 查询考试成绩在 70～80 分之间的学生学号、课程号和成绩。
4. 查询计算机系年龄在 18～20 分之间且性别为“男”的学生姓名、年龄。
5. 查询 c001 课程的考试最高分。
6. 查询计算机系学生的最大年龄和最小年龄。
7. 统计每个系的学生人数。
8. 统计每门课程的选课人数和考试最高分。
9. 统计每个学生的选课门数和考试总成绩，并按选课门数升序显示结果。
10. 查询总成绩超过 200 分的学生，列出学号和总成绩。
11. 查询选了 c002 课程的学生姓名和所在系。
12. 查询考试成绩 80 分以上的学生姓名、课程号和成绩，并按成绩降序排列结果。
13. 查询哪些学生没选课，列出学号、姓名和所在系。
14. 查询与 Java 在同一学期开设的课程的课程名和开课学期。
15. 查询与李勇年龄相同的学生姓名、所在系和年龄。
16. 用子查询实现如下查询：

    （1）查询选了 c001 课程的学生姓名和所在系。

    （2）查询数学系成绩 80 分以上的学生学号、姓名、课程号和成绩。

    （3）查询计算机系考试成绩最高的学生的姓名。

    （4）查询数据结构考试成绩最高的学生的姓名、所在系、性别和成绩。
17. 查询没选 Java 课程的学生姓名和所在系。
18. 查询计算机系没选课的学生姓名和性别。
19. 创建一个新表，表名为 test_t，其结构为（COL1, COL 2, COL 3），各项含义如下。

    - COL1：整型，允许空值。
    - COL2：字符型，长度为 10，不允许空值。
    - COL3：字符型，长度为 10，允许空值。

    试写出按行插入如下数据的语句（空白处表示空值）。

COL1	COL2	COL3
	B1	
1	B2	C2
2	B3	

20. 删除考试成绩低于 50 分的学生的选课记录。
21. 删除没人选的课程记录。
22. 删除计算机系 Java 课程考试成绩不及格学生的 Java 选课记录。
23. 将第 2 学期开设的所有课程的学分增加 2 分。
24. 将 Java 课程的学分改为 3 分。
25. 将计算机系学生的年龄增加 1 岁。
26. 将信息管理系学生的"计算机文化学"课程的考试成绩加 5 分。
27. 查询每个系年龄大于等于 20 的学生人数，并将结果保存到一个新永久表 Dept_Age 中。
28. 查询计算机系每个学生的 Java 考试情况，列出学号、姓名、成绩和成绩情况，其中成绩情况的显示规则为：
    - 如果成绩大于等于 90 分，则成绩情况为"好"；
    - 如果成绩在 80～89 分，则成绩情况为"较好"；
    - 如果成绩在 70～79 分，则成绩情况为"一般"；
    - 如果成绩在 60～69 分，则成绩情况为"较差"；
    - 如果成绩小于 60 分，则成绩情况为"差"。
29. 统计每个学生的选课门数（包括没有选课的学生），列出学号、选课门数和选课情况，其中选课情况显示规则为：
    - 如果选课门数大于等于 6 门，则选课情况为"多"；
    - 如果选课门数在 3～5 门，则选课情况为"一般"；
    - 如果选课门数在 1～2 门，则选课情况为"偏少"。
    - 如果没有选课，则选课情况为"未选课"。
30. 修改全部课程的学分，修改规则如下：
    - 如果是第 1～2 学期开设的课程，则学分增加 5 分；
    - 如果是第 3～4 学期开设的课程，则学分增加 3 分；
    - 如果是第 5～6 学期开设的课程，则学分增加 1 分；
    - 对其他学期开设的课程，学分不变。
31. 查询"李勇"和"王大力"所选的全部课程，列出课程名、开课学期和学分，不包括重复的结果。
32. 查询在第 3 学期开设的课程中，"李勇"选了，但"王大力"没选的课程，列出课程名和学分。
33. 查询在学分大于 3 分的课程中，"李勇"和"王大力"所选的相同课程，列出课程名和学分。

第5章

视图和索引

在第2章介绍数据库三级模式时，已经知道模式（对应到基本表）是数据库中全体数据的逻辑结构，这些数据是物理存储在磁盘中的，当不同的用户需要基本表中不同的数据时，可以为每类这样的用户建立外模式。外模式中的内容来自模式，它是模式的部分数据或重构的数据。外模式对应到数据库中的概念就是视图。

视图（View）是数据库中的一个对象，它是数据库管理系统提供给用户的以多种角度观察数据库中的数据的一种重要机制。索引（Index）也是数据库中的一个对象，其作用是加快数据的查询效率，索引通过对数据建立方便查询的搜索结构来达到加快数据查询效率的目的。本章将详细介绍视图和索引。

5.1 视图

5.1.1 视图的概念

通常我们把用CREATE TABLE语句创建的表叫基本表。基本表中的数据是物理地存储在磁盘上的。关系数据库有一个重要的特点，就是由SELECT语句得到的结果仍然是二维表，由此引出了视图的概念。视图是查询语句产生的结果，但它有自己的视图名，也有自己的列名。视图在很多方面都与基本表类似。

视图是由从数据库的基本表中选取出来的数据组成的逻辑窗口，是基本表的部分行和列数据的组合。视图与基本表不同，它是一个虚表。数据库中只存放视图的定义，而不存放视图包含的数据，这些数据仍存放在原来的基本表中。所以基本表中的数据如果发生变化，从视图中查询出的数据也会随之变化。从这个意义上讲，视图就像一个窗口，用户通过它可以看到数据库中自己感兴趣的数据。

视图可以从一个基本表中提取数据，也可以从多个基本表中提取数据，甚至还可以从其他视图中提取数据，构成新视图的内容。但不管怎样，对视图数据的操作最终都会转换为对基本表的操作。图5-1显示了视图的基本概念。

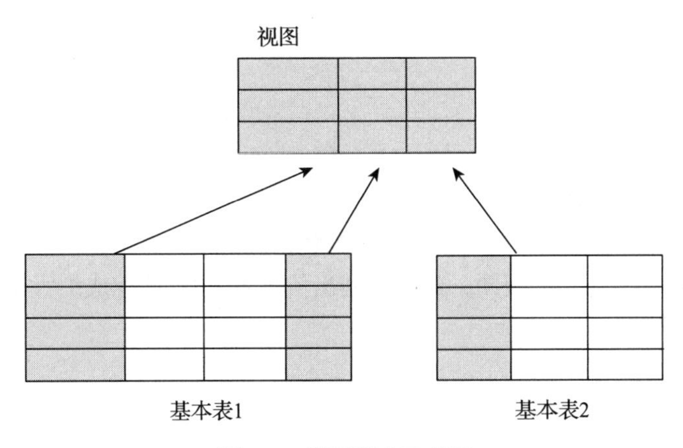

图 5-1　视图概念示意图

5.1.2　定义视图

定义视图的 SQL 语句为 CREATE VIEW，其一般语法格式为：

```
CREATE VIEW <视图名> [ (列名 [ ,...n ] ) ]
  AS
    SELECT 语句
```

要注意以下几点：

- 除非在定义视图的查询语句中使用了 TOP，否则在定义视图的查询语句中不能使用 ORDER BY 子句。
- 在定义视图时要么指定全部视图列，要么全部省略不写，不能只写视图的部分属性列。如果省略了视图的属性列名，则视图的列名与查询语句的列名相同。但在如下三种情况下必须明确指定组成视图的所有列名：
  - ■ SELECT 语句中的查询列不是单纯的属性名，而是函数或表达式等无列名的列。
  - ■ 多表连接时选出了几个同名列作为视图的字段。
  - ■ 需要在视图中为列选用新的更合适的列名。

1. 定义单源表视图

单源表的行列子集视图指视图的数据取自一个基本表的部分行、列，这样的视图行列与基本表行列对应。用这种方法定义的视图可以对数据进行查询和修改操作。

【例 1】建立查询信息系学生的学号、姓名和年龄的视图。

```
CREATE VIEW IS_Student
AS
  SELECT Sno, Sname, Sage
    FROM Student WHERE Sdept = '信息系'
```

DBMS 执行 CREATE VIEW 语句的结果只是保存视图的定义，并不真正执行其中的 SELECT 语句。只有在对视图执行查询时，才按视图的定义从相应基本表中查询数据。

2. 定义多源表视图

多源表视图指定义视图的查询语句所涉及的表可以有多个，这样定义的视图一般只用于查询，不用于修改数据。

【例 2】建立查询信息系选了 c001 课程的学生的视图，列出学号、姓名和年龄。

```
CREATE VIEW V_IS_S1(Sno, Sname, Sage)
AS
  SELECT Student.Sno, Sname, Sage
    FROM Student JOIN  SC ON Student.Sno = SC.Sno
      WHERE Sdept = '信息系'  AND  SC.Cno = 'c001'
```

3. 在已有视图上定义新视图

可以在已有视图上再建立新视图，这时作为数据源的视图必须是已经建立好的视图。

【例 3】利用例 2 所建立的视图，建立只列出信息系 c001 课程成绩大于等于 90 的学生学号、姓名和成绩的视图。

```
CREATE VIEW V_IS_S2
AS
  SELECT Sno, Sname, Grade
    FROM V_IS_S1
    WHERE Grade >= 90
```

这里的视图 V_IS_S2 就是利用 V_IS_S1 视图建立的。

视图的来源不仅可以是单个的视图和基本表，而且可以是视图和基本表的组合。

【例 4】利用例 1 所建的视图，建立查询信息系“计算机文化学”考试成绩大于等于 80 分的学生姓名和成绩的视图。

```
CREATE VIEW V_IS_Comp
AS
  SELECT Sname, Grade
    FROM IS_Student V JOIN SC ON V.Sno = SC.Sno
    JOIN Course C ON C.Cno = SC.Cno
    WHERE Cname = '计算机文化学' AND Grade >= 80
```

这里的视图 V_IS_Comp 就是利用 IS_Student 视图以及 SC 表、Course 表建立的。

4. 定义带表达式的视图

在定义基本表时，为减少数据库中的冗余数据，表中只存放基本数据，而基本数据经过各种计算派生出的数据一般是不存储的。但由于视图中的数据并不实际存储，所以定义视图时可以根据需要设置一些派生属性列，在这些派生属性列中保存经过计算的值。由于这些派生属性在基本表中并不实际存在，因此，也称它们为虚拟列。包含虚拟列的视图也称为带表达式的视图。

【例 5】定义一个查询学生学号、姓名和出生年份的视图。

```
CREATE VIEW V_BirthYear(Sno, Sname, BirthYear)
AS
SELECT Sno, Sname, 2020-Sage
  FROM Student
```

5. 含分组统计信息的视图

含分组统计信息的视图是指定义视图的查询语句中含有 GROUP BY 子句，这样的视图只能用于查询，不能用于修改数据。

【例 6】定义一个查询每个学生的学号及考试平均成绩的视图。

```
CREATE VIEW S_G(Sno, AvgGrade)
AS
  SELECT Sno, AVG(Grade) FROM SC
    GROUP BY Sno
```

注意：

如果查询语句中的选择列表包含表达式或聚合函数，而且在查询语句中也没有为这样的列指定列名，则在定义视图的语句中必须指定视图属性列的名字。

5.1.3 通过视图查询数据

视图定义好后，就可以对其进行查询，通过视图查询数据同通过基本表查询数据一样。

【例 7】利用 5.1.2 节例 1 建立的视图，查询信息系年龄小于等于 20 岁的学生的学号、姓名和年龄。

```
SELECT Sno, Sname, Sage
  FROM IS_Student
  WHERE Sage <= 20
```

查询结果如图 5-2 所示。

数据库管理系统在通过视图查询数据时，首先检查要查询的视图是否存在，如果存在，则从系统数据字典中提取视图的定义，把视图的定义语句与对视图的查询语句结合起来，转换成等价的对基本表的查询，然后再执行转换后的查询。

	Sno	Sname	Sage
1	1521103	张海	20

图 5-2 例 7 的查询结果

因此，例 7 的查询最终转换成的实际查询为：

```
SELECT Sno, Sname, Sage
  FROM Student
  WHERE Sdept = '信息系' AND Sage <= 20
```

【例 8】查询信息系选修 c001 课程的学生学号、姓名和年龄。

这个查询可以利用例 1 建立的 IS_Student 视图（只包含信息系学生）以及 SC 表实现。

```
SELECT SC.Sno, Sname, Sage
  FROM IS_Student JOIN SC ON IS_Student.Sno = SC.Sno
  WHERE Cno = 'c001'
```

查询结果如图 5-3 所示。

	Sno	Sname	Sage
1	1521102	吴宾	21

图 5-3 例 8 的查询结果

【例 9】查询信息系学生的学号、姓名、所选课程的课程名。

该查询可利用 IS_Student 视图（只包含信息系学生）以及 SC 表、Course 表实现。

```
SELECT v.Sno, Sname, Cname
  FROM IS_Student v JOIN SC ON v.Sno = SC.Sno
  JOIN Course C ON C.Cno = SC.Cno
```

查询结果如图 5-4 所示。

此查询转换成的对最终基本表的查询语句如下：

```
SELECT S.Sno, Sname, Cname
  FROM Student S JOIN SC ON S.Sno = SC.Sno
  JOIN Course C ON C.Cno = SC.Cno
  WHERE Sdept = '信息系'
```

有时，将通过视图的查询语句转换为对基本表的查询语句是很直接的，但在某些情况下，这种转换不能直接进行。

【例 10】利用 5.1.2 节例 6 建立的视图，查询考试平均成绩 80 分以上的学生的学号和平均成绩。

```
SELECT * FROM S_G  WHERE  AvgGrade > 80
```

查询结果如图 5-5 所示。

	Sno	Sname	Cname
1	1521102	吴宾	计算机文化学
2	1521102	吴宾	Java
3	1521102	吴宾	数据结构
4	1521102	吴宾	数据库基础
5	1521103	张海	高等数学
6	1521103	张海	程序设计
7	1521103	张海	数据结构
8	1521103	张海	操作系统

图 5-4 例 9 的查询结果

	Sno	AvgGrade
1	1512101	89
2	1531102	82

图 5-5 例 10 的查询结果

如果直接转换，将产生如下的查询语句：

```
SELECT Sno, AVG(Grade) FROM SC
  WHERE  AVG(Grade) > 80
  GROUP BY Sno
```

这样转换后的语句显然是不能执行的，因为在 WHERE 子句中不能包含聚合函数。正确的转换语句如下：

```
SELECT Sno, AVG(Grade) FROM SC
  GROUP BY Sno
  HAVING AVG(Grade) > 90
```

从这个例子可以看出，将利用视图的查询转化为针对基本表的查询并不是那么直接的，系统需要进行分析再进行合适的转换。目前大多数关系数据库管理系统对这种含有聚合函数的视图的查询均能进行正确的转换。

视图不仅可用于查询数据，而且，也可以通过视图修改基本表中的数据，但并不是所有的视图都可以对基本表的数据进行修改。比如，经过统计或表达式计算得到的视图，就不能用于修改基本表数据的操作。能否通过视图修改基本表数据的基本原则是：如果这个操作能够转换为对基本表的正确操作，则可以修改，否则就不能通过视图修改数据。

5.1.4 修改和删除视图

定义视图后，如果其结构不能满足用户的要求，可以对其进行修改。如果不需要某个视图了，还可以删除视图。

1. 修改视图

修改视图定义的 SQL 语句为 ALTER VIEW，其语法格式如下：

```
ALTER VIEW 视图名 [ ( 列名 [ ,...n ] ) ]
AS
  SELECT 语句
```

修改视图的 SQL 语句实际与定义视图的语句基本是一样的，只是将 CREATE VIEW 改为了 ALTER VIEW。

【例 11】修改例 6 定义的视图，使其统计每个学生的考试平均成绩和修课总门数。

```
ALTER VIEW S_G(Sno, AvgGrade,Count_Cno)
AS
  SELECT Sno, AVG(Grade), Count(*) FROM SC
    GROUP BY Sno
```

2. 删除视图

删除视图的 SQL 语句为 DROP VIEW，其语法格式为：

```
DROP VIEW <视图名>
```

【例 12】删除例 1 定义的 IS_Student 视图。

```
DROP VIEW IS_Student
```

删除视图时需注意，如果被删除的视图是其他视图的数据源，如前面的 V_IS_S2 视图就是利用 V_IS_S1 视图建立的，则删除该视图（如删除 V_IS_S1）后，其导出视图（V_IS_S2）将无法再使用。同样，如果定义视图的基本表被删除了，则视图也将无法使用。因此，在删除基本表和视图时一定要注意是否存在引用被删除对象的视图，如果有应同时删除。

5.1.5 视图的作用

如前所述，使用视图可以简化和定制用户对数据的需求。虽然对视图的操作最终都转换为对基本表的操作，视图看起来似乎没什么用处，但实际上，如果合理地使用视图会带来许多好处。

1. 简化数据查询语句

采用视图机制可以使用户将注意力集中在所关心的数据上。如果这些数据来自多个基本表，或者数据一部分来自基本表，另一部分来自视图，并且所用的搜索条件又比较复杂时，需要编写的 SELECT 语句就会很长，这时定义视图就可以简化数据的查询语句。定义视图可以将表与表之间复杂的连接操作和搜索条件对用户隐藏起来，用户只需简单地查询一个视图即可。这在多次执行相同的数据查询操作时尤为有用。

2. 使用户能从多角度看待同一数据

采用视图机制能使不同的用户以不同的方式看待同一数据，当不同类型的用户共享同一个数据库时，这种灵活性是非常重要的。

3. 提高了数据的安全性

使用视图可以定制用户查看哪些数据并屏蔽敏感数据。比如，不希望员工看到别人的工资，就可以建立一个不包含工资项的职工视图，然后让用户通过职工视图来访问职工数据，而不授予他们直接访问基本表的权限，这样就在一定程度上提高了数据库数据的安全性。

4. 提供了一定程度的逻辑独立性

视图在一定程度上提供了数据的逻辑独立性，因为它对应的是数据库的外模式。

在关系数据库中，数据库的重构是不可避免的。重构数据库的最常见方法是将一个基本表分解成多个基本表。例如，可将学生表 Student(Sno, Sname, Ssex, Sage, Sdept) 分解为 SX(Sno, Sname, Sage,) 和 SY(Sno, Ssex, Sdept) 两个表，这时对 Student 一个表的操作有可能变成对 SX 表和 SY 表两个表的操作，为简化用户操作，可定义视图：

```
CREATE VIEW Student(Sno, Sname, Ssex, Sage, Sdept)
AS
  SELECT SX.Sno, SX.Sname, SY.Ssex, SX.Sage, SY.Sdept
    FROM SX JOIN SY ON SX.Sno = SY.Sno
```

这样，尽管数据库的表结构变了，但应用程序可以不必修改，新建的视图保证了用户原来的操作，使用户的外模式未发生改变。

注意：

视图只能在一定程度上提供数据的逻辑独立性，由于通过视图更新数据是有局限的，因此，应用程序在修改数据时可能会因基本表结构的改变而受到一些影响。

5.2 索引

建立索引是加快数据查询速度的有效方法。用户可以根据应用环境的需要，在基本表上建立一个或多个索引，以提供多种存取路径，加快查询速度。

本节介绍索引的基本概念以及如何建立和删除索引。

5.2.1 索引的基本概念

在数据库中建立索引是为了加快数据的查询速度。数据库中的索引与书籍中的目录或书后的术语表类似。在一本书中，利用目录或术语表可以快速查找所需信息，而无须翻阅整本书。在数据库中，索引使对数据的查找不需要对整个表进行扫描，就可以在其中找到所需数据。书籍的索引表是一个术语列表，其中注明了包含各个术语的页码。而数据库中的索引是一个表中所包含的列值的列表，其中注明了表中包含各个列值的行数据所在的存储位置。可以为表中的单个列建立索引，也可以为一组列建立索引。

例如，假设在 Student 表的 Sno 列上建立了一个索引（Sno 被称为索引项或索引关键字），则在索引部分就有指向每个学号所对应的学生的存储位置的信息，如图 5-6 所示。

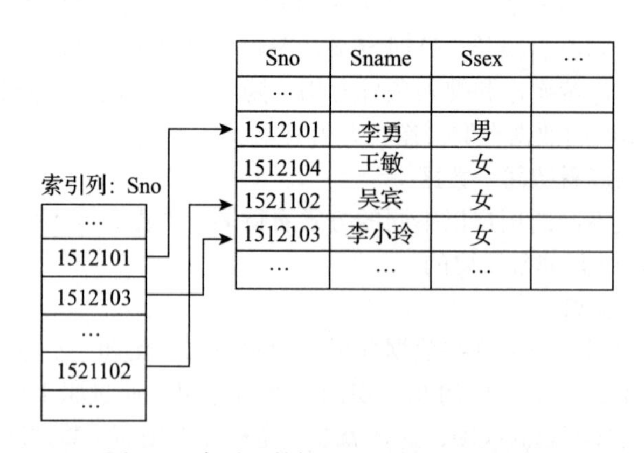

图 5-6 索引及数据间的对应关系示意图

当数据库管理系统执行一个在 Student 表上根据指定的 Sno 查找该学生的信息的语句时，它能够识别 Sno 列是索引列，并首先在索引部分（按学号有序存储）查找该学号，然后根据找到的学号所指向的数据的存储位置，直接检索出需要的信息。如果没有索引，则数据库管理系统需要从 Student 表的第一行开始，逐行检索指定的 Sno 的值。从数据结构的算法知识我们知道有序数据的查找比无序数据的查找效率要高很多。

但索引为查找所带来的性能好处是有代价的，首先，在数据库中会占用一定的存储空间来存储索引信息。其次，在对数据进行插入、更改和删除操作时，为了使索引与数据保持一致，还需要对索引进行相应维护。对索引的维护是需要花费时间的。

因此，利用索引提高查询效率是以空间和增加了数据更改的时间为代价的。在设计和创建索引时，应确保对性能的提高程度大于在存储空间和处理资源方面所付出的代价。

5.2.2　索引的分类

索引分为聚集索引（Clustered Index，也称为聚簇索引）和非聚集索引（Non-clustered Index，也称为非聚簇索引）。

1. 聚集索引

建立聚集索引后，数据库管理系统对数据按聚集索引关键字值进行物理的排序。聚集索引对于那些经常要搜索列在连续范围内的值的查询特别有效。使用聚集索引找到包含第一个列值的行后，由于后续要查找的数据值在物理上相邻而且有序，因此只要将数据值直接与查找的终止值进行比较即可。

在创建聚集索引之前，应先了解数据是如何被访问的，因为数据的访问方式直接影响了对索引的使用。如果索引建立的不合适，则非但不能达到提高数据查询效率的目的，而且还会影响数据的插入、删除和修改操作的效率。因此，索引并不是越多越好（建立索引需要占用空间，维护索引需要占用时间），而是要有一些考虑因素。

下列情况可考虑创建聚集索引：

- 包含大量非重复值的列。
- 使用下列运算符返回一个范围值的查询：BETWEEN AND、>、>=、< 和 <=。
- 不返回大型结果集的查询。
- 经常被用作连接的列，一般来说，这些列是外键列。
- 经常用在 ORDER BY 或 GROUP BY 子句中的列。

2. 非聚集索引

非聚集索引与图书后边的术语表类似。书的内容（数据）存储在一个地方，术语表（索引）存储在另一个地方。而且书的内容（数据）并不按术语表（索引）的顺序存放，但术语表中的每个词在书中都有确切的位置。非聚集索引就类似于术语表，而数据就类似于一本书的内容。

由于非聚集索引并不改变数据的物理存储顺序，因此，可以在一个表上建立多个非聚集索引。就像一本书可以有多个术语表一样，比如一本介绍园艺的书可能会包含一个植物通俗名称的术语表和一个植物学名称的术语表，因为这是读者查找信息的两种最常用的方法。

下述情况可考虑创建非聚集索引：

- 包含大量非重复值的列。
- 不返回大型结果集的查询。
- 经常作为查询条件使用的列。
- 经常作为连接和分组条件的列。

5.2.3　唯一索引

唯一索引可以确保索引列不包含重复的值，唯一索引可以只包含一个列（限制该列取值不重复），也可以由多个列共同构成（限制这些列的组合取值不重复）。例如，如果在

LastName 和 FirstName 两个列的组合上创建了一个唯一索引 FullName，则该表中任何两个人都不可以具有完全相同的名字（LastName 和 FirstName 均相同）。

聚集索引和非聚集索引都可以是唯一索引。因此，只要列中的数据是唯一的，就可以在同一个表上创建一个唯一的聚集索引和多个唯一的非聚集索引。

注意：

只有当数据本身具有唯一性特征时，指定唯一索引才有意义。如果必须要实施唯一性来确保数据的完整性，则应在列上创建唯一值约束或主键约束，而不要创建唯一索引。例如，如果想限制"身份证号"列的取值不重复，则可在"身份证号"列上创建唯一值约束。实际上，当在表上创建主键约束或唯一值约束时，系统会自动在这些列上创建唯一索引。

5.2.4　创建和删除索引

1. 创建索引

创建索引的 SQL 语句是 CREATE INDEX，其一般语法格式为：

```
CREATE [UNIQUE] [CLUSTERED | NONCLUSTERED]
  INDEX 索引名 ON 表名 ( 列名 [,...n])
```

其中各项含义如下。

- UNIQUE：表示要创建唯一索引。
- CLUSTERED：表示要创建聚集索引。
- NONCLUSTERED：表示要创建非聚集索引。

如果没有指定索引类型，则默认是创建非聚集索引。

【例 13】在 Student 表的 Sname 列上创建一个非聚集索引。

```
CREATE NONCLUSTERED INDEX Sname_ind
  ON Student(Sname)
```

【例 14】在 Employee 表的 Sid 列上创建一个唯一非聚集索引。（假设 Employee 表有 Sid 列）

```
CREATE UNIQUE NONCLUSTERED INDEX Sid_ind
  ON Employee(Sid)
```

【例 15】在 Employee 表的 FirstName 列和 LastName 列上创建一个复合聚集索引。

```
CREATE CLUSTERED INDEX EName_ind
  ON Employee(FirstName, LastName)
```

2. 删除索引

删除索引的 SQL 语句是 DROP INDEX，其一般语法格式为：

```
DROP INDEX <表名>.<索引名>
```

【例 16】删除 Student 表中的 Sname_ind 索引。

```
DROP INDEX Student.Sname_ind
```

5.3　小结

视图是定义在数据库基本表上的虚表，它对应数据库的外模式。视图所包含的数据和结构是由使用视图的用户需求决定的，视图本身并不物理地存储数据，它的数据全部来自基本表。每当通过视图查询数据时，数据库管理系统自动将对视图的查询转换为对基本表的查询。因此保证了视图数据与基本表数据的一致。

视图提供了数据库的逻辑独立性，当基本表结构发生变化时，通过修改视图定义，可以保证视图不变化，包括视图名、视图所包含的列名等都可以保持不变。视图在一定程度上还增强了数据的安全性，封装了复杂的查询，为用户提供了从不同角度看待同一数据的方法。对视图的查询语法同基本表的查询语法相同。

建立索引的目的是提高数据的查询效率，但存储索引增加了空间的开销，维护索引增加了时间的开销。因此，当对数据库的应用主要是查询操作时，可以根据查询需求适当多建索引。如果对数据库的操作主要是增、删、改，则应尽量少建索引，以免影响数据的更改效率。

索引分为聚集索引和非聚集索引两种。建立聚集索引时，数据库管理系统会按聚集索引项的值对数据进行物理排序；如果建立的是非聚集索引，则数据库管理系统只对非聚集索引列的值进行排序，数据不受影响。建立索引需要耗费一定的时间，特别是当数据量很大时，建立索引需要花费相当长的时间。

在一个表上只能建立一个聚集索引，但可以建立多个非聚集索引。聚集索引和非聚集索引都可以是唯一索引。唯一索引的作用是保证索引项所包含的列的取值彼此不能重复。

习题

1. 试说明使用视图的好处。
2. 使用视图可以加快数据的查询速度吗？为什么？
3. 利用第 3 章建立的 Student 表、Course 表和 SC 表，写出创建满足下述要求的视图的 SQL 语句。
   （1）查询学生的学号、姓名、所在系、课程号、课程名、课程学分。
   （2）查询学生的学号、姓名、选修的课程名和考试成绩。
   （3）统计每个学生的选课门数，列出学号和选课门数。
   （4）统计每个学生的修课总学分，列出学号和选课门数。
   （5）查询计算机系 Java 考试成绩最高的学生学号、姓名和 Java 考试成绩。
4. 利用第 3 题建立的视图，完成如下查询：
   （1）查询考试成绩大于等于 90 的学生姓名、考试课程名和成绩。
   （2）查询选课门数超过 3 门的学生的学号和选课门数。
   （3）查询计算机系选课门数超过 3 门的学生的姓名和选课门数。
   （4）查询选课总学分超过 10 分的学生的学号、姓名、所在系和选课总学分。
5. 修改第 3 题（4）定义的视图，使其查询每个学生的学号、平均成绩及选课门数。
6. 修改第 3 题（5）定义的视图，使其查询全体学生中 Java 考试成绩最高的学生的学号、姓名、所在系和 Java 考试成绩。
7. 在 Student 表的 Sdept 列上建立一个非聚集索引，索引名为：Idx_Sdept。
8. 在 Student 表的 Sname 列上建立一个唯一的非聚集索引，索引名为：Idx_Sname。
9. 在 Course 表上为 Cname 列建立一个非聚集索引，索引名为：Idx_Cname
10. 在 SC 表上为 Sno 和 Cno 建立一个组合的非聚集索引，索引名为：Idx_SnoCno。
11. 删除在 Student 表的 Sname 列上建立的 Idx_Sname 索引。

第6章

关系数据库规范化理论

数据库设计是数据库应用领域中的主要研究课题。数据库设计的任务是在给定的应用环境下，创建满足用户需求且性能良好的数据库模式、建立数据库及其应用系统，使之能有效地存储和管理数据，满足某公司或部门各类用户业务的需求。

数据库设计需要理论指导，关系数据库规范化理论就是数据库设计的一个理论指南。规范化理论研究的是关系模式中各属性之间的依赖关系及其对关系模式性能的影响，探讨“好”的关系模式应该具备的性质，以及达到“好”的关系模式的方法。规范化理论提供了判断关系模式好坏的理论标准，帮助我们预测可能出现的问题，是数据库设计人员的有力工具，同时也使数据库设计工作有了严格的理论基础。

本章主要讨论关系数据库规范化理论，讨论如何判断一个关系模式是否为好的关系模式，以及如何将不好的关系模式转换成好的关系模式，并能保证所得到的关系模式仍能表达原来的语义。

6.1 函数依赖

数据的语义不仅表现为完整性约束，对关系模式的设计也提出了一定的要求。对一个应用系统，如何构建合适的关系模式，应构建几个关系模式，每个关系模式由哪些属性组成等，这些都是数据库设计问题，确切地讲是关系数据库的逻辑设计问题。

首先看一下，关系模式中各属性之间的依赖关系。

6.1.1 函数依赖的基本概念

函数是我们非常熟悉的概念，对公式：

$$Y=f(X)$$

也不陌生，这是 X 和 Y 在数量上的对应关系，即给定一个 X 值，都会有一个 Y 值和它对应。也可以说 X 函数决定 Y，或 Y 函数依赖于 X。在关系数据库中讨论函数依赖注重的是语义上的关系，比如：

$$姓名=f(学号)$$

即给出一个具体的学号，会有唯一的学生姓名和它对应。这里“学号”是自变量 X，“姓名”

是因变量或函数值 Y，并且把 X 函数决定 Y，或 Y 函数依赖于 X 表示为：

$$X \to Y$$

根据以上讨论可以写出较直观的函数依赖定义，即如果有一个关系模式 $R(A_1, A_2, \cdots, A_n)$，X 和 Y 为 $\{A_1, A_2, \cdots, A_n\}$ 的子集，那么对于关系 R 中的任意一个 X 值，都只有一个 Y 值与之对应，则称 X 函数决定 Y，或 Y 函数依赖于 X。

例如：对学生关系模式 Student（Sno, Sname, Sdept, Sage）

有以下依赖关系：

$$\text{Sno} \to \text{Sname},\ \text{Sno} \to \text{Sdept},\ \text{Sno} \to \text{Sage}$$

对学生选课关系模式 SC（Sno, Cno, Grade）

有以下依赖关系：

$$(\text{Sno, Cno}) \to \text{Grade}$$

显然，数据库中的函数依赖讨论的是关系模式中属性之间的依赖关系，它是语义范畴的概念，也就是说关系模式的属性之间是否存在函数依赖只与语义有关。

下面给出函数依赖的形式化定义。

定义 6.1　设有关系模式 $R(A_1, A_2, \cdots, A_n)$，X 和 Y 均为 $\{A_1, A_2, \cdots, A_n\}$ 的子集，r 是 R 的任一具体关系，t_1、t_2 是 r 中的任意两个元组；如果由 $t_1[X] = t_2[X]$ 可以推导出 $t_1[Y] = t_2[Y]$，则称 X 函数决定 Y，或 Y 函数依赖于 X，记为 $X \to Y$。

在以上定义中特别要注意，只要

$$t_1[X] = t_2[X],\ t_1[Y] = t_2[Y]$$

成立，就有 $X \to Y$。也可以说只有当 $t_1[X] = t_2[X]$ 为真，而 $t_1[Y] = t_2[Y]$ 为假时，函数依赖 $X \to Y$ 不成立。

6.1.2　一些术语和符号

下面给出本章中使用的一些术语和符号。设有关系模式 $R(A_1, A_2, \cdots, A_n)$,X 和 Y 均为 $\{A_1, A_2, \cdots, A_n\}$ 的子集，则有以下结论：

1）如果 $X \to Y$，但 Y 不包含于 X，则称 $X \to Y$ 是非平凡的函数依赖。如无特别说明，我们讨论的都是非平凡的函数依赖。

2）如果 Y 不依赖于 X，则记作 $X \nrightarrow Y$。

3）如果 $X \to Y$，则称 X 为决定因子。

4）如果 $X \to Y$，并且 $Y \to X$，则记作 $X \longleftrightarrow Y$。

5）如果 $X \to Y$，并且对于 X 的任意一个真子集 X' 都有 $X' \nrightarrow Y$，则称 Y 完全函数依赖于 X，记作 $X \xrightarrow{f} Y$；如果 $X' \to Y$ 成立，则称 Y 部分函数依赖于 X，记作 $X \xrightarrow{p} Y$。

6）如果 $X \to Y$（非平凡函数依赖，并且 $Y \nrightarrow X$）、$Y \to Z$，则称 Z 传递函数依赖于 X。

【例 1】假设有关系模式 SC（Sno, Sname, Cno, Credit, Grade），其中各属性分别为：学号、姓名、课程号、学分、成绩，主键为（Sno, Cno），函数依赖有：

```
Sno → Sname                姓名函数依赖于学号
(Sno, Cno) -p-> Sname      姓名部分函数依赖于学号和课程号
(Sno, Cno) -f-> Grade      成绩完全函数依赖于学号和课程号
```

【例 2】假设有关系模式 S（Sno, Sname, Dept, Dept_master），其中各属性分别为：学号、姓名、所在系和系主任（假设一个系只有一个主任），主键为 Sno，函数依赖有：

```
Sno -f-> Sname             姓名完全函数依赖于学号
由于：Sno -f-> Dept        所在系完全函数依赖于学号
```

```
Dept →(f) Dept_master          系主任完全函数依赖于所在系
所以有：Sno →(传递) Dept_master   系主任传递函数依赖于学号
```

函数依赖是数据的重要性质，关系模式应能反映这些性质。

6.1.3 为什么要讨论函数依赖

讨论属性之间的关系以及讨论函数依赖有什么必要呢？让我们通过例子看一下。

假设有描述学生选课及住宿情况的关系模式：

```
S-L-C( Sno,Sname,Ssex,Sdept,Sloc,Cno,Grade)
```

其中各属性分别为：学号、姓名、性别、学生所在系、学生所住宿舍楼、课程号和考试成绩。假设每个系的学生都住在一栋楼里。该关系模式的主键为（Sno, Cno）。

看一看这个关系模式存在什么问题？假设该关系表有如表 6-1 所示的数据。

表 6-1 S-L-C 模式的部分数据示例

Sno	Sname	Ssex	Sdept	Sloc	Cno	Grade
1512101	李勇	男	计算机系	2 公寓	C001	90
1512101	李勇	男	计算机系	2 公寓	C002	86
1512101	李勇	男	计算机系	2 公寓	C006	NULL
1512102	刘晨	男	计算机系	2 公寓	C002	78
1512102	刘晨	男	计算机系	2 公寓	C004	66
1521102	吴宾	女	信息系	1 公寓	C001	82
1521102	吴宾	女	信息系	1 公寓	C002	75
1521102	吴宾	女	信息系	1 公寓	C004	92
1521102	吴宾	女	信息系	1 公寓	C005	50
1521103	张海	男	信息系	1 公寓	C002	68
1521103	张海	男	信息系	1 公寓	C006	NULL
1531101	钱小平	女	数学系	1 公寓	C001	80
1531101	钱小平	女	数学系	1 公寓	C005	95

观察这个表的数据，会发现有如下问题。

- 数据冗余问题：在这个关系中，有关学生所在系和其所对应的宿舍楼的信息有冗余，因为一个系有多少个学生，这个系所对应的宿舍楼的信息就要重复存储多少遍。而且学生基本信息（包括学生学号、姓名、性别、所在系）也有重复，一个学生修了多少门课，他的基本信息就重复多少遍。
- 数据更新问题：如果某一学生从计算机系转到了信息系，则不但要修改此学生的 Sdept 列的值，而且还要修改其 Sloc 列的值，从而使修改复杂化。
- 数据插入问题：如果新成立了某个系，并且也确定好了此系学生的宿舍楼，即已经有了 Sdept 和 Sloc 信息，但也不能将这个信息插入到 S-L-C 表中，因为这个系还没有招生，其 Sno 和 Cno 列的值均为空，而 Sno 和 Cno 是这个表的主属性，主属性不允许为空。
- 数据删除问题：如果一个学生只选了一门课，但后来又不选了，则应该删除此学生选此门课程的选课记录。但由于这个学生只选了一门课，则删掉此学生的选课记录的同时也删掉了此学生的其他基本信息。

类似的问题统称为操作异常。为什么会出现以上种种操作异常呢？原因是这个关系模式没有设计好，这个关系模式的某些属性之间存在着“不良”的函数依赖关系。如何改造这个关系模式并解决以上种种问题是关系规范化理论要解决的问题，也是我们讨论函数依赖的原因。

解决上述种种问题的方法就是进行模式分解，即把一个关系模式分解成两个或多个关系模式，在分解的过程中消除那些“不良”的函数依赖，从而获得良好的关系模式。

6.2　关系规范化

关系规范化是指将有“不良”函数依赖的关系模式转换为良好的关系模式。这里涉及范式的概念，不同的范式表示关系模式遵守不同的规则。本节介绍常用的第一范式、第二范式和第三范式的概念。在介绍范式的概念之前，先介绍一下关系模式中的码的概念。

6.2.1　关系模式中的码

设用 U 表示关系模式 R 的属性全集，即 $U=\{A_1, A_2, \cdots, A_n\}$，用 F 表示关系模式 R 上的函数依赖集，则关系模式 R 可表示为 $R(U, F)$。

1. 候选码

设 K 为 $R(U, F)$ 中的属性或属性组，若 $K \xrightarrow{f} U$，则 K 为 R 的候选码（也称为候选键）。（K 为能唯一标识 R 中元组的最小属性组）。

主键：关系 $R(U, F)$ 中可能有多个候选码，则选其中一个作为主键。

全码：候选码为整个属性组。

主属性与非主属性：在 $R(U, F)$ 中，包含在任一候选码中的属性称为主属性，不包含在任一候选码中的属性称为非主属性。

【例 3】有关系模式：学生（学号，姓名，性别，身份证号，年龄，所在系）

候选码：学号，身份证号。

主键：“学号”或者“身份证号”。

主属性：学号，身份证号。

非主属性：姓名，性别，年龄，所在系。

【例 4】有关系模式：选课（学号，课程号，考试次数，成绩）

设一名学生对一门课程可以有多次考试，每一次考试有一个考试成绩。

候选码：（学号，课程号，考试次数），也为主键。

主属性：学号，课程号，考试次数。

非主属性：成绩。

【例 5】有关系模式：授课（教师号，课程号，学年）

其语义为：一个教师在一个学年可以讲授多门不同的课程，可以在不同学年对同一门课程讲授多次，但不能在同一个学年对同一门课程讲授多次。一门课程在一个学年可以由多个不同的教师讲授，同一个学年可以开设多门课程，同一门课程可以在不同学年开设多次。

其候选码为：（教师号，课程号，学年），因为只有（教师号，课程号，学年）三者才能唯一确定一个元组。这里的候选码也是主键。

主属性为：教师号，课程号，学年。

没有非主属性。

称这种候选码为全部属性的表为全码表。

2. 外键

外键是用于建立关系表之间关联关系的属性（组）。

定义：若 $R(U, F)$ 的属性（组）X（X 属于 U）是另一个关系 S 的主键，则称 X 为 R 的外键。（X 必须先被定义为 S 的主键）。

6.2.2 范式

在 6.1.3 节已经介绍了设计“不好”的关系模式会带来的问题，本节将讨论“好”的关系模式应具备的性质，即关系规范化问题。

关系数据库中的关系要满足一定的要求，满足不同程度要求的为不同的范式。满足最低要求的关系称为第一范式，简称 1NF（First Normal Form）。在第一范式中进一步满足一些要求的关系称为第二范式，简称 2NF，依此类推，还有 3NF、BCNF、4NF、5NF。

所谓“第几范式”是表示关系模式满足的条件，所以经常称某一关系模式为第几范式的关系模式。若 R 为第二范式的关系模式也可以写为：$R \in 2NF$。

对关系模式的属性间的函数依赖加以不同的限制，就形成了不同的范式。这些范式是递进的，如果一个关系模式是 1NF 的，则优于不是 1NF 的模式；同样，2NF 的关系模式比 1NF 的好。使用范式的目的是从一个关系模式或关系模式集合开始，逐步产生一个和初始集合等价的关系模式集合（指提供同样的信息）。范式越高、规范化的程度越高。

规范化的理论首先由 E. F. Codd 于 1971 年提出，目的是要设计“好的”关系数据库模式。关系规范化实际上就是对有问题（操作异常）的关系进行分解从而消除这些异常。

1. 第一范式

定义：不包含重复组的关系（即不包含非原子项的属性）是第一范式的关系。

图 6-1 所示的表就不是第一范式的关系，因为在这个表中，“高级职称人数”不是基本的数据项，它是由两个基本数据项（“教授”和“副教授”）组成的一个复合数据项。非第一范式的关系转换为第一范式的关系方法比较简单，只需将所有数据项都表示为不可再分的最小数据项即可。图 6-1 所示的关系转换为第一范式的关系如图 6-2 所示。

系名称	不是基本数据项	
	教授	副教授
计算机系 信息系 通信系	6 3 4	10 5 8

图 6-1 非第一范式的关系

系名称	只含基本数据项	只含基本数据项
计算机系 信息系 通信系	6 3 4	10 5 8

图 6-2 第一范式的关系

2. 第二范式

定义：如果 $R(U, F) \in 1NF$，并且 R 中的每个非主属性都完全函数依赖于主键，则 $R(U, F) \in 2NF$。

从定义可以看出，若某个 1NF 的关系的主键只由一个属性组成，则这个关系一定也是 2NF 关系。但如果主键是由多个属性共同构成的复合主键，并且存在非主属性对主键的部分函数依赖，则这个关系就不是 2NF 的。

例如，前面所示的 S-L-C（Sno, Sname, Ssex, Sdept, Sloc, Cno, Grade）就不是 2NF 的。

因为（Sno,Cno）是主键，又有函数依赖：Sno → Sname，因此有：

$$(\text{Sno, Cno}) \xrightarrow{p} \text{Sname}$$

即存在非主键属性 Sname 对主键（Sno, Cno）的部分函数依赖，所以，S-L-C 不是 2NF 的关系模式。前面已经介绍过这个关系存在操作异常，而这些操作异常就是由于它存在部分函数依赖造成的。

可以用模式分解的方法将非 2NF 的关系模式分解为多个符合 2NF 要求的关系模式。去掉部分函数依赖的模式分解过程如下。

1）用组成主键的属性集合的每一个子集作为主键构成一个关系模式。

2）将依赖于这些主键的属性放置到相应的关系模式中。

3）最后去掉只由主键的子集构成的关系模式。

例如，S-L-C 关系模式的主键（Sno，Cno）的子集有三个：Sno、Cno、（Sno，Cno），因此首先将 S-L-C 分解为如下的三个关系模式（主键用下划线标识）：

```
S-L (Sno, …)
C (Cno, …)
S-C (Sno, Cno,…)
```

然后，将依赖于这些主键的属性放置到相应的关系模式中，形成如下三个关系模式：

```
S-L (Sno, Sname, Ssex, Sdept, Sloc)
C (Cno)
S-C (Sno, Cno, Grade)
```

最后，去掉只由主键的子集构成的关系模式，即去掉 C（Cno）关系模式。S-L-C 最终被分解的关系模式为：

```
S-L (Sno, Sname, Ssex, Sdept, Sloc)
S-C (Sno, Cno, Grade)
```

现在对分解后的关系模式再进行分析。

首先分析 S-L 关系模式，这个关系模式的主键是（Sno），并且有如下函数依赖：

$$\text{Sno} \xrightarrow{f} \text{Sname},\ \text{Sno} \xrightarrow{f} \text{Ssex},\ \text{Sno} \xrightarrow{f} \text{Sdept},\ \text{Sno} \xrightarrow{f} \text{Sloc}$$

由于只存在完全依赖关系，因此 S-L 关系模式属于 2NF。

然后分析 S-C 关系模式，这个关系模式的主键是（Sno，Cno），并且有函数依赖：

$$(\text{Sno}, \text{Cno}) \xrightarrow{f} \text{Grade}$$

因此 S-C 关系模式也是 2NF 的。

下面再看下分解之后的 S-L 关系模式和 S-C 关系模式是否还存在问题，先讨论 S-L 关系模式，现在这个关系包含的数据如表 6-2 所示。

表 6-2　S-L 关系的部分数据示例

Sno	Sname	Ssex	Sdept	Sloc
1512101	李勇	男	计算机系	2 公寓
1512102	刘晨	男	计算机系	2 公寓
1521102	吴宾	女	信息系	1 公寓
1521103	张海	男	信息系	1 公寓
1531101	钱小平	女	数学系	1 公寓

从表 6-2 所示的数据可以看到，一个系有多少个学生，就会重复描述该系所在的宿舍楼多少遍，因此还存在数据冗余，故存在操作异常。比如，当新组建一个系时，如果此系还没

有招收学生，但已分配了宿舍楼，则还是无法将此系的信息插入到数据库中，因为这时的学号为空。

由此可见，第二范式的关系模式同样还可能存在操作异常的情况，因此还需要对第二范式的关系模式进行进一步的分解。

3. 第三范式

定义：如果 $R(U,F) \in 2NF$，并且所有的非主属性都不传递依赖于主键，则 $R(U,F) \in 3NF$。

从定义可以看出，如果存在非主属性对主键的传递依赖，则相应的关系模式就不是3NF 的。

以关系模式 S-L（Sno, Sname, Ssex, Sdept, Sloc）为例，因为有：

$$Sno \rightarrow Sdept，Sdept \rightarrow Sloc$$

因此有：$Sno \xrightarrow{传递} Sloc$

从前边的分析可知，当关系模式中存在传递函数依赖时，这个关系模式仍然有操作异常，因此，还需要对其进行进一步的分解，使其成为 3NF 的关系。

去掉传递函数依赖的关系模式分解过程如下。

1）对于不是候选码的每个决定因子，从关系模式中删去依赖于它的所有属性。

2）新建一个关系模式，新关系模式中包含在原关系模式中所有依赖于该决定因子的属性。

3）将决定因子作为新关系模式的主键。

S-L 分解后的关系模式为

S-D（Sno, Sname, Ssex, Sdept），主键为 Sno。

S-L（Sdept, Sloc），主键为 Sdept。

对 S-D，有：$Sno \xrightarrow{f} Sname$，$Sno \xrightarrow{f} Ssex$，$Sno \xrightarrow{f} Sdept$，因此 S-D 是 3NF 的。

对 S-L，有：$Sdept \xrightarrow{f} Sloc$，因此 S-L 也是 3NF 的。

对 S-C（Sno, Cno, Grade）关系，这个关系的主键是（Sno，Cno），并且有：

$(Sno, Cno) \xrightarrow{f} Grade$

因此 S-C 也是 3NF 的。

至此，S-L-C（Sno, Sname, Ssex, Sdept, Sloc, Cno, Grade）关系模式共分解为如下三个关系模式，分解后的每个关系模式都是 3NF 的。

S-L（Sdept, Sloc），Sdept 为主键，没有外键。

S-D（Sno, Sname, Ssex, Sdept），Sno 为主键，Sdept 为引用 S-L 关系模式的外键。

S-C（Sno, Cno, Grade），（Sno，Cno）为主键，且 Sno 为引用 S-D 关系模式的外键。

由于模式分解之后，使原来在一张表中表达的信息现在被分解在多张表中表达，因此，为了能够表达分解前数据之间的关联关系，在分解完之后除了要标识主键之外，还要标识相应的外键。

比如，对之前的关系模式 S-L-C（Sno, Sname, Ssex, Sdept, Sloc, Cno, Grade）

在分解为如下三个关系模式后：

S-L（Sdept, Sloc）

S-D（Sno, Sname, Ssex, Sdept）

S-C（Sno, Cno, Grade）

为表达分解之前数据之间的关联关系，在 S-D 关系模式中需要定义 Sdept 为引用 S-L 的外键，在 S-C 关系模式中需要定义 Sno 为引用 S-D 的外键。

由于 3NF 关系模式中不存在非主属性对主键的部分依赖和传递依赖关系，因而在很大程度上消除了数据冗余和操作异常，因此在通常的数据库设计中，一般要求达到 3NF 即可。

规范化的过程实际上是通过把范式程度低的关系模式分解为若干个范式程度高的关系模式来实现的，分解的最终目的是使每个规范化的关系模式只描述一个主题。如果某个关系模式描述了两个或多个主题，则就应该将其分解为多个关系模式，使每个关系模式只描述一个主题。

规范化的过程是进行模式分解，但要注意的是分解后产生的关系模式应与原关系模式等价，即模式分解不能破坏原来的语义，同时还要保证不丢失原来的函数依赖关系。

6.3　小结

关系规范化理论是设计没有操作异常的关系数据库表的基本原则，规范化理论主要是研究关系表中各属性之间的依赖关系，根据函数依赖关系的不同，我们介绍了从各个属性都是不能再分的原子属性的第一范式，到消除了非主属性对主键的部分函数依赖的第二范式，再到消除了非主属性对主键的传递函数依赖的第三范式。范式的每一次升级都是通过模式分解实现的，在进行模式分解时应注意保持分解后的关系能够保持原有的函数依赖关系。

关系规范化理论的根本目的是指导人们设计没有数据冗余和操作异常的关系模式。对于一般的数据库应用来说，满足第三范式要求就足够了。因为规范化程度越高，表的个数也就越多，相应的就有可能会降低数据的操作效率。

习题

1. 关系规范化中的操作异常有哪些？它是由什么引起的？解决的办法是什么？
2. 第一范式、第二范式和第三范式的定义分别是什么？
3. 什么是部分函数依赖？什么是传递函数依赖？请分别举例说明。
4. 第三范式的关系模式是否一定不包含部分函数依赖？
5. 对于主键只由一个属性组成的关系模式，如果它是第一范式关系模式，那它是否一定也是第二范式关系模式？
6. 设有关系模式：学生选课（学号，姓名，所在系，性别，课程号，课程名，学分，成绩）。假设一个学生可以选多门课程，一门课程可以被多名学生选。每名学生对每门课程有唯一的考试成绩。一名学生有唯一的所在系，每门课程有唯一的课程名和学分。请指出此关系模式的候选码，判断此关系模式是第几范式的，若不是第三范式的，请将其规范化为第三范式关系模式，并指出分解后的每个关系模式的主键和外键。
7. 设有关系模式：学生（学号，姓名，所在系，班号，班主任，系主任）。其语义为：一个学生只在一个系的一个班学习，每个系只有一个系主任，一个人只担任一个系的系主任；每个班只有一名班主任，但一名教师可以担任多个班的班主任；一个系可以有多个班。请指出此关系模式的候选码，判断此关系模式是第几范式的，若不是第三范式的，请将其规范化为第三范式关系模式，并指出分解后的每个关系模式的主键和外键。
8. 设有关系模式：教师授课（课程号，课程名，学分，教师号，教师名，职称，授课时数，授课学年）。其语义为：一门课程（由课程号决定）有确定的课程名和学分，每名教师（由教师号决定）有确定的教师名和职称，每门课程可以由多名教师讲授，每名教师也可以讲授多门课程，在同一学年每个教师对每门课程只讲授一次，且有确定的授课时数。指出此关系模式的候选码，判断此关系模式属于第几范式，若不属于第三范式，请将其规范化为第三范式关系模式，并指出分解后的每个关系模式的主键和外键。

第 7 章 数据库保护

数据库保护包括数据的一致性和并发控制、安全性、备份和恢复等内容，事务是保证数据一致性的基本手段。本章将介绍事务、并发控制、数据库的备份和恢复机制，安全性管理放在第 11 章介绍。事务是数据库中一系列的操作，这些操作是一个完整的执行单元。事务处理技术主要包括数据库恢复技术和并发控制技术。数据库是一个多用户的共享资源，因此在多个用户同时操作数据时，如何保证数据的正确性，是并发控制要解决的问题。如果数据库在使用过程中出现了故障，比如硬件损坏，那么保证数据库信息不丢失就是备份和恢复要解决的问题。

本章主要介绍事务的基本概念、并发控制方法以及数据库的备份和恢复技术。

7.1 事务

数据库中的数据是共享的资源，因此，数据库管理系统允许多个用户同时访问相同的数据。当多个用户同时操作相同的数据时，如果不采取任何措施，则会造成数据异常。事务是为防止这种情况发生而产生的一个概念。

7.1.1 事务的基本概念

事务（Transaction）是用户定义的数据操作系列，这些操作可作为一个完整的工作单元，一个事务内的所有语句被作为一个整体，要么全部执行，要么全部不执行。

例如：A 账户给 B 账户转账 n 元，这个活动包含两个动作：

第一个动作：A 账户 $-n$

第二个动作：B 账户 $+n$

我们可以这样设想，假设第一个动作成功了，但第二个动作由于某种原因没有成功（比如突然停电等）。那么在系统恢复运行后，A 账户的金额是减 n 之前的值还是减 n 之后的值呢？如果 B 账户的金额没有变化（没有加上 n），则正确的情况是 A 账户的金额也应该是没有做减 n 操作之前的值（如果 A 账户是减 n 之后的值，则 A 账户中的金额和 B 账户中的金额就对不上了，这显然是不正确的）。怎样保证在系统恢复之后，A 账户中的金额是减 n 前的值呢？这就需要用到事务的概念。事务可以保证在一个事务中的全部操作要么全部成功，要么全部失败。也就是说，当第二个动作没有成功时，数据库管理系统将自动撤销第一个动作，使数据恢复到第一个动作之前的值。这样当系统恢复正常时，A 账户和 B 账户中的数值就是正确的。

要让数据库管理系统知道哪几个动作属于一个事务，必须显式地告诉数据库管理系统，这可以通过标记事务的开始与结束来实现。不同的事务处理模型中，事务的开始标记不完全一样（我们将在 7.1.3 节介绍 SQL 事务处理模型），但不管是哪种事务处理模型，事务的结束标记都是一样的。事务的结束标记有两个，一个是正常结束，用 COMMIT（提交）表示，也就是事务中的所有操作都将成为永久操作；另一个是异常结束，用 ROLLBACK（回滚）表示，也就是事务中的操作被全部撤销，数据库回到事务开始之前的状态。事务中的操作一般是对数据的更新操作，包括增、删、改。

7.1.2 事务的特征

事务具有四个特征，即原子性（Atomicity）、一致性（Consistency）、隔离性（Isolation）和持久性（Durability）。这四个特征也简称为事务的 ACID 特征。

1. 原子性

事务的原子性是指事务是数据库的逻辑工作单位，事务中的操作要么都做，要么都不做。

2. 一致性

事务一致性是指事务执行的结果必须是使数据库从一个一致性状态变到另一个一致性状态。

如前所述的转账事务，转账事务结束后，数据库中 A 账户和 B 账户的余额只能是两种情况，或者两个账户的余额都没有变化，或者两个账户的余额均发生变化。因此，当事务成功提交时，数据库就从事务开始前的一致性状态转到了事务结束后的一致性状态。同样，如果由于某种原因，在事务尚未完成时就出现了故障，那么就会出现事务中的一部分操作已经完成，而另一部分操作还没做的情况，这样就有可能使数据库的数据产生不一致的状态，为避免数据库产生不一致状态，系统会自动将事务中已完成的操作撤销，使数据库回到事务开始前的状态。因此，事务的一致性和原子性是密切相关的。

3. 隔离性

事务的隔离性是指数据库中一个事务的执行不能被其他事务干扰，即一个事务内部的操作及使用的数据对其他事务是隔离的，并发执行的各个事务不能相互干扰。

4. 持久性

事务的持久性也称为永久性（Permanence），指事务一旦提交，则其对数据库中数据的改变就是永久的，以后的操作或故障不会对事务的操作结果产生任何影响。

事务是数据库并发控制和恢复的基本单位。

保证事务的 ACID 特性是事务处理的重要任务。事务的 ACID 特性可能由于以下情况而遭到破坏。

1）多个事务并行运行时，不同事务的操作有交叉情况。

2）事务在运行过程中被强行停止。

在第一种情况下，数据库管理系统必须保证多个事务在交叉运行时不影响这些事务的原子性。在第二种情况下，数据库管理系统必须保证被强行终止的事务对数据库和其他事务没有任何影响。

以上这些工作都由数据库管理系统中的恢复和并发控制机制完成。

7.1.3 SQL 事务处理模型

事务有两种类型，一种是显式事务，一种是隐式事务。隐式事务是每一条数据操作语句都自动地成为一个事务，显式事务是有显式的开始和结束标记的事务。对于显式事务，不同的数据库管理系统又有不同的形式，一类是采用国际标准化组织（ISO）制定的事务处理模型，另一类是采用 T-SQL 的事务处理模型。下面分别介绍这两种模型。

1. ISO 事务处理模型

ISO 事务处理模型是明尾暗头的，即事务的开始是隐式的，而事务的结束有明确的标记。在这种事务处理模型中，程序的首条 SQL 语句或事务结束后的第一条语句会自动作为事务的开始。而在程序正常结束处或在 COMMIT 或 ROLLBACK 语句处是事务的结束。

如前面的 A 账户给 B 账户转账 *n* 元的事务，用 ISO 事务处理模型可描述为：

```
UPDATE 支付表 SET 账户余额 = 账户余额 - n
  WHERE 账户号 = 'A'
UPDATE 支付表 SET 账户余额 = 账户余额 + n
  WHERE 账户号 = 'B'
COMMIT
```

2. T-SQL 事务处理模型

T-SQL 事务处理模型对每个事务都有显式的开始和结束标记，SQL Server 采用的就是 T-SQL 事务处理模型。

SQL Server 的事务开始语句为：

```
BEGIN { TRAN | TRANSACTION }
  [ 事务名 | 事务变量名 ]
[ ; ]
```

事务的结束语句包括正常结束和异常结束。

SQL Server 的事务正常结束语句为：

```
COMMIT { TRAN | TRANSACTION }
  [ 事务名 | 事务变量名 ]
[ ; ]
```

SQL Server 的事务异常结束语句为：

```
ROLLBACK { TRAN | TRANSACTION }
  [ 事务名 | 事务变量名 ]
[ ; ]
```

如前面的转账例子用 T-SQL 事务处理模型可描述为：

```
BEGIN TRANSACTION
  UPDATE 支付表 SET 账户余额 = 账户余额 - n
    WHERE 账户号 = 'A'
  UPDATE 支付表 SET 账户余额 = 账户余额 - n
    WHERE 账户号 = 'B'
COMMIT
```

7.2 并发控制

数据库系统一个明显的特点是多个用户共享数据资源，即多个用户可以同时存取相同数据，飞机票火车票订票系统的数据库、银行系统的数据库等都是典型的多用户共享数据库。在这样的系统中，同一时刻同时运行的事务可达成千上万甚至更多。若不控制多用户的并发操作，就会造成数据存取的错误，破坏数据的一致性和完整性。

如果事务是顺序执行的，即一个事务完成之后，再开始另一个事务，则称这种执行方式为串行执行，串行执行的示意图如图 7-1a 所示（图中字母 T 表示要执行的事务）。如果数据库管理系统可以同时接受多个事务，并且这些事务在时间上可以重叠执行，则称这种执行式为并发执行。在单 CPU 系统中，同一时间只能有一个事务占据 CPU，各个事务交叉地使用 CPU，这种并发方式称为交叉并发。在多 CPU 系统中，多个事务可以同时占有 CPU，这种并发方式称为同时并发，交叉并行执行的示意图如图 7-1b 所示。我们这里主要讨论的是单 CPU 中的交叉并行执行的情况。

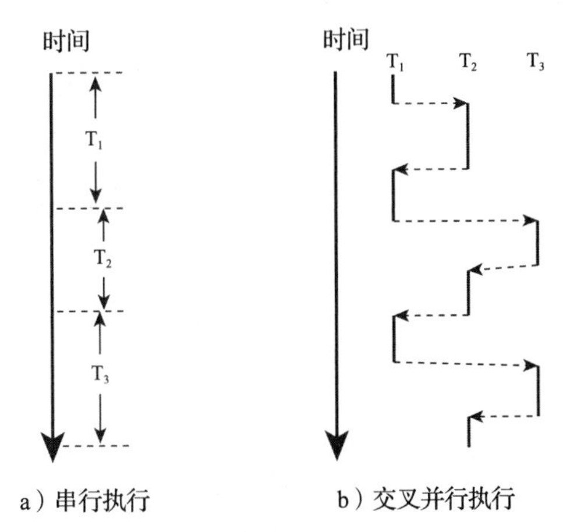

图 7-1　多个事务的执行情况

7.2.1　并发控制概述

数据库中的数据是可以共享的资源，因此会有很多用户同时使用数据库中的数据，即在多用户系统中，可能同时运行着多个事务，而事务的运行需要时间，事务中的操作需要在一定的数据上完成。当系统中同时有多个事务运行时，特别是当这些事务操作相同数据时，彼此之间就有可能产生相互干扰的情况。

上一节我们说过，事务是并发控制的基本单位，保证事务的 ACID 特性是事务处理的重要任务，而事务的 ACID 特性会因多个事务对数据的并发操作而遭到破坏。为保证事务之间的隔离性和一致性，数据库管理系统应该对并发操作进行正确的调度。

下面介绍并发事务之间可能产生的相互干扰情况。

假设有两个机票订票点 A 和 B，如果 A、B 两个订票点恰巧同时办理同一天同一架航班的飞机订票业务。其操作过程及顺序如下：

1）A 订票点（事务 A）读出航班目前的机票余额数，假设为 16 张；

2）B 订票点（事务 B）读出航班目前的机票余额数，也为 16 张；

3）A 订票点订出 6 张机票，修改机票余额为 16 − 6 = 10，并将 10 写回到数据库中；

4）B 订票点订出 5 张机票，修改机票余额为 16 − 5 = 11，并将 11 写回到数据库中。

由此可见，这两个事务不能反映出飞机票订票的实际情况，而且 B 事务还覆盖了 A 事务对数据的修改，使数据库中的数据不可信。这种情况就称为数据的不一致，这种不一致是由并发操作引起的。在多个事务同时操作相同数据的情况下，就有可能产生数据的不一致，因为系统对多个事务的操作序列的调度是随机的。这种情况在现实当中是不允许发生的，因此，数据库管理系统必须想办法避免出现这种情况，这就是数据库管理系统在并发控制机制中要解决的问题。

并发操作所带来的数据不一致情况大致可以概括为四种：丢失数据修改、读“脏”数据、不可重复读和产生“幽灵”数据，下面分别介绍这四种情况。

1. 丢失数据修改

丢失数据修改是指两个事务 T_1 和 T_2 读入同一数据并进行修改，T_2 提交的结果覆盖了 T_1 提交的结果，导致 T_1 的修改被 T_2 覆盖掉了。上述飞机订票系统就属这种情况。丢失数据修改的情况如图 7-2 所示。

时间	事务 T_1	事务 T_2
t_1	读 $A = 16$	
t_2		读 $A = 16$
t_3	更改 $A = A - 1 = 15$ 写回 $A = 15$	
t_4		更改 $A = A - 4 = 12$ 写回 $A = 12$（覆盖了 T_1 对 A 的修改）

图 7-2　丢失数据修改

2. 读“脏”数据

读“脏”数据是指一个事务读了某个失败事务运行过程中的数据。即事务 T_1 修改了某一数据，并将修改结果写回到数据库，然后事务 T_2 读取了同一数据（是 T_1 修改后的结果），但 T_1 后来由于某种原因撤销了它所做的操作，这样被 T_1 修改过的数据又恢复为原来的值，那么 T_2 读到的数据就与数据库中实际的数据值不一致了。这种情况就称为 T_2 读的数据是 T_1 的“脏”数据，或不正确的数据。读“脏”数据的情况如图 7-3 所示。

时间	事务 T_1	事务 T_2
t_1	读 $B = 100$ 更改 $B = B \times 2 = 200$ 写回 $B = 200$	
t_2		读 $B = 200$（读入 T_1 的“脏”数据）
t_3	ROLLBACK B 恢复为 100	

图 7-3　读“脏”数据

3. 不可重复读

不可重复读是指事务 T_1 读取数据后，事务 T_2 执行了更新操作，修改了 T_1 读取的数据，之后 T_1 又重新读取了同样的数据，但这次读取的数据与之前读取的数据已经不一样了。不可重复读的情况如图 7-4 所示。

时间	事务 T_1	事务 T_2
t_1	读 $A = 50$ 读 $B= 100$ 求和 $A + B = 150$	
t_2		读 $B = 100$ 更改 $B = B \times 2 = 200$ 写回 $B = 200$
t_3	读 $A = 50$ 读 $B= 200$ 求和 $A + B = 250$ （与前一次统计的值不同）	

图 7-4　不可重复读

4. 产生“幽灵”数据

产生“幽灵”数据实际属于不可重复读的范畴。它是指当事务 T_1 按一定条件从数据库中读取了某些数据记录后，事务 T_2 删除了其中的部分记录，或者在其中添加了部分记录，那么当 T_1 再次按相同条件读取数据时，发现其中莫名其妙地少了（删除）或多了（插入）一些记录。这样的数据对 T_1 来说就是“幽灵”数据或称“幻影”数据。

产生这四种数据不一致现象的主要原因是并发操作破坏了事务的隔离性。并发控制就是要用正确的方法来调度并发操作，使一个事务的执行不受其他事务的干扰，避免造成数据不一致的情况。

7.2.2　并发控制措施

在数据库环境中，进行并发控制的主要方式是使用封锁机制，即加锁（Locking），加锁是一种并行控制技术，是用来调整对共享目标（如数据库中共享记录）的并行存取的技术。事务通过向封锁管理程序的系统组成部分发出请求而对记录加锁。

以飞机订票系统为例，当甲事务要修改票数时，在读出票数前先封锁此数据，然后对数据进行读取和修改操作。封锁数据后，其他事务不能读取和修改相同航班的票数，直到甲事务修改完成并将数据写回到数据库，并解除对此数据的封锁，之后其他事务才能读取和修改这些数据。

加锁就是限制事务内和事务外对数据的操作。加锁是实现并发控制的一个非常重要的技术。所谓加锁就是事务 T 在对某个数据进行操作之前，先向系统发出请求，封锁其所要使用的数据。加锁后事务 T 对其要操作的数据具有了一定的控制权，在事务 T 释放它的锁之前，其他事务不能操作这些数据。

具体的控制由锁的类型决定。基本的锁类型有两种：排他锁（Exclusive Locks，也称为 X 锁或“写”锁）和共享锁（Share Locks，也称 S 锁或“读”锁）。

- 共享锁：若事务 T 给数据对象 A 加了 S 锁，则事务 T 可以读 A，但不能修改 A，其他事务可以再给 A 加 S 锁，但不能加 X 锁，直到 T 释放了 A 上的 S 锁为止。即对于读操作（检索）来说，可以有多个事务同时获得共享锁，但阻止其他事务对已获得共享锁的数据进行排他封锁。共享锁的操作基于这样的事实：检索操作（SELECT）并不会破坏数据的完整性，而修改操作（INSERT、DELETE、UPDATE）才会破坏数据的完整性。加锁的真正目的在于防止更新操作破坏数据的一致性，而对检索操作则可放心地并行进行。
- 排他锁：若事务 T 给数据对象 A 加了 X 锁，则允许 T 读取和修改 A，但不允许其他事务再给 A 加任何类型的锁和进行任何操作。即一旦一个事务获得了对某一数据的排他锁，则任何其他事务均不能对该数据进行任何封锁，其他事务只能进入等待状态，直到第一个事务释放了对该数据的封锁。

排他锁和共享锁的控制方式可以用表 7-1 所示的相容矩阵来表示。

表 7-1　锁的相容矩阵

T_1	T_2		
	X	S	无锁
X	否	否	是
S	否	是	是
无锁	是	是	是

在表 7-1 的加锁类型相容矩阵中，最左边一列表示事务 T_1 已经获得的数据对象上的锁的类型，最上面一行表示另一个事务 T_2 对同一数据对象发出的加锁请求。T_2 的加锁请求能否被满足在矩阵中分别用“是”和“否”表示，“是”表示事务 T_2 的加锁请求与 T_1 已有的锁兼容，加锁请求可以满足；“否”表示事务 T_2 的加锁请求与 T_1 已有的锁冲突，加锁请求不能满足。

7.2.3　封锁协议

在运用 X 锁和 S 锁给数据对象加锁时，还需要约定一些规则，如何时申请 X 锁或 S 锁、持锁时间、何时释放锁等。这些规则被称为**封锁协议**或**加锁协议**（Locking Protocol）。对封锁方式规定不同的规则，就形成了各种不同级别的封锁协议。不同级别的封锁协议所能达到的系统一致性级别是不同的。

1. 一级封锁协议

一级封锁协议：对事务 T 要修改的数据加 X 锁，直到事务结束（包括正常结束和非正常结束）时才释放。

一级封锁协议可以防止丢失修改，并保证事务 T 是可恢复的，如图 7-5 所示。在图 7-5 中，事务 T_1 要修改数据 A，因此，它在读 A 之前先对 A 加了 X 锁，当 T_2 也要修改数据 A 时，它也申请对 A 加 X 锁，但由于 A 已经被加了 X 锁，因此 T_2 申请对 A 加 X 锁的请求被拒绝，T_2 只能等待，直到 T_1 释放了对 A 加的 X 锁为止。当 T_2 能够读取 A 时，它所得到的已经是更改后的值了。因此，一级封锁协议可以防止丢失修改。

事务 T_1	时间	事务 T_2
请求对 A 加 X 锁 获得	t_1	
读 $A = 16$	t_2	
	t_3	请求对 A 加 X 锁 等待
更改 $A = A - 1 = 15$ 写回 $A = 15$	t_4	等待
释放 A 的 X 锁	t_5	等待
	t_6	获得 A 的 X 锁
	t_7	读 $A = 15$
	t_8	更改 $A = A - 4 = 11$ 写回 $A = 11$
	t_9	释放 A 的 X 锁

图 7-5　没有丢失修改

在一级封锁协议中，如果事务 T 只是读数据而不对其进行修改，则不需要加锁，因此，不能保证可重复读和不读“脏”数据。

2. 二级封锁协议

二级封锁协议：一级封锁协议加上事务 T 对要读取的数据加 S 锁，读完后即释放 S 锁。

二级封锁协议除了可以防止丢失修改外，还可以防止读“脏”数据。图 7-6 所示为使用二级封锁协议防止读“脏”数据的情况。

在图 7-6 中，事务 T_1 要对 B 进行修改，因此，先对 B 加了 X 锁，修改完后将值写回数据库。这时 T_2 要读 B 的值，因此，申请对 B 加 S 锁，由于 T_1 已在 B 上加了 X 锁，因此 T_2 只能等待。当 T_1 由于某种原因撤销了它所做的操作时，B 恢复为原来的值 100，然后 T_1 释放

对 B 加的 X 锁，因而 T_2 获得了对 B 的 S 锁。当 T_2 能够读 B 时，B 的值仍然是原来的值，即 T_2 读到的是 100。因此避免了读“脏”数据。

在二级封锁协议中，由于事务 T 读完数据即释放 S 锁，因此，不能保证可重复读数据。

事务 T_1	时间	事务 T_2
请求对 B 加 X 锁 获得	t_1	
读 $B = 100$	t_2	
更改 $B = B \times 2 = 200$ 写回 $B = 200$	t_3	
	t_4	请求对 B 加 S 锁 等待
撤销，恢复 B 为 100 释放 B 的 X 锁	t_5	等待
	t_6	获得 B 的 S 锁
	t_7	读 $B = 100$
	t_8	释放 B 的 S 锁

图 7-6 不读“脏”数据

3. 三级封锁协议

三级封锁协议：一级封锁协议加上事务 T 对要读取的数据加 S 锁，并直到事务结束才释放。

三级封锁协议除了可以防止丢失修改和不读“脏”数据之外，还进一步防止了不可重复读。图 7-7 所示为使用三级封锁协议防止不可重复读的情况。

事务 T_1	时间	事务 T_2
请求对 A 加 S 锁，获得 请求对 B 加 S 锁，获得	t_1	
读 $A = 50$，$B = 100$ 计算 $A + B = 150$	t_2	
	t_3	请求对 B 加 X 锁 等待
读 $A = 50$ 读 $B = 100$ 计算 $A + B = 150$	t_4	等待
释放 A 的 S 锁 释放 B 的 S 锁	t_6	等待
	t_7	获得 B 的 X 锁
	t_8	读 $B = 100$
	t_9	更改 $B = B \times 2 = 200$ 写回 $B = 200$
	t_{10}	释放 B 的 X 锁

图 7-7 不可重复读数据

在图 7-7 中，事务 T_1 要读取 A、B 的值，因此先对 A、B 加了 S 锁，这样其他事务只能再对 A、B 加 S 锁，而不能加 X 锁，即其他事务只能对 A、B 进行读取操作，而不能进行修改操作。因此，当 T_2 为修改 B 而申请对 B 加 X 锁时被拒绝，T_2 只能等待。T_1 为验算再读 A、

B 的值，这时读出的值仍然是 A、B 原来的值，因此求和的结果也不会变，即可重复读。直到 T_1 释放了在 A、B 上加的锁，T_2 才能获得对 B 的 X 锁。

三个封锁协议的主要区别在于读数据是否需要申请封锁，以及何时释放锁。三个级别的封锁协议的总结如表 7-2 所示。

表 7-2　不同级别的封锁协议

封锁协议	X 锁（对写数据）	S 锁（对读数据）	不丢失修改（写）	不读“脏”数据（读）	可重复读（读）
一级	事务全程加锁	不加锁	√		
二级	事务全程加锁	读数据前加锁，读完即释放锁	√	√	
三级	事务全程加锁	事务全程加锁	√	√	√

7.2.4　死锁

如果事务 T_1 封锁了数据 R_1，T_2 封锁了数据 R_2，然后 T_1 又请求封锁 R_2，由于 T_2 已经封锁了 R_2，因此 T_1 等待 T_2 释放 R_2 上的锁。然后 T_2 又请求封锁 R_1，由于 T_1 已经封锁了 R_1，因此 T_2 也只能等待 T_1 释放 R_1 上的锁。这样就会出现 T_1 等待 T_2 先释放 R_2 上的锁，而 T_2 又等待 T_1 先释放 R_1 上的锁的局面，此时 T_1 和 T_2 都在等待对方先释放锁，因而形成死锁，如图 7-8 所示。

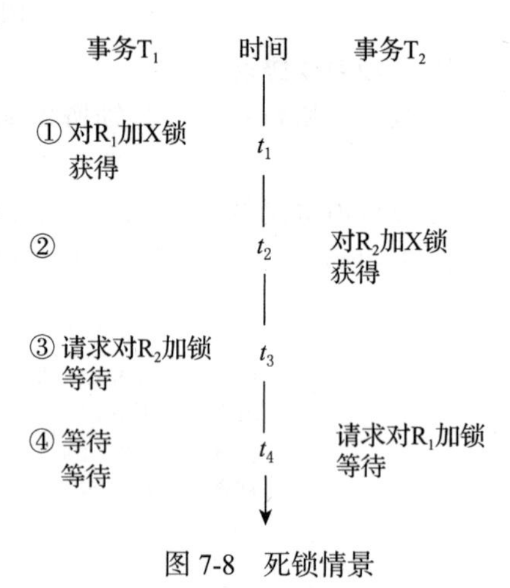

图 7-8　死锁情景

死锁问题在操作系统和一般并行处理中已经有了深入的阐述，这里不做过多解释。目前在数据库中解决死锁问题的方法主要有两类，一类是采取一定的措施来预防死锁的发生，例如，采用一定的手段定期诊断系统中有无死锁，若有则解除之；另一类是允许死锁的发生。

预防死锁的方法有多种，常用的方法有一次封锁法和顺序封锁法。一次封锁法是每个事务一次将所有要使用的数据全部加锁。这种方法的问题是封锁范围过大，降低了系统的并发性。而且，由于数据库中的数据不断变化，使原来可以不加锁的数据，在执行过程中可能变成了被封锁对象，进一步扩大了封锁范围，从而进一步降低了并发性。顺序封锁法是预先对数据对象规定一个封锁顺序，所有事务都按这个顺序封锁。这种方法的问题是若封锁对象较多，则随着插入、删除等操作的不断变化，使管理员难于维护这些资源的封锁顺序，另外事务的封锁请求可随事务的执行而动态变化，因此很难事先确定每个事务的封锁对象及其封锁顺序。

7.2.5　并发调度的可串行性

计算机系统对并发事务中的操作的调度（即执行顺序）是随机的，而不同的调度会产生不同的结果，那么哪个结果是正确的，哪个结果是错误的？直观地说，如果多个事务在某个调度下的执行结果与这些事务在某个串行调度下的执行结果相同，那么这个调度就一定是正确的。因为所有事务的串行调度策略一定是正确的调度策略。虽然以不同的顺序串行执行事务可能会产生不同的结果，但都不会将数据库置于不一致的状态，因此都是正确的。

多个事务的并发执行是正确的，当且仅当其结果与按某一顺序的串行执行的结果相同时，称这种调度为**可串行化的调度**。

可串行性是并发事务正确性的准则，根据这个准则可知，一个给定的并发调度，当且仅当它是可串行化的调度时，才认为是正确的调度。

例如，假设有两个事务，分别包含如下操作。

事务 T_1：$A=B+1$

事务 T_2：$B=A+1$

假设 A、B 的初值均为 4，如果按 $T_1 \rightarrow T_2$ 的顺序执行，则结果为 $A=5$，$B=6$；如果按 $T_2 \rightarrow T_1$ 的顺序执行，则结果为 $A=6$，$B=5$。则当并发调度时，如果执行的结果是这两者之一，就认为都是正确的结果。

图 7-9 给出了这两个事务的几种不同的调度策略。

T_1	T_2	T_1	T_2	T_1	T_2	T_1	T_2
给 B 加 S 锁			给 A 加 S 锁	给 B 加 S 锁		给 B 加 S 锁	
读 $B=4$			读 $A=4$	读 $B=4$		读 $B=4$	
释放 B 的 S 锁			释放 A 的 S 锁		给 A 加 S 锁	释放 B 的 S 锁	
给 A 加 X 锁			给 B 加 X 锁		读 $A=4$	给 A 加 X 锁	
更改			更改	释放 B 的 S 锁			请求给 A 加 S 锁
$A=B+1$			$B=A+1$				
写回 $A=5$			写回 $B=5$		释放 A 的 S 锁	$A=B+1$	等待
释放 A 的 X 锁			释放 B 的 X 锁	给 A 加 X 锁		写回 $A=5$	等待
	给 A 加 S 锁	给 B 加 S 锁		更改		释放 A 的 X 锁	等待
				$A=B+1$			
	读 $A=5$	读 $B=5$		写回 $A=5$			获得 A 的 S 锁
							读 $A=5$
	释放 A 的 S 锁	释放 B 的 S 锁			给 B 加 X 锁		释放 A 的 S 锁
	给 B 加 X 锁	给 A 加 X 锁			更改		给 B 加 X 锁
					$B=A+1$		
	更改	更改			写回 $B=5$		更改
	$B=A+1$	$A=B+1$					$B=A+1$
	写回 $B=6$	写回 $A=6$		释放 A 的 X 锁			写回 $B=6$
	释放 B 的 X 锁	释放 A 的 X 锁			释放 B 的 X 锁		释放 B 的 X 锁

a) 串行调度（$T_1 \rightarrow T_2$） b) 串行调度（$T_2 \rightarrow T_1$） c) 不可串行化调度 d) 可串行化调度

图 7-9 并发事务的不同调度

为了保证并发操作的正确性，数据库管理系统的并发控制机制必须提供一定的手段来保证调度是可串行化的。

从理论上讲，若在某一事务执行过程中禁止执行其他事务，则这种调度策略一定是可串行化的，但这种方法实际上是不可取的，因为这样不能让用户充分共享数据库资源，降低了事务的并发性。目前的数据库管理系统普遍采用封锁方法来实现并发操作的可串行性，从而保证调度的正确性。

两段锁（Two-Phase Locking，2PL）协议是保证并发调度的可串行性的封锁协议。除此之外还有一些其他的方法，比如乐观方法等来保证调度的正确性。我们这里只介绍两段锁协议。

7.2.6 两段锁协议

两段锁协议（也称为两阶段锁）是指所有的事务必须分为两个阶段对数据进行加锁和解

锁，具体内容如下：

- 在对任何数据进行读、写操作之前，首先要获得对该数据的封锁。
- 在释放一个封锁之后，事务不再申请和获得任何其他锁。

两段锁协议是实现可串行化调度的充分条件。

两段锁的含义是，可以将每个事务分成两个时期：申请封锁期（开始对数据操作之前）和释放封锁期（结束对数据操作之后），申请封锁期申请要进行的封锁，释放封锁期释放所占有的封锁。在申请期不允许释放任何锁，在释放期不允许申请任何锁，这就是两段式封锁。

若某事务遵守两段锁协议，则其封锁序列如图 7-10 所示。

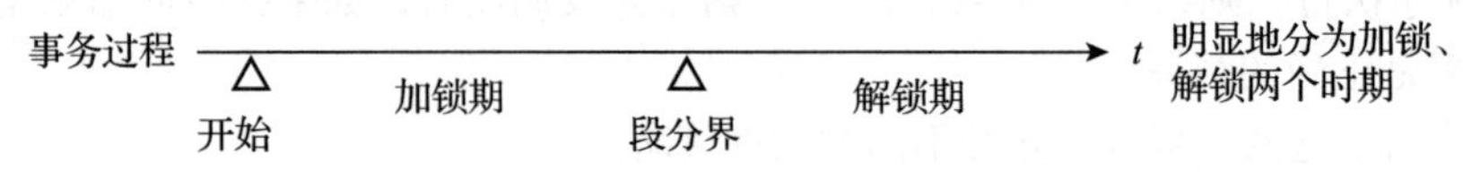

图 7-10　两段锁协议示意图

可以证明，若并发执行的所有事务都遵守两段锁协议，则这些事务的任何并发调度策略都是可串行化的。

事务遵守两段锁协议是可串行化调度的充分条件，而不是必要条件。也就是说，如果并发事务都遵守两段锁协议，则对这些事务的任何并发调度策略都是可串行化的。但若对并发事务的一个调度是可串行化的，并不意味着这些事务都遵守两段锁协议，如图 7-11 所示。图 7-11a 遵守两段锁协议，图 7-11b 不遵守两段锁协议，但它们都是可串行化调度的。

T_1	T_2
对 B 加 S 锁	
读 $B=4$	
	请求对 A 加 S 锁
	等待
对 A 加 X 锁	等待
更改 $A=B+1$	等待
写回 $A=5$	等待
释放 B 的 S 锁	等待
释放 A 的 X 锁	等待
	对 A 加 S 锁
	读 $A=5$
	对 B 加 X 锁
	更改 $B=A+1$
	写回 $B=6$
	释放 A 的 S 锁
	释放 B 的 X 锁

a）遵守两段锁协议

T_1	T_2
对 B 加 S 锁	
读 $B=4$	
释放 B 的 S 锁	
对 A 加 X 锁	
	请求对 A 加 S 锁
更改 $A=B+1$	等待
写回 $A=5$	等待
释放 A 的 X 锁	等待
	读 $A=5$
	释放 A 的 S 锁
	对 B 加 X 锁
	更改 $B=A+1$
	写回 $B=6$
	释放 B 的 X 锁

b）不遵守两段锁协议

图 7-11　可串行化调度

7.3　数据库备份与恢复

计算机同其他任何设备一样，都有可能发生故障。故障的原因是多种多样的，包括磁盘故障、电源故障、软件故障、灾害故障以及人为破坏等。这些情况一旦发生，就有可能造成数据的丢失。因此，数据库系统必须采取必要的措施，以保证故障发生时可以把数据库恢复起来。数据库管理系统的备份和恢复机制就是保证当数据库系统出现故障时，能够将数据库系统还原到正确状态。

7.3.1　数据库故障的种类

数据库故障是指导致数据库值出现错误描述状态的情况。数据库系统中可能发生的故障种类很多，大致可以分为如下几类。

1. 事务内部的故障

事务内部的故障有些是可以预见到的，这样的故障可以通过事务程序本身发现。如，在银行转账事务中，当把一笔钱从 A 账户转给 B 账户时，如果 A 账户中的金额不足，则不能进行转账，否则可以进行转账。这个对金额的判断就可以在事务的程序代码中进行。如果发现不能转账的情况，对事务进行回滚即可。这种事务内部的故障就是可预见的。

但事务内部的故障有很多是非预见性的，这样的故障就不能由应用程序来处理。如运算溢出或因并发事务死锁而被撤销的事务等。我们以后所讨论的事务故障均指这类非预见性的故障。

事务故障意味着事务没有达到预期的终点（COMMIT 或 ROLLBACK），因此，数据库可能处于不正确的状态。数据库的恢复机制要在不影响其他事务运行的情况下，强行撤销该事务中的全部操作，使得该事务就像没发生过一样。这类恢复操作称为事务撤销（UNDO）。

2. 系统故障

系统故障是指造成系统停止运转、要重启的故障。例如，硬件错误（CPU 故障）、操作系统故障、突然停电等都是系统故障。这样的故障会影响正在运行的所有事务，但不破坏数据库。这时内存中的内容全部丢失，这可能会出现两种情况：一种是一些未完成事务的结果可能已经送入物理数据库中，从而造成数据库可能处于不正确的状态；另一种是有些已经提交的事务可能有一部分结果还保留在缓冲区中，尚未写到物理数据库中，若系统出现故障，则会丢失这些事务对数据的修改，也使数据库处于不一致状态。

因此，恢复子系统必须在系统重新启动时撤销（UNDO）所有未完成的事务，并重做（REDO）所有已提交的事务，以保证将数据库恢复到一致状态。

3. 其他故障

介质故障或由计算机病毒引起的故障或破坏可以归为其他故障。

介质故障指外存故障，如磁盘损坏等。这类故障会对数据库造成破坏，并影响正在操作的数据库的所有事务。这类故障虽然发生的可能性很小，但破坏性很大。

计算机病毒的破坏性很大，而且极易传播，它也可能对数据库造成毁灭性的破坏。

不管是哪类故障，都可能对数据库造成以下影响：一种是数据库本身被破坏；另一种是数据库本身没有被破坏，但数据可能不正确（由事务非正常终止引起）。

如果数据库被破坏，则需要使用数据库的恢复技术将数据库恢复到正确和一致的状态。数据库恢复的原理很简单，就是冗余，即数据库中任何一部分被破坏的或不正确的数据均可根据存储在系统别处的冗余数据来重建。尽管恢复的原理很简单，但实现的技术细节却很复杂。

7.3.2　数据库备份

数据的恢复涉及两个关键问题：第一，如何建立备份数据；第二，如何利用这些备份数据实施数据库恢复。本节介绍如何建立备份数据，下一节介绍如何利用备份数据进行恢复。

数据库备份是指定期或不定期地对数据库数据进行复制，可以将数据复制到本地机器上，也可以复制到其他机器上。数据库备份是保证系统安全的一项重要措施。

对于外界原因而引起的数据库系统故障，人们还没有很好的预防措施，只能依靠数据库备份来恢复。所以为了保证系统安全，应综合使用多种安全措施。

在制定备份策略时，应考虑如下几个方面。

1. 备份的内容

备份数据库应备份数据库中的表（结构）、数据库用户（包括用户和用户操作权）、用户定义的数据库对象和数据库中的全部数据。表应包含系统表、用户定义的表，而且还应该备份数据库日志等内容。

2. 备份频率

确定备份频率要考虑两个因素：

- 存储介质出现故障或其他故障时，允许丢失的数据量的大小。
- 数据库的事务类型（读多还是写多）以及事故发生的频率（经常发生还是偶尔发生）。

不同的数据库管理系统提供的备份种类不尽相同。通常情况下，事务日志的备份周期要短于完整数据库备份。对于一些重要的联机事务处理数据库，数据库也可以每日备份，事务日志则每隔数小时备份一次。

日志的备份速度比数据库备份快，且在联机情况下，对数据库的性能影响小，但在出现故障时，采用日志备份的恢复时间较长。

7.3.3 数据库恢复

数据库恢复是指将数据库从错误描述状态恢复到正确的描述状态（最近的正确时刻）的过程。

1. 恢复策略

（1）事务故障的恢复

事务故障是指事务在运行到正常结束前被终止，这时恢复子系统可以利用日志文件撤销（Undo）此事务对数据库已进行的修改。

事务故障的恢复是由系统自动完成的，对用户是透明的。恢复的过程为：反向扫描日志文件并执行相应操作的逆操作，比如如果日志中记录的是“删除”操作，则进行“插入”；若是修改操作，则用更新前的值替换更新后的值。

（2）系统故障的恢复

系统故障造成数据库不一致状态的原因有两个：一是未完成事务对数据库的更新可能已写入数据库；二是已提交事务对数据库的更新可能还留在缓冲区中未写入数据库。因此恢复系统故障的操作就是撤销故障发生时未完成的事务，重做已完成的事务。

系统故障的恢复是系统在重新启动时自动完成的，不需要用户干预。

系统故障的恢复过程为：正向扫描日志文件，找出故障发生前已提交的事务，将其重做；同时找出故障发生时未完成的事务（已执行了 BEGIN TRANSACTION 语句，而没有执行相应的 COMMIT 或 ROLLBACK 语句），并撤销这些事务。

（3）介质故障的恢复

介质故障发生后，磁盘上的物理数据和日志文件均遭到破坏，这是最严重的一种故障，恢复的方法是首先重装数据库，使数据库管理系统能正常运行，然后利用介质损坏前对数据库已做的备份或利用镜像设备恢复数据库。

2. 恢复方法

利用数据库备份、事务日志备份可以将数据库从出错状态恢复到最近的正确状态。

（1）利用备份技术

DBA 会定期对数据库进行备份，生成数据库瞬时正确状态的副本（备份）。当发生错误时，利用备份（文件）可以将数据库恢复到备份完成时的数据库状态。

（2）利用事务日志

事务日志记录了对数据库数据的全部更新操作（插入、删除、修改），日志内容包括事务标识、操作类型、操作前后的数据值等。利用事务日志可以恢复执行不完整的事务，即从不完整的事务的当前值按事务日志记录的顺序反做（Undo），直到事务开始时的数据库值为止。利用事务日志的恢复一般是系统自动完成的。

（3）利用镜像技术

所谓镜像就是在不同的设备上同时存有两份数据库，我们把其中的一个设备称为主设备，把另一个称为镜像设备。主设备与镜像设备互为镜像关系。每当主数据库更新时，DBMS 会自动把更新后的数据复制到另一个镜像设备上，保证主设备上的数据库与镜像设备上的数据库一致。

数据库镜像功能可用于有效地恢复磁盘介质的故障。

镜像技术也可用于数据的并发操作，即当一个用户给数据加排他锁修改数据时，其他用户可读镜像数据库上的数据，而不必等待释放锁。一般情况下，主数据库主要用于修改，镜像数据库主要用于查询。

第 12 章会结合 SQL Server 的具体环境介绍如何实现数据库的备份和恢复。

7.4 小结

本章介绍了事务、并发控制及数据库的备份和恢复三个概念。事务是数据库中非常重要的概念，它是保证数据并发性的重要方面，事务的特点是事务中的操作作为一个完整的工作单元，这些操作要么全部成功，要么全部失败。并发控制指当同时执行多个事务时，为了保证一个事务的执行不受其他事务的干扰所采取的措施。

并发控制的主要方法是加锁，根据对数据操作的不同，锁分为共享锁和排他锁两种基本类型。为了保证并发执行的事务是正确的，一般要求事务遵守两段锁协议，即在一个事务中明显地分为申请封锁期和释放封锁期，它们是保证并发事务执行正确的充分条件。

数据库的备份和恢复是保证当数据库出现故障时能够将数据库尽可能恢复到正确状态的技术。备份数据库时不仅备份数据，而且还备份与数据库有关的所有对象、用户和权限。对于大型数据库来说，数据库备份是一项必不可少的任务。

习题

1. 试说明事务的概念及四个特征。

2. 并发控制的措施是什么？

3. 设有如下三个事务：

T_1：$B = A + 1$

T_2：$B = B \times 2$

T_3：$A = B + 1$

（1）设 A 的初值为 2，B 的初值为 1，如果这三个事务并发执行，可能的正确执行结果有哪些？

（2）给出一种遵守两段锁协议的并发调度策略。

4. 当某个事务对某段数据加了 S 锁之后，在此事务释放锁之前，其他事务可以对此段数据加什么锁？
5. 当某个事务对某段数据加了 S 锁之后，该事务可对这段数据进行什么操作？其他事务可对这段数据进行什么操作？
6. 什么是死锁？如何预防死锁？
7. 三级封锁协议分别是什么？各级封锁协议的主要区别是什么？每一级封锁协议能保证什么？
8. 什么是可串行化调度？如何判断一个并行执行的结果是否正确？
9. 两段锁的含义是什么？
10. 数据库故障大致分为几类？
11. 数据库备份的作用是什么？

第 8 章

数据库设计

数据库设计是指利用现有的数据库管理系统针对具体的应用对象构建适合的数据库模式，建立数据库及其应用系统，使之能有效地收集、存储、操作和管理数据，满足企业中各类用户的应用需求（信息需求和处理需求）。

从本质上讲，数据库设计是将数据库系统与现实世界进行密切的、有机的、协调一致的结合的过程。因此，数据库设计者必须非常清晰地了解数据库系统本身及其实际应用对象这两方面的知识。

本章将介绍数据库设计的过程，从需求分析、结构设计到数据库的实施和维护。

8.1　数据库设计概述

数据库设计虽然是一项应用课题，但它涉及的内容很广泛，所以设计一个性能良好的数据库并不容易。数据库设计的质量与设计者的知识、经验和水平有密切的关系。

数据库设计中面临的主要困难和问题包括：

1）懂得计算机与数据库的人一般都缺乏应用业务知识，而熟悉应用业务的人又往往不懂计算机和数据库，同时具备这两方面知识的人很少。

2）在应用系统设计开始时往往不能明确应用业务的数据库系统的目标。

3）缺乏很完善的设计工具和方法。

4）用户会在设计过程中不断提出新的要求，甚至在数据库建立之后还会要求修改数据库结构和增加新的应用。

5）应用业务系统千差万别，很难找到一种适合所有应用业务的工具和方法，这就增加了研究数据库自动生成工具的难度。因此，研制适合一切应用业务的全自动数据库生成工具是不可能的。

在进行数据库设计时，必须确定系统的目标，这样可以确保开发工作进展顺利，并能提高工作效率，保证数据模型的准确和完整。数据库设计的最终目标是数据库必须能够满足客户对数据的存储和处理需求，同时定义系统的长期和短期目标，能够提高系统的服务质量以及客户对新数据库的性能期望值。新的数据库能在多大程度上方便最终用户？新数据库的短期和长期发展计划是什么？是否所有的手工处理过程都可以自动实现？现有的自动化处理是否可以改善？这些都只是定义一个新的数据库设计目标时所必须考虑的一部分问题或因素。

成功的数据库系统应具备如下一些特点。

- 功能强大。
- 能准确地表示业务数据。
- 使用方便，易于维护。
- 对最终用户操作的响应时间合理。
- 便于数据库结构的改进。
- 便于数据的检索和修改。
- 维护数据库的工作较少。
- 有效的安全机制可以确保数据安全。
- 冗余数据最少或不存在。
- 便于数据的备份和恢复。
- 数据库结构对最终用户透明。

8.1.1 数据库设计的特点

数据库设计的工作量大且设计过程比较复杂，它是一项数据库工程也是一项软件工程。数据库设计的很多阶段都可以对应于软件工程的各阶段，软件工程的某些方法和工具同样也适合于数据库工程。但由于数据库设计是与用户的业务需求紧密相关的，因此，它还有很多自己的特点。

1. 综合性

数据库设计涉及的范围很广，包含了计算机专业知识及业务系统的专业知识；同时它还要解决技术及非技术两方面的问题。

非技术问题包括组织机构的调整、经营方针的改变、管理体制的变更等。这些问题都不是设计人员所能解决的，但新的管理信息系统要求必须有与之相适应的新的组织机构、新的经营方针、新的管理体制，这就是一个较为尖锐的矛盾。另外，由于同时具备数据库和业务两方面知识的人很少，因此，数据库设计者一般都需要花费相当多的时间去熟悉应用业务系统知识，这一过程有时很麻烦，可能会使设计人员产生厌烦情绪，从而影响系统的最后成功。而且，由于承担部门和应用部门是一种委托雇佣关系，在客观上存在着一种对立的势态，当在某些问题上意见不一致时会使双方关系比较紧张。这在 MIS（管理信息系统）中尤为突出。

2. 结构设计与行为设计相分离

结构设计是指数据库的模式结构设计，包括概念结构、逻辑结构和存储结构；行为设计是指应用程序设计，包括功能组织、流程控制等方面的设计。在传统的软件工程中，比较注重处理过程的设计，不太注重数据结构的设计。在一般的应用程序设计中会尽量推迟数据结构的设计，这种方法对于数据库设计就不太适用。

数据库设计与传统的软件工程的做法正好相反。数据库设计的主要精力首先是放在数据结构的设计上，比如数据库的表结构、视图等。

8.1.2 数据库设计方法概述

为了使数据库设计更合理，需要有效的指导原则，这种原则就称为数据库设计方法。

首先，一个好的数据库设计方法学，应该能在合理的期限内，以合理的工作量，产生一个有实用价值的数据库结构。这里的“实用价值”是指满足用户关于功能、性能、安全性、完整性及发展需求等方面的要求，同时又服从特定 DBMS 的约束，可以用简单的数据模型来表达。其次，数据库设计方法还应具有足够的灵活性和通用性，不但能够为具有不同经验的人使用，而且不受数据模型及 DBMS 的限制。最后，数据库设计方法应该是可再生的，即不同的设计者使用同一方法设计同一问题时，可以得到相同或相似的设计结果。

多年来，经过人们不断的努力和探索，提出了各种数据库设计方法。运用软件工程的思想和方法提出的各种设计准则和规程都属于规范设计方法。

新奥尔良（New Orleans）方法是一种比较著名的数据库设计方法，这种方法将数据库设计分为四个阶段：需求分析、概念结构设计、逻辑结构设计和物理结构设计，如图 8-1 所示。这种方法注重数据库的结构设计，而不太考虑数据库的行为设计。

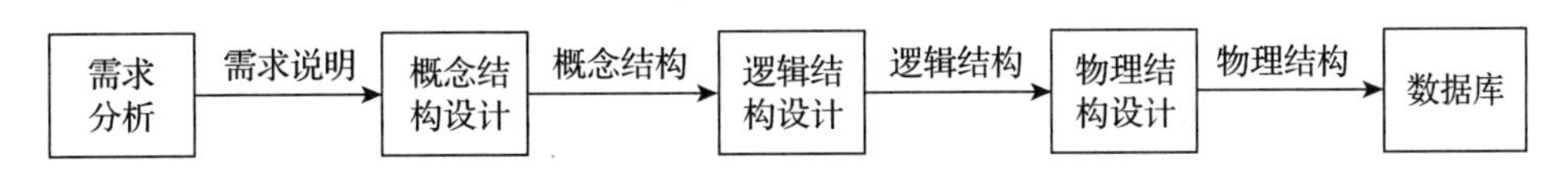

图 8-1　新奥尔良方法的数据库设计步骤

其后，S.B.Yao 等人又将数据库设计分为 5 个阶段，主张数据库设计应包括设计系统开发的全过程，并在每一阶段结束时进行评审，以便及早发现设计错误，及早纠正。各阶段也不是严格线性的，而是采取“反复探寻、逐步求精”的方法。在设计时从数据库应用系统设计和开发的全过程来考察数据库设计问题，既包括数据库模型的设计，又包括围绕数据库展开的应用处理的设计。在设计过程中努力把数据库设计和系统其他成分的设计紧密结合，把数据和处理的需求，在分析、抽象、设计和实现的各个阶段同时进行，相互参照，相互补充，以完善两方面的设计。

基于 E-R 模型的数据库设计方法、基于第三范式的设计方法、基于抽象语法规范的设计方法等都是在数据库设计的不同阶段所使用的具体技术和方法。

数据库设计方法从本质上看仍然是手工设计方法，其基本思想是过程迭代和逐步求精。

8.1.3　数据库设计的基本步骤

按照规范设计的方法，同时考虑数据库及其应用系统开发的全过程，可以将数据库设计分为如下几个阶段。

- 需求分析。
- 结构设计，包括概念结构设计、逻辑结构设计和物理结构设计。
- 行为设计，包括功能设计、事务设计和程序设计。
- 数据库实施，包括加载数据库数据和调试运行应用程序。
- 数据库运行和维护阶段。

图 8-2 说明了数据库设计的过程，图的左边虚线框是数据库结构设计包含的内容，右边虚线框是行为设计包含的内容，从图中我们也可以看到数据库的结构设计和行为设计是分离进行的。

需求分析阶段主要是收集信息并进行分析和整理，为后续的各个阶段提供充足的信息。这个过程是整个设计过程的基础，也是最困难、最耗时的一个阶段，需求分析做得不好，会导致整个数据库设计重新返工。概念结构设计是整个数据库设计的关键，此过程对需求分析的结果进行综合、归纳，形成一个独立于具体的 DBMS 的概念模型。逻辑结构设计是将概念结构设计的结果转换为某个具体的 DBMS 所支持的数据模型，并对其进行优化。物理结构设计是为逻辑结构设计的结果选取一个最适合应用环境的数据库物理结构。数据库的行为设计是设计数据库所包含的功能、这些功能间的关联关系以及一些功能的完整性要求。数据库实施是指人们运用 DBMS 提供的数据语言以及数据库开发工具，根据结构设计和行为设计的结果建立数据库，编制应用程序，组织数据入库并进行试运行。数据库运行和维护阶段是指将已经试运行的数据库应用系统投入正式使用，在数据库应用系统的使用过程中不断对其进行调整、修改和完善。

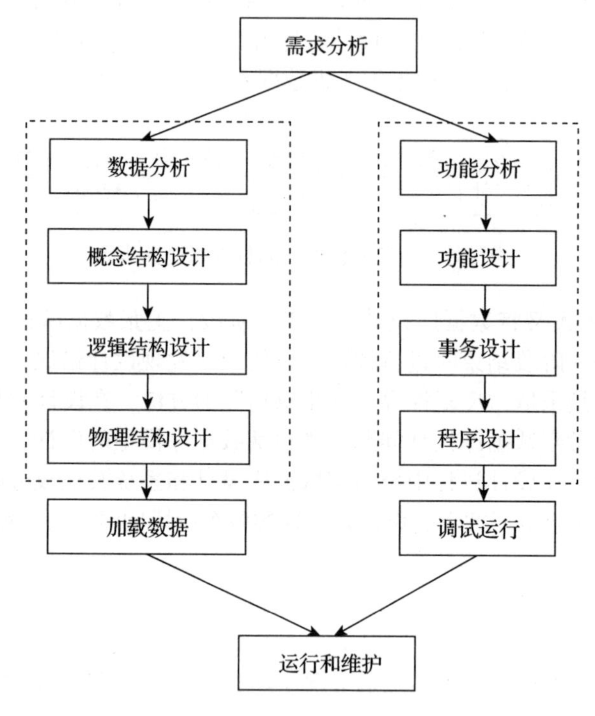

图 8-2　数据库设计的过程

设计一个完善的数据库应用系统不可能一蹴而就，往往要经过上述几个阶段的不断反复才能设计成功。

8.2　数据库需求分析

简单地说，需求分析就是分析用户的业务要求。需求分析是数据库设计的起点，其结果将直接影响后续阶段的设计，并影响最终的数据库系统能否被合理地使用。

8.2.1　需求分析的任务

需求分析阶段的主要任务是对现实世界要处理的对象（公司、部门、企业）进行详细调查，在了解现行系统的概况、确定新系统功能的过程中，收集支持系统目标的基础数据及其处理方法。需求分析是在用户调查的基础上，通过分析，逐步明确用户对系统的需求，包括数据需求和围绕这些数据的业务处理需求。

用户调查的重点是“数据”和“处理”。通过调查要从用户那里获得对数据库的下列要求：

1）信息需求。定义所设计数据库系统用到的所有信息，明确用户将向数据库中输入什么样的数据，从数据库中要求获得哪些内容，将要输出哪些信息。也就是明确在数据库中需要存储哪些数据，对这些数据将做哪些处理等，同时还要描述数据间的联系等。

2）处理需求。定义系统数据处理的操作功能，描述操作的优先次序，包括操作的执行频率和场合，操作与数据间的联系，还要明确用户要完成哪些处理功能，每种处理的执行频度，用户需求的响应时间以及处理的方式（比如是联机处理还是批处理），等等。

3）安全性与完整性要求。安全性要求描述系统中不同用户对数据库的使用和操作情况，完整性要求描述数据之间的关联关系以及数据的取值范围要求。

在需求分析中，通过自顶向下、逐步分解的方法分析系统，任何一个系统都可以抽象为图8-3所示的数据流图的形式。

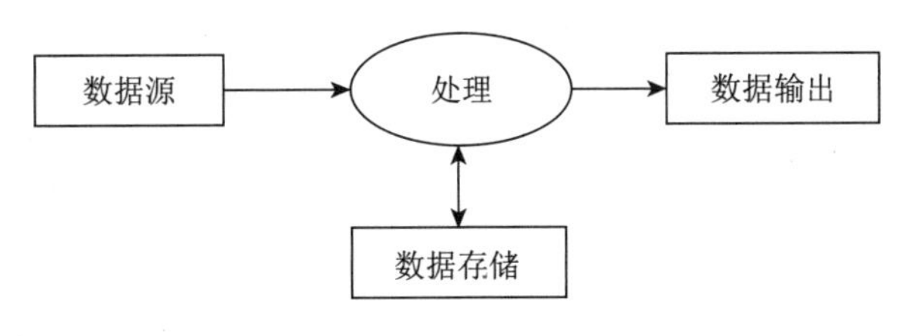

图8-3 数据流图

数据流图是从“数据”和“处理”两方面表达数据处理的一种图形化表示方法。在需求分析阶段，不必确定数据的具体存储方式，这些问题留待进行物理结构设计时考虑。数据流图中的“处理”抽象地表达了系统的功能需求，系统的整体功能要求可以分解为系统的若干子功能要求，通过逐步分解的方法，可以将系统的工作过程细分，直至表达清楚为止。

需求分析是整个数据库设计（严格讲是管理信息系统设计）中最重要的一步，是其他各步骤的基础。如果把整个数据库设计当成一个系统工程看待，那么需求分析就是这个系统工程的最原始的输入信息。如果这一步做得不好，那么后续的设计即使再优化也只能前功尽弃。所以这一步特别重要。

需求分析也是最困难最麻烦的一步，其困难之处不在于技术上，而在于要了解、分析、表达客观世界并非易事，这也是数据库自动生成工具的研究中最困难的部分。目前，许多自动生成工具都绕过这一步，先假定需求分析已经有结果，这些自动工具就以这一结果作为后面几步的输入。

8.2.2 需求分析的方法

需求分析首先要调查清楚用户的实际需求，与用户达成共识，然后再分析和表达这些需求。

调查用户的需求的重点是“数据”和“处理”，为达到这一目的，在调查前要拟定调查提纲。调查时要抓住两个“流”，即“信息流”和“处理流”，而且调查中要不断地将这两个“流”结合起来。调查的任务是调研现行系统的业务活动规则，并提取描述系统业务的现实系统模型。

通常情况下，调查用户的需求包括三方面内容，即系统的业务现状、信息源流及外部要求。

1. 业务现状

业务现状包括：业务方针政策，系统的组织机构，业务内容，约束条件和各种业务的全过程。

2. 信息源流

信息源流包括：各种数据的种类、类型及数据量，各种数据的源头、流向和终点，各种数据的产生、修改、查询及更新过程和频率以及各种数据与业务处理的关系。

3. 外部要求

外部要求包括：对数据保密性的要求，对数据完整性的要求，对查询响应时间的要求，对新系统使用方式的要求，对输入方式的要求，对输出报表的要求，对各种数据精度的要求，对吞吐量的要求，对未来功能、性能及应用范围扩展的要求。

在进行需求调查时，实际上就是发现现行业务系统的运作事实。常用的发现事实的方法有检查文档、面谈、观察业务的运转、研究和问卷调查等。

（1）检查文档

当要深入了解为什么客户需要数据库应用时，检查用户的文档是非常有用的。通过检查文档可以从中发现与问题相关的业务信息（或者业务事务的信息）。如果问题与现存系统相关，则一定有与该系统相关的文档。检查与目前系统相关的文档、表格、报告和文件是一种快速理解系统的有效方法。

（2）面谈

面谈是最常用的，通常也是最有用的事实发现方法，通过面对面谈话获取有用信息。面谈还有其他用处，比如找出事实、确认/澄清事实、得到所有最终用户、标识需求、集中意见和观点。但是，使用面谈这种技术需要良好的交流能力，面谈的成功与否依赖于谈话者的交流技巧，而且，面谈也有它的缺点，比如非常耗时。为了保证谈话成功，必须选择合适的谈话人选，准备的问题涉及范围要广，要引导谈话有效进行。

（3）观察业务的运转

观察是用来理解一个系统的最有效的事实发现方法之一。设计人员通过参与或者观察做事的人来了解系统。当用其他方法收集的数据的有效性值得怀疑或者系统特定方面的复杂性阻碍了最终用户做出清晰的解释时，这种技术尤其有用。

与其他事实发现技术相比，成功的观察要求做非常多的准备工作。为了确保成功，要尽可能多地了解要观察的人和业务。例如，所观察的业务的低谷、正常以及高峰期分别是什么时候？

（4）研究

研究是通过计算机行业的杂志、参考书和因特网来查找是否有类似的解决此问题的方法，甚至可以查找和研究是否存在解决此问题的软件包。但这种方法也有很多缺点。比如，如果存在解决此问题的方法，则可以节省很多时间，但如果没有，则可能会非常浪费时间。

（5）问卷调查

另一种事实发现方法是通过问卷来调查。问卷是一种有着特定目的的小册子，这样可以在控制答案的同时，集中一大群人的意见。当和大批用户打交道，其他的事实发现技术都不能有效地把这些事实列成表格时，就可以采用问卷调查的方式。问卷有两种格式，自由格式和固定格式。

在自由格式问卷上，答卷人提供的答案有更大的自由度。问题提出后，答卷人在题目后的空白地方作答。例如："你当前收到的是什么报表，它们有什么用？""这些报告是否存在问题？如果有，请说明"。自由格式问卷存在的问题是答卷人的答案可能难以列成表格，而且，有时答卷人可能答非所问。

在固定格式问卷上，包含的问题答案是特定的。给定一个问题，回答者必须从提供的答案中选择一个。例如：答卷人可以选择的答案有"是"或"否"，或者一组选项包括"非常赞同""同意""没意见""不同意"和"强烈反对"等。因此，可轻松将结果以列表形式呈现。但另一方面，答卷人不能提供一些有用的附加信息。

8.3　数据库结构设计

数据库设计主要包含数据库结构设计和数据库行为设计。数据库结构设计包括概念结构设计、逻辑结构设计和物理结构设计。行为设计包括设计数据库的功能组织和流程控制。

数据库结构设计是在数据库需求分析的基础上，逐步形成对数据库概念、逻辑、物理结构的描述。概念结构设计的结果是形成数据库的概念层数据模型，用语义层模型描述，如 E-R 模型。逻辑结构设计的结果是形成数据库的模式与外模式，用组织层模型描述，例如基本表等。物理结构设计的结果是形成数据库的内模式，用文件级术语描述，例如数据库文件、索引等。

8.3.1　概念结构设计

概念结构设计的重点在于信息结构的设计，它将需求分析得到的用户需求抽象为信息结构即概念层数据模型，是整个数据库系统设计的关键，独立于逻辑结构设计和数据库管理系统。

1. 概念结构设计的特点和策略

概念结构设计的任务是产生反映企业组织信息需求的数据库概念结构，即概念层数据模型。

（1）概念结构的特点

概念结构应具备如下特点：

- 有丰富的语义表达能力。能表达用户的各种需求，包括描述现实世界中各种事物和事物与事物之间的联系，能满足用户对数据的处理需求。
- 易于交流和理解。概念结构是数据库设计人员和用户之间的主要交流工具，因此必须能通过概念模型和不熟悉计算机的业务用户交换意见，用户的积极参与是数据库成功的关键。
- 易于更改。当应用环境和应用要求发生变化时，能方便地对概念结构进行修改，以反映这些变化。
- 易于向各种数据模型转换，易于导出与 DBMS 有关的逻辑模型。

描述概念结构的一个有力工具是 E-R 模型。有关 E-R 模型的概念已经在第 2 章介绍过，本章在介绍概念结构设计时也采用 E-R 模型。

（2）概念结构设计的策略

概念结构设计的策略主要有如下几种：

- 自底向上。先定义每个局部应用的概念结构，然后按一定的规则把它们集成起来，从而得到全局概念结构。
- 自顶向下。先定义全局概念结构，然后再逐步细化。
- 由里向外。先定义最重要的核心结构，然后再逐步向外扩展。
- 混合策略。将自顶向下和自底向上方法结合起来使用。先用自顶向下设计一个概念结构的框架，然后以它为框架再用自底向上策略设计局部概念结构，最后把它们集成起来。

从这一步开始，需求分析所得到的结果按“数据”和“处理”分开考虑。概念结构设计重点在于信息结构的设计，而“处理”则由行为设计来考虑。这也是数据库设计的特点，即“行为”设计与“结构”设计分离进行。但由于两者原本是一个整体，因此在设计概念结构和逻辑结构时，要考虑如何有效地为“处理”服务，而设计应用模型时，也要考虑如何有效地利用结构设计提供的条件。

概念结构设计抽取现实业务系统的元素及其应用语义关联，最终形成 E-R 模型。

概念结构设计最常用的方法是自底向上方法，即自顶向下进行需求分析，然后自底向上设计概念结构，其过程如图 8-4 所示。我们这里也只介绍自底向上设计概念结构的方法，它主要包含两步：第一步是抽象数据并设计局部概念模型，第二步是集成局部概念模型，得到全局概念模型，如图 8-5 所示。

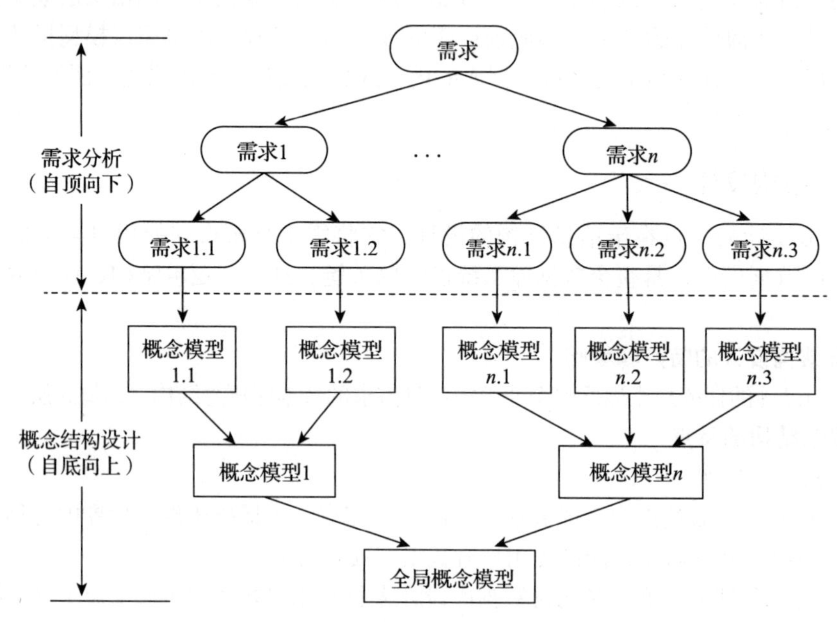

图 8-4 自顶向下进行需求分析、自底向上设计概念结构

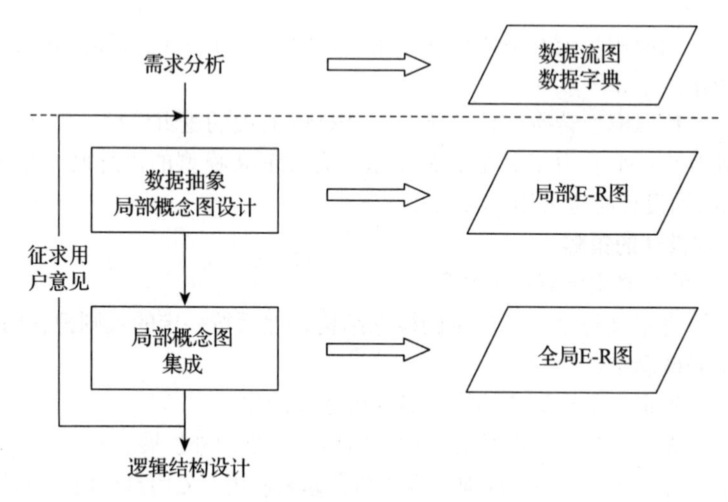

图 8-5 自底向上的概念结构设计

2. 采用 E-R 模型的概念结构设计

采用 E-R 模型的概念结构设计可分为如下三步：

① 数据抽象与局部 E-R 模型设计。局部 E-R 模型的设计内容包括确定局部 E-R 模型的范围、定义实体、联系以及它们的属性。

② 全局 E-R 图设计。这一步是将所有局部 E-R 图集成为一个全局 E-R 图，即全局 E-R 模型。

③ 优化全局 E-R 模型。

下面分别介绍这三个步骤的内容。

（1）数据抽象与局部 E-R 模型设计

概念结构是对现实世界的一种抽象。所谓抽象是对实际的人、物、事和概念进行人为处理，抽取所关心的共同特性，忽略非本质细节，并把这些特性用各种概念准确地加以描述，这些概念组成了某种模型。概念结构设计首先要根据需求分析得到的结果（数据流和数据字典等）对现实世界进行抽象，然后设计各个局部 E-R 模型。

1）数据抽象。

在系统需求分析阶段，得到了多层数据流图、数据字典和系统分析报告。建立局部 E-R 模型，就是根据系统的具体情况，在多层数据流图中选择一个适当层次的数据流图，作为 E-R 图设计的出发点，让这组图中的每个部分对应一个局部应用。在选好的某一层次的数据流图中，每个局部应用都对应了一组数据流图，具体应用所涉及的数据存储在数据字典中。现在就是要将这些数据从数据字典中抽取出来，参照数据流图，确定每个局部应用包含的实体、实体包含的属性以及实体之间的联系和联系的类型。

设计局部 E-R 图的关键就是正确地划分实体和属性。实体和属性在形式上并没有可以明显区分的界限，通常是按照现实世界中事物的自然划分来定义实体和属性。对现实世界中的事物进行数据抽象，得到实体和属性。这里用到的数据抽象技术有两种：分类和聚集。

分类（classification）定义某一类概念作为现实世界中一组对象的类型，将一组具有某些共同特征和行为的对象抽象为一个实体。对象和实体之间是“is a member of”（是……的一个成员）的关系。

例如，“张三”是学生（见图 8-6），表示“张三”是“学生”（实体）中的一员（实例），即“张三是学生中的一个成员”，这些学生具有相同的特性和行为。

学生
“is member of”
张三　李四　王五　……

图 8-6　分类示例

聚集（aggregation）定义某类型的组成成分，将对象类型的组成成分抽象为实体的属性。组成成分与对象类型之间是“is a part of”（是……的一部分）的关系。

在 E-R 模型中，若干个属性的聚集就组成了一个实体的属性。例如，学号、姓名、性别等属性可聚集为学生实体的属性。聚集的示例如图 8-7 所示。

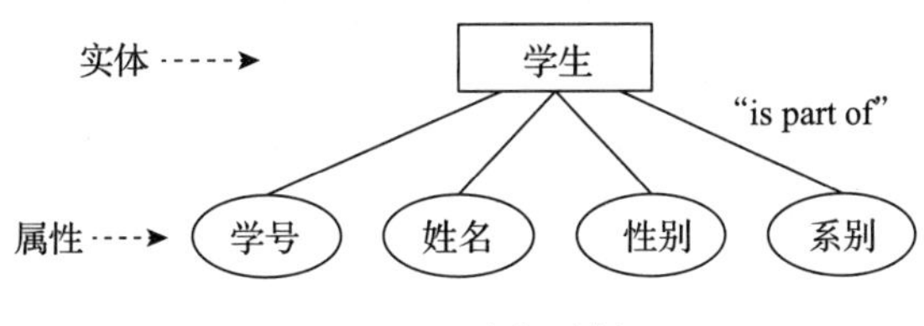

图 8-7　聚集示例

2）局部 E-R 图设计。

经过数据抽象后得到了实体和属性，实体和属性是相对而言的，需要根据实际情况进行调整。对关系数据库而言，其基本原则是：实体具有描述信息，而属性没有，即属性必须是不可再分的数据项，不能包含其他属性。例如，学生是一个实体，具有属性：学号、姓名、性别、系别等，如果不需要对系再做更详细的分析，则“系别”作为一个属性存在就够了，但如果还需要对系别做更进一步的分析，比如，需要记录或分析系的教师人数、系的办公地点、办公电话等，则“系别”就需要作为一个实体存在。图 8-8 说明了“系别”升级为实体后，E-R 图的变化。

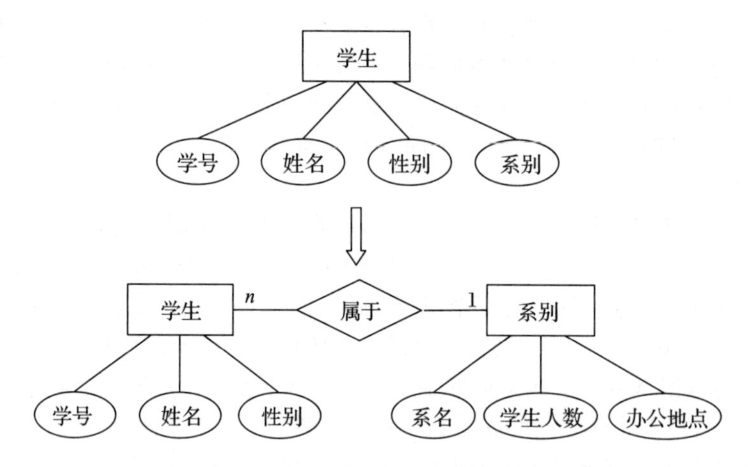

图 8-8 “系别”作为一个属性或实体的 E-R 图

下面举例说明局部 E-R 图的设计。

设在一个简单的教务管理系统中，有如下简化的语义描述。

① 一名学生可同时选修多门课程，一门课程也可同时被多名学生选修。对学生选课需要记录考试成绩信息，每个学生每门课程只能有一次考试。对每名学生需要记录学号、姓名、性别信息，对课程需要记录课程号、课程名、课程性质信息。

② 一门课程可由多名教师讲授，一名教师可讲授多门课程。对每个教师讲授的每门课程需要记录授课学年和授课时数信息。对每名教师需要记录教师号、教师名、性别、职称信息。对每门课程需要记录课程号、课程名、开课学期信息。

③ 一名学生只属于一个系，一个系可有多名学生。对系需要记录系名、系学生人数和办公地点信息。

④ 一名教师只属于一个部门，一个部门可有多名教师。对部门需要记录部门名、教师人数和办公电话信息。

根据上述描述可知该系统共有 5 个实体，分别是：学生、课程、教师、系和部门。其中学生和课程之间是多对多联系；课程和教师之间也是多对多联系；系和学生之间是一对多联系；部门和教师之间也是一对多联系。

这 5 个实体的属性如下，其中的码属性（能够唯一标识实体中每个实例的一个属性或最小属性组，也称为实体的标识属性）用下划线标识。

学生：<u>学号</u>，姓名，性别。

课程：<u>课程号</u>，课程名，开课学期，课程性质。

教师：<u>教师号</u>，教师名，性别，职称。

系：<u>系名</u>，学生人数，办公地点。

部门：<u>部门名</u>、教师人数，办公电话。

学生和课程之间的局部 E-R 图如图 8-9 所示，教师和课程之间的局部 E-R 图如图 8-10 所示。

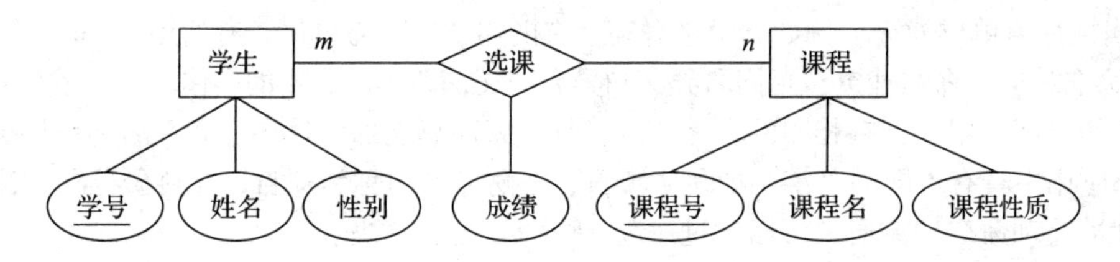

图 8-9　学生和课程之间的局部 E-R 图

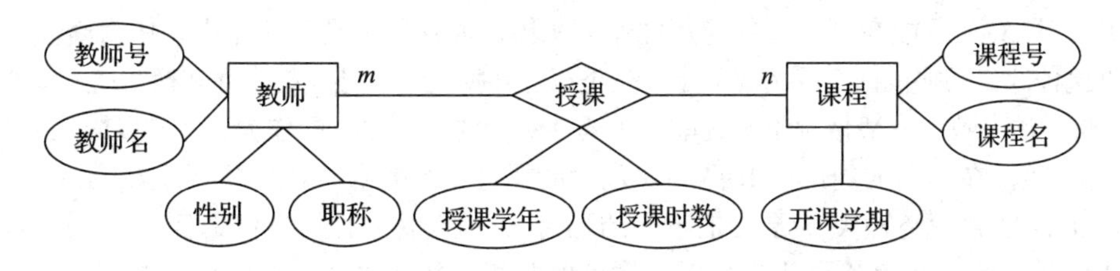

图 8-10　教师和课程之间的局部 E-R 图

教师和部门之间的局部 E-R 图如图 8-11 所示，学生和系之间的局部 E-R 图如图 8-12 所示。

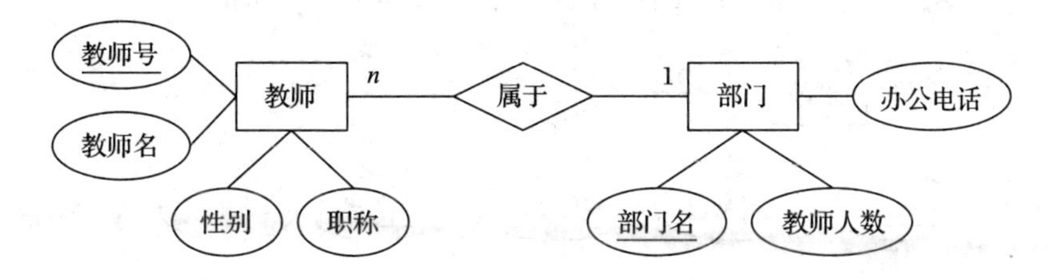

图 8-11　教师和部门之间的局部 E-R 图

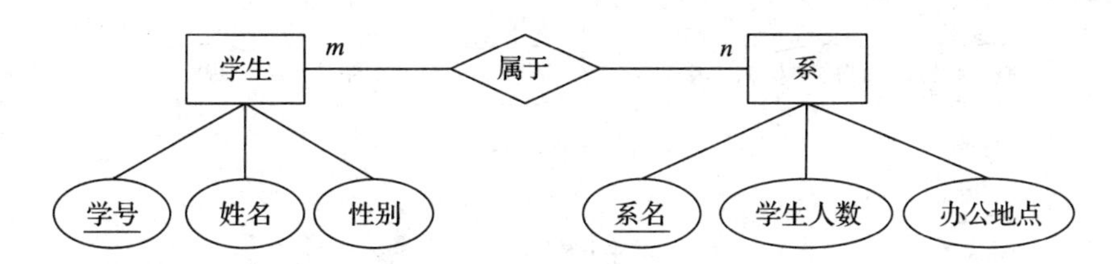

图 8-12　学生和系之间的局部 E-R 图

（2）全局 E-R 图设计

把局部 E-R 图集成为全局 E-R 图时，可以采用一次将所有的 E-R 图集成在一起的方式，也可以用逐步集成、进行累加的方式，即一次只集成少量几个 E-R 图，这样实现起来比较容易。

当将局部 E-R 图集成为全局 E-R 图时，需要消除各分 E-R 图合并时产生的冲突。解决冲突是合并 E-R 图的主要工作和关键所在。

各局部 E-R 图之间的冲突主要有三类：属性冲突、命名冲突和结构冲突。

1）属性冲突。属性冲突包括如下几种情况：

- 属性域冲突。即属性的类型、取值范围和取值集合不同。例如，在有些局部应用中可能将学号定义为字符型，而在其他局部应用中可能将其定义为数值型。又如，有些局部应用可能将年龄定义为出生日期，而有些应用却将其定义为整数。

- 属性取值单位冲突。例如，学生身高，有的用“m”为单位，有的用“cm”为单位。

2）命名冲突。命名冲突包括同名异义和异名同义，即不同意义的实体名、联系名或属性名在不同的局部应用中具有相同的名字，或者具有相同意义的实体名、联系名和属性名在不同的局部应用中具有不同的名字。如科研项目，在财务部门称为项目，在科研处称为课题。

属性冲突和命名冲突通常可以通过讨论、协商等方法解决。

3）结构冲突。结构冲突有如下几种情况：

- 同一数据项在不同应用中有不同的抽象，有的地方作为属性，有的地方作为实体。

例如，“职称”可能在某一局部应用中作为实体，而在另一局部应用中却作为属性。

解决这种冲突必须根据实际情况而定，是把属性转换为实体还是把实体转换为属性，基本原则是保持数据项一致。一般情况下，凡能作为属性对待的，应尽可能作为属性，以简化 E-R 图。

- 同一实体在不同的局部 E-R 图中所包含的属性个数和属性次序不完全相同。

这是很常见的一类冲突，原因是不同的局部 E-R 模型关心的实体的侧面不同。解决的方法是让该实体的属性为各局部 E-R 图中属性的并集，然后再适当调整属性次序。

- 两个实体在不同的应用中呈现不同的联系，比如，两个实体在某个应用中可能是一对多联系，而在另一个应用中是多对多联系。

出现这种情况时，应该根据应用的语义对实体间的联系进行调整。

图 8-13 所示是将两个局部 E-R 图合并成一个全局 E-R 图的示例。

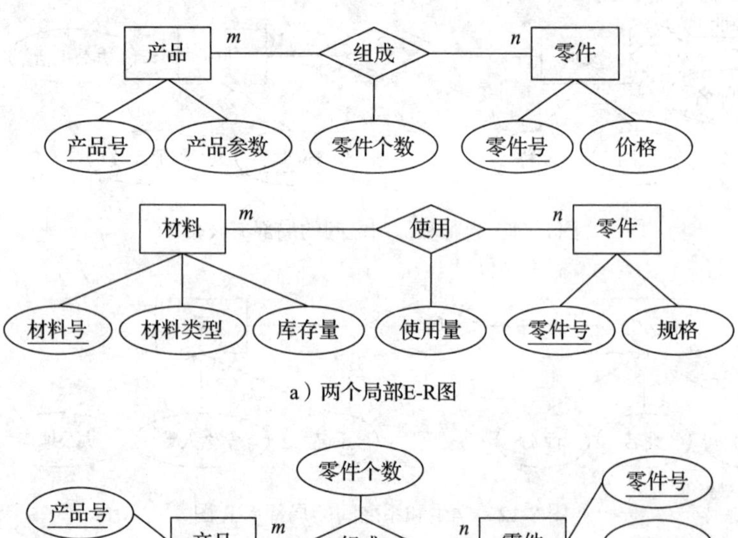

a）两个局部E-R图

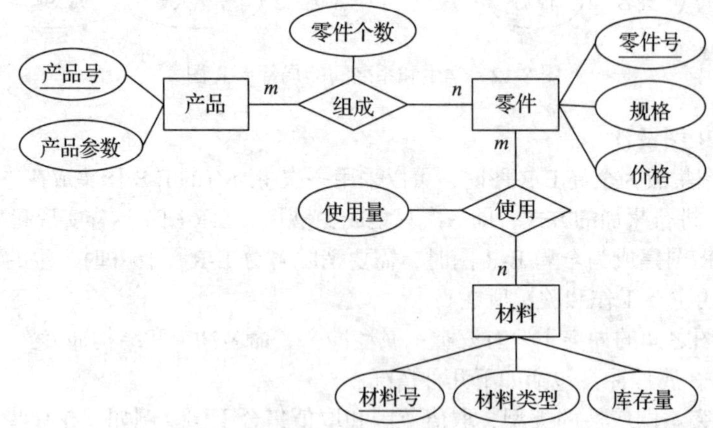

b）合并后的全局E-R图

图 8-13　将局部 E-R 图合并为全局 E-R 图示例

下面说明合并前面介绍的简单教务管理系统局部 E-R 图的过程。

首先合并图 8-9 和图 8-12 所示的局部 E-R 图，这两个局部 E-R 图中不存在冲突，合并后的结果如图 8-14 所示。

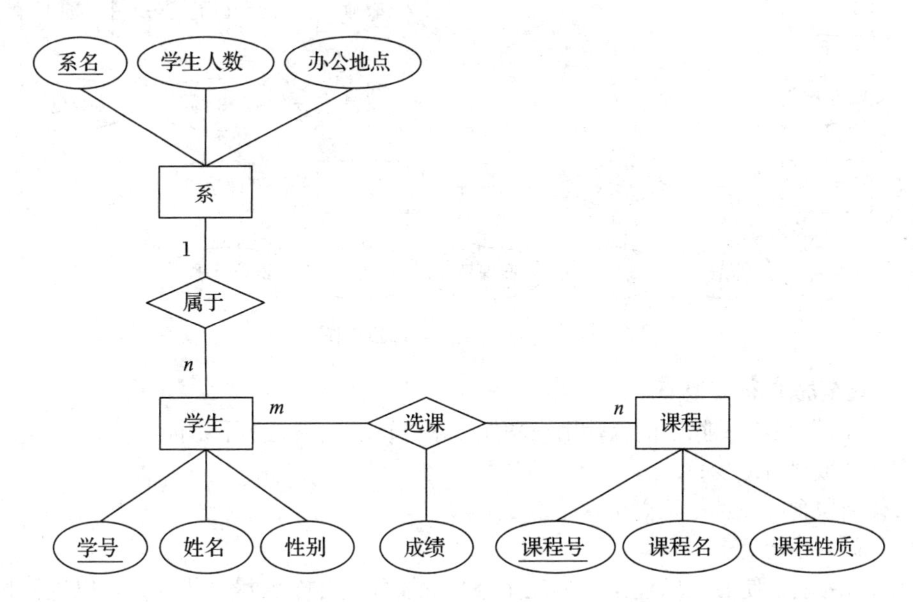

图 8-14　合并学生和课程、学生和系的局部 E-R 图

然后合并图 8-10 和图 8-11 所示的局部 E-R 图，这两个局部 E-R 图也不存在冲突，合并后的结果如图 8-15 所示。

最后再将合并后的两个局部 E-R 图合并为一个全局 E-R 图，在进行这个合并操作时，发现这两个局部 E-R 图中都有“课程”实体，但该实体在两个局部 E-R 图所包含的属性不完全相同，即存在结构冲突。消除该冲突的方法是：合并后“课程”实体的属性是两个局部 E-R 图中“课程”实体属性的并集。合并后的全局 E-R 图如图 8-16 所示。

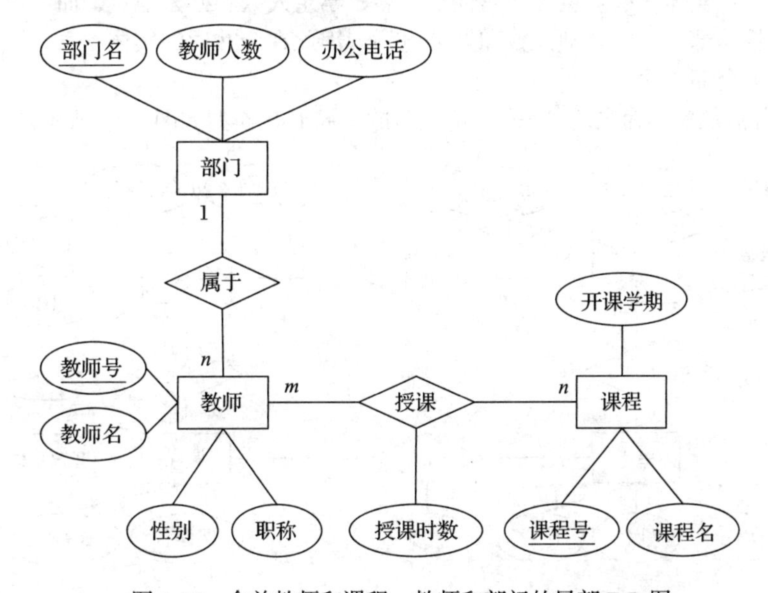

图 8-15　合并教师和课程、教师和部门的局部 E-R 图

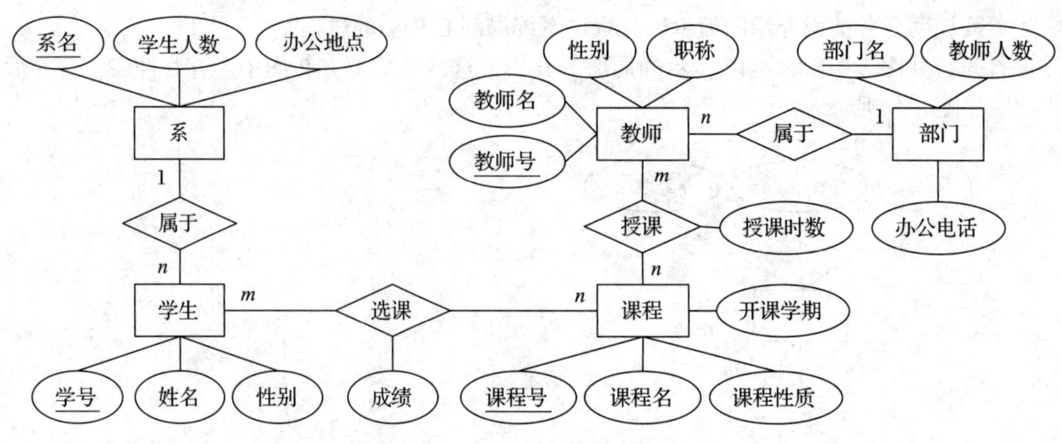

图 8-16　合并后的全局 E-R 图

（3）优化全局 E-R 模型

一个好的全局 E-R 图除了能反映用户功能需求外，还应满足如下条件：

- 实体个数尽可能少；
- 实体所包含的属性尽可能少；
- 实体间联系无冗余。

优化的目的就是使 E-R 图满足上述三个条件。要使实体个数尽可能少，可以进行相关实体的合并，一般是把具有相同主键的实体进行合并，另外，还可以考虑将 1∶1 联系的两个实体合并为一个实体，同时消除冗余属性和冗余联系。但也应该根据具体情况，有时候适当的冗余可以提高数据查询效率。

分析图 8-16 所示的全局 E-R 图，发现“系”实体和“部门”实体代表的含义基本相同，因此可将这两个实体合并为一个实体。在合并时发现这两个实体存在如下两个问题。

- 命名冲突：实体“系”中有一个属性是“系名”，而在实体“部门”中将这个含义相同的属性命名为“部门名”，即存在异名同义属性。合并后可统一为“系名”。
- 结构冲突：实体“系”包含的属性是系名、学生人数和办公地点，而实体“部门”包含的属性是部门名、教师人数和办公电话。因此在合并后的实体“系”中应包含这两个实体的全部属性。

我们将合并后的实体命名为“系”。优化后的全局 E-R 模型如图 8-17 所示。

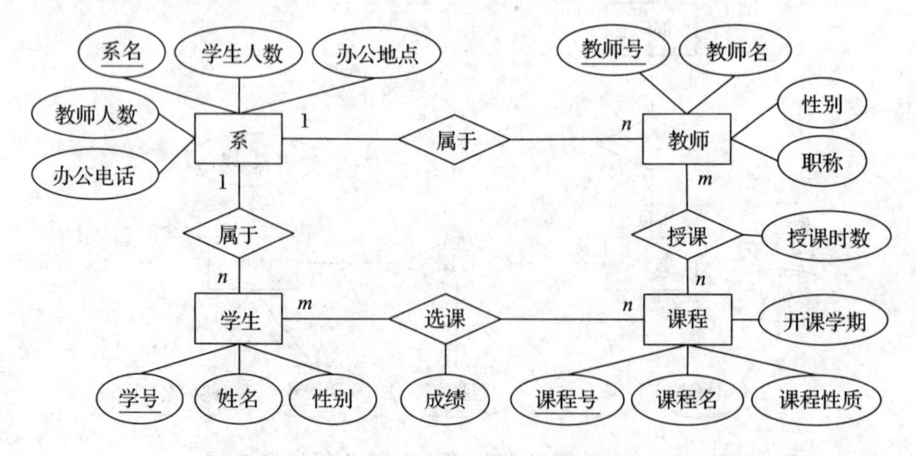

图 8-17　优化后的全局 E-R 模型

8.3.2 逻辑结构设计

逻辑结构设计的任务是把在概念结构设计产生的概念模型转换为具体的数据库管理系统支持的组织层数据模型，也就是导出特定的 DBMS 可以处理的数据库逻辑结构（数据库的模式和外模式），这些模式在功能、性能、完整性和一致性约束方面满足应用要求。

特定 DBMS 可以支持的组织层数据模型包括层次模型、网状模型、关系模型和面向对象模型等。下面仅讨论从 E-R 模型向关系模型的转换。

逻辑结构设计一般包含三项工作：

①将概念结构转换为关系数据模型。

②对关系数据模型进行优化。

③设计面向用户的外模式。

1. E-R 模型向关系模型的转换

E-R 模型向关系模型的转换要解决的问题是如何将实体以及实体间的联系转换为关系模式，如何确定这些关系模式的属性和主键。

关系模型的逻辑结构是一组关系模式的集合。E-R 模型由实体、实体的属性以及实体之间的联系三部分组成，因此将 E-R 模型转换为关系模型实际上就是将实体、实体的属性和实体之间的联系转换为关系模式，转换的一般规则如下：

一个实体转换为一个关系模式。实体的属性就是关系的属性，实体的码就是关系的主键。

对于实体间的联系有以下不同的情况：

1）一个 1∶1 联系可以与任意一端实体（设为实体 A）所对应的关系模式合并，并在该关系模式中加入另一个实体（设为实体 B）的标识属性和联系本身的属性，同时实体 B 的标识属性作为该关系模式的外键。

2）一个 1∶n 联系一般是与 n 端实体所对应的关系模式合并，并且在该关系模式中加入 1 端实体的标识属性以及联系本身的属性，并将 1 端实体的标识属性作为该关系模式的外键。

3）一个 m∶n 联系必须转换为一个独立的关系模式，且与该联系相连的各实体的标识属性以及联系本身的属性均转换为此关系模式的属性，且该关系模式的主键包含各实体的标识属性，外键为各实体的标识属性。

三个或三个以上实体间的一个多元联系可以转换为一个关系模式。与该多元联系相连的各实体的码以及联系本身的属性均转换为此关系模式的属性，而此关系模式的主键包含各实体的码。

具有相同主键的关系模式可以合并。

【例 1】有 1∶1 联系的 E-R 模型如图 8-18 所示。

如果将联系与“部门”实体合并，则转换后的关系模式为（主键用下划线标识）：

部门（部门号，部门名，经理号），“经理号”为引用“经理”关系模式的外键。

经理（经理号，经理名，电话）

如果将联系与“经理”实体合并，则转换后的关系模式为（主键用下划线标识）：

部门（部门号，部门名）

经理（经理号，经理名，电话，部门号），“部门号”为引用

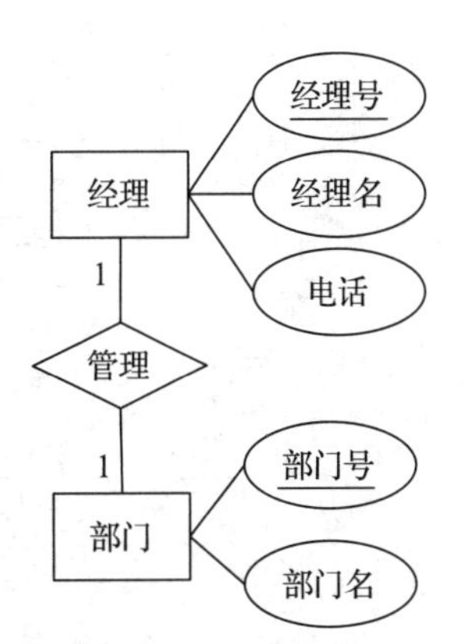

图 8-18 1∶1 联系示例

“部门”关系模式的外键。

【例 2】有 1∶n 联系的 E-R 模型如图 8-19 所示。将联系与 n 端的关系模式合并，转换出的关系模式为（主键用下划线标识）：

部门（部门号，部门名）

职工（职工号，职工名，工资，部门号），“部门号”为引用“部门”关系模式的“部门号”的外键。

【例 3】有 m∶n 联系的 E-R 模型如图 8-20 所示，对 m∶n 联系，必须将联系转换为一个独立的关系模式。转换后的关系模式为（主键用下划线标识）：

教师（教师号，教师名，职称）

课程（课程号，课程名，学分）

授课（教师号，课程号，授课时数），“教师号”为引用“教师”关系模式的教师号的外键，“课程号”为引用“课程”关系模式的“课程号”的外键。

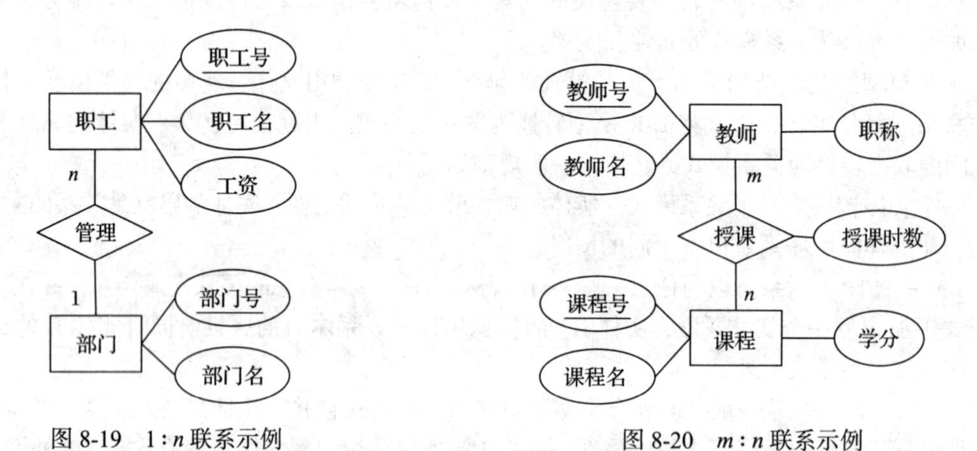

图 8-19　1∶n 联系示例　　　图 8-20　m∶n 联系示例

设有如图 8-21 所示的含多个实体间联系的 E-R 图，这种联系一般情况下也被转换为一个独立的关系模式中，而且在联系产生的关系模式中，其主键至少包含其关联实体所对应的关系模式的主键。

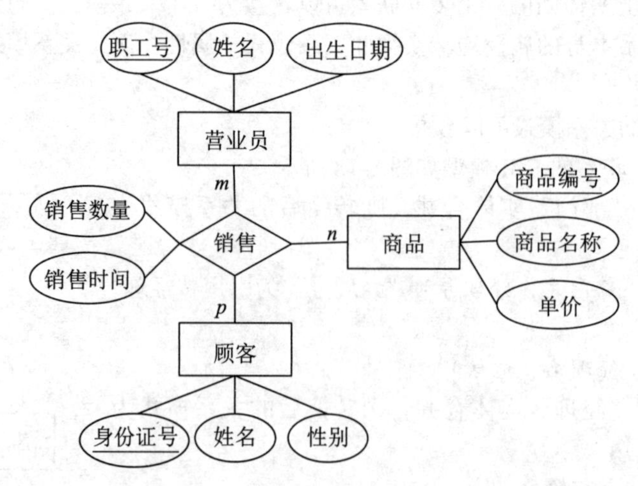

图 8-21　含多个实体间联系的 E-R 模型

图 8-21 的 E-R 图转换后的关系模式为（主键用下划线标识）:

营业员（职工号，姓名，出生日期）

商品（商品编号，商品名称，单价）

顾客（身份证号，姓名，性别）

销售（职工号，商品编号，身份证号，销售数量，销售时间），“职工号”为引用“营业员”关系模式的外键，“商品编号”为引用“商品”关系模式的外键，“身份证号”为引用“顾客”关系模式的外键。

2. 数据模型的优化

逻辑结构设计的结果并不是唯一的，为了进一步提高数据库应用系统的性能，还应该根据应用的需要对逻辑数据模型进行适当的修改和调整，这就是数据模型的优化。关系数据模型的优化通常以关系规范化理论为指导，并考虑系统的性能。具体方法为：

1）确定各属性间的函数依赖关系。根据需求分析阶段得出的语义，分别写出每个关系模式的各属性之间的函数依赖以及不同关系模式中各属性之间的数据依赖关系。

2）对各个关系模式之间的数据依赖进行极小化处理，消除冗余的联系。

3）判断每个关系模式的范式，根据实际需要确定最合适的范式。

4）根据需求分析阶段得到的处理要求，分析这些模式对于这样的应用环境是否合适，确定是否要对某些模式进行分解或合并。

注意，如果系统的查询操作比较多，而且对查询响应速度的要求也比较高，则可以适当地降低规范化的程度，即将几个表合并为一个表，以减少查询时的表的连接个数。甚至可以在表中适当增加冗余数据列，比如把一些经过计算得到的值作为表中的一个列也保存在表中。但这样做时要考虑可能引起的潜在的数据不一致的问题。

对于一个具体的应用来说，到底规范化到什么程度，需要权衡响应时间和潜在问题两者的利弊，做出最佳的决定。

5）对关系模式进行必要的分解，以提高数据的操作效率和存储空间的利用率。常用的分解方法是水平分解和垂直分解。

水平分解是以时间、空间、类型等范畴属性取值为条件，满足相同条件的数据行为一个子表。分解的依据一般以范畴属性取值范围划分数据行。这样在操作同表数据时，时空范围相对集中，便于管理。水平分解示意图如图 8-22 所示，其中 $K^{\#}$ 代表关系模式的主键。

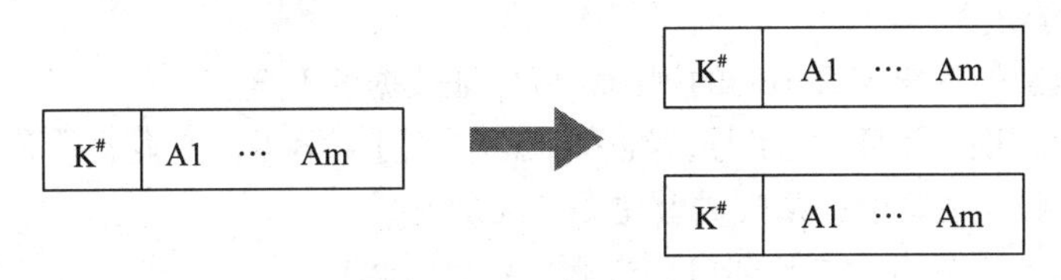

图 8-22　水平分解示意

原表中的数据内容相当于分解后各表数据内容的并集。例如，对于管理学校学生情况的“学生”关系模式，可以将其分解为“毕业学生”和“在读学生”两个关系模式。“毕业学生”中存放已毕业学生的数据，“在读学生”中存放目前在校学习的学生数据。因为经常需要了解当前在校学生的情况，而对已毕业学生的情况关心较少。因此将学生信息存放在两个关系模式中，可以提高对在校学生的处理速度。当一届学生毕业时，就将这些学生从“在读学生”关系中删除，同时插入到“毕业学生”关系中。

垂直分解是以非主属性所描述的数据特征为条件，将描述一类相同特征的属性划分在一个子表中。这样操作同表数据时属性范围相对集中，便于管理。垂直分解示意图如图 8-23 所示，其中 K# 代表关系模式的主键。

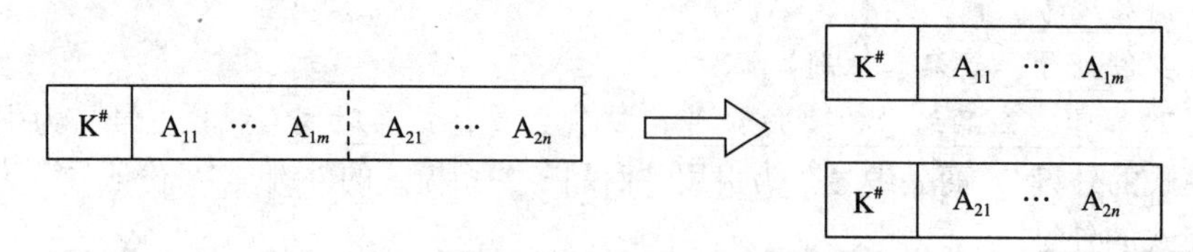

图 8-23　垂直分解示意

垂直分解后原关系中的数据内容相当于分解后各关系数据内容的连接。例如，可以将“学生”关系模式垂直拆分为“学生基本信息”和“学生家庭信息”两个关系模式。

垂直分解方法还可以解决包含很多列或者列占用空间比较多的表创建问题。一般在数据库管理系统中，表中一行数据的大小（即各列所占的空间总和）都是有限制的（一般受数据页大小的限制，第 10 章将简单介绍数据页的概念），当表中一行数据的大小超过了数据页大小时，就可以使用垂直分解方法，将一个关系模式拆分为多个关系模式。

3. 设计外模式

将概念模型转换为逻辑数据模型之后，还应该根据局部应用需求，并结合具体数据库管理系统的特点，设计用户的外模式。

外模式概念对应关系数据库的视图，设计外模式是为了更好地满足各个用户的信息需求。

定义数据库的模式主要是从系统的时间效率、空间效率、易维护等角度出发。由于外模式与模式是相对独立的，因此在定义用户外模式时可以从满足每类用户的需求出发，同时考虑数据的安全性和用户操作的便捷性。

定义外模式时应考虑如下问题。

1）使用更符合用户习惯的别名。

在概念模型设计阶段，当合并各 E-R 图时，曾进行了消除命名冲突的工作，以使数据库中的同一个关系和属性具有唯一的名字。这在设计数据库的全局模式时是非常必要的。但在修改了某些属性或关系的名字之后，可能会不符合某些用户的习惯，因此在设计用户模式时，可以利用视图的功能，对某些属性重新命名。视图的名字也可以命名成符合用户习惯的名字，使用户的操作更方便。

2）对不同级别的用户定义不同的视图，以保证数据的安全。

假设有关系模式：职工（职工号，姓名，工作部门，学历，专业，职称，联系电话，基本工资，浮动工资）。在这个关系模式上建立了两个视图：

职工 1（职工号，姓名，工作部门，专业，联系电话）

职工 2（职工号，姓名，学历，职称，联系电话，基本工资，浮动工资）

职工 1 视图中只包含一般职工可以查看的基本信息，职工 2 视图中包含允许领导查看的信息。这样就可以防止用户非法访问不允许他们访问的数据，从而在一定程度上保证了数据的安全。

3）简化用户对系统的使用。

如果某些局部应用经常要使用某些很复杂的查询，为了方便用户，可以将这些复杂查询定义为一个视图，这样用户每次只对定义好的视图查询，而不必再编写复杂的查询语句，从而简化了用户的使用。

8.3.3　物理结构设计

数据库的物理结构设计是对已经确定的数据库逻辑结构，利用数据库管理系统提供的方法、技术，以较优的存储结构、数据存取路径、合理的数据存储位置以及存储分配，设计出一个高效的、可实现的物理数据库结构。

由于不同的数据库管理系统提供的硬件环境、存储结构和存取方法不同，提供给数据库设计者的系统参数以及变化范围也不同，因此，物理结构设计一般没有一个通用的准则，它只能提供一个技术和方法供参考。

数据库的物理结构设计通常分为两步：

1）确定数据库的物理结构，在关系数据库中主要指存取方法和存储结构；

2）对物理结构进行评价，评价的重点是时间和空间效率。

如果评价结果满足原设计要求，则可以进入到数据库实施阶段；否则，需要重新设计或修改物理结构，有时甚至要返回到逻辑设计阶段修改数据模式。

1. 物理结构设计的内容和方法

物理数据库设计得好，可以使各事务的响应时间缩短、提高存储空间利用率、提升事务吞吐量。因此，在设计数据库时首先要对经常用到的查询和对数据进行更新的事务进行详细的分析，获得物理结构设计所需的各种参数。其次，要充分了解所使用的 DBMS 的内部特征，特别是系统提供的存取方法和存储结构。

对于数据查询，需要得到如下信息：

- 查询所涉及的关系；
- 查询条件所涉及的属性；
- 连接条件所涉及的属性；
- 查询列表中涉及的属性。

对于更新数据的事务，需要得到如下信息：

- 更新所涉及的关系；
- 每个关系上的更新条件所涉及的属性；
- 更新操作所涉及的属性。

除此之外，还需要了解每个查询或事务在各关系上的运行频率和性能要求。例如，假设某个查询必须在 1s 之内完成，则数据的存储方式和存取方式就非常重要。

需要注意的是，在数据库上运行的操作和事务是不断变化的，因此需要根据这些操作的变化不断调整数据库的物理结构，以获得最佳的数据库性能。

通常关系数据库的物理结构设计主要包括如下内容：

- 确定数据的存取方法；
- 确定数据的存储结构。

（1）确定存取方法

存取方法是快速存取数据库中数据的技术，数据库管理系统一般都提供多种存取方法。具体采取哪种存取方法由系统根据数据的存储方式决定，一般用户不能干预。

一般用户可以通过建立索引的方法来加快数据的查询效率，如果建立了索引，系统就可以利用索引查找数据。

索引方法实际上是根据应用要求确定在关系的哪个属性或哪些属性上建立索引，在哪些属性上建立复合索引以及哪些索引要设计为唯一索引，哪些索引要设计为聚簇索引。聚簇索引是将数据按索引列在物理上进行有序排列。

建立索引的一般原则为：

- 如果某个（或某些）属性经常作为查询条件，则考虑在这个（或这些）属性上建立索引；
- 如果某个（或某些）属性经常作为表的连接条件，则考虑在这个（或这些）属性上建立索引；
- 如果某个属性经常作为分组的依据列，则考虑在这个属性上建立索引；
- 对经常进行连接操作的表建立索引。
- 一个表可以建立多个非聚簇索引，但只能建立一个聚簇索引。

需要注意的是，索引一般可以提高数据查询性能，但会降低数据修改性能。因为在进行数据修改时，系统要同时对索引进行维护，使索引与数据保持一致。维护索引需要占用相当多的时间，而且存放索引信息也会占用空间资源。因此在决定是否建立索引时，要权衡数据库的操作。如果查询多，并且对查询的性能要求比较高，则可以考虑多建一些索引；如果数据更改多，并且对更改的效率要求比较高，则应该考虑少建一些索引。

（2）确定存储结构

物理结构设计中一个重要的考虑就是确定数据记录的存储方式。常用的存储方式有以下几种。

- 顺序存储。这种存储方式的平均查找次数为表中记录数的1/2。
- 散列存储。这种存储方式的平均查找次数由散列算法决定。
- 聚簇存储。为了提高某个属性（或属性组）的查询速度，可以把这个（或这些）属性（称为聚簇码）上具有相同值的元组集中存放在连续的物理块上，这样的存储方式称为聚簇存储。聚簇存储可以极大提高对聚簇码的查询效率。

一般用户可以通过建立索引的方法来改变数据的存储方式。但其他情况下，数据的存储方式是由数据库管理系统根据数据的具体情况决定的，一般它都会为数据选择一种最合适的存储方式，而用户并不能对此进行干预。

2. 物理结构设计的评价

在物理结构设计过程中，设计者要对时间效率、空间效率、维护代价和各种用户要求进行权衡，其结果可以产生多种方案，设计者必须对这些方案进行细致的评审，从中选择一个较优的方案作为数据库的物理结构。

评审物理结构设计的方法完全依赖于具体的DBMS，主要考虑操作开销，即为使用户获得及时、准确的数据所需的开销和计算机资源的开销。具体可分为如下几类。

（1）查询和响应时间

响应时间是从查询开始到查询结果开始显示之间所经历的时间。一个好的应用程序设计可以减少CPU时间和I/O时间。

（2）更新事务的开销

更新事务的开销主要是指修改索引、重写物理块或文件以及写校验等方面的开销。

（3）生成报告的开销

生成报告的开销主要包括索引、重组、排序和结果显示的开销。

（4）主存储空间的开销

主存储空间的开销包括程序和数据所占用的空间。对数据库设计者来说，一般可以对缓冲区做适当的控制，如设置缓冲区个数和大小。

（5）辅助存储空间的开销

辅助存储空间分为数据块和索引块两种，设计者可以控制索引块的大小、索引块的充满度等。

实际上，数据库设计者只能对 I/O 和辅助空间进行有效控制。

8.4　数据库行为设计

到目前为止，我们比较详细地讨论了数据库的结构设计，这也是数据库设计中最重要的任务。前面已经说过，数据库设计的特点是结构设计和行为设计相互分离。行为设计与一般的传统程序设计区别不大，软件工程中的所有工具和手段几乎都可以用到数据库行为设计中，因此，一些数据库教科书没有讨论数据库行为设计问题。考虑到数据库应用程序设计毕竟有它特殊的地方，而且不同的数据库应用程序设计也有许多共性，因此，这里简单介绍一下数据库的行为设计。

数据库行为设计一般分为如下几个步骤：

1）功能分析；

2）功能设计；

3）事务设计；

4）应用程序设计与实现。

我们主要讨论前三个步骤。

8.4.1　功能分析

在进行需求分析时，我们实际上进行了两项工作，一项是“数据流”的调查分析，另一项是“事务处理”过程的调查分析，也就是应用业务处理的调查分析。数据流的调查分析为数据库的信息结构提供了最原始的依据，而事务处理的调查分析则是行为设计的基础。

对于行为特性要进行如下分析：

1）标识所有的查询、报表、事务及动态特性，指出对数据库所要进行的各种处理。

2）指出对每个实体所进行的操作（增、删、改、查）。

3）给出每个操作的语义，包括结构约束和操作约束，通过下列条件，可定义下一步的操作：

- 执行操作要求的前提；
- 操作的内容；
- 操作成功后的状态。

例如，教师退休行为的操作特征为：

- 该教师没有未讲授完的课程；
- 该教师没有未结题的科研项目；
- 从当前在职教师表中删除此教师记录；
- 将此教师信息插入到退休教师表中。

4）给出每个操作（针对某一对象）的频率。

5）给出每个操作（针对某一应用）的响应时间。

6）给出该系统总的目标。

功能需求分析是在需求分析之后功能设计之前的一个步骤。

8.4.2　功能设计

通过系统的各功能模块来实现系统目标。由于每个系统功能又可以划分为若干个更具体的功能模块，因此，可以从目标开始，一层一层分解下去，直到每个子功能模块只执行一个具体的任务。子功能模块是独立的，具有明显的输入信息和输出信息。当然，也可以没有明显的输入和输出信息，只是动作产生后的一个结果。按功能关系绘制的图称为功能结构图，如图 8-24 所示。

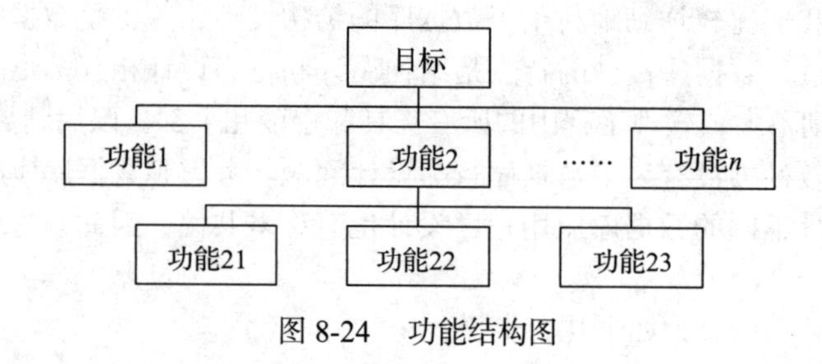

图 8-24 功能结构图

例如，“学籍管理”的功能结构图如图 8-25 所示。

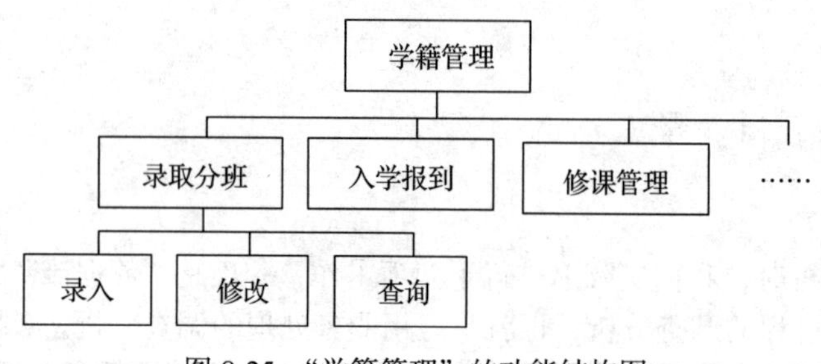

图 8-25 “学籍管理”的功能结构图

8.4.3 事务设计

事务设计是计算机模拟人处理事务的过程，它包括输入设计、输出设计等。

1. 输入设计

系统中的很多错误都是由于输入不当引起的，因此设计好输入是减少系统错误的一个重要方面。在进行输入设计时需要完成如下几方面工作：

- 原始单据的设计格式。对于原有的单据，表格要根据新系统的要求重新设计，其设计的原则是：简单明了，便于填写，尽量标准化，便于归档，简化输入工作。
- 制成输入一览表。将全部功能所用的数据整理成表。
- 制作输入数据描述文档。文档内容包括数据的输入频率、数据的有效范围和出错校验。

2. 输出设计

输出设计是系统设计中的重要一环。如果说用户看不出系统内部的设计是否科学、合理，那么输出报表是直接与用户见面的，而且输出格式的好坏会给用户留下深刻的印象，它甚至是衡量一个系统好坏的重要标志。因此，要精心设计好输出报表。

在输出设计时要考虑如下因素。

- 用途。区分输出结果是给客户还是用于内部或报送上级领导。
- 输出设备的选择。输出结果是仅仅需要被显示出来，还是要打印出来，或需要永久保存。
- 输出量。
- 输出格式。

8.5 数据库实施

完成了数据库的结构设计和行为设计并编写了实现用户需求的应用程序之后，就可以利用 DBMS 提供的功能实现数据库逻辑结构设计和物理结构设计的结果。然后将一些数据加载到数据库中，运行已编好的应用程序，以查看数据库设计以及应用程序是否存在问题。这就是数据库的实施阶段。

数据库实施阶段包括两项重要的工作，一项是加载数据，另一项是调试和运行应用程序。

8.5.1 加载数据

在一般的数据库系统中，数据量都很大，而且数据来源于多个部门，数据的组织方式、结构和格式都可能与新设计的数据库系统有很大的差别，组织数据的录入就是将各类数据从各个局部应用中抽取出来，输入到计算机中，然后再分类转换，最后综合成符合新设计的数据库结构的形式，输入到数据库中。这样的数据转换、组织入库的工作相当耗费人力、物力和财力，特别是原来用手工处理数据的系统，各类数据分散在各种不同的原始表单、凭据和单据之中。在向新的数据库系统中输入数据时，需要处理大量的纸质数据，工作量就更大。

由于各应用环境差异很大，很难有通用的数据转换器，DBMS 也很难提供一个通用的转换工具。因此，为提高数据输入工作的效率和质量，应该针对具体的应用环境设计一个数据录入子系统，专门用来解决数据转换和输入问题。

为了保证数据库中的数据正确、无误，必须十分重视数据的校验工作。在将数据输入系统进行数据转换的过程中，应该进行多次校验。对于重要数据的校验更应该反复进行，确认无误后再输入到数据库中。

如果新建数据库的数据来自已有的文件或数据库，那么应该注意旧的数据模式结构与新的数据模式结构之间的对应关系，然后再将旧的数据导入到新的数据库中。

目前，很多 DBMS 都提供了数据导入的功能，有些 DBMS 还提供了功能强大的数据转换功能，比如 SQL Server 就提供了功能强大、方便易用的数据导入和导出功能。

8.5.2 调试和运行应用程序

一部分数据加载到数据库之后，就可以开始对数据库系统进行联合调试了，这个过程又称为数据库试运行。

这一阶段要实际运行数据库应用程序，执行对数据库的各种操作，测试应用程序的功能是否满足设计要求。如果不满足，则要对应用程序进行修改、调整，直到达到设计要求为止。

在数据库试运行阶段，还要对系统的性能指标进行测试，分析其是否达到设计目标。在对数据库进行物理结构设计时已经初步确定了系统的物理参数，但一般情况下，设计时的考虑在很多方面只是一个近似的估计，与实际系统的运行情况还有一定的差距，因此必须在试运行阶段实际测量和评价系统的性能指标。事实上，有些参数的最佳值往往是经过调试后找到的。如果测试的结果与设计目标不符，则要返回到物理结构设计阶段，重新调整物理结构，修改系统参数，某些情况下甚至要返回到逻辑结构设计阶段，对逻辑结构进行修改。

特别要强调的是，首先，由于组织数据入库的工作十分费力，如果试运行后要修改数据库的逻辑结构设计，则需要重新组织数据入库。因此在试运行时应该先输入小批量数据，试运行基本合格后，再大批量输入数据，以减少不必要的工作。其次，在数据库试运行阶段，由于系统还不稳定，随时可能发生软硬件故障，而且系统的操作人员对系统尚不熟悉，误操作不可避免，因此应该首先调试运行 DBMS 的恢复功能，做好数据库的备份和恢复工作。一旦出现故障，可以尽快地恢复数据库，以减少对数据库的破坏。

8.6　数据库的运行和维护

数据库投入运行标志着开发工作的基本完成和维护工作的开始，数据库只要存在一天，就需要不断地对它进行评价、调整和维护。

在数据库运行阶段，对数据库的经常性维护工作主要由数据库系统管理员完成，其主要工作包括如下几个方面：

- 数据库的备份和恢复。要对数据库进行定期的备份，一旦出现故障，要能及时地将数据库恢复到尽可能的正确状态，以减少数据库损失。
- 数据库的安全性和完整性控制。随着数据库应用环境的变化，对数据库的安全性和完整性要求也会发生变化。比如，要收回某些用户的权限，或增加、修改某些用户的权限，增加、删除用户，或者某些数据的取值范围发生变化等，这都需要系统管理员对数据库进行适当的调整，以反映这些新的变化。
- 监视、分析、调整数据库性能。监视数据库的运行情况，并对检测数据进行分析，找出能够提高性能的可行性，并适当地对数据库进行调整。目前有些 DBMS 产品提供了性能检测工具，数据库系统管理员可以利用这些工具很方便地监视数据库。
- 数据库的重组。数据库经过一段时间的运行后，随着不断添加、删除和修改数据，会使数据库的存取效率降低，这时数据库管理员可以改变数据库数据的组织方式，通过增加、删除或调整部分索引等方法，改善数据库应用系统的性能。注意数据库的重组并不改变数据库的逻辑结构。

数据库的结构和应用程序设计的好坏只是相对的，它并不能保证数据库应用系统始终处于良好的性能状态。这是因为数据库中的数据随着数据库的使用而发生变化，随着这些变化的不断增加，系统的性能就有可能会日趋下降，所以即使在不出现故障的情况下，也要对数据库进行维护，以便系统始终能够获得较好的性能。总之，数据库的维护工作与一台机器的维护工作类似，花的工夫越多，它服务得就越好。因此，数据库的设计工作并非一劳永逸，一个好的数据库应用系统同样需要精心的维护方能使其保持良好的性能。

8.7　小结

本章介绍了数据库设计的全部过程，数据库设计的特点是行为设计和结构设计相分离，而且在需求分析的基础上是先进行结构设计，再进行行为设计，其中结构设计是关键。结构设计又分为概念结构设计、逻辑结构设计和物理结构设计。概念结构设计是用概念结构来描述用户的业务需求，这里介绍的是 E-R 模型，它与具体的数据库管理系统无关；逻辑结构设计是将概念结构设计的结果转换成组织层数据模型，对于关系数据库来说，是转换为关系表。根据实体之间的不同的联系方式，转换的方式也有所不同。逻辑结构设计与具体的数据库管理系统有关。物理结构设计是设计数据的存取方法和存储结构，一般来说，数据的存取方法和存储结构对用户是透明的，用户只能通过建立索引来改变数据的存储方式。

数据库的行为设计是对系统功能的设计，一般的设计思想是将大的功能模块划分为功能相对单一的小的功能模块，这样便于用户的使用和操作。

数据库设计完成后，就要进行数据库的实施和维护工作。数据库应用系统不同于一般的应用软件，它在投入运行后必须要有专人对其进行监视和调整，以保证应用系统能够持续高效运行。

数据库设计的成功与否与许多具体因素有关，但只要掌握了数据库设计的基本方法，就可以设计出可行的数据库系统。

习题

1. 简述数据库的设计过程。
2. 数据库结构设计包含哪几个过程？
3. 数据库概念结构设计有哪些特点？
4. 什么是数据库的逻辑结构设计？简述其设计步骤。
5. 把E-R模型转换为关系模式的转换规则是什么？
6. 图8-26a至图8-26d所示为某企业信息管理系统中的局部E-R图，请将这些局部E-R图合并为一个全局E-R图，并指明各实体以及联系的属性，标明联系的种类（注：为使图形简洁明了，在全局E-R图中可只画出实体和联系，属性单独用文字描述）。将合并后的E-R图转换为符合3NF要求的关系模式，并说明主键和外键，主键可用下划线标识。

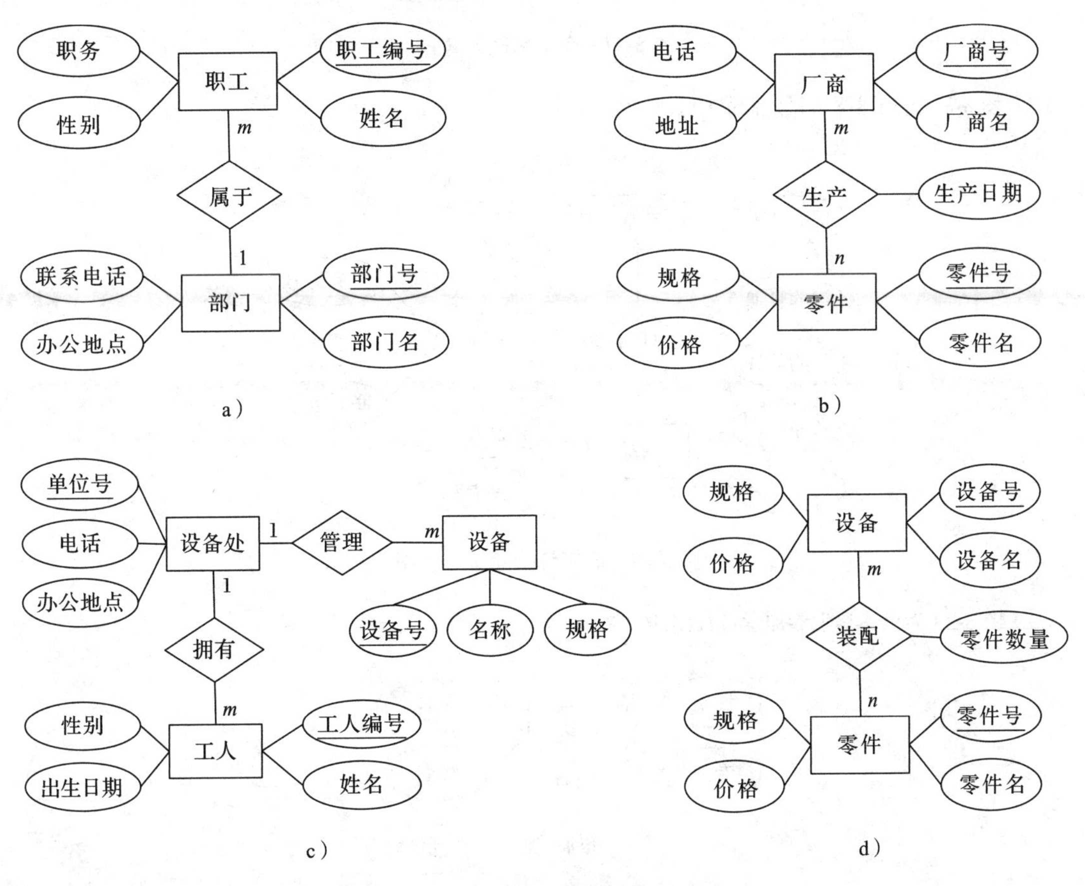

图8-26　各局部E-R图

7. 设要建立描述顾客在商店的购物情况的数据库应用系统，该系统有如下要求：一个商店可有多名顾客购物，一个顾客可到多个商店购物。规定每个顾客每天在每个商店最多购物一次，每次购物可购买多种商品，每种商品可购买多个。需要描述的商店信息包括：商店编号、商店名、地址、联系电话；需要描述的顾客信息包括：顾客号、姓名、手机号、性别；需要描述的商品信息包括：商品号、商品名、价格、生产日期。

请画出描述该应用系统的E-R图，并注明各实体的属性、标识属性以及联系的种类。

8. 将下列E-R图转换为符合3NF的关系模式，并指出每个关系模式的主键和外键，主键可用下划线标识。

（1）图8-27为描述图书、读者以及读者借阅图书的E-R图。

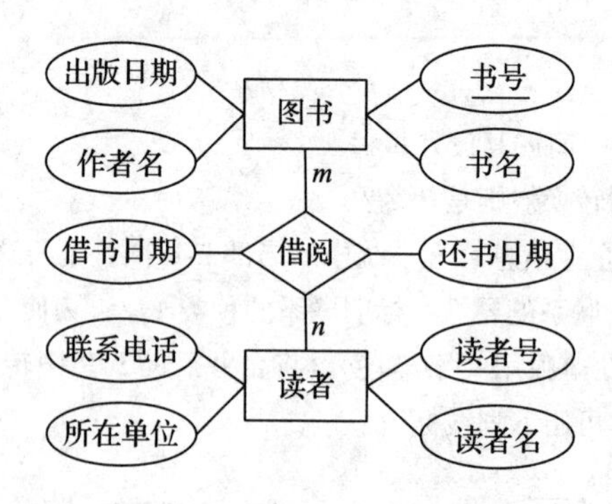

图8-27　图书借阅E-R图

（2）图8-28为描述商店订购商品的E-R图。

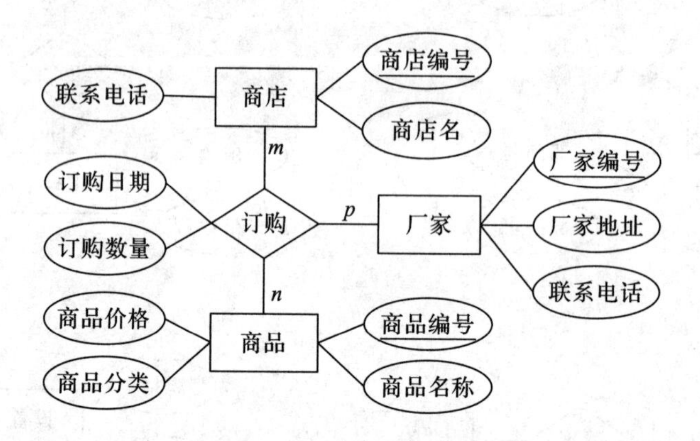

图8-28　商店订购商品E-R图

（3）图8-29为描述学生参加学校社团的E-R图。

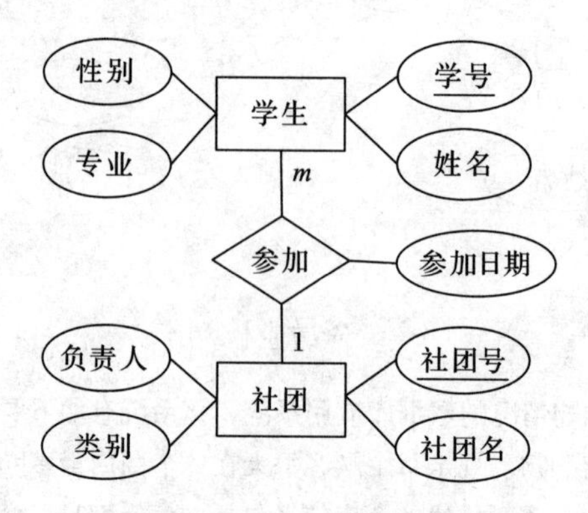

图8-29　学生参加学校社团E-R图

第二篇

SQL Server 基础及使用

本篇主要介绍SQL Server数据库管理系统，我们以SQL Server 2019版本为例，介绍SQL Server 2019的安装和使用方法，在SQL Server 2019中创建数据库以及定义表的方法、实现安全控制的方法以及备份和恢复数据库的方法。SQL Server是微软公司的数据库产品，也是微软公司鼎力推出的数据库管理系统，SQL Server 2019版本无论在功能上还是性能上都较以前版本有较大的改进。

本篇的目的是将第一篇的概念结合到实际的数据库管理系统环境中，帮助读者深入理解用数据库管理数据的特点以及数据库管理系统的功能。

本篇由下述4章组成：

- 第9章　SQL Server 2019基础
- 第10章　数据库及表的创建与管理
- 第11章　安全管理
- 第12章　备份和还原数据库

第9章 SQL Server 2019 基础

SQL Server 是微软推出的数据库管理系统，SQL Server 2019 是目前的稳定版本。SQL Server 从 2017 版开始，支持在 Linux、基于 Linux 的 Docker 容器和 Windows 上运行（2017 版之前的版本只支持在 Windows 上运行)，使用户可以在多种操作系统上安装和使用 SQL Server。

本章首先介绍 SQL Server 2019 的安装要求、安装选项以及安装后的配置，然后介绍其常用工具。

9.1 SQL Server 2019 简介

为满足不同用户在性能、功能、价格等因素上的不同要求，SQL Server 2019 提供了不同的版本系列和不同的组件。用户可以根据应用程序以及用户业务的需要，选择安装不同的版本和组件。

9.1.1 主要组件

不同的组件提供了不同的功能，下面介绍 SQL Server 2019 提供的服务器组件。

1. SQL Server 数据库引擎

SQL Server 数据库引擎组件是用于存储、处理和保护数据的核心服务。数据库引擎提供了受控访问和快速事务处理，以满足企业对数据应用的要求。

2. Analysis Services（分析服务）

Analysis Services 包括一些工具，可用于创建和管理联机分析处理（OLAP）以及数据挖掘应用程序。

数据处理大致可分为两大类：联机事务处理（OLTP）和联机分析处理（OLAP)。联机事务处理是传统的关系型数据库的主要应用，包括基本的、日常的事务处理。联机分析处理是数据仓库系统的主要应用，支持复杂的分析操作，侧重决策支持。

3. Reporting Services（报表服务）

Reporting Services 包括用于创建、管理和部署表格报表、矩阵报表、图形报表以及自由格式报表的服务器与客户端组件。Reporting Services 还是一个可用于开发报表应用程序的可扩展平台。

4. Integration Services（集成服务）

Integration Services 是一组图形工具和可编程对象，用于移动、复制和转换数据。

5. Master Data Services（主数据服务）

Master Data Services 是针对主数据管理的 SQL Server 解决方案。可以配置 MDS 来管理任何领域（产品、客户、账户）；MDS 中包括各种层次结构、各种级别的安全性、事务、数据版本控制和业务规则，以及可用于管理数据的用于 Excel 的外接程序。

6. 机器学习服务（数据库内）

机器学习服务（数据库内）支持使用企业数据源的分布式、可缩放的机器学习解决方案。

7. 机器学习服务（独立）

机器学习服务（独立）支持在多个平台上部署分布式、可缩放机器学习解决方案，并可使用多个企业数据源，包括 Linux 和 Hadoop。

机器学习服务（包括数据库内和独立的）从 SQL Server 2016 开始支持 R 语言，从 SQL Server 2019 开始支持 R 和 Python。

9.1.2 管理工具

SQL Server 2019 提供了如下管理工具，客户可根据自己的实际需要选择安装。

1. SQL Server Management Studio

SQL Server Management Studio（SSMS）是用于访问、配置、管理和开发 SQL Server 组件的集成环境。

2. SQL Server 配置管理器

SQL Server 配置管理器为 SQL Server 服务、服务器协议、客户端协议和客户端别名提供基本配置管理。

3. SQL Server Profiler

SQL Server Profiler 提供了一个图形用户界面，用于监视数据库引擎实例或分析服务实例。

4. 数据库引擎优化顾问

数据库引擎优化顾问可以协助创建索引、索引视图和分区的最佳组合。

5. 数据质量客户端

数据质量客户端提供了一个非常简单和直观的图形用户界面，用于连接到 DQS 数据库并执行数据清理操作。它还允许用户集中监视在数据清理操作过程中执行的各项活动。

6. SQL Server Data Tools

SQL Server Data Tools（SSDT）提供 IDE 以便为商业智能组件（Analysis Services、Reporting Services 和 Integration Services）生成解决方案。该工具在之前版本中被称为 Business Intelligence Development Studio。

7. 连接组件

连接组件安装用于客户端和服务器之间通信的组件，以及用于 DB-Library、ODBC 和 OLE DB 的网络库。

9.1.3 主要版本及各版本的功能差异

SQL Server 2019 有多个版本，具体需要安装哪个版本和哪些组件，与具体的应用需求有关。不同版本的SQL Server 2019在价格、功能、存储能力、支持的CPU等很多方面都不同。

1. 主要版本

（1）Enterprise Edition（企业版）

Enterprise Edition作为高级产品提供了全面的高端数据中心功能，具有极高的性能和无限虚拟化功能，还具有端到端商业智能，可以为任务关键工作负载和最终用户访问数据提供高级别服务。

（2）Standard Edition（标准版）

Standard Edition提供了基本数据管理和商业智能数据库，供部门和小型组织运行其应用程序，并支持将常用开发工具用于本地和云，有助于以最少的IT资源进行有效的数据库管理。

（3）Web

对于Web主机托管服务提供商和Web VAP而言，SQL Server Web版本是一项总拥有成本较低的选择，它可针对从小规模到大规模Web资产等内容提供可伸缩性、经济性和可管理性能力。

（4）Developer Edition（开发版）

Developer Edition支持开发人员基于SQL Server构建任意类型的应用程序。开发版包括企业版的所有功能，但有许可限制，只能用作开发和测试系统，而不能用作生产服务器。开发版是构建和测试应用程序的人员的理想之选。

（5）Express Edition（简化版）

Express Edition是入门级的免费版本，是学习和构建桌面及小型服务器数据驱动应用程序的理想选择。它是独立软件供应商、开发人员和构建客户端应用程序的人员的最佳选择。

2. 各版本主要功能差异

表9-1列出了SQL Server 2019各版本单个实例所支持的主要功能的差异。由于开发版和企业版的功能相同，因此表9-1中没有列出开发版功能。

表9-1　SQL Server 2019各版本单个实例所支持的主要功能差异

功能	版本				
	Enterprise	Standard	Web	Express with Advanced Services	Express
单个实例使用的最大计算能力（SQL Server数据库引擎）	操作系统支持的最大值	限制4个插槽或24核，取二者中的较小值	限制4个插槽或16核，取二者中的较小值	限制1个插槽或4核，取二者中的较小值	限制为1个插槽或4核，取二者中的较小值
单个实例使用的最大计算能力（Analysis Services或Reporting Services）	操作系统支持的最大值	限制4个插槽或24核，取二者中的较小值	限制4个插槽或16核，取二者中的较小值	限制为1个插槽或4核，取二者中的较小值	限制为1个插槽或4核，取二者中的较小值
每个SQL Server数据库引擎实例的缓冲池的最大内存	操作系统支持的最大值	128GB	64GB	1410MB	1410MB
每个SQL Server数据库引擎实例的列存储段缓存的最大内存	不受限制的内存	32GB	16GB	352MB	352MB

（续）

功能	版本				
	Enterprise	Standard	Web	Express with Advanced Services	Express
SQL Server 数据库引擎中每个数据库的最大内存优化数据大小	不受限制的内存	32GB	16GB	352MB	352MB
每个 Analysis Services 实例利用的最大内存	操作系统支持的最大值	16GB（表格） 64GB（MOLAP）	不适用	空值	不适用
每个 Reporting Services 实例利用的最大内存	操作系统支持的最大值	64GB	64GB	4GB	不适用
最大关系数据库大小	524PB	524PB	524PB	10GB	10GB

表 9-2 列出了 SQL Server 2019 各版本支持的主要管理工具。

表 9-2　SQL Server 2019 各版本支持的主要管理工具

管理工具	版本				
	Enterprise	Standard	Web	Express with Advanced Services	Express
SQL 管理对象（SMO）	支持	支持	支持	支持	支持
SQL 配置管理器	支持	支持	支持	支持	支持
SQL Profiler	支持	支持	支持	不支持	不支持
数据库优化顾问（DTA）	支持	支持	支持	不支持	不支持
SQL Server 代理	支持	支持	支持	不支持	不支持
SQL CMD（命令提示工具）	支持	支持	支持	支持	支持

表 9-3 列出了 SQL Server 2019 各版本支持的主要开发工具。

表 9-3　SQL Server 2019 各版本支持的主要开发工具

开发工具	版本				
	Enterprise	Standard	Web	Express with Advanced Services	Express
Microsoft Visual Studio 集成	支持	支持	支持	支持	支持
Intellisense（T-SQL 和 MDX）	支持	支持	支持	支持	支持
SQL Server Data Tools (SSDT)	支持	支持	支持	支持	不支持
MDX 编辑、调试和设计工具	支持	支持	不支持	不支持	不支持

9.1.4　软硬件要求

安装 SQL Server 2019 有一定的软硬件要求，不同的 SQL Server 2019 版本对操作系统及软硬件的要求也不完全相同。

在安装 SQL Server 2019 的过程中，Windows Installer 会在系统驱动器中创建临时文件。在运行安装程序之前，应确保系统驱动器中至少有 6GB 的可用磁盘空间来存储这些文件。

1. 磁盘要求

SQL Server 2019 实际磁盘空间需求取决于系统配置和要安装的组件，表 9-4 列出 SQL Server 2019 各组件的磁盘空间要求。

表 9-4　SQL Server 2019 各组件的磁盘空间要求

组件	磁盘空间
数据库引擎和数据文件、复制、全文搜索以及 Data Quality Services	1480 MB
数据库引擎带有 R Services（数据库内）	2744 MB
数据库引擎带有针对外部数据的 PolyBase 查询服务	4194 MB
Analysis Services 和数据文件	698 MB
Reporting Services	967 MB
Microsoft R Server（独立）	280 MB
Reporting Services – SharePoint	1203 MB
用于 SharePoint 产品的 Reporting Services 外接程序	325 MB
数据质量客户端	121 MB
客户端工具连接	328 MB
Integration Services	306 MB
客户端组件（除 SQL Server 联机丛书组件和 Integration Services 工具之外）	445 MB
Master Data Services	280 MB
用于查看和管理帮助内容的 SQL Server 联机丛书组件（下载联机丛书内容需要 200MB 的磁盘空间）	27 MB
所有功能	8030 MB

2. 内存要求

表 9-5 列出了 SQL Server 2019 各版本对内存及处理器的要求。

表 9-5　SQL Server 2019 各版本对内存及处理器的要求

功能	要求
内存	最低要求 ● Express 版本：512 MB ● 其他版本：1GB 推荐 ● Express 版本：1GB ● 其他版本：至少 4GB，并且应随着数据库大小的增加而增加来确保最佳性能
处理器速度	最低要求 ● x64 处理器：1.4 GHz 推荐：2.0GHz 或更快
处理器类型	x64 处理器：AMD Opteron、AMD Athlon 64、支持 Intel EM64T 的 Intel Xeon，以及支持 EM64T 的 Intel Pentium Ⅳ

注：1. 仅 x64 处理器支持 SQL Server 的安装，x86 处理器不再支持此安装。
　　2. 内存至少必须有 2GB RAM，才能在 Data Quality Services(DQS) 中安装数据质量服务组件。此要求不同于 SQL Server 的最低内存要求。

9.1.5 实例

在安装 SQL Server 之前，我们首先需要理解一个概念——实例。各个数据库厂商对实例的解释不完全一样，在 SQL Server 中可以这样理解实例：当在一台计算机上安装一次 SQL Server 时，就形成了一个实例。

1. 默认实例和命名实例

如果是在计算机上第一次安装 SQL Server 2019（并且此计算机上没有安装其他的 SQL Server 版本），则 SQL Server 2019 安装向导会提示用户选择把这次安装的 SQL Server 实例作为默认实例还是命名实例（通常默认选项是默认实例）。命名实例只是表示在安装过程中为实例指定一个名称，然后就可以用该名称访问该实例。默认实例是用当前使用的计算机的网络名作为其实例名。

在客户端访问默认实例的方法是：在 SQL Server 客户端工具中输入“计算机名”或计算机的“ IP 地址”。访问命名实例的方法是：在 SQL Server 客户端工具中输入“计算机名 / 命名实例名”。

在一台计算机上只能安装一个默认实例，但可以有多个命名实例。

注意：

在第一次安装 SQL Server 2019 时，建议选择使用默认实例，这样便于初学者理解和操作。默认实例也是第一次安装 SQL Server 2019 时系统的默认选项。

2. 多实例

数据库管理系统的一个实例代表一个独立的数据库管理系统，SQL Server 2019 支持在同一台服务器上安装多个 SQL Server 2019 实例，或者在同一台服务器上同时安装 SQL Server 2019 和 SQL Server 的其他版本。在安装过程中，数据库管理员可以选择安装一个不指定名称的实例（默认实例），在这种情况下，实例名将采用服务器的机器名作为默认实例名。在一台计算机上除了安装 SQL Server 的默认实例外，如果还要安装多个实例，则必须给其他实例取不同的名称，这些实例均是命名实例。在一台服务器上安装 SQL Server 的多个实例，使不同的用户可以将自己的数据放置在不同的实例中，从而避免不同用户数据之间的相互干扰。多实例的功能使用户不仅能够使用计算机上已经安装的 SQL Server 的早期版本，而且能够测试开发软件，还可以互相独立地使用 SQL Server 数据库管理系统。

注意，在一台服务器上安装的 SQL Server 2019 实例并不是越多越好，因为安装多个实例会增加计算机的管理开销，导致组件重复。SQL Server 和 SQL Server Agent 服务的多个实例需要额外的计算机资源，包括内存和处理能力。

9.2 安装和配置 SQL Server 2019

9.2.1 安装 SQL Server 2019

建议不要在使用 FAT32 文件系统的计算机上安装 SQL Server ，因为 FAT32 文件系统没有 NTFS 或 ReFS 文件系统安全。

本节以在 Windows 10 操作系统中安装 64 位 SQL Server 2019 开发版为例，介绍其安装过程。

注意：

运行 SQL Server 2019 安装程序的用户必须是 Windows 的系统管理员。

首先下载SQL Server 2019，在微软官网（https://www.microsoft.com/zh-cn/sql-server/sql-server-downloads）上，找到并下载SQL Server 2019 Developer版。下载完成后，双击SQL2019-SSEI-Dev压缩包，安装软件出现的第一个安装窗口如图9-1所示。在这个窗口中有两种安装方式，第一种是“基本”，这种安装方式比较简单，用户干预内容少，适合希望系统自动完成安装的用户使用；第二种是“自定义”，这种安装方式需要用户在安装过程中进行一些设置。在这里我们选择“基本”安装，之后再介绍“自定义”安装。

图9-1　安装程序的第一个窗口

1. 基本安装

在图9-1所示窗口上单击“基本”按钮后，进入图9-2所示的“许可条款”窗口，在该窗口的“选择语言”下拉列表框中可以指定要使用的语言，这里选择“中文（简体）”，然后单击“接受”按钮，进入图9-3所示的“指定安装位置”窗口。

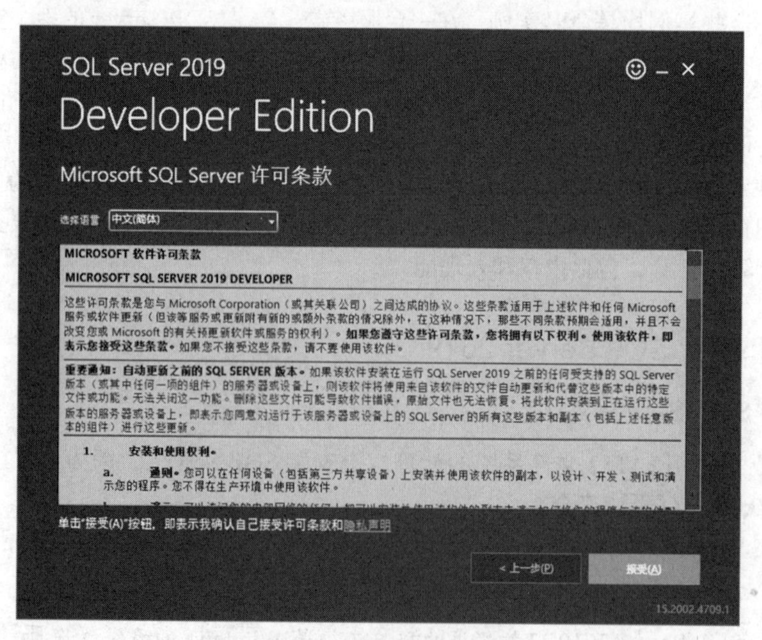

图9-2　“许可条款”窗口

图 9-3　“指定安装位置”窗口

在图 9-3 所示窗口中指定好 SQL Server 安装位置后，单击“安装”按钮进入下载安装程序包窗口。下载完成后自动进入安装过程，安装完成之后的窗口如图 9-4 所示。

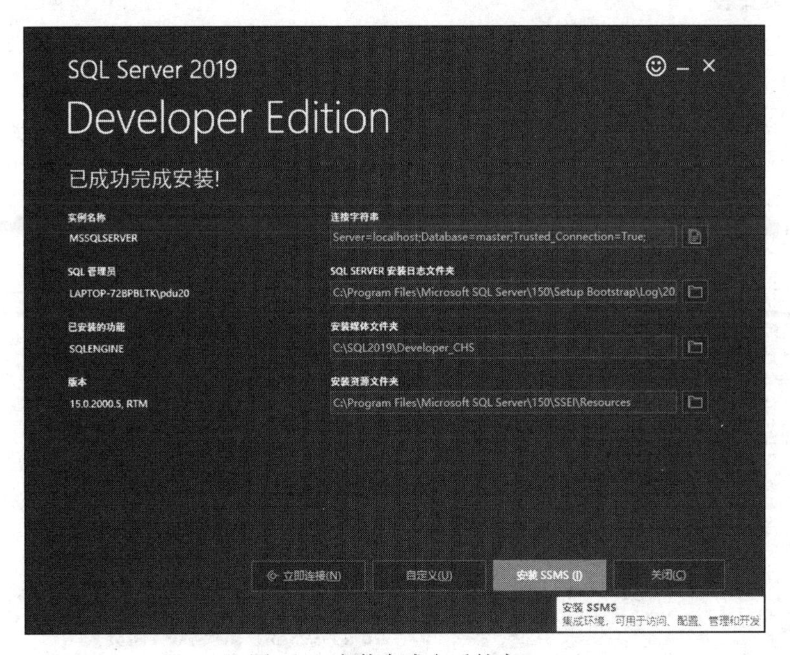

图 9-4　安装完成之后的窗口

上述安装过程是安装了 SQL Server 的服务，之后还需要继续安装 SQL Server Management Studio（SSMS）工具，SSMS 是一个图形化的工具，用户使用这个工具可以方便地实现对数据库的各种操作。

在图 9-4 窗口上单击“安装 SSMS”按钮，安装程序将自动跳转到下载 SSMS 的网址，在此网址界面上单击“下载 SQL Server Management Studio(SSMS)”，进入如图 9-5 所示的安装 SQL Server Management Studio 窗口，在此窗口上可以设置 SQL Server Management Studio 的安装位置，然后单击“安装”按钮开始进行安装。

图 9-5　指定 SSMS 的安装位置

需要注意的是，之后需要重启计算机才能完成所有的安装。

2. 自定义安装

在图 9-1 所示的“选择安装类型”窗口上单击“自定义”按钮，进入“指定 SQL Server 媒体下载目标位置”窗口，在此窗口上指定好所用语言和安装位置后，单击“安装”按钮，进入图 9-6 所示的“SQL Server 安装中心”窗口。在此窗口的左边列表框中选择“安装”选项，然后在右边列表框中单击“全新 SQL Server 独立安装或向现有安装添加功能”按钮，进入图 9-7 所示的“安装规则”窗口（注：根据安装程序运行的计算机中已安装内容的不同，后续所示界面与实际安装界面可能会略有不同）。

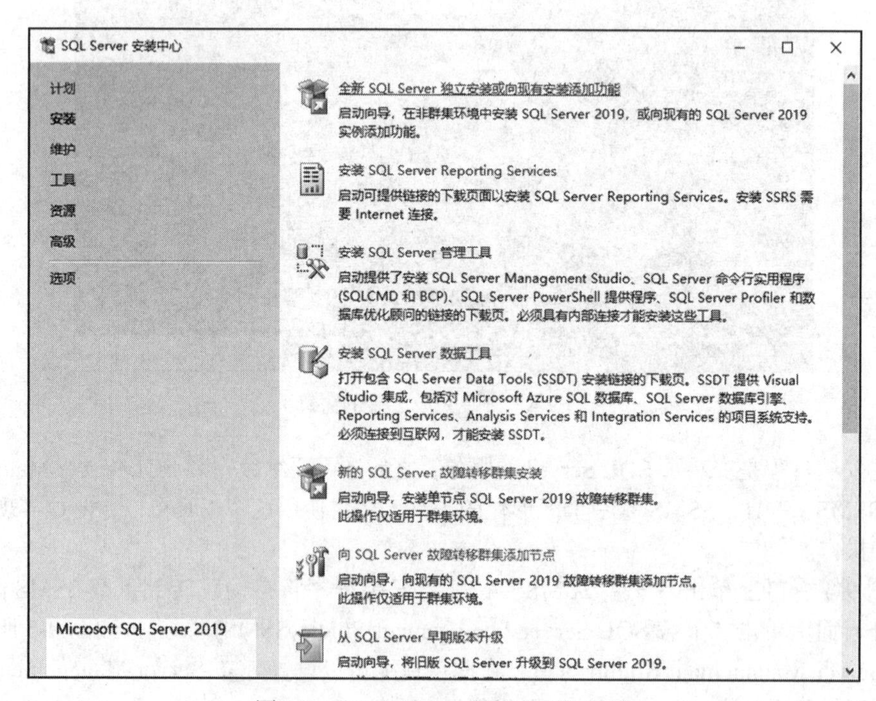

图 9-6　“SQL Server 安装中心”窗口

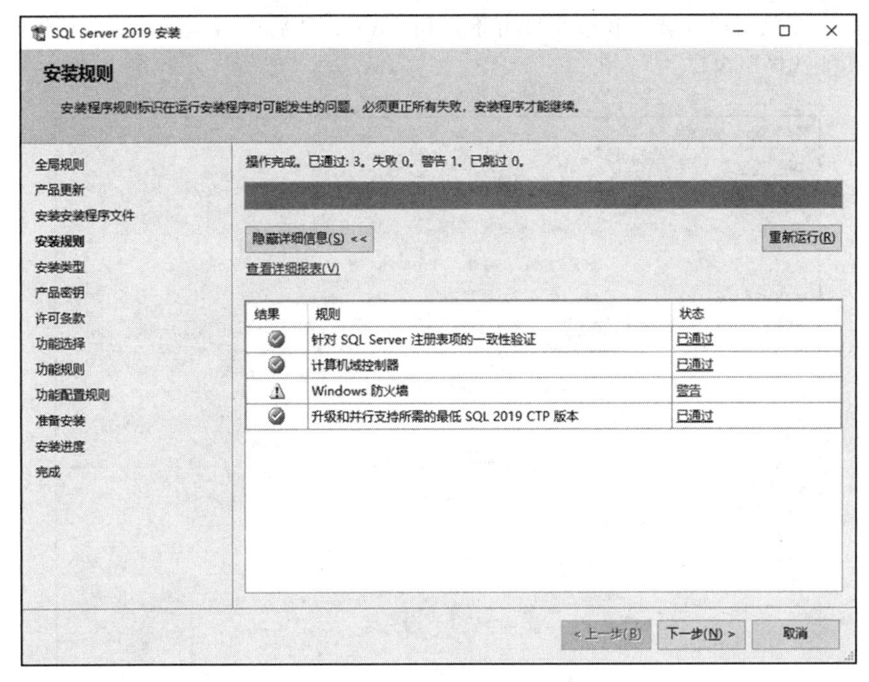

图 9-7　“安装规则”窗口

在“安装规则”窗口单击“下一步”按钮进入图 9-8 所示的“安装类型”窗口。

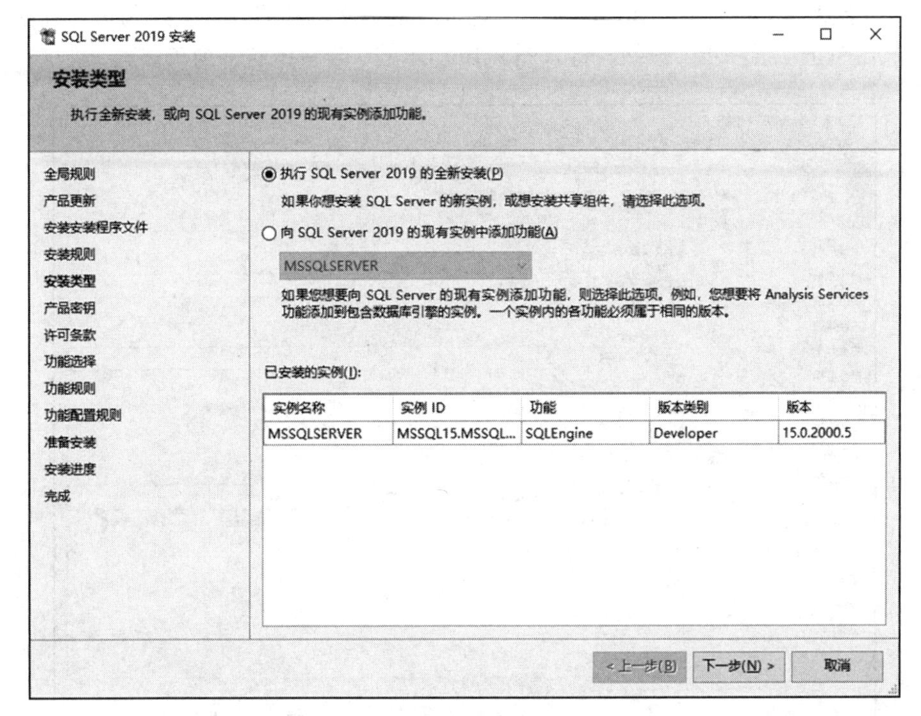

图 9-8　“安装类型”窗口

在“安装类型”窗口中，确保选中“执行 SQL Server 2019 的全新安装”选项，单击“下一步”按钮进入“产品密钥”窗口。在“产品密钥”窗口单击“下一步”按钮，进入“许可条款”窗口，在此窗口勾选“我接受许可条款和（A）”，然后单击“下一步”按钮进入图 9-9 所示的“功能选择”窗口。

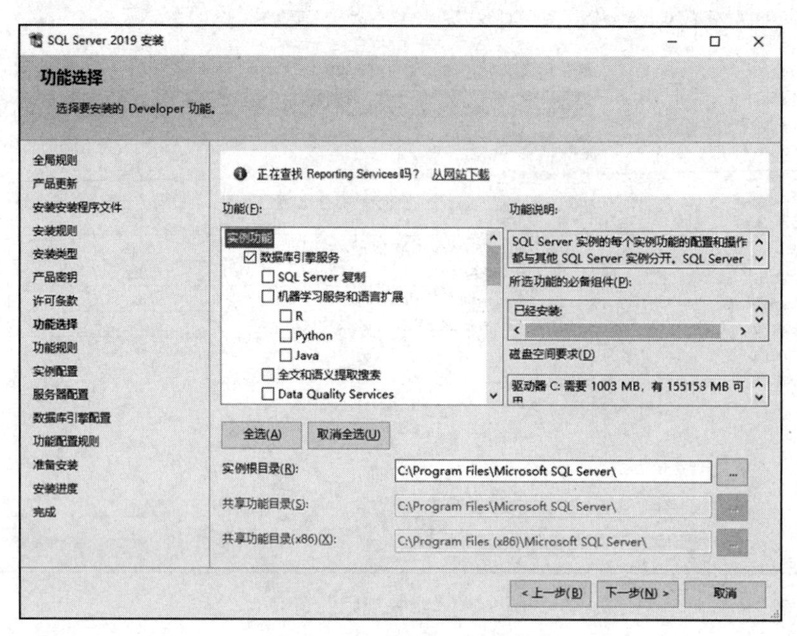

图 9-9 “功能选择”窗口

在“功能选择”窗口中，在“功能”列表框中的“实例功能”下至少勾选“数据库引擎服务”，然后单击“下一步”按钮，进入图 9-10 所示的“实例配置”窗口。

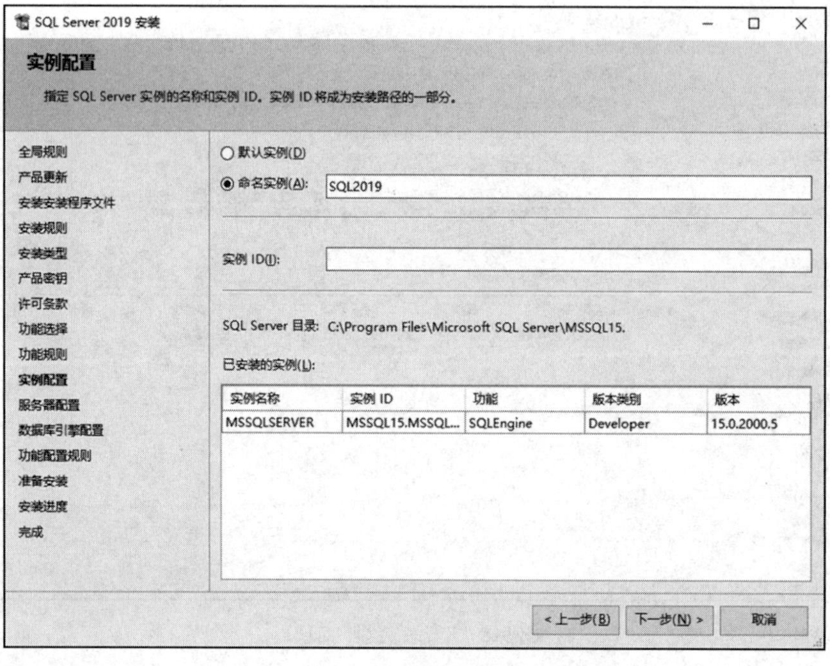

图 9-10 “实例配置”窗口

在“实例配置”窗口中，由于之前已经用“基本”安装方式安装了 SQL Server 的一个默认实例，后续只能安装命名实例。我们在“命名实例”文本框中输入一个实例名，这里输入的是“SQL2019”。单击“下一步”按钮，进入“服务器配置”窗口，在该窗口不进行任何操作，直接单击“下一步”按钮，进入图 9-11 所示的“数据库引擎配置”窗口。

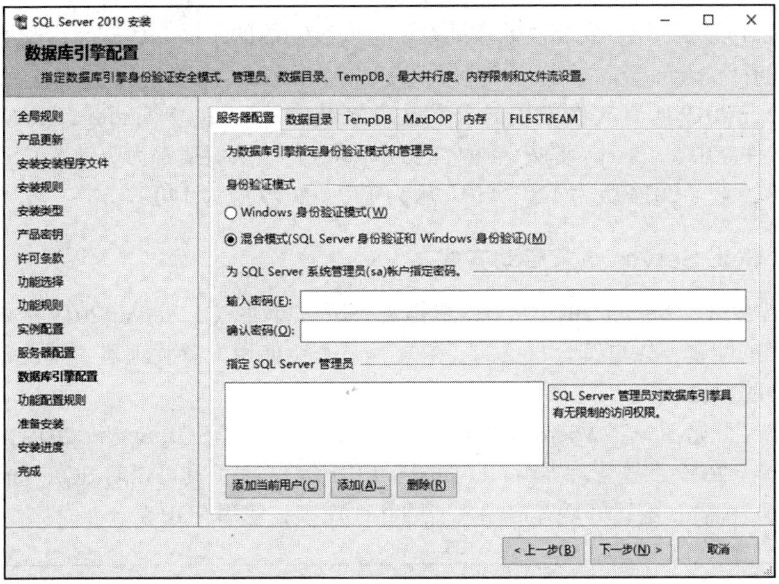

SQL Server 2019 安装

数据库引擎配置

指定数据库引擎身份验证安全模式、管理员、数据目录、TempDB、最大并行度、内存限制和文件流设置。

全局规则
产品更新
安装安装程序文件
安装规则
安装类型
产品密钥
许可条款
功能选择
功能规则
实例配置
服务器配置
数据库引擎配置
功能配置规则
准备安装
安装进度
完成

服务器配置 数据目录 TempDB MaxDOP 内存 FILESTREAM

为数据库引擎指定身份验证模式和管理员。

身份验证模式

○ Windows 身份验证模式(W)

◉ 混合模式(SQL Server 身份验证和 Windows 身份验证)(M)

为 SQL Server 系统管理员(sa)帐户指定密码。

输入密码(E):

确认密码(O):

指定 SQL Server 管理员

SQL Server 管理员对数据库引擎具有无限制的访问权限。

添加当前用户(C) 添加(A)... 删除(R)

< 上一步(B) 下一步(N) > 取消

图 9-11　“数据库引擎配置”窗口

在“数据库引擎配置”窗口中，在“身份验证模式”区域选中“混合模式（SQL Server 身份验证和 Windows 身份验证）”选项，然后在“为 SQL Server 系统管理员（sa）账户指定密码”下面的“输入密码”和“确认密码”文本框中输入 sa 的密码。密码输入完成后单击“指定 SQL Server 管理员”下边的“添加当前用户”按钮，将当前登录 Windows 的用户添加为 SQL Server 的系统管理员。设置好后的该窗口形式如图 9-12 所示。

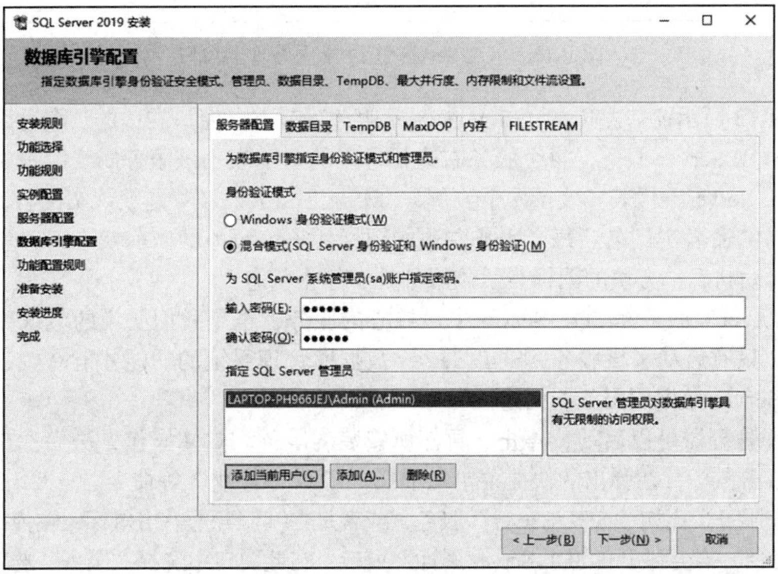

SQL Server 2019 安装

数据库引擎配置

指定数据库引擎身份验证安全模式、管理员、数据目录、TempDB、最大并行度、内存限制和文件流设置。

安装规则
功能选择
功能规则
实例配置
服务器配置
数据库引擎配置
功能配置规则
准备安装
安装进度
完成

服务器配置 数据目录 TempDB MaxDOP 内存 FILESTREAM

为数据库引擎指定身份验证模式和管理员。

身份验证模式

○ Windows 身份验证模式(W)

◉ 混合模式(SQL Server 身份验证和 Windows 身份验证)(M)

为 SQL Server 系统管理员(sa)帐户指定密码。

输入密码(E): ●●●●●●

确认密码(O): ●●●●●●

指定 SQL Server 管理员

LAPTOP-PH966JEJ\Admin (Admin)

SQL Server 管理员对数据库引擎具有无限制的访问权限。

添加当前用户(C) 添加(A)... 删除(R)

< 上一步(B) 下一步(N) > 取消

图 9-12　设置好“数据库引擎配置”后的窗口

设置好“数据库引擎配置”窗口后，单击“下一步”按钮，进入“准备安装”窗口，在此窗口单击“安装”开始 SQL Server 的安装，安装完成之后将进入“完成”窗口，单击窗口上的“关闭”按钮关闭此窗口。至此，用“自定义”方式完成了 SQL Server 的一个命名实例的安装。

由于系统环境的不同、安装次数不同及所选安装功能的不同，各安装步骤所示的窗口及窗口内容可能有所不同。

SQL Server 2019 所有实例使用的公共文件安装在 <drive>:\Program Files\Microsoft SQL Server\150\ 文件夹中。<drive> 是安装组件的驱动器号，默认值通常为驱动器 C；“150”表示 SQL Server 2019 版（2014 版为 120，2016 版为 130，2017 版为 140）。

9.2.2　设置 SQL Server 服务启动方式

成功安装完 SQL Server 2019 之后，根据需要用户可对 SQL Server 2019 的服务器端和客户端进行适当的配置，以更符合自己的要求。本节介绍使用配置管理器工具设置 SQL Server 服务启动方式的方法。

依次单击“开始”→“ Microsoft SQL Server 2019”→“ SQL Server 2019 配置管理器”，打开 SQL Server 2019 配置管理器窗口（如图 9-13 所示），此工具可以对 SQL Server 服务、网络、协议等进行配置，配置好后客户端才能顺利地连接和使用 SQL Server。

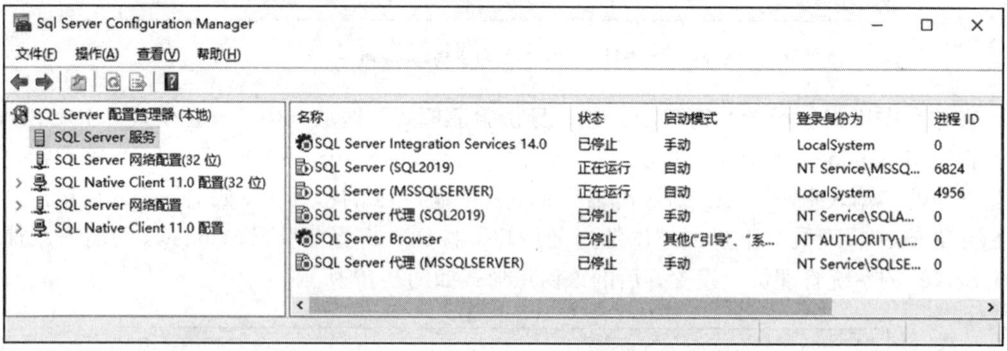

图 9-13　SQL Server 2019 配置管理器窗口

单击图 9-13 所示窗口左边的“ SQL Server 服务”节点，窗口右边的“名称”列表框将列出已安装的 SQL Server 服务，每个服务右边括号里的名字表示该服务属于哪个实例。这里显示了两个 SQL Server，代表安装了两个实例，“MSSQLSERVER”是默认实例名，“SQL2019”是安装时命名的命名实例名。每个服务左边的图标代表该服务的当前状态，三角的图标表示该服务处于启动状态，方块的图标表示该服务处于停止状态。

“ SQL Server”服务是 SQL Server 中最核心的服务，也是我们所说的数据库引擎或数据库管理系统。只有启动了该服务，SQL Server 数据库管理系统的功能才能有效，用户也才能建立与 SQL Server 数据库服务器的连接。

通过配置管理器可以启动、停止、暂停所安装的服务。具体操作方法为：在要启动或停止的服务上右击鼠标，在弹出的快捷菜单中选择“启动”“停止”等命令。

双击某个服务，比如“ SQL Server”服务，或者是在某服务上右击鼠标，在弹出的菜单中选择“属性”命令，均会弹出“ SQL Server 属性”窗口，在此窗口中选择“服务”选项卡，可以设置服务的启动模式（如图 9-14 所示）。这里有三种启动模式，分别为：自动、已禁用和手动。

- 自动：表示每当操作系统启动时自动启动该服务；
- 已禁用：表示禁止该服务启动；
- 手动：表示需要用户手工启动该服务。

设置好服务的启动模式后，单击“确定”按钮关闭此窗口。

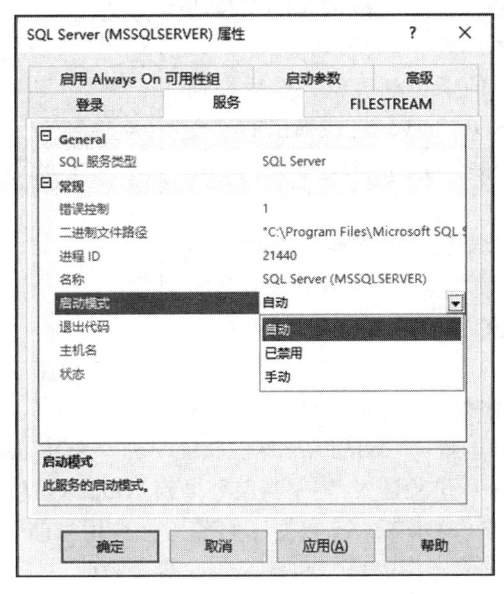

图 9-14　设置服务的启动模式

9.3　SQL Server Management Studio 工具

SQL Server Management Studio（SSMS）是一个集成环境，用于访问和管理所有的 SQL Server 组件，它组合了大量的图形工具和丰富的脚本编辑器，通过这个工具可以访问和管理 SQL Server。

9.3.1　连接到数据库服务器

单击“开始”→“程序”→“Microsoft SQL Server Management Studio 2018”命令（我们在 9.2.1 节介绍了 SQL Server Management Studio 的安装，我们这里安装的版本是 18.7），打开 SQL Server Management Studio 工具，首先弹出的是“连接到服务器”窗口，如图 9-15 所示。

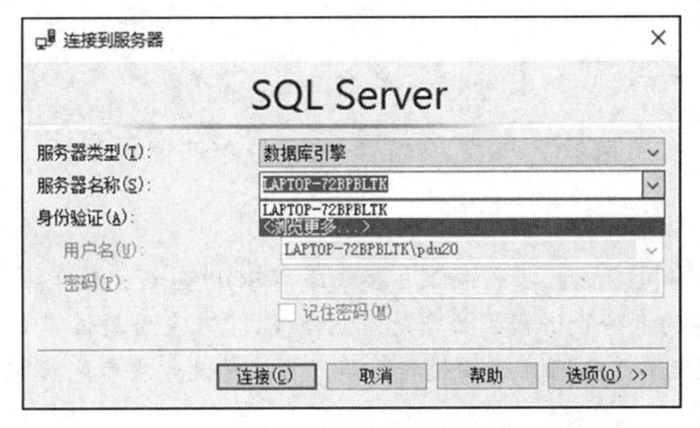

图 9-15　“连接到服务器”窗口

在图 9-15 所示窗口中，各选项含义如下。

- 服务器类型：列出了 SQL Server 2019 数据库服务器所包含的服务，当前连接的是“数据库引擎”，即 SQL Server 服务。
- 服务器名称：指定要连接的数据库服务器的实例名。SSMS 能够自动扫描当前网络中的 SQL Server 实例。这里连接的是刚安装的默认实例，其实例名就是计算机名。

单击“服务器名称”的下拉列表框，然后在列表中选择“浏览更多”，SQL Server 将在弹出的“查找服务器”窗口中列出该服务器上的所有 SQL Server 实例，如图 9-16 所示。

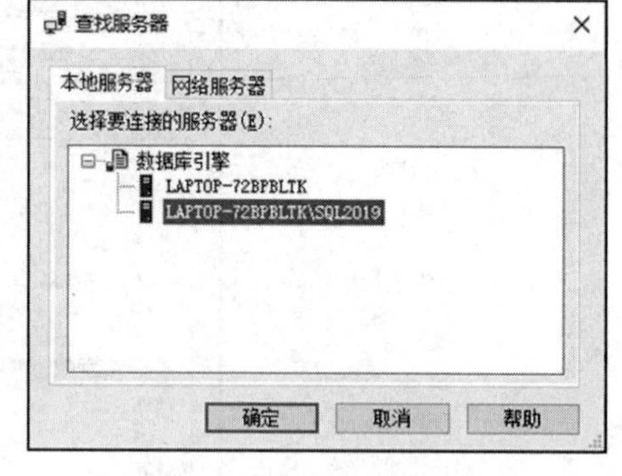

图 9-16　“查找服务器”窗口

从图 9-16 可以看到本系统安装了两个实例，一个是默认实例（实例名为机器名），另一个是命名实例（实例名为“机器名 \SQL2019”），我们这里选择默认实例。

- 身份验证：选择用哪种身份连接到数据库服务器，这里有两种选择：“Windows 身份验证”和“SQL Server 身份验证”。如果选择的是“Windows 身份验证”，则用当前登录到 Windows 的用户进行连接，此时不用输入用户名和密码（SQL Server 数据库服务器会选用当前登录到 Windows 的用户作为其连接用户）。如果选择的是“SQL Server 身份验证”，则窗口形式如图 9-17 所示，这时需要输入 SQL Server 身份验证的登录名和相应的密码。在安装完成之后，SQL Server 会自动创建一个 SQL Server 身份验证的登录名：sa，sa 是 SQL Server 的默认系统管理员。

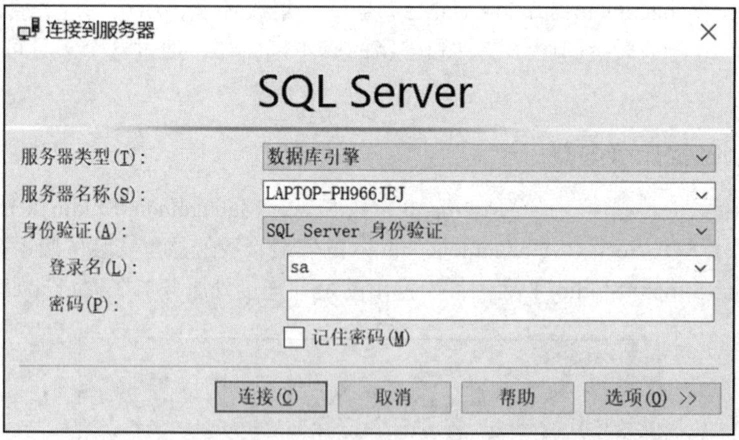

图 9-17　选择“SQL Server 身份验证”的窗口

注意：

如果选择“SQL Server 身份验证”模式连接 SQL Server 2019 数据库服务器，则要求该数据库服务器的身份验证模式必须是“混合模式”。身份验证模式可以在安装时指定，也可以在安装之后在 SSMS 工具中进行更改，具体更改方法参见第 11 章。

这里选择“Windows 身份验证”，单击“连接”按钮，用当前登录到 Windows 的用户连接到数据库服务器。若连接成功，将进入 SSMS 操作界面，如图 9-18 所示。

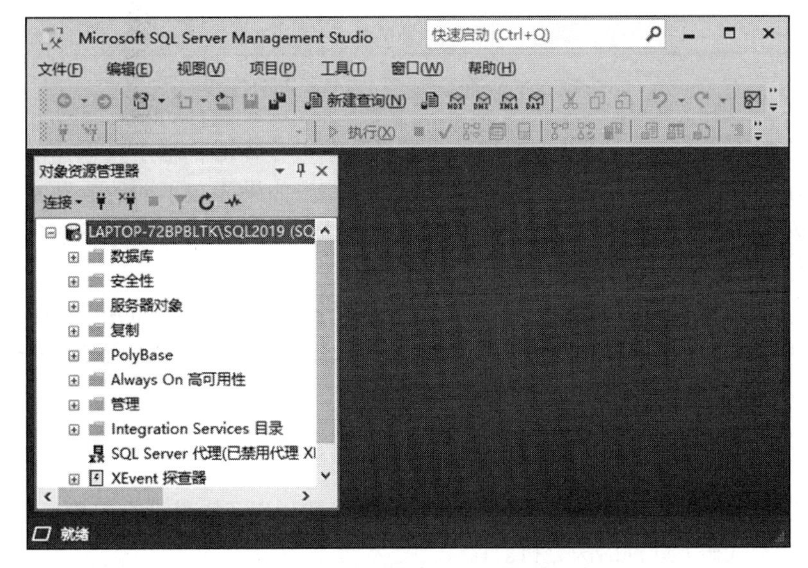

图 9-18　连接成功后进入 SSMS 操作界面

9.3.2 查询编辑器

用户可以利用 SSMS 工具用图形化的方式创建和维护数据库对象并编写 SQL 代码，还可以通过执行 SQL 语句创建和管理对象。“查询编辑器”以选项卡窗格的形式存在于 SSMS 窗口右边的文档窗格中，可以通过如下方式之一打开查询编辑器。

- 单击标准工具栏上的“新建查询”图标按钮 新建查询(N)；
- 单击标准工具栏上的“数据库引擎查询”图标按钮 ；
- 选择“文件”菜单中“新建”命令下的“数据库引擎查询”命令。

查询编辑器位于 SSMS 窗口的右部，如图 9-19 所示。

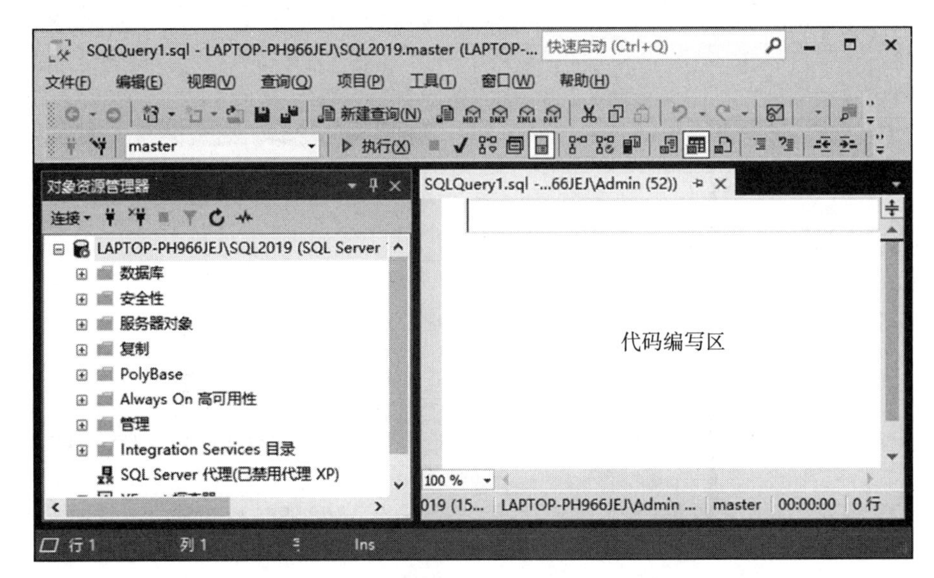

图 9-19　打开查询编辑器后的 SSMS 操作窗口

“查询编辑器”工具栏的部分按钮，如图 9-20 所示。

master　▷ 执行(X)　调试(D)

图 9-20　“查询编辑器”工具栏部分按钮

下拉列表框 master 中列出了当前所连接数据库服务器上已创建的所有数据库，列表框上显示的数据库是当前连接正在操作的数据库。如果要在不同的数据库上执行操作，可以在下拉列表框中选择不同的数据库。选择一个数据库就代表要执行的 SQL 代码都是在此数据库上进行的。

master 后边的四个图标按钮与查询编辑器中所输入代码的执行有关。

- ▷ 执行(X)（执行）图标按钮用于执行在编辑区选中的代码（如果没有选中任何代码，则执行全部代码）。
- 调试(D)（调试）图标按钮用于对代码进行调试。
- ■ 按钮用于取消代码的执行。
- ✓（分析）图标按钮用于对代码编写区中选中的代码（如果没有选中任何代码，则表示对全部代码）进行语法分析。

示例：在查询编辑器中输入如下代码：

```
select * from sys.sysdatabases
```

然后单击 ▷ 执行(X)（执行）按钮，SSMS 界面形式如图 9-21 所示，图的上边窗格显示的是所写的 SQL 代码，下边窗格显示的是代码的执行结果。图 9-21 显示的执行结果是网格形式的结果，这也是 SSMS 默认的查询结果显示格式。单击工具栏上的“保存”按钮或者选择“文件”菜单下的“保存 SQLQuery1.sql”(SQLQuery1.sql 是用户没有给文件命名时系统自动生成的文件名)，都弹出“另存文件为”窗口，在此窗口中可以指定文件的存储位置和文件名，单击“保存”即可将所写的 SQL 代码保存下来。保存 SQL 代码的文件是一个纯文本文件，默认的文件扩展名为“.sql”。

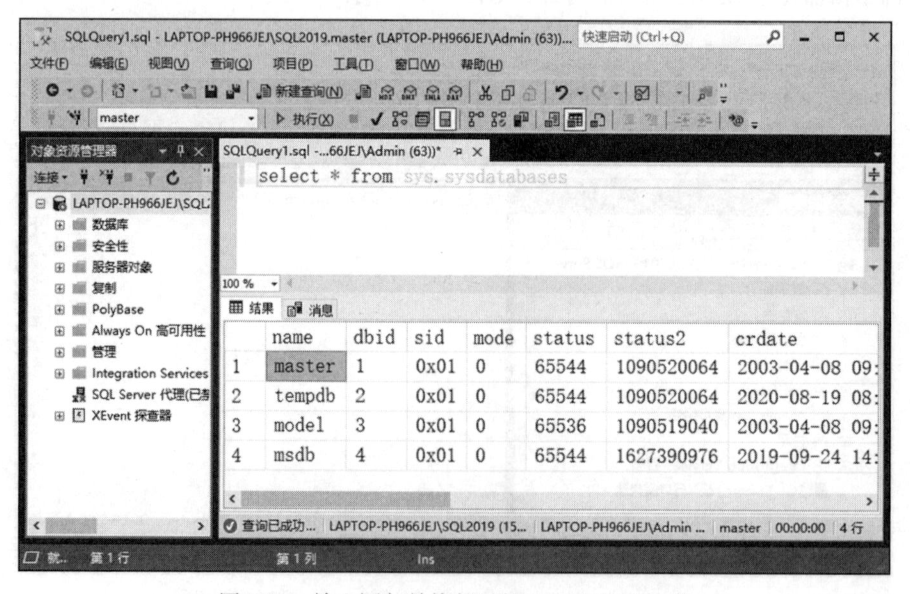

图 9-21　输入语句并执行后的 SSMS 工具界面

9.4　小结

SQL Server 2019 是一种大型的支持客户 / 服务器结构的关系数据库管理系统，可应用在许多方面，包括电子商务等。在满足软硬件需求的前提下，可在 Windows 平台或 Linux 平台上安装 SQL Server 2019。SQL Server 2019 提供了易于使用的图形化工具和向导，为创建和管理数据库、数据库对象及数据库资源，都带来了很大的方便。

本章主要介绍了 SQL Server 2019 提供的主要组件、管理工具以及 SQL Server 2019 的版本，同时介绍了各版本的功能以及对软硬件环境的要求，较详细地介绍了 SQL Server 2019 的安装过程及安装过程中的一些选项，以及安装完成之后如何利用配置管理器设置服务的启动模式。

SQL Server 允许在一台服务器上运行多个 SQL Server 实例，也就是允许多个数据库管理系统同时存在于一台服务器上，这些系统之间彼此互不干扰。

最后我们介绍了 SQL Server 2019 中的常用工具——SSMS，利用 SSMS 工具可以用图形化以及编写 SQL 脚本的方式操作数据库。

习题

1. SQL Server 实例的含义是什么？实例名的作用是什么？
2. SQL Server 2019 的核心引擎是什么？
3. SQL Server 2019 提供的设置服务启动模式的工具是哪个？
4. SQL Server 2019 提供的通过图形化的方式操作数据库的工具是哪个？

上机练习

1. 根据你所用计算机的操作系统和软硬件配置，安装合适的 SQL Server 2019 版本，并将身份验证模式设置为“混合模式”。
2. 安装完成后，运行“ SQL Server 配置管理器”工具，将“ SQL Server (MSSQLSERVER) ”服务设置为“手动”启动模式，并启动该服务。
3. 连接已安装的 SQL Server 2019 实例，打开查询编辑器，将操作的数据库选为 master，单击“新建查询”图标打开一个新的查询编辑器。

   在查询编辑器中输入如下语句并执行：

```
SELECT * FROM [sys].[databases]
```

   观察执行结果。

第 10 章

数据库及表的创建与管理

数据库是存放数据的仓库，用户在利用数据库管理系统提供的功能时，首先必须将自己的数据保存到用户的数据库中。前边我们介绍过，数据库中包含很多对象，包括存放数据的表、用于提高数据查询效率的索引以及满足用户数据需求的视图。

本章介绍在 SQL Server 2019 环境中创建用户数据库、关系表以及定义数据完整性约束的方法。

10.1 SQL Server 数据库概述

SQL Server 2019 中的数据库由包含数据的表集合以及其他对象（如视图、索引等）组成，目的是为执行与数据有关的活动提供支持。SQL Server 支持在一个实例中创建多个数据库，每个数据库在物理上和逻辑上都是独立的，相互之间没有影响。每个数据库存储相关的数据，例如，可以用一个数据库来存储商品及销售信息，另一个数据库存储人事信息。

在 SQL Server 实例中，数据库被分为两大类：系统数据库和用户数据库，如图 10-1 所示。系统数据库是 SQL Server 数据库管理系统自动创建和维护的，这些数据库用于保存维护系统正常运行的信息，例如：一个 SQL Server 实例上共建有多少个数据库，每个数据库的属性以及其所包含的对象，每个数据库的用户以及用户的权限等。用户数据库保存的是与用户的业务有关的数据，我们通常所说的建立数据库指的是创建用户数据库，对数据库的维护也指的是对用户数据库的维护。一般用户对系统数据库没有操作权。

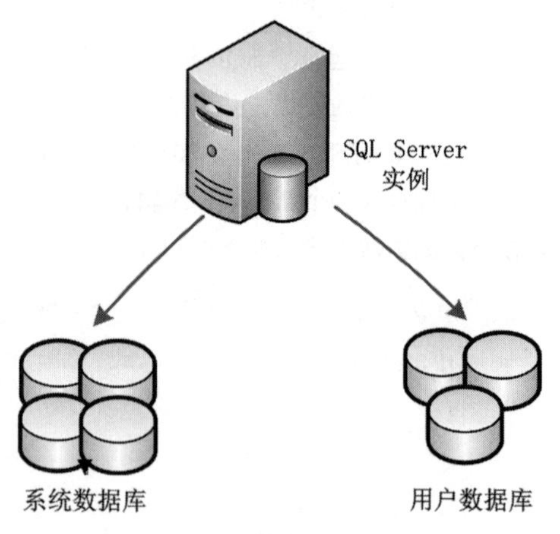

图 10-1 数据库的分类

10.1.1 系统数据库

安装完 SQL Server 2019 后，在最基本的情况下，安装程序将自动创建 4 个用于维护系统正常运行的系统数据库，分别是：master、msdb、model 和 tempdb。在关系数据库管理系统中，系统的正常运行是靠系统数据库支持的，关系数据库管理系统是一个自维护的系统，它用系统表来维护用户以及系统的信息。根据系统表的作用的不同，SQL Server 又对系统数据库进行了划分，不同的系统数据库存放不同的系统表。

- master 是 SQL Server 中最重要的数据库，用于记录 SQL Server 系统中所有系统级信息，如果该数据库损坏，则 SQL Server 将无法正常工作。
- msdb 是另一个非常重要的数据库。供 SQL Server 代理服务调度报警和作业以及记录操作员时使用，保存关于调度报警、作业、操作员等信息，作业是在 SQL Server 中定义的自动执行的一系列操作的集合，作业的执行不需要任何人工干预。
- model 是 SQL Server 创建的用户数据库模板，其中包含所有用户数据库的共享信息。当用户创建一个数据库时，系统自动将 model 数据库中的全部内容复制到新建数据库中。因此，用户创建的数据库不能小于 model 数据库的大小。
- tempdb 是临时数据库，用于存储用户创建的临时表、用户声明的变量以及用户定义的游标数据等，并为数据的排序等操作提供一个临时工作空间。

10.1.2　SQL Server 数据库的组成

我们在第 7 章介绍过，为保证并发事务之间没有相互干扰，保证事务的原子性和一致性，必须将事务对数据库进行的更改操作记录在日志文件中，因此对大型数据库来说日志文件是非常重要的。在 SQL Server 中，一个数据库由两类文件组成：数据文件和日志文件。数据文件用于存放数据库数据，日志文件用于存放日志内容。

在 SQL Server 中创建数据库时，了解 SQL Server 如何存储数据是很有必要的，这样用户可以知道如何估算数据库占用空间的大小以及如何为数据文件和日志文件分配磁盘空间。

在考虑数据库的空间分配时，需要了解如下规则：

- 所有数据库都包含两个文件，一个主要数据文件与至少一个日志文件，此外，还可以包含零个或多个次要数据文件。实际的文件都有两个名称：操作系统管理的物理文件名和数据库管理系统管理的逻辑文件名（在数据库管理系统中使用的、用在 T-SQL 语句中的名字）。SQL Server 2019 数据文件和日志文件的默认存放位置为：Program Files\Microsoft SQL Server\MSSQL15.SQL2019\MSSQL\DATA\ 文件夹。
- 在创建用户数据库时，包含系统表的 model 数据库自动被复制到新建数据库中，而且是复制到 model 数据库的主要数据文件中。
- 在 SQL Server 中，数据的存储单位是数据页（Page，简称“页”）。一页是一块 8KB（8 × 1024 字节，其中用 8060 字节存放数据，另外的 132 字节存放系统信息）的连续磁盘空间，页是存储数据的最小单位。页的大小决定了数据库表中一行数据的最大大小。
- 在 SQL Server 中，不允许表中的一行数据存储在不同页上，即行不能跨页存储。因此表中一行数据的大小（即各列所占空间之和，不包括大文本、大二进制数据）不能超过 8060 字节。

根据数据页的大小和行不能跨页存储的规则，可以估算出一个数据表所需占用的大致空间。例如：假设一个数据表有 10000 行数据，每行 3000 字节。则每个数据页可存放两行数据（如图 10-2 所示），此表需要的空间就为：(10000/2) × 8KB=40MB。其中，每页被占用 6000 字节，有 2060 字节是浪费的。因此该数据表的空间利用情况大约为 75%。

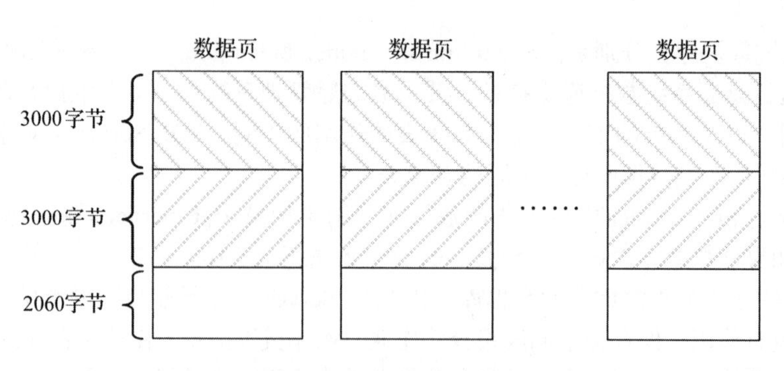

图 10-2　数据的存储情况

因此，在设计数据表时应考虑表中每行数据的大小，使一个数据页尽可能存储更多的数据行，以减少空间浪费。

10.1.3　数据文件和日志文件

1. 数据文件

数据文件用于存放数据库数据。数据文件又分为主要数据文件和次要数据文件两种。

- 主要数据文件：主要数据文件的推荐扩展名是 .mdf，它包含数据库的启动信息，并指向数据库中的其他文件。用户数据和对象可以存储在此文件中，也可以存储在次要数据文件中。每个数据库都有且仅有一个主要数据文件，且是为数据库创建的第一个数据文件。
- 次要数据文件：次要数据文件的推荐扩展名是 .ndf。一个数据库可以不包含次要数据文件，也可以包含多个次要数据文件。次要数据文件由用户定义并存储用户数据。通过将每个文件放在不同的磁盘驱动器上，利用次要数据文件可将数据分散到多个磁盘上。另外，如果数据库超过了单个 Windows 文件的最大大小，也可以使用次要数据文件，这样数据库就能继续增长。

次要数据文件的使用与主要数据文件的使用对用户来说是没有区别的，而且对用户也是透明的，用户不需要关心自己的数据是被存放在主要数据文件上，还是被存放在次要数据文件上。

2. 事务日志文件

事务日志文件的推荐扩展名为 .ldf，用于存放恢复数据库的所有日志信息。每个数据库必须至少有一个日志文件，也可以有多个日志文件。

默认情况下，数据和事务日志被放在同一个驱动器上的同一个路径下，这是为处理单磁盘系统而采用的方法。但在生产环境中，这可能不是最佳的方法。建议将数据文件和日志文件放在不同的磁盘上。

注意：

SQL Server 不强制使用 .mdf、.ndf 和 .ldf 文件扩展名，但建议使用这些扩展名以利于标识文件的用途。

10.1.4　数据库文件的属性

在定义数据库时，除了指定数据库的名字之外，其余要做的工作就是定义数据库的数据文件和日志文件。定义这些文件需要指定如下信息。

1. 文件名及其位置

数据库的每个数据文件和日志文件都有一个逻辑文件名（引用文件时，在 SQL Server 中使用的文件名称）和物理存储位置（包括物理文件名，即操作系统管理的文件名）。一般情况下，如果有多个数据文件，为了获得更好的性能，建议将这些文件分散存储在多个磁盘上。

2. 初始大小

可以指定每个数据文件和日志文件的初始大小。在指定主要数据文件的初始大小时，其大小不能小于 model 数据库主要数据文件的大小，因为系统要将 model 数据库主要数据文件的内容拷贝到用户数据库的主要数据文件上。

3. 增长方式

如有需要，可以指定文件是否自动增长。该选项的默认设置为自动增长，即当数据库的空间用完后，系统自动扩大数据库的空间，这样可以防止由于数据库空间用完而造成的不能插入新数据或不能进行数据操作的错误。

4. 最大大小

文件的最大大小指的是文件增长的最大空间限制。默认设置是无限制。建议用户设定允许文件增长的最大空间大小，因为，如果用户不设定最大空间大小，但设置了文件自动增长方式，则文件将会无限制增长直到磁盘空间用完为止。

10.2 创建数据库

用户可以在 SSMS 工具中用图形化的方式创建数据库，也可以通过 T-SQL 语句来创建。下面我们分别介绍这两种创建数据库的方法。

10.2.1 用图形化的方式创建数据库

用图形化的方式创建数据库的步骤如下：

1）启动 SSMS 工具，并连接到 SQL Server 数据库服务器的一个实例上。

2）在 SSMS 的“对象资源管理器”中，在选定实例下的“数据库”节点上右击鼠标，或者是在某个用户数据库上右击鼠标，在弹出的快捷菜单中选择“新建数据库”命令，弹出如图 10-3 所示的新建数据库窗口。

3）在图 10-3 所示窗口中，在“数据库名称”文本框中输入数据库名，如本例输入：学生数据库。当输入数据库名时，在下面的逻辑名称中也有了相应的名称，这只是辅助用户命名逻辑文件名，用户可以根据需要修改这些名称。

4）数据库名称下面是“所有者”，数据库的所有者可以是任何具有创建数据库权限的登录账户，数据库所有者对其拥有的数据库具有全部的操作权限，包括修改、删除数据库以及对数据库内容进行操作。默认时，数据库的拥有者是“<默认>”，表示该数据库的所有者是当前登录到 SQL Server 的账户。关于登录账户及数据库安全性我们将在第 11 章详细介绍。

5）在图 10-3 的“数据库文件”网格中，可以定义数据库包含的数据文件和事务日志文件。

- 在“逻辑名称”处可以指定文件的逻辑文件名，默认的主要数据文件的逻辑文件名同数据库名，默认的第一个日志文件的逻辑文件名为：“数据库名”＋“_log”。我们这里将主要数据文件的逻辑名命名为：学生数据库 _data1，日志文件的逻辑名用默认名。

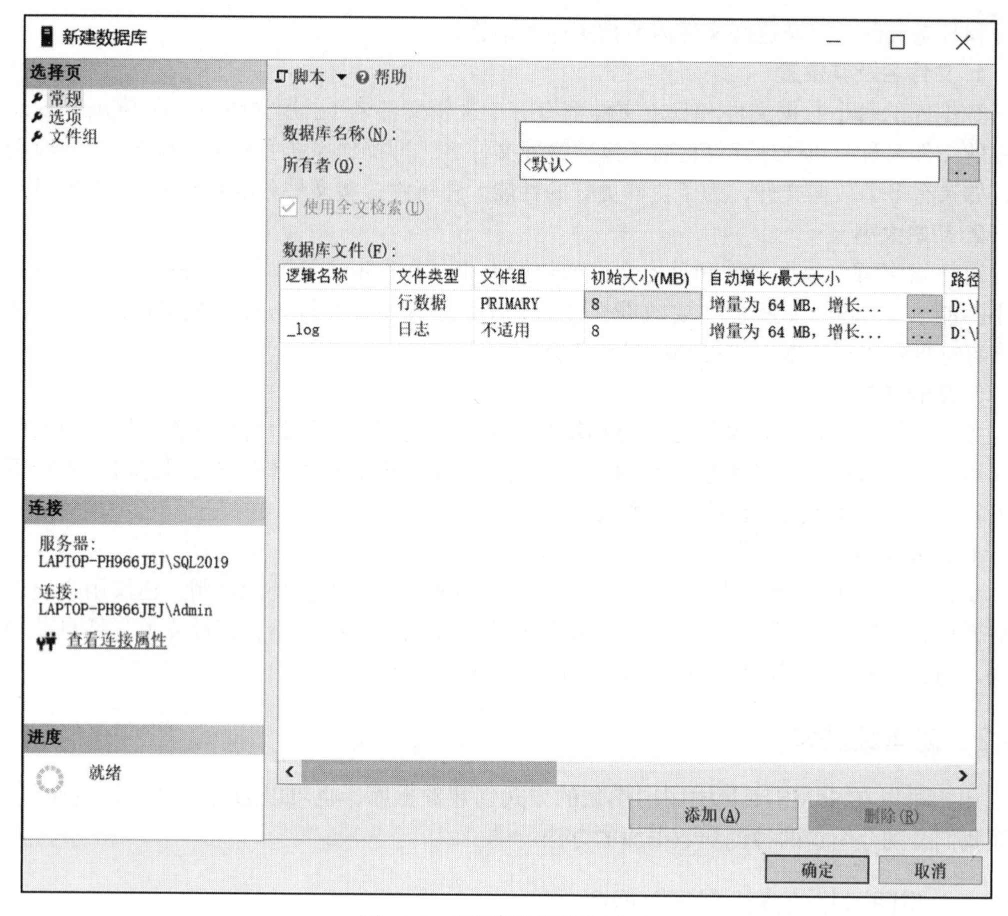

图 10-3　“新建数据库”窗口

- “文件类型”框显示了该文件的类型是数据文件还是日志文件，用户新建文件时，可通过此框指定文件的类型，初始时，数据库必须至少有一个主要数据文件和一个日志文件，因此这两个文件的类型是不能修改的。
- “文件组”框显示了数据文件所在的文件组（日志文件没有文件组概念），文件组是由一组文件组成的逻辑组织。默认情况下，所有的数据文件都属于 PRIMARY 主文件组。主文件组是系统预定义好的，每个数据库都必须有一个主文件组，而且主要数据文件必须存放在主文件组中。用户可以根据自己的需要添加辅助文件组，辅助文件组用于组织次要数据文件，目的是提高数据访问性能。
- 在“初始大小”部分可以指定文件创建后的初始大小，默认情况下，主要数据文件和日志文件的初始大小都是 8MB。假设我们这里将“学生数据库 _data1”数据文件的初始大小设置为 20MB，将“学生数据库 _log”日志文件的初始大小设置为 10MB。
- 在“自动增长”部分可以指定文件的增长方式，默认情况下，主要数据文件是每次增加 1MB，最大大小没有限制，日志文件是每次增加 10%，最大大小也没有限制。单击某个文件对应的 ... 按钮，可以更改文件的增长方式和最大大小限制，如图 10-4 所示。
- “路径”部分显示了文件的物理存储位置，默认的存储位置是：Program Files\Microsoft SQL Server\MSSQL15.SQL2019\MSSQL\DATA\ 文件夹。单击此项对应的 ... 按钮，可

以更改文件的存放位置。我们这里将主要数据文件和日志文件均放置在 D:\Data 文件夹下（假设此文件夹已建好）。

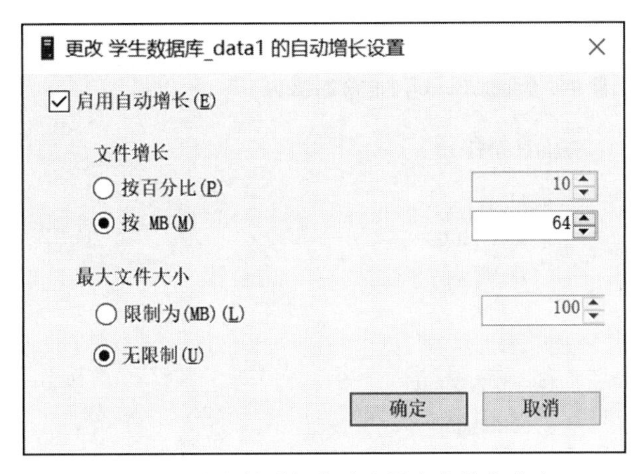

图 10-4　更改文件增长方式和最大文件大小窗口

6）在图 10-4 中，如果取消勾选“启用自动增长”复选框，表示文件不自动增长，文件能够存放的数据量以文件的初始空间大小为限。如果勾选了“启用自动增长”复选框，则可进一步设置每次文件增加的大小以及文件的最大大小限制。设置文件自动增长的好处是可以不必随时担心数据库的空间被占满。

- 文件增长：可以按 MB 或百分比增长。如果是按百分比增长，则增量大小为发生增长时文件大小的指定百分比。
- 最大文件大小有以下两种方式。
  - 限制为 (MB)：指定文件可增长到的最大空间。
  - 无限制：以磁盘空间容量为限制，在有磁盘空间的情况下，可以一直增长。选择这个选项是有风险的，如果因为某种原因造成数据恶意增长，则会将整个磁盘空间占满。清理一块彻底被占满的磁盘空间是非常麻烦的事情。

这里我们将“学生数据库 _data1”主要数据文件设置为：启用自动增长，按 MB 增长，每次增长 10MB，最大文件大小选“限制为 (MB)”选项，设置最大大小为 100MB。主要数据文件自动增长的设置如图 10-5 所示。

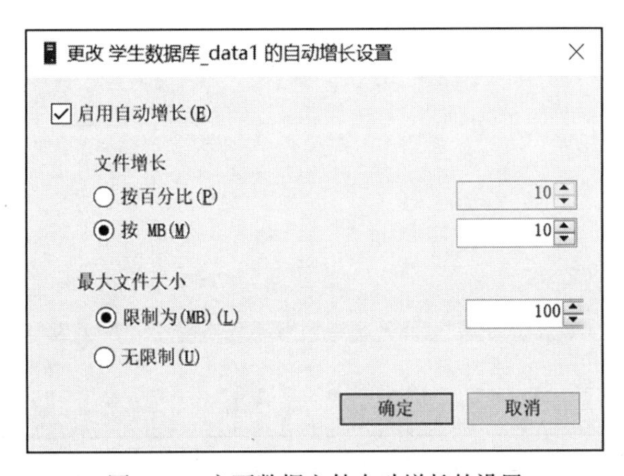

图 10-5　主要数据文件自动增长的设置

将“学生数据库 _log”日志文件设置为：启用自动增长，按百分比增长，每次增长 10（即 10%），最大文件大小选择“限制为 (MB)”，并将最大大小设置为 30MB。日志文件自动增长的设置如图 10-6 所示。

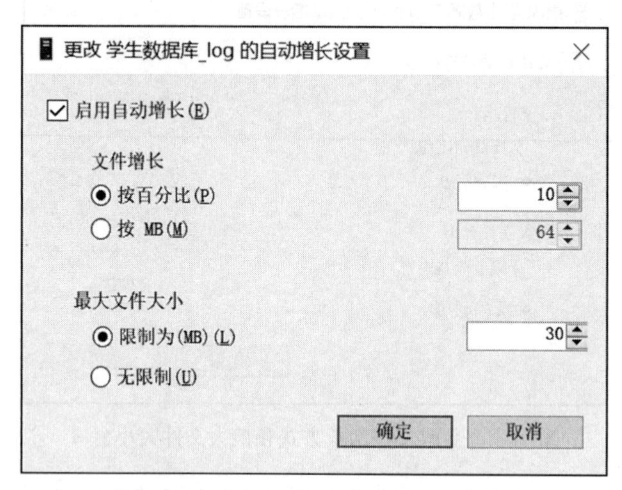

图 10-6　日志文件自动增长的设置

设置好后单击“确定”回到“新建数据库”窗口，现在该窗口的样式如图 10-7 所示。

7）单击图 10-7 上的“添加”按钮，可以添加该数据库的次要数据文件和日志文件。图 10-8 所示为添加了一个数据文件（次要数据文件）后的界面，该数据文件的逻辑名为：学生数据库 _data2，初始大小为 30MB，不自动增长，也存放在 D:\Data 文件夹下。

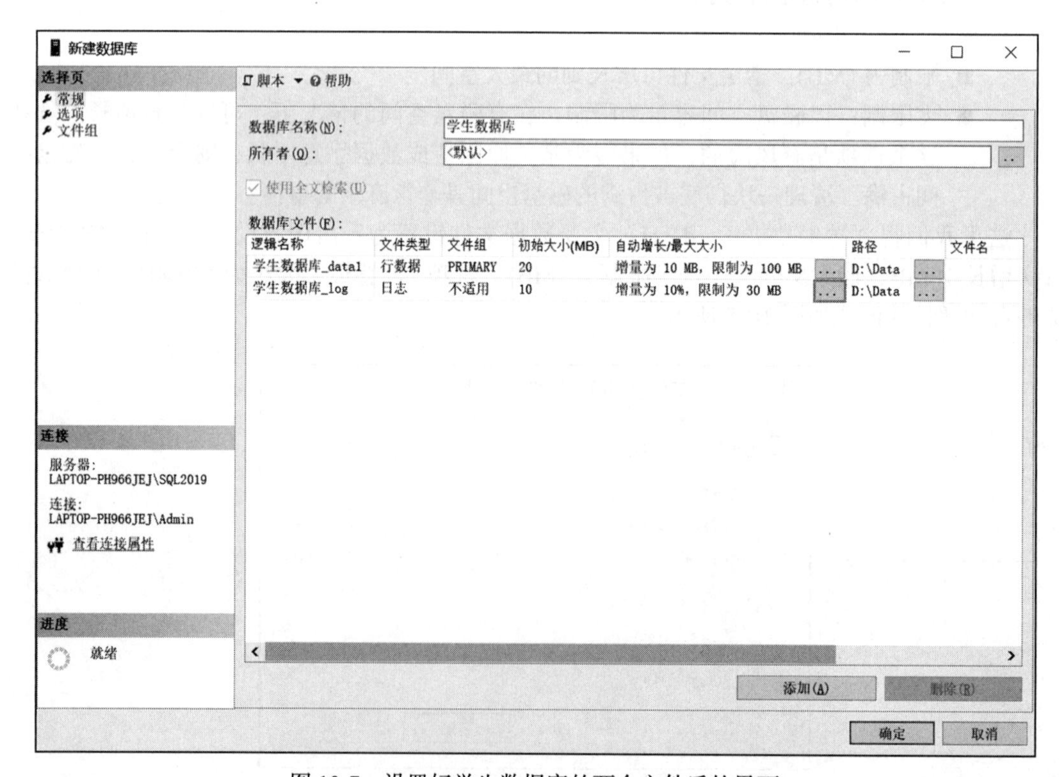

图 10-7　设置好学生数据库的两个文件后的界面

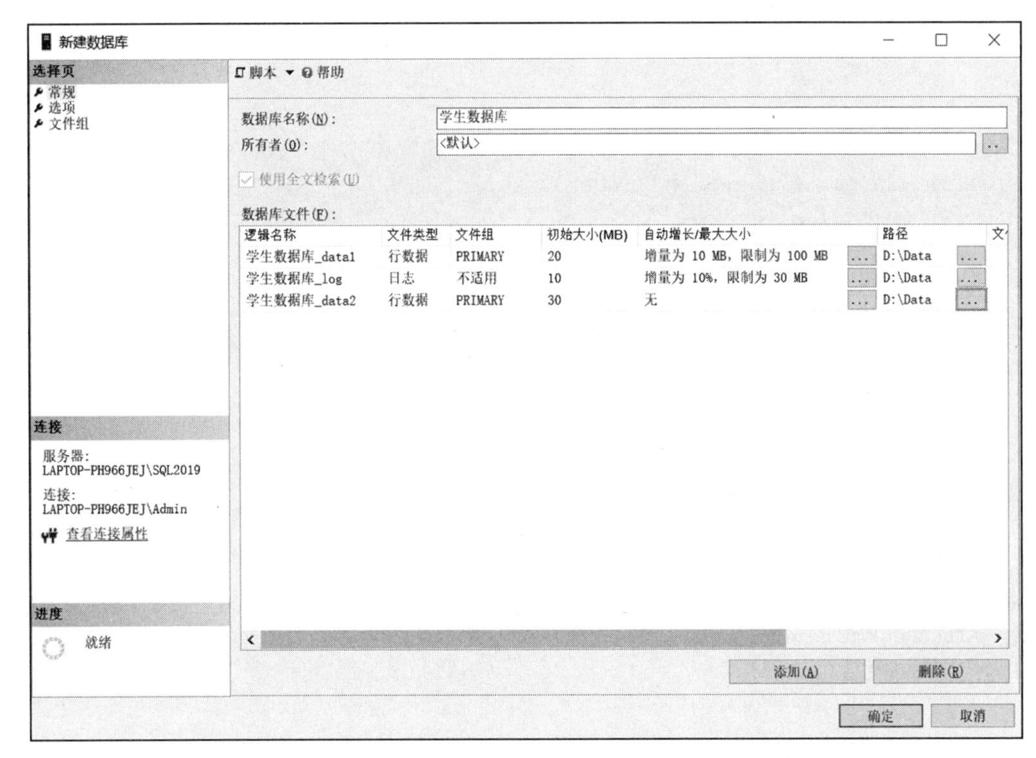

图 10-8　添加了一个数据文件后的界面

8）选中某个文件后，单击图 10-8 上的“删除”按钮，可删除选中的文件。我们这里不进行任何删除。

9）单击“确定”按钮，完成数据库的创建。

创建成功后，我们在 SSMS 的“对象资源管理器”中，通过刷新对象资源管理器中的内容，可以看到新建立的数据库。

10.2.2　用 T-SQL 语句创建数据库

除了可以使用 SSMS 工具创建数据库外，还可以使用 T-SQL 语句来创建数据库。对 SQL 语句的编写和执行是在 SSMS 的查询编辑器中实现的。

创建数据库的 SQL 语句为 CREATE DATABASE，该语句的简化语法格式如下：

```
CREATE DATABASE database_name
  [ ON
    [ PRIMARY ] [ <filespec> [ ,...n ]
    [ , <filegroup> [ ,...n ] ]
  [ LOG ON { <filespec> [ ,...n ] } ]
  ]
]
<filespec> ::=
{
( NAME = logical_file_name ,
  FILENAME = { 'os_file_name' | 'filestream_path' }
  [ , SIZE = size [ KB | MB | GB | TB ] ]
  [ , MAXSIZE = { max_size [ KB | MB | GB | TB ] | UNLIMITED } ]
  [ , FILEGROWTH = growth_increment [ KB | MB | GB | TB | % ] ]
```

```
) [ ,...n ]
}

<filegroup> ::=
{
  FILEGROUP filegroup_name [ DEFAULT ]
    <filespec> [ ,...n ]
}
<filespec> ::=
{
( NAME = logical_file_name ,
  FILENAME = { 'os_file_name' | 'filestream_path' }
  [ , SIZE = size [ KB | MB | GB | TB ] ]
  [ , MAXSIZE = { max_size [ KB | MB | GB | TB ] | UNLIMITED } ]
  [ , FILEGROWTH = growth_increment [ KB | MB | GB | TB | % ] ]
) [ ,...n ]
}

<filegroup> ::=
{
  FILEGROUP filegroup_name [ DEFAULT ]
    <filespec> [ ,...n ]
}
```

各参数的具体含义如下。

- database_name：新数据库的名称。数据库名在SQL Server实例中必须是唯一的，且应符合标识符规则，即以字母、下划线或#开始。如果在创建数据库时未指定日志文件的逻辑名，则SQL Server用database_name后加“_log”作为日志文件的逻辑名。如果未指定主要数据文件的逻辑名，则SQL Server用database_name作为其逻辑名。
- ON：指定用来存储数据库中数据部分的磁盘文件（数据文件）。其后是用逗号分隔的、用以定义数据文件的<filespec>项列表。
- PRIMARY：指定关联数据文件的主文件组。带有PRIMARY的<filespec>部分定义的第一个文件将成为主要数据文件。如果没有指定PRIMARY，则CREATE DATABASE语句中列出的第一个文件将成为主要数据文件。
- LOG ON：指定用来存储数据库中日志部分的磁盘文件（日志文件）。其后是用逗号分隔的、用以定义日志文件的<filespec>项列表。如果没有指定LOG ON，系统将自动创建一个日志文件。
- <filespec>：定义文件的属性。各参数含义如下。
  - NAME=logical_file_name：指定文件的逻辑名。指定FILENAME时，需要使用NAME的值。在一个数据库中逻辑名必须唯一，而且必须符合标识符规则。名称可以是字符或Unicode常量，也可以是常规标识符或分隔标识符。
  - FILENAME = 'os_file_name'：指定操作系统（物理）文件名称。'os_file_name'是创建文件时由操作系统使用的路径和文件名。如果未指定物理文件名，则SQL Server用该文件的逻辑名作为其物理名，并将文件建立在系统默认的存储位置。

注意:

在执行 CREATE DATABASE 语句前，指定的路径必须已经存在。不应将数据文件放在压缩文件系统中，除非这些文件是只读的次要数据文件或数据库是只读的。一定不要将日志文件放在压缩文件系统中。

- ■ SIZE=size：指定文件的初始大小。如果没有为主要数据文件提供 size，则数据库引擎将使用 model 数据库中的主要数据文件的大小。model 数据库主要数据文件和日志文件的默认初始大小均为 8 MB。如果指定了次要数据文件，但未指定该文件的 size，则数据库引擎将以 8MB 作为新文件的初始大小。可以使用千字节（kB）、兆字节（MB）、千兆字节（GB）或兆兆字节（TB）后缀，默认为兆字节（MB）。Size 是一个整数值，不能包含小数位。
- ■ MAXSIZE=max_size：指定文件可增大到的最大大小。可以使用 kB、MB、GB 和 TB 后缀，默认为 MB。max_size 为一个整数值，不能包含小数位。如果未指定 max_size，则表示文件大小无限制，文件将一直增大，直至磁盘空间满。
- ■ UNLIMITED：指定文件的增长无限制。在 SQL Server 中，指定为不限制增长的日志文件的最大大小为 2TB，而数据文件的最大大小为 16TB。
- ■ FILEGROWTH=growth_increment：指定文件的自动增量。FILEGROWTH 的大小不能超过 MAXSIZE 的大小。growth_increment 为每次需要新空间时为文件添加的空间量。该值可以使用 MB、KB、GB、TB 或百分比 (%) 为单位指定。如果未在数字后面指定单位，则默认为 MB。如果指定了“%”，则增量大小为发生增长时文件大小的指定百分比。指定的大小舍入为最接近的 64KB 的倍数。FILEGROWTH=0 表明将文件自动增长设置为关闭，即不允许自动增加空间。对 SQL Server 2012 版，如果未指定 FILEGROWTH，则数据文件的默认增长值为 1MB，日志文件的默认增长比例为 10%，并且最小值为 64KB。从 SQL Server 2016 (13.x) 开始，数据文件和日志文件的默认增长值均为 64MB。

- <filegroup>：控制文件组属性。其中各参数含义如下。
  - ■ FILEGROUP filegroup_name：文件组的逻辑名称。filegroup_name 在数据库中必须唯一，而且不能是系统提供的名称 PRIMARY 和 PRIMARY_LOG，名称必须符合标识符规则。
  - ■ DEFAULT：指定该文件组为数据库中的默认文件组。

在使用 T-SQL 语句创建数据库时，最简单的情况是可以省略所有的参数，只提供一个数据库名即可，这时系统会按各参数的默认值创建数据库。

在使用 T-SQL 语句创建数据库时，最简单的情况是省略所有的参数，只提供一个数据库名即可，这时系统会按各参数的默认值创建数据库。编写和执行 T-SQL 语句是在查询编辑器中实现的。

下面举例说明如何在查询编辑器中，用 T-SQL 语句创建数据库。

【例 1】创建一个名为“实验数据库”的数据库，其他选项均采用默认设置。

```
CREATE DATABASE 实验数据库
```

【例 2】创建一个名为“RShDB”的数据库，该数据库由一个数据文件和一个事务日志文件组成。数据文件只有主要数据文件，其逻辑文件名为“RShDB”，其物理文件名为“RShDB.mdf”，存放在“D:\ RShDB_Data”文件夹下，其初始大小为 100MB，最大大小为

300MB，自动增长时的递增量为20MB。事务日志文件的逻辑文件名为“RShDB_log”，物理文件名为“RShDB_log.ldf”，也存放在“D:\ RShDB_Data”文件夹下，初始大小为50MB，最大大小为100MB，自动增长时的递增量为10MB。

提示：在创建数据库之前，必须保证D:\ RShDB_Data文件夹已经建立好。

创建此数据库的SQL语句为：

```
CREATE DATABASE RShDB
ON
  ( NAME = RShDB,
    FILENAME = 'D:\RShDB_Data\RShDB.mdf',
    SIZE = 100,
    MAXSIZE = 300,
    FILEGROWTH = 20 )
LOG ON
( NAME = RShDB_log,
    FILENAME = 'D:\RShDB_Data\RShDB_log.ldf',
    SIZE = 50,
    MAXSIZE = 100,
    FILEGROWTH = 10 )
```

【例3】创建一个名为“students”的数据库，该数据库各文件的定义如下。

- 主要数据文件逻辑名为students，存放在PRIMARY文件组上，初始大小为30MB，每次增加10MB，最大大小无限制，物理存储位置为：F:\Data文件夹，物理文件名为：students.mdf。
- 次要数据文件的逻辑名为students_data1，初始大小为50MB，自动增长，每次增加10MB，最多增加到100MB，物理存储位置为：D:\Data文件夹，物理文件名为：students_data1.ndf。
- 日志文件的逻辑名为students_log，初始大小为20MB，每次增加10%，最多增加到60MB，物理存储位置为：F:\Data文件夹，物理文件名为：students_log.ldf。

提示：在创建数据库之前，必须保证F:\Data、D:\Data文件夹已经建立好。

创建此数据库的SQL语句为：

```
CREATE DATABASE students
ON PRIMARY
  ( NAME = students,
    FILENAME = 'F:\Data\students.mdf',
    SIZE = 30MB,
    MAXSIZE = UNLIMITED),
  ( NAME = students_data1,
    FILENAME = 'D:\Data\students_data1.ndf',
    SIZE = 50MB,
    MAXSIZE = 100MB,
    FILEGROWTH = 10MB
  )
LOG ON
  ( NAME = students_log,
    FILENAME = 'F:\Data\students_log.ldf',
    SIZE = 20MB,
    MAXSIZE = 60MB,
    FILEGROWTH = 10%
)
```

10.3　基本表的创建与管理

我们在第 3 章已经介绍了如何使用 SQL 语句定义表和数据完整性约束，本章介绍如何在 SQL Server 2019 中利用图形化的方式创建表及定义表和完整性约束。

10.3.1　创建表

在 SQL Server 2019 中可以通过图形化的方式创建表，以及定义数据的完整性约束。这里我们以在"学生数据库"中创建的 Student 表、Course 表和 SC 表为例说明用图形化的方式创建表的方法。

使用 SSMS 图形化的方式创建 Student 表的步骤如下。

1）在 SSMS 的"对象资源管理器"中，展开"学生数据库"节点。

2）在"学生数据库"下的"表"节点上右击鼠标，在弹出的菜单中选中"新建"→"表"命令，在 SSMS 窗口的中间部分将出现一个新建表的标签页，称为表设计器，如图 10-9 所示。

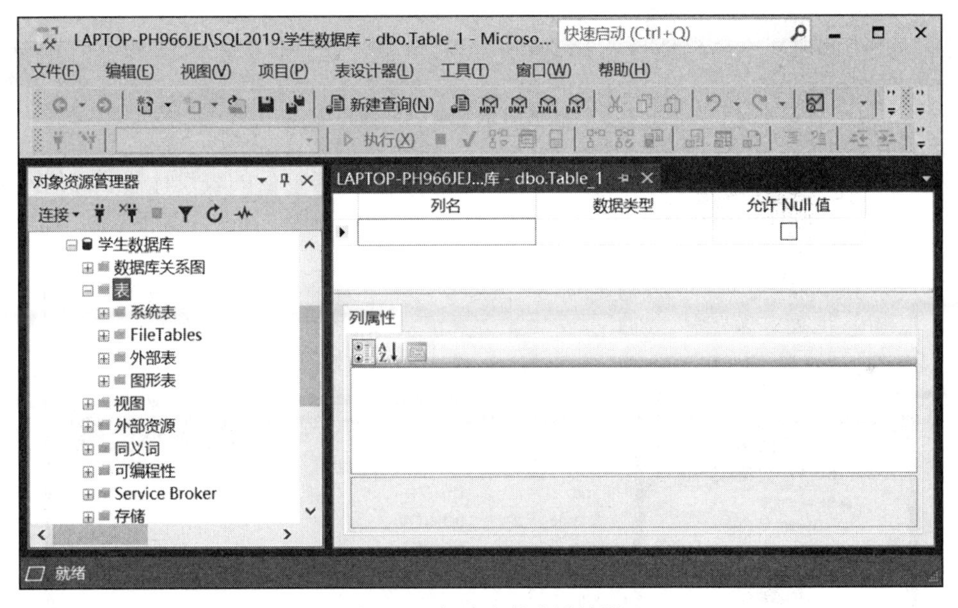

图 10-9　新建表的表设计器

3）在图 10-9 中，在"列名"部分输入表中各列的名字，这里我们在第一行的"列名"中输入：Sno。输入列名后即可在"数据类型"下拉列表框中指定该列的数据类型。如果是字符类型，则还应该指定字符串长度（定长字符类型 char 和 nchar 的默认长度是 10，可变长字符类型 varchar 和 nvarchar 的默认长度是 50），我们这里将 Sno 列的数据类型设置为：char(7)。"允许 Null 值"复选框表示该列取值是否允许有空值，选中表示允许空值，不选中表示不允许空值，我们这里不勾选"允许 Null 值"。也可以在窗口下的"列属性"窗格中指定列的数据类型、长度以及是否允许 Null 值等。

设置好的 Sno 列的窗口形式如图 10-10 所示。

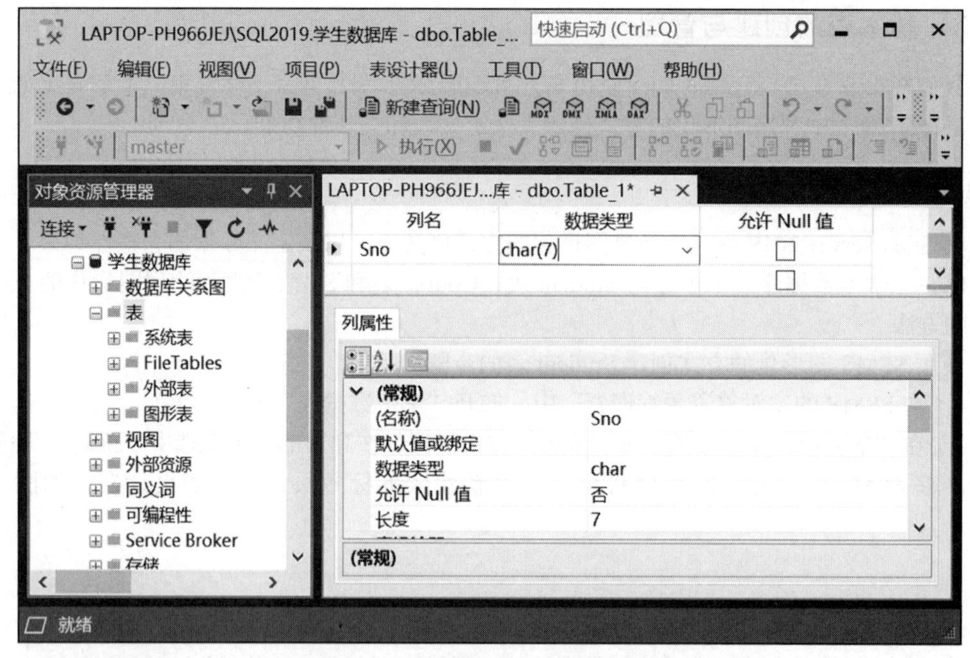

图 10-10　设置好的 Sno 列的窗口形式

4）依次定义 Student 表的后续列。定义好 Student 表的各列后的表设计器形式如图 10-11 所示。

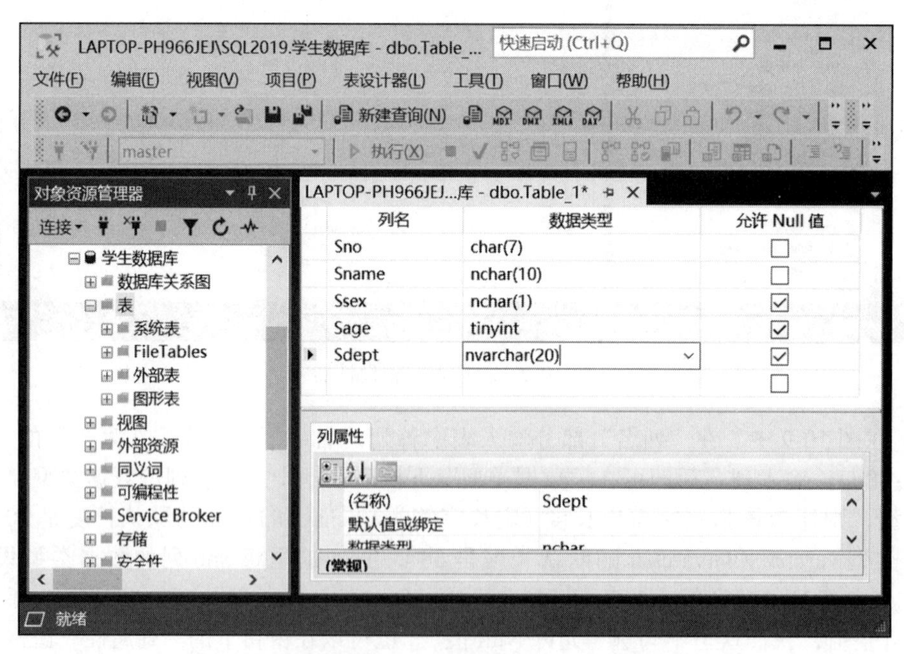

图 10-11　定义好 Student 表的各列后的表设计器形式

5）定义好表结构之后，单击工具栏上的“保存”按钮，或者是单击“文件”菜单下的“保存”命令，均弹出如图 10-12 所示的“选择名称”窗口，在此窗口的“输入表名称”框中可以指定表的名称，如图 10-12 中的“Student”。

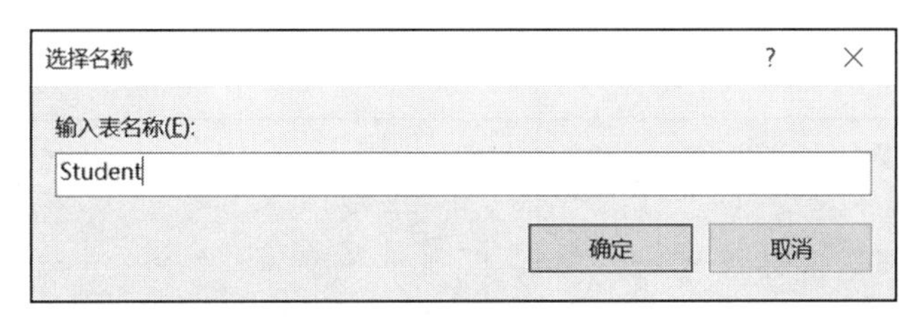

图 10-12　指定表名称窗口

6）单击“确定”按钮保存表的定义。

按此方法创建表 3-11 和表 3-12 所示的 Course 表和 SC 表，在此只定义表结构，不定义 Course 表和 SC 表的主键以及 SC 表的外键。

10.3.2　定义完整性约束

在 SSMS 工具中也可以用图形化的方式定义在 3.4 节介绍的数据完整性约束。

1. 定义主键约束

在 SSMS 中定义主键的方法如下。

1）在要定义主键的表设计器中（假设是 Student 表），单击主键列（Sno）前边的行选择器，选中 Sno 列。若主键由多个列组成 [比如 SC 表的主键是（Sno，Cno）]，则可在单击其他主键列时按住 Ctrl 键，以达到同时选中多个列的目的。

2）单击工具栏上的“设置主键”图标，或者是在主键列上右击鼠标，然后在弹出的菜单中选中“设置主键”命令（如图 10-13 所示），均可将选中的列设置为主键。设置好主键后，在主键列的行选择器上会出现一个钥匙图标，如图 10-14 所示。

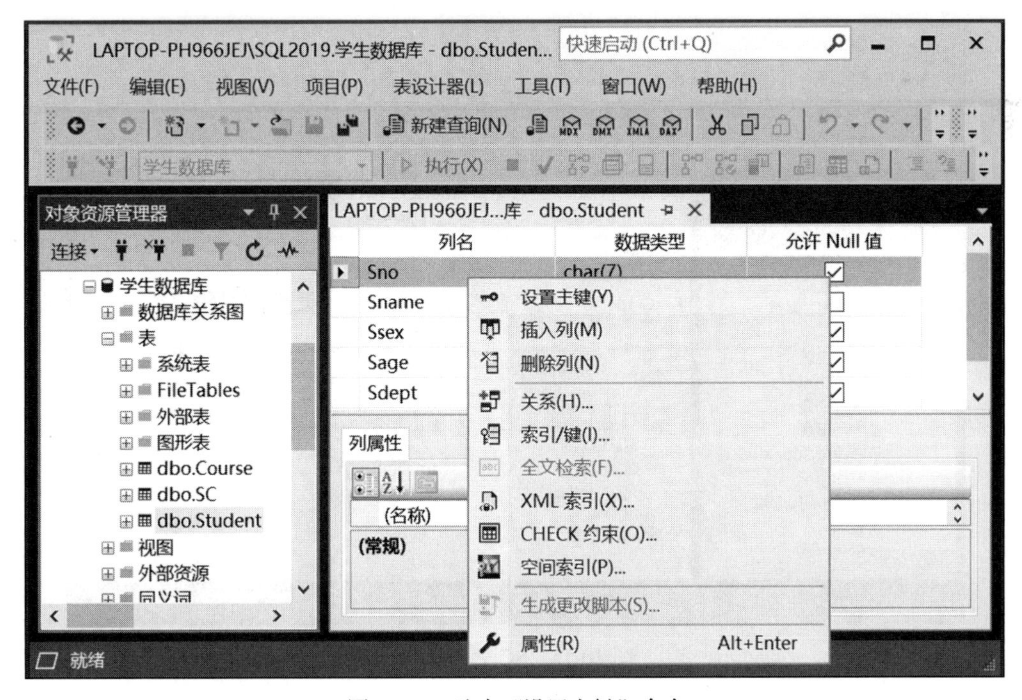

图 10-13　选中“设置主键”命令

3）单击“保存”图标保存表的定义。

按此方法依次定义好 Course 表和 SC 表的主键。

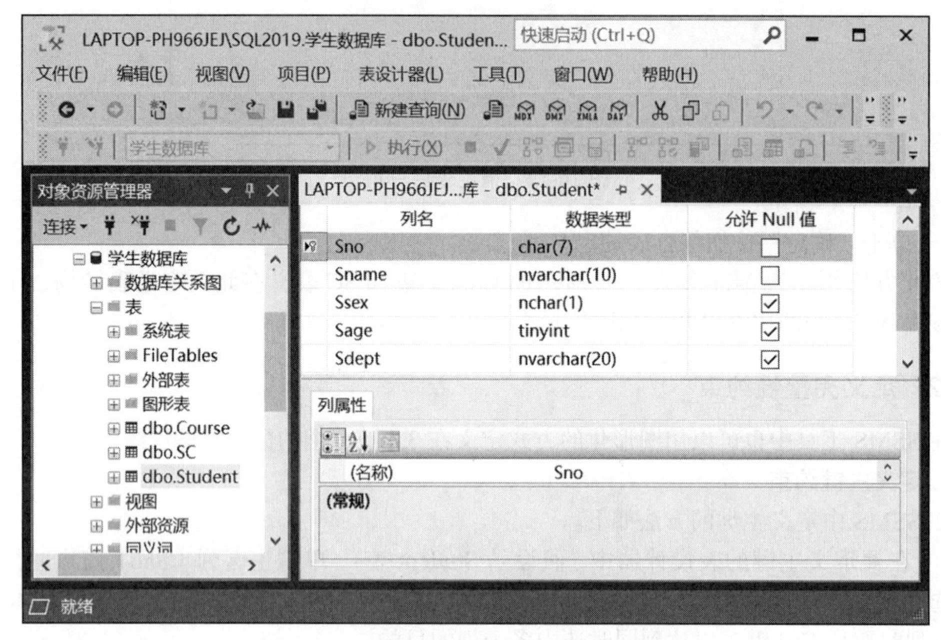

图 10-14　设置好 Student 表的主键后的情形

2. 定义外键约束

在 SC 表中，除了主键外，还需要定义外键。定义好 SC 表后的形式如图 10-15 所示。

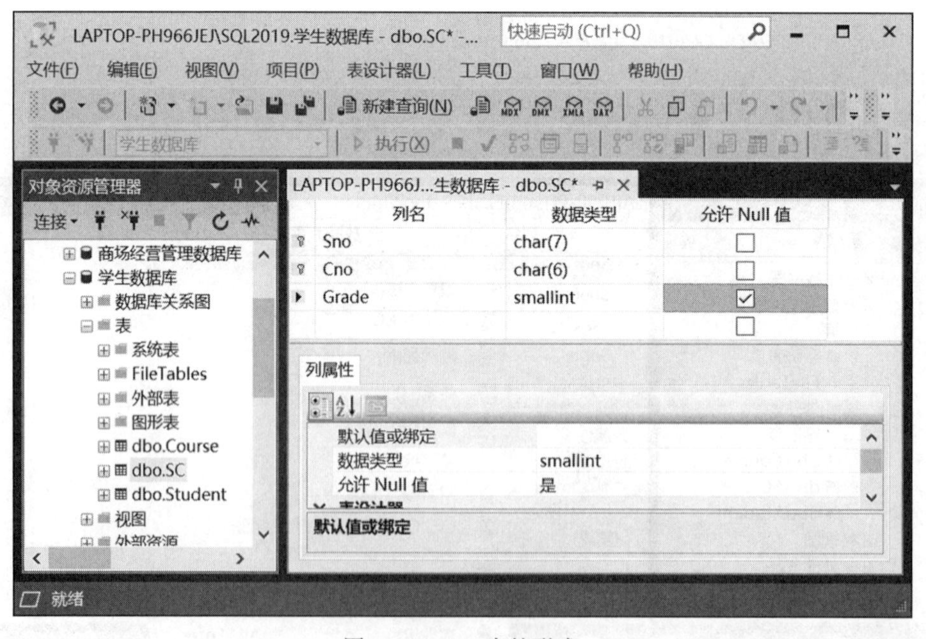

图 10-15　SC 表的形式

下面开始定义 SC 表的外键，具体步骤如下。

1）在图 10-15 所示窗口中，单击工具栏上的“关系”按钮，或者是在表的某个列上右击鼠标，然后在弹出的菜单中选择“关系”命令（可参考图 10-13 所示），均弹出如图 10-16 所示的空的“外键关系”窗口。

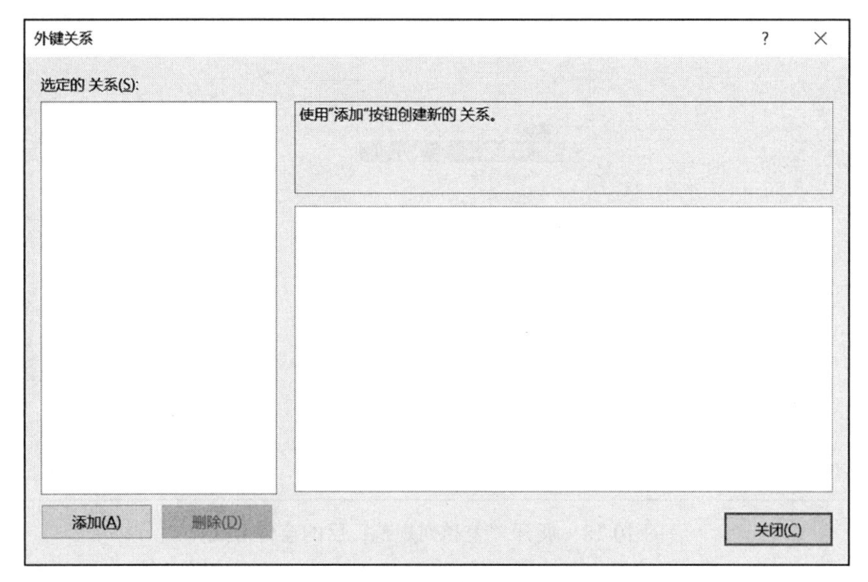

图 10-16　空的“外键关系”窗口

2）在图 10-16 所示窗口上单击“添加”按钮，有内容的“外键关系”窗口变成如图 10-17 所示形式。

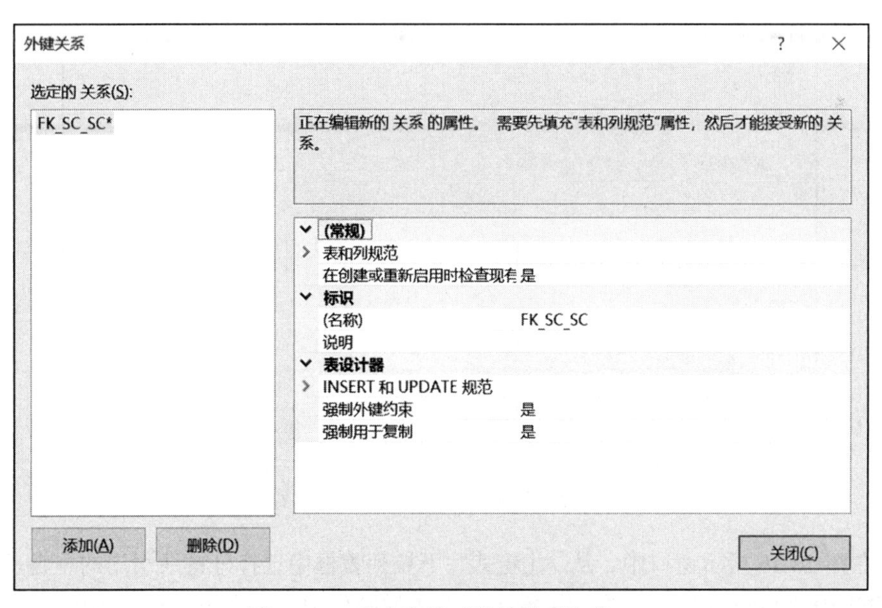

图 10-17　有内容的“外键关系”窗口

3）在图 10-17 所示窗口中，在“选定的关系”列表框中列出了系统提供的默认关系名称（这里是：FK_SC_SC*），名称格式为 FK_<tablename>_<tablename>，其中 tablename 是外键表的名称。选中该关系，然后展开窗口右边的“表和列规范”，然后单击右边出现的…按钮（如图 10-18 所示），弹出如图 10-19 所示的“表和列”窗口。

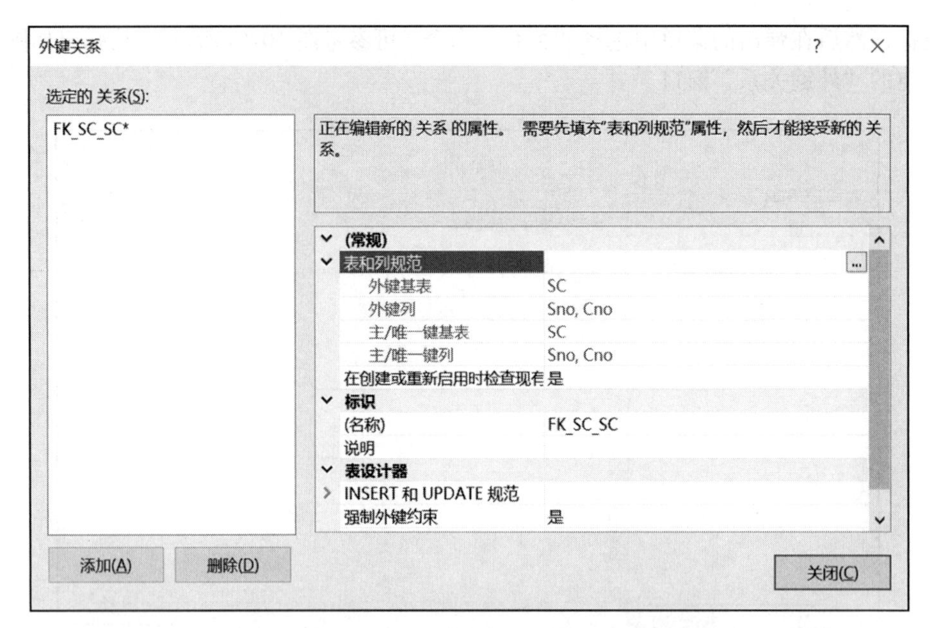

图 10-18 展开“表和列规范”后的窗口形式

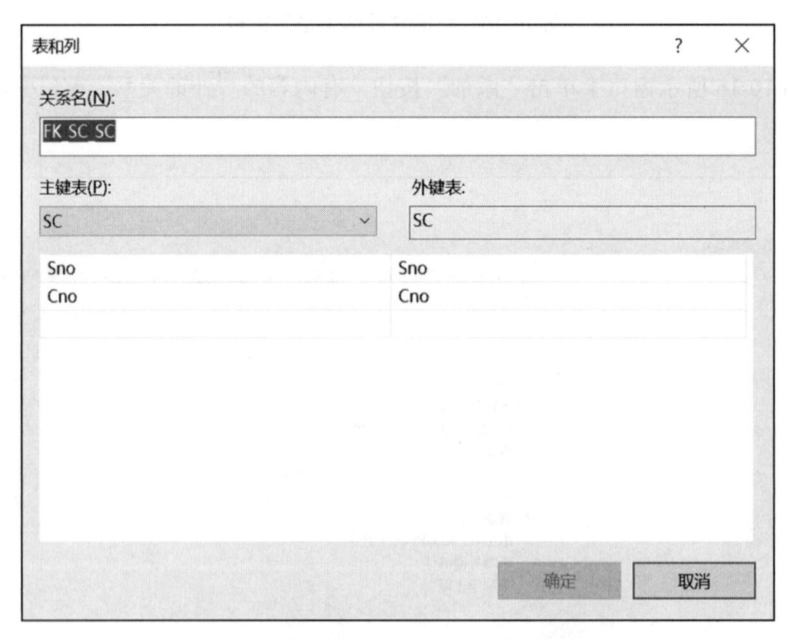

图 10-19 指定外键列和所引用的主键列的窗口

4）在图 10-19 所示窗口中，从“主键表”下拉列表框中选择外键所引用的主键所在的表，我们这里选中“Student”表。在“主键表”下边的网格中，单击第一行，当出现 按钮时，单击此按钮，从列表框中选择外键所引用的主键列，我们这里选择“Sno”，如图 10-20 所示。

5）在指定好外键之后，在“关系名”部分系统自动对名字进行了更改，如这里是 FK_SC_Student。用户可以更改此名，也可以采用系统提供的名字。我们这里不做修改。

6）在右边的“外键表”下面的网格中，单击“Cno”列，然后单击出现的 按钮，从列表框中选择“无”，如图 10-21 所示。表示目前定义的外键不包含 Cno。

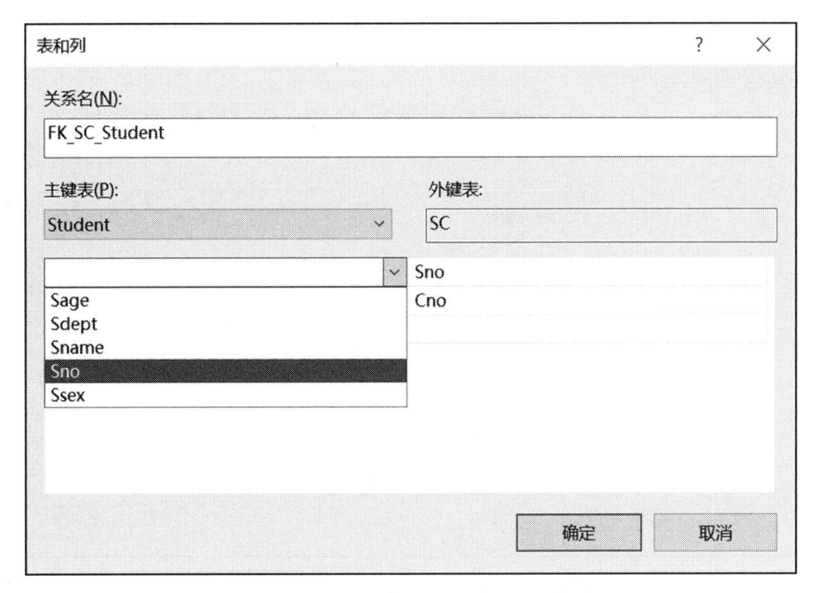

图 10-20　选择 Student 表和 Sno 列

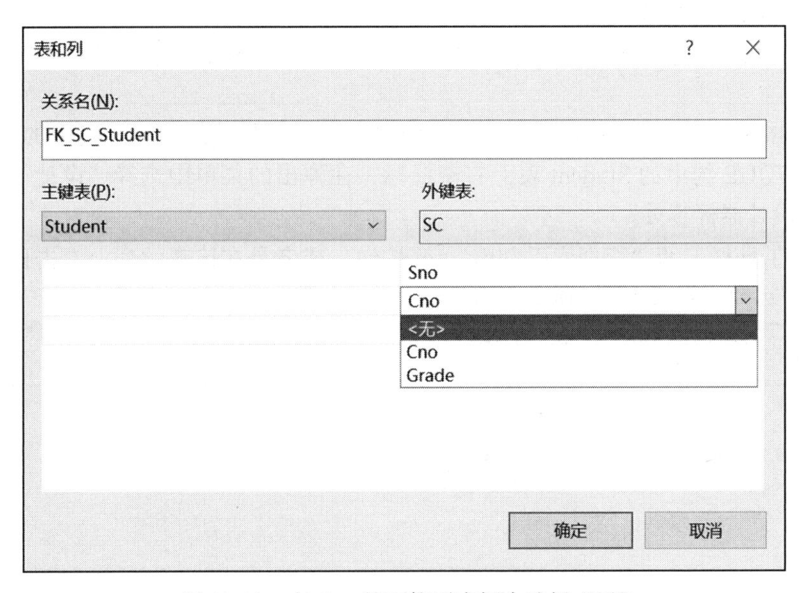

图 10-21　在 Cno 的下拉列表框中选择“无”

7）单击“确定”按钮，关闭“表和列”窗口，回到如图 10-22 所示的“外键关系”窗口。至此，定义好了 SC 表的 Sno 外键。按同样的方法定义 SC 表的 Cno 外键。

8）单击“关闭”按钮，关闭“外键关系”窗口，回到 SSMS。

注意：

关闭“外键关系”窗口并不会保存对外键的定义。

9）在 SSMS 工具栏上单击“保存” 按钮，或者是在关闭表设计器时，在弹出的提示窗口中单击“是”按钮，系统均弹出一个保存提示窗口，在此窗口中单击“是”按钮保存所定义的外键约束。

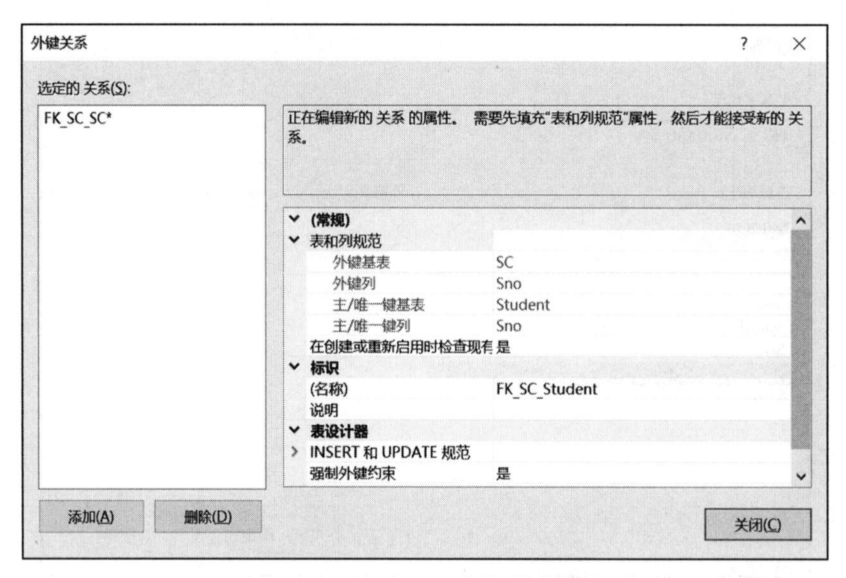

图 10-22　定义好 Sno 外键后的窗口

3. 定义 UNIQUE 约束

假设要为 Student 表的 Sname 列添加 UNIQUE 约束。在 SSMS 中定义 UNIQUE 约束的步骤如下。

1）在 SSMS 的对象资源管理器中展开 Students 数据库，然后展开其中的“表”节点，在要设置 UNIQUE 约束的 Student 表上右击鼠标，在弹出的菜单中选择“设计”命令，出现 Student 的表设计器标签页。

2）单击工具栏上的“管理索引和键”按钮，或者是在该表的列上右击鼠标，然后在弹出的菜单中选择“索引 / 键”命令，均弹出“索引 / 键”的窗口，在该窗口中单击左下角的“添加”按钮，窗口形式如图 10-23 所示。

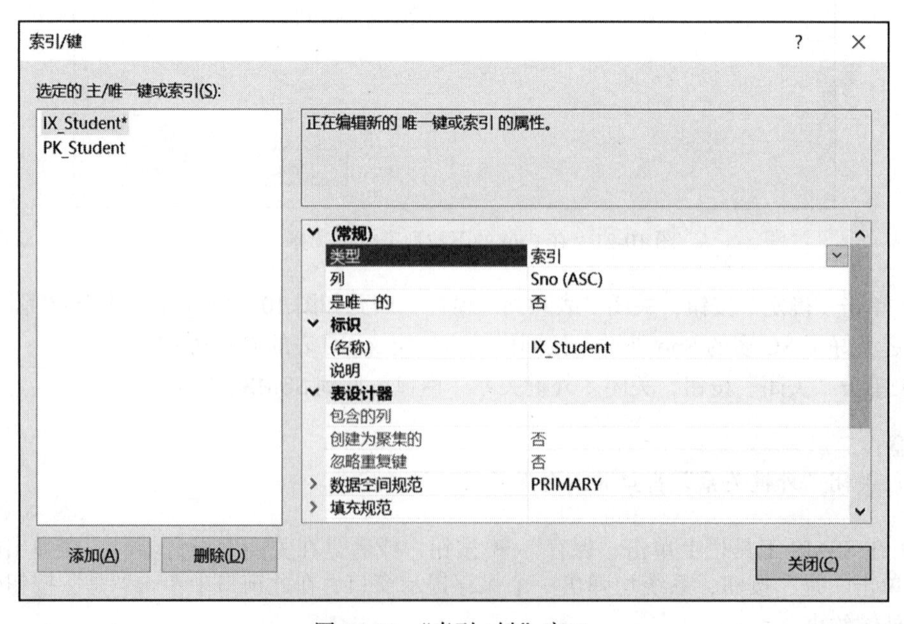

图 10-23　“索引 / 键”窗口

3）在图 10-23 窗口中的“常规”部分，进行如下操作：

- 在“类型”列表框中，选择“唯一键”表示要创建一个限制列值不重的索引。
- 在“列”右边的列表框中单击下鼠标，出现 ... 按钮，单击此按钮，弹出如图 10-24 所示的“索引列”窗口，在此窗口的“列名”下拉列表框中选择要限制列取值不重的列，假设这里选“ Sname”。在“排序顺序”列表框中可以指定列的排序顺序，默认是升序，这里可以选用默认设置。设置好后单击“确定”按钮回到“索引 / 键”窗口。
- 在“是唯一的”列表框中选择“是”，如果在“类型”列表框中已经选了“唯一键”则“是唯一的”项自动选中“是”，而且是不可选的状态。

实际上，数据库管理系统是用唯一索引来实现 UNIQUE 约束的，因此，定义 UNIQUE 约束，实际上就是建立一个唯一索引。

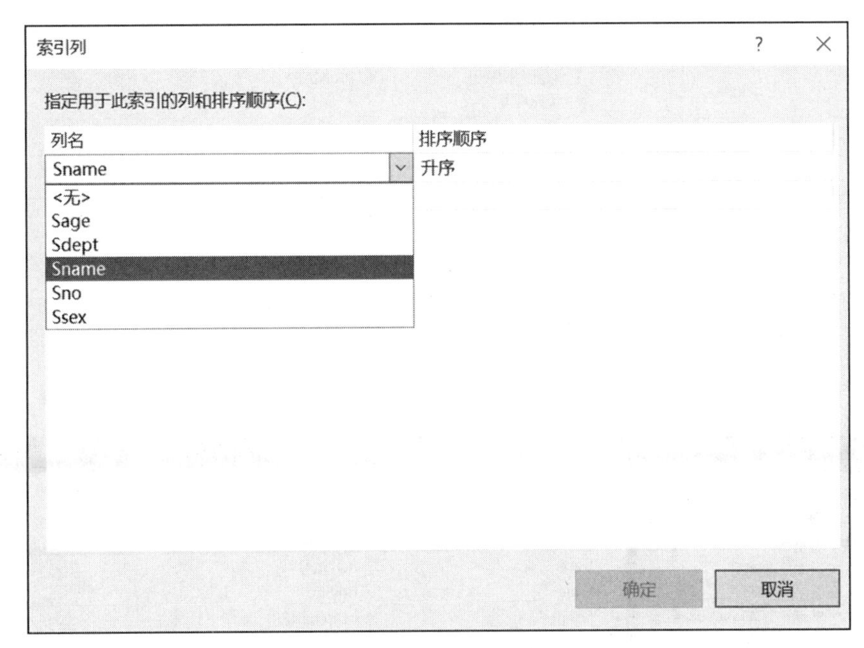

图 10-24 “索引列”窗口

4）在“名称”框中可以修改 UNIQUE 约束的名字，也可以采用系统提供的名字（这里是：IX_Student），我们不进行修改。

设置好后的“索引 / 键”窗口样式如图 10-25 所示。

5）单击“关闭”按钮，关闭“索引 / 键”窗口，回到 SSMS，在 SSMS 上单击按钮，然后在弹出的“保存”提示窗口中，单击“是”按钮保存新定义的约束。

4. 定义 DEFAULT 约束

第 3 章已经介绍过 DEFAULT 约束用于指定列的默认值。现在假设我们要为 Student 表的 Sdept 列定义默认值：计算机系。

在 SSMS 中用图形化的方式设置 DEFAULT 约束的步骤如下。

1）在 SSMS 的对象资源管理器中展开 Students 数据库并展开其下的“表”节点，在 Student 表上右击鼠标，在弹出的菜单中选择“设计”命令，弹出 Student 的表设计器标签页。

2）选中要设置 DEFAULT 约束的 Sdept 列，然后在设计器下边的“默认值或绑定”框中输入本列的默认值：计算机系，如图 10-26 所示。

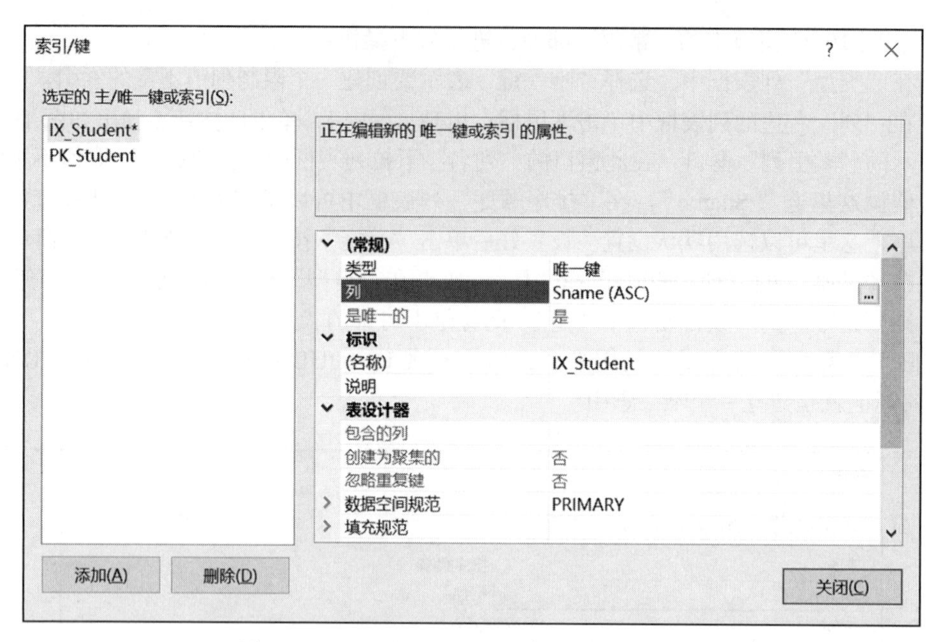

图 10-25　设置好 UNIQUE 约束后的窗口样式

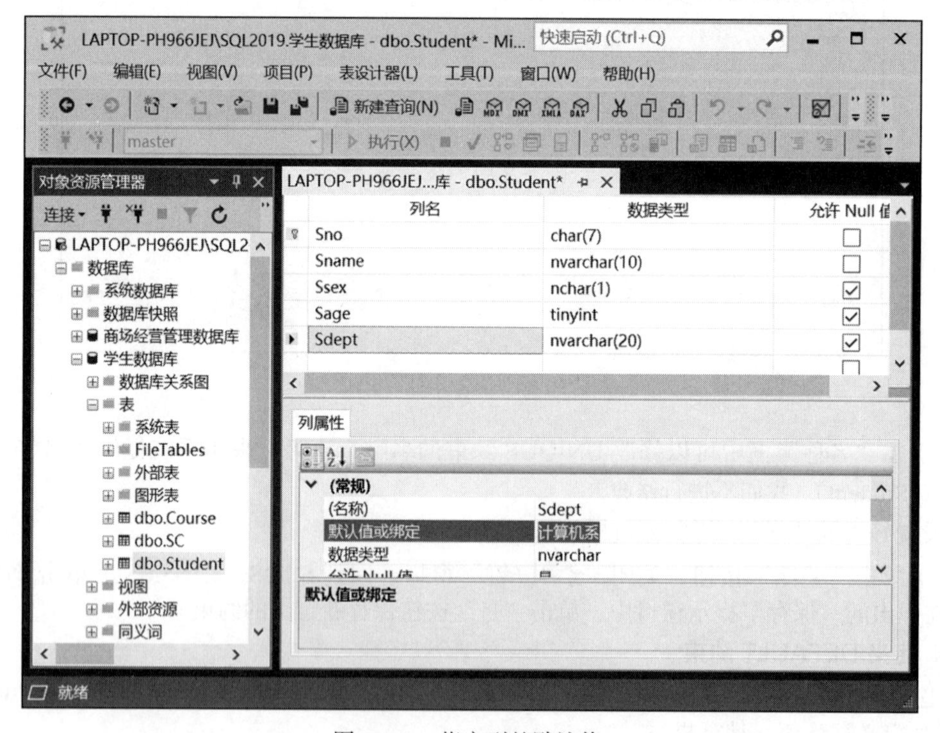

图 10-26　指定列的默认值

3）单击“保存”按钮，即设置好了 Sdept 列的默认值约束。

5. 定义 CHECK 约束

CHECK 约束用于限制列的取值在指定范围内，即约束列的值符合应用语义。这里假设我们要为 Student 表的 Ssex 列添加取值等于“男”或“女”的约束。

在 SSMS 中用图形化的方式设置 CHECK 约束的步骤如下。

1）在 Student 表的设计器标签页上，在该表的任意一个列上右击鼠标，然后从弹出的菜单中选择“CHECK 约束”命令（可参见图 10-13 所示），弹出如图 10-27 所示的定义 CHECK 约束的窗口。

2）在图 10-27 所示窗口上单击“添加”按钮，CHECK 约束窗口成为图 10-28 所示形式。在此窗口中单击下“表达式”右边的文本框，出现[...]按钮，单击此按钮，出现如图 10-29 所示的“CHECK 约束表达式”窗口。

3）在图 10-29 所示窗口中，在“表达式”文本框中输入约束表达式，这里输入的是：

```
Ssex = '男' OR Ssex = '女'
```

4）输入完约束表达式之后，单击“确定”按钮，回到“检查约束”窗口。在此窗口的“名称”框中可以输入约束的名称（也可以采用系统提供的默认名，这里的系统默认名是 CK_Student）。

5）单击“关闭”按钮完成 CHECK 约束的定义，回到 SSMS 窗口，单击“保存”按钮，保存所做的修改。

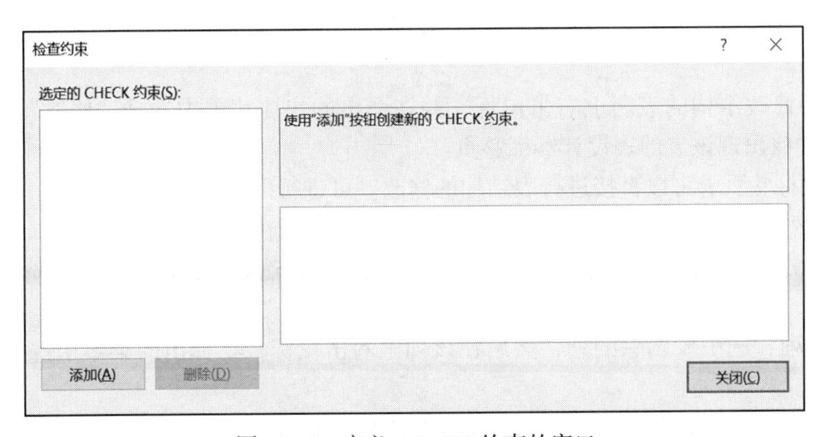

图 10-27　定义 CHECK 约束的窗口

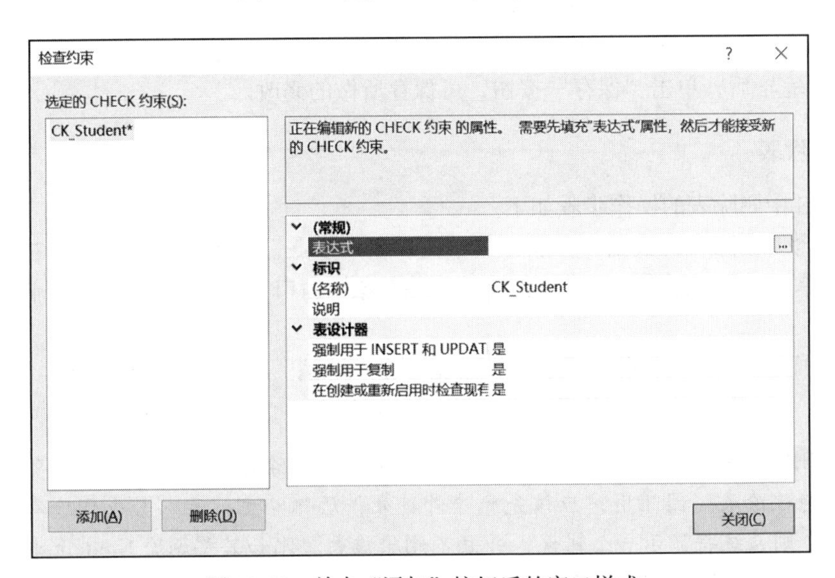

图 10-28　单击“添加”按钮后的窗口样式

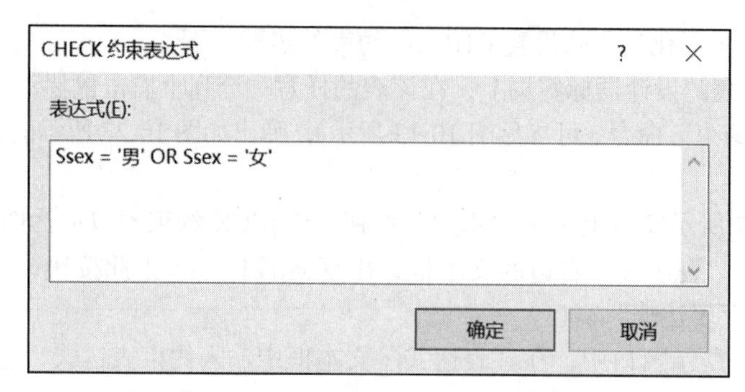

图 10-29 输入 CHECK 约束表达式

10.3.3 修改表结构

创建完表和定义好约束之后，可以对表的结构和约束定义进行修改，包括为表添加列、删除列、修改列的定义，以及添加、删除约束等。

在 SSMS 中修改表结构的方法为：

1）在 SSMS 的对象资源管理器中，展开要修改表结构的数据库，并展开其中的“表”节点。

2）在要修改结构的表名上右击鼠标，并在弹出的快捷菜单中选择“修改”命令。这时 SSMS 窗口中将出现该表的表设计器标签页。

3）在此标签页上可以直接进行表结构的修改。可进行以下修改操作。

- 添加列：可在列定义的最后直接定义新列，也可以在各列中间插入新列。在中间插入新列的方法是在要插入新列的列定义上右击鼠标，然后在弹出的菜单中选择“插入列”命令，这时会在此列前空出一行，用户可在此行定义新插入的列。
- 删除列：选中要删除的列，然后在该列上右击鼠标，在弹出的菜单中选择“删除列”命令。
- 修改已有列的数据类型或长度：只需在“数据类型”项上选择一个新的类型或在“长度”项上输入一个新的长度值即可。
- 为列添加约束：添加约束的方法与创建表时定义约束的方法相同。

4）修改完毕后，单击“保存”按钮，可保存所做的修改。

10.3.4 删除表

在 SSMS 中删除表的操作步骤如下。

展开包含要删除表的数据库，展开其中的“表”节点，在要删除的表名上右击鼠标，并在弹出的菜单中选择“删除”命令，弹出“删除对象”窗口，如图 10-30 所示（假设这里要删除 SC 表）。

单击“确定”按钮可删除此表。我们这里单击“取消”不删除 SC 表。

注意：

在删除表时，系统会检查参照完整性约束，若删除操作违反了参照完整性约束，则系统拒绝删除表。因此用户应该先删除外键表，后删除主键表。若先删除有外键引用的主键表，则系统将显示一个错误，并且不删除该表。比如若要删除 Student 表，则系统显示的提示信息如图 10-31 所示。

若要判定某个表是否可以被删除，可单击图 10-31 上的“显示依赖关系”按钮，查看是否有外键表引用了该被删除的表。

在图 10-31 上单击“显示依赖关系”后，显示的依赖关系窗口如图 10-32 所示。

从图 10-32 可以看到，与 Student 表有依赖关系的表是 SC 表，因此，Student 表现在不能被删除。

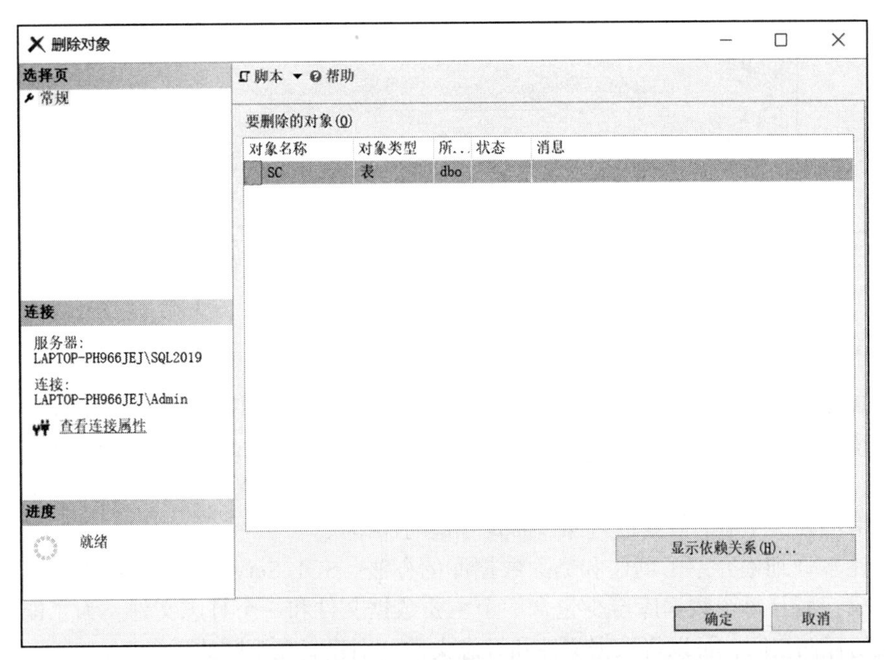

图 10-30　“删除对象”窗口

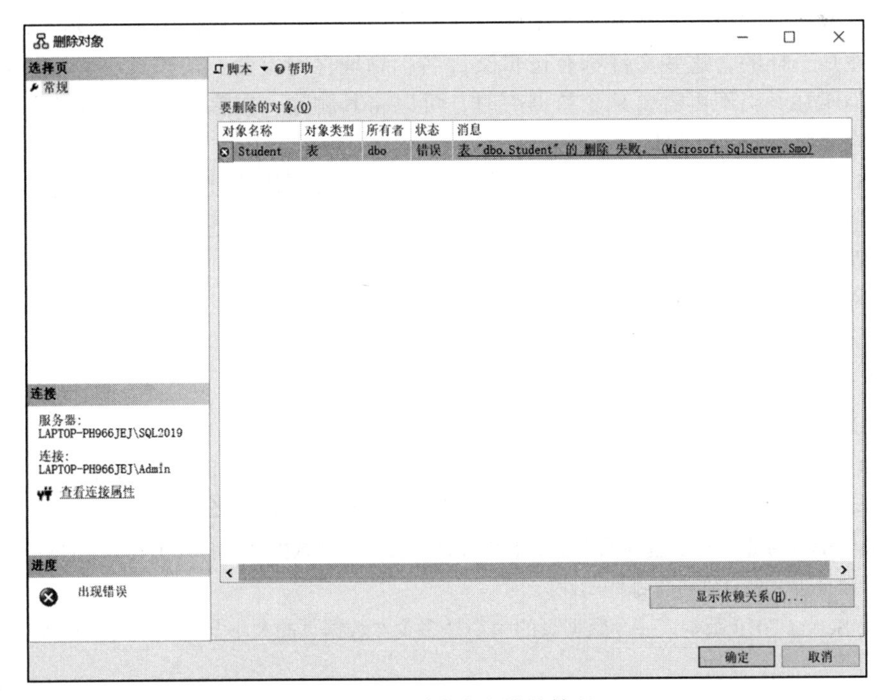

图 10-31　删除表出错的情况

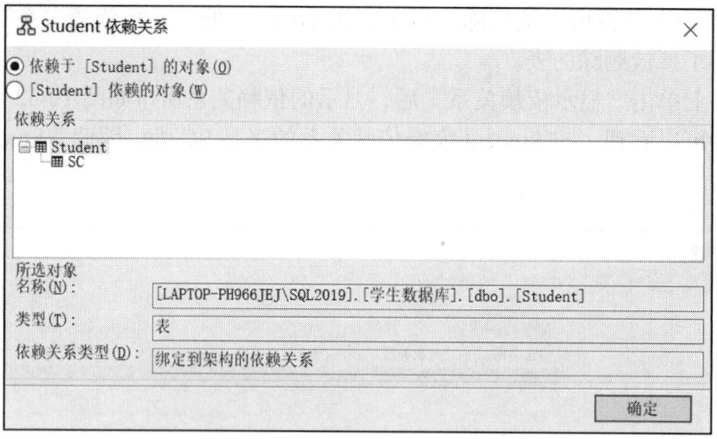

图 10-32　显示与 Student 表有依赖关系的表

10.4　小结

数据库是存放数据和各种数据库对象的场所。为维护系统正常运行，SQL Server 将数据库分为系统数据库和用户数据库两大类。系统数据库是 SQL Server 数据库管理系统自己创建和维护的，用户不能删除和更改系统数据库中的信息。用户数据库用于存放用户自己的业务数据，对用户数据库中的数据进行操作需要合适的操作权。

本章比较详细地介绍了创建和删除数据库的方法。SQL Server 的数据库由数据文件和日志文件组成，而且每个数据库至少包含一个主要数据文件和一个日志文件。为了能充分利用多个磁盘的存储空间，可以将数据文件和日志文件分别建立在不同的磁盘上。

创建数据库实际上就是定义构成数据库的数据文件和日志文件，定义这些文件的基本属性。定义好数据文件也就定义好了数据库三级模式中的内模式。数据库中的数据文件和日志文件的属性是一样的，这些文件都有逻辑文件名、物理存储位置、初始大小、增长方式和最大大小五个属性。当不再需要某个数据库时，可以将其删除，删除数据库也就删除了此数据库所包含的全部数据文件和日志文件。

本章同时介绍了如何在 SSMS 工具中用图形化的方式创建和维护关系表，从本章介绍的关系表的创建和维护可以看到，用户只需指明是在哪个数据库上进行操作，而不需要关心这些表是建立在哪个数据文件上的，更不用关心数据库的存储位置。这些都是第 2 章介绍的关系数据库的物理独立性特征的体现。

习题

1. 根据数据库用途的不同，SQL Server 将数据库分为哪两类？
2. 安装完 SQL Server 之后系统提供了哪些系统数据库？每个系统数据库的作用是什么？
3. SQL Server 数据库由哪两类文件组成？这些文件的推荐扩展名分别是什么？
4. 一个 SQL Server 数据库可以包含几个主要数据文件？几个次要数据文件？几个日志文件？
5. 数据文件和日志文件分别包含哪些属性？
6. 针对 SQL Server 2019 版本，一个数据页的大小是多少？数据页的大小与表中一行数据大小的限制有何关系？
7. 如何估算某个数据表所占的存储空间？如果某个数据表包含 20 000 行数据，每行的大小是 5 000 字节，则此数据库表大约需要多少存储空间？在这些存储空间中，有多少空间是浪费的？

上机练习

下述练习均用 SSMS 工具实现。

1. 分别用图形化的方式和 CREATE DATABASE 语句创建符合如下条件的数据库（注意，用另一个方法创建同名数据库时，需先将其删除然后再创建）。

   数据库名为：Students。

   主要数据文件的逻辑文件名为 Students_dat，物理文件名为 Students.mdf；存放在 D:\Test 文件夹下（若 D: 中无此文件夹，应先建立此文件夹，然后再创建数据库）；初始大小为 50MB；增长方式为自动增长，每次增加 10MB。

   日志文件的逻辑文件名字为 Students_log，物理文件名为 Students.ldf；存放在 D:\Test 文件夹下；初始大小为 20MB；增长方式为自动增长，每次增加 10%。

2. 分别用图形化的方式和 CREATE DATABASE 语句创建符合如下条件的数据库。

   数据库名为：财务数据库。

   数据文件 1 的逻辑文件名为财务数据 _data1，物理文件名为财务数据 _data1.mdf；存放在"D:\ 财务数据"文件夹下（若 D: 中无此文件夹，应先建立此文件夹，然后再创建数据库）；初始大小为 40MB；增长方式为自动增长，每次增加 10MB。

   数据文件 2 的逻辑文件名为财务数据 _data2，物理文件名为财务数据 _data2.ndf；存放在与主要数据文件相同的文件夹下；初始大小为 30MB；增长方式为自动增长，每次增加 10%。

   日志文件 1 的逻辑文件名为财务日志 _log1，物理文件名为财务日志 _log1.ldf；存放在 D:\ 财务日志文件夹下；初始大小为 20MB；增长方式为自动增长，每次增加 10%。

   日志文件 2 的逻辑文件名为财务日志 _log2，物理文件名为财务日志 _log2.ldf；存放在 D:\ 财务日志文件夹下；初始大小为 30MB；不自动增长。

3. 删除新建立的财务数据库，观察该数据库包含的文件是否一起被删除了。

4. 在第 1 题建立的 Students 数据库中，用图形化的方式分别创建满足如下要求的三张表（注："说明"信息不作为创建表的内容）。

教师表（Teacher）

列名	说明	数据类型	约束
Tno	教师号	普通编码定长字符串，长度为 7	主键
Tname	姓名	普通编码定长字符串，长度为 10	非空
Tsex	性别	普通编码定长字符串，长度为 2	取值为"男"或"女"
Birthday	出生日期	小日期时间型	允许空
Dept	所在部门	普通编码定长字符串，长度为 20	允许空
Sid	身份证号	普通编码定长字符串，长度为 18	取值不重

课程表（Course）

列名	说明	数据类型	约束
Cno	课程号	普通编码定长字符串，长度为 10	主键
Cname	课程名	普通编码定长字符串，长度为 20	非空
Credit	学分	小整型	大于 0
Property	课程性质	字符串，长度为 10	默认值为"必修"

授课表（Teaching）

列名	说明	数据类型	约束
Tno	教师号	普通编码定长字符串，长度为7	主键列，引用教师表的外键
Cno	课程名	普通编码定长字符串，长度为10	主键列，引用课程表的外键
Hours	授课时数	整数	大于0

5. 修改表结构：

（1）在授课表中添加一个授课类别列，列名为：Type，类型为char(4)。

（2）将授课表Type列的数据类型改为char(8)。

（3）删除课程表的Property列。

第 11 章

安全管理

安全性对于任何一个数据库管理系统来说都是至关重要的。数据库通常存储了大量的数据，这些数据可能是个人信息、客户清单或其他机密资料。如果有人未经授权非法侵入了数据库，并窃取了查看和修改数据的权限，将会造成极大的危害，特别是在银行、金融等系统中更是如此。SQL Server 2019 对数据库数据的安全管理使用身份验证、数据库用户权限确认等措施来保护数据库中的信息资源，以防止这些资源被破坏。

本章首先介绍数据库安全控制模型，然后讨论如何在 SQL Server 2019 中实现安全控制，包括用户身份的确认和用户操作权限的授予等。

11.1 安全控制概述

安全性问题并非数据库管理系统所独有的，实际上在许多系统中都存在同样的问题。数据库的安全控制是指在数据库应用系统的不同层次提供对有意和无意损害行为的安全防范。

在数据库中，对有意的非法活动可采用加密存取数据的方法进行控制；对有意的非法操作可使用用户身份验证、限制操作权来控制；对无意的损坏可采用提高系统的可靠性和数据备份等方法来控制。

在介绍数据库管理系统如何实现对数据的安全控制之前，有必要先了解一下数据库的安全控制模型和安全控制过程。

11.1.1 安全控制模型

在一般的计算机系统中，安全措施是逐级设置的。图 11-1 显示了计算机系统中从用户使用数据库应用程序开始一直到访问后台数据库数据需要经过的所有安全认证过程。

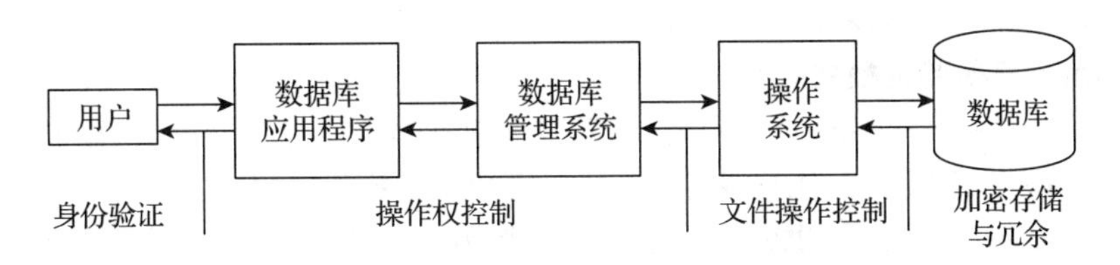

图 11-1 数据库的安全控制过程

当用户要访问数据库数据时，应该首先进入数据库系统。用户进入数据库系统通常是通过数据库应用程序实现的，这时用户要向数据库应用程序提供其身份，然后数据库应用程序将用户的身份递交给数据库管理系统进行验证，只有合法的用户才能进入下一步操作。对合法的用户，当其要进行数据库操作时，DBMS还要验证此用户是否具有这种操作权限。如果有操作权限，才允许执行操作，否则拒绝执行用户的操作。在操作系统一级也有自己的保护措施，比如设置文件的访问权限等。对于存储在磁盘上的文件，还可以加密存储，这样即使数据被窃取，他人也很难读懂数据。另外，还可以将数据库文件保存多份，这样在出现意外情况时（如磁盘破损）不至于丢失数据。

这里只讨论与数据库有关的用户身份验证和用户权限管理等技术。

11.1.2　SQL Server安全控制过程

在SQL Server的自主存取控制模式中，用户访问数据库数据都要经过三个安全认证过程。第一个过程确认用户是不是数据库服务器的合法账户（具有登录名）；第二个过程确认用户是不是所访问的数据库的合法用户（是数据库用户）；第三个过程确认用户是否具有合适的操作权限（权限认证）。这个过程的示意图如图11-2所示。

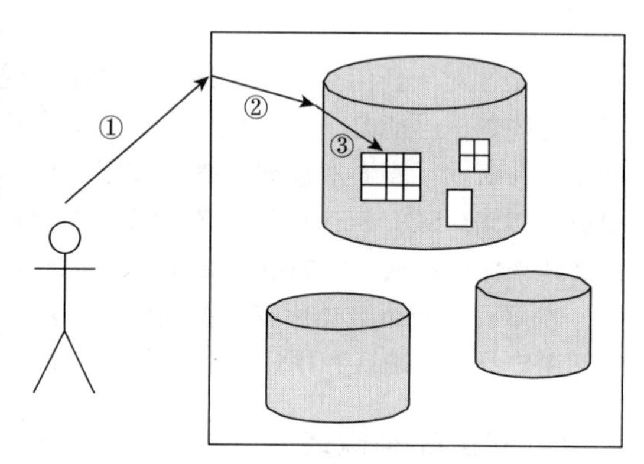

图11-2　安全认证的三个过程

用户在登录到数据库服务器后，还是不能访问任何用户数据库，必须经过第二步认证，让用户成为某个数据库的合法用户（具有访问数据库的权限）。用户成为数据库合法用户之后，对数据库中的用户数据还不具有任何操作权限，必须经过第三步认证，授予用户合适的操作权限。下面分别介绍在SQL Server 2019中如何实现这三个认证过程。

11.2　登录名

SQL Server 2019的安全管理是从基于标识用户身份的登录标识符（Login ID，登录ID）开始的，登录ID就是控制访问SQL Server数据库服务器的登录名。如果未指定有效的登录ID，则用户不能连接到SQL Server数据库服务器。

11.2.1　身份验证模式

SQL Server 2019支持两类登录名。一类是只由SQL Server自身负责身份验证的登录名；另一类是能够登录到SQL Server的Windows网络账户，这个账户可以是Windows组账户或Windows单个账户。根据不同的登录名类型，SQL Server 2019相应地提供了两种身份验证模式：Windows身份验证模式和混合身份验证模式。

1. Windows身份验证模式

由于SQL Server和Windows操作系统都是微软公司的产品，因此，微软公司将SQL Server与Windows操作系统的用户身份验证进行了集成，提供了以Windows操作系统用户身份登录到SQL Server的方式，也就是SQL Server将用户身份验证的一部分工作交给Windows操作系统来完成。在这种身份验证模式下，SQL Server将从Windows操作系统获得用户信息

（包括登录名和密码）。

当使用 “ Windows 身份验证模式” 时，SQL Server 只允许来自 Windows 账户的登录名登录到 SQL Server，用户必须首先登录到 Windows 操作系统，然后再登录到 SQL Server。而且用户登录 SQL Server 时，只需选择 “ Windows 身份验证模式”，而无需再提供登录名和密码，SQL Server 会从用户登录到 Windows 操作系统时提供的用户名和密码中查找当前用户的登录信息，以判断其是不是 SQL Server 的合法用户。对于 SQL Server 来说，一般推荐使用 “ Windows 身份验证模式”，因为这种安全模式能够与 Windows 操作系统的安全系统集成在一起，以提供更多的安全功能。

2. 混合身份验证模式

混合身份验证模式表示允许来自 Windows 用户的登录名和来自 SQL Server 用户的登录名登录到 SQL Server 数据库服务器。如果希望允许非 Windows 操作系统的用户也能登录到 SQL Server 数据库服务器上，则应该选择混合身份验证模式。如果在混合身份验证模式下，选择使用 SQL Server 授权用户登录 SQL Server 数据库服务器，则必须提供用户的登录名和密码，因为 SQL Server 必须要用这两部分内容来验证用户的合法身份。

SQL Server 身份验证的登录信息（登录名和密码）都保存在 SQL Server 实例上，而 Windows 身份验证的登录信息是由 Windows 和 SQL Server 实例共同保存的。可以在安装过程中设置身份验证模式，也可以在安装完成后在 SSMS 工具中设置。具体方法是：在要设置身份验证模式的 SQL Server 实例上右击鼠标，从弹出的菜单中选择 “属性” 命令以弹出 “服务器属性” 窗口，在该窗口左边的 “选择页” 上，单击 “安全性” 选项，然后在显示窗口（如图 11-3 所示）的 “服务器身份验证” 部分，可以设置身份验证模式（其中的 “ SQL Server 和 Windows 身份验证模式” 即为混合身份验证模式）。

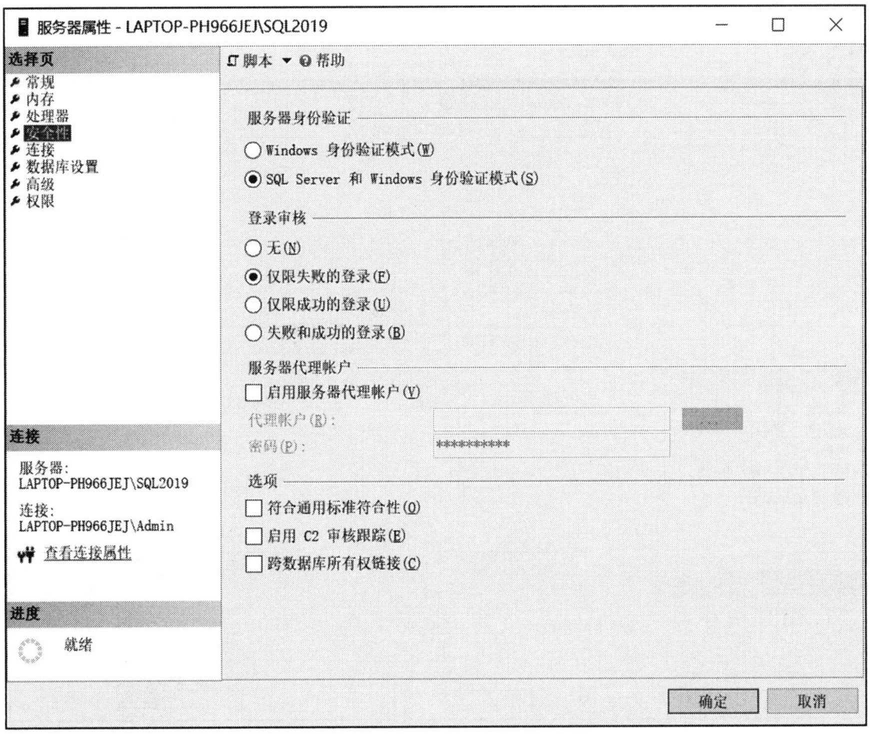

图 11-3　“安全性” 选项的窗口

注意：

修改完身份验证模式之后，需要重新启动SQL Server服务才能使设置生效。

11.2.2 建立登录名

SQL Server建立登录名有两种方法，一种是用SSMS工具通过图形化的方式实现，另一种是通过T-SQL语句实现。下面分别介绍这两种实现方法。

1. 用SSMS工具建立登录名

使用Windows登录名登录SQL Server时，SQL Server集成操作系统的身份验证，只检查该登录名是否已经在SQL Server实例上映射了相应的登录名，或者该Windows用户是否属于一个已经映射到SQL Server实例上的Windows组。

使用Windows登录名进行的连接称为信任连接（Trusted Connection）。

在使用SSMS工具建立Windows身份验证的登录名之前，应先在操作系统中建立一个Windows用户，假设我们这里已经在操作系统中建立好了Windows用户，用户名为“Win_User1”。

（1）用SSMS工具建立Windows身份验证的登录名

在SSMS工具中，建立Windows身份验证的登录名的步骤如下。

1）在SSMS的对象资源管理器中，依次展开“安全性”→“登录名”节点。在“登录名”节点上右击鼠标，在弹出的菜单中选择“新建登录名”命令，弹出如图11-4所示的“登录名-新建”窗口。

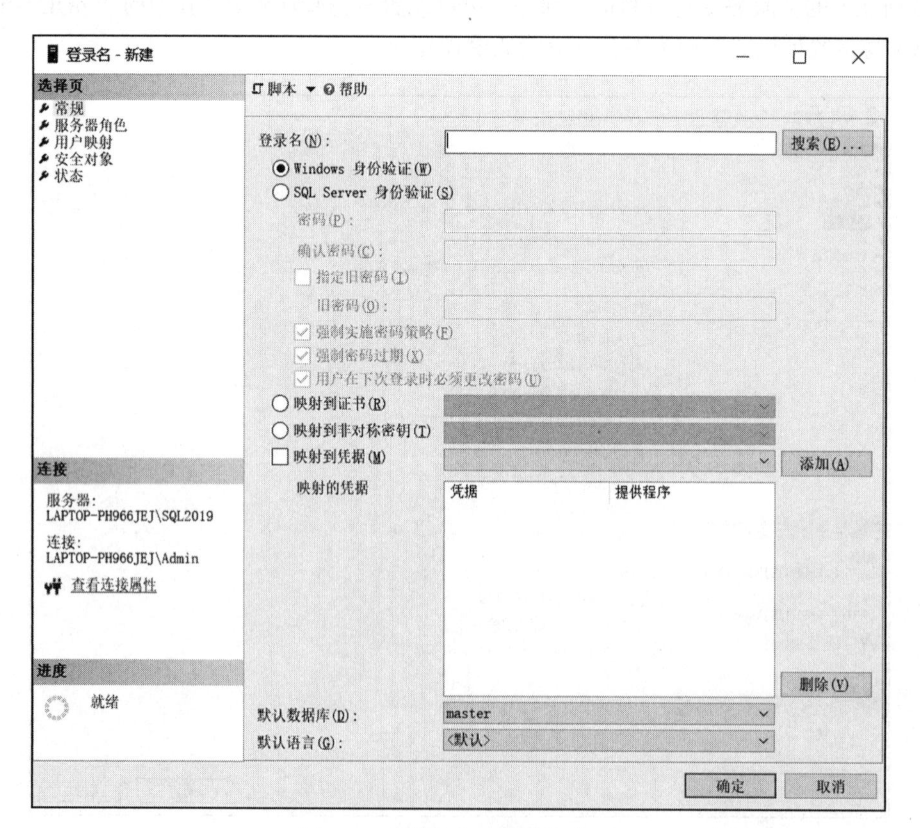

图11-4 “登录名-新建”窗口

2）在图 11-4 所示窗口上单击“搜索”按钮，弹出如图 11-5 所示的“选择用户或组”窗口。

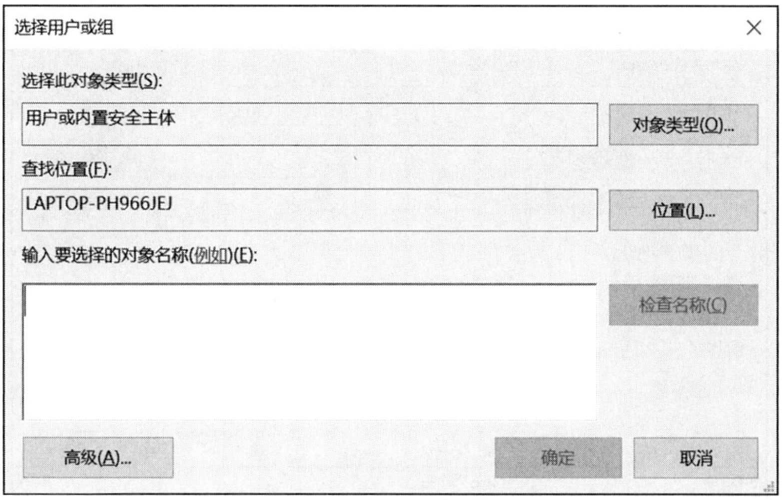

选择用户或组
选择此对象类型(S):
用户或内置安全主体
对象类型(O)...
查找位置(F):
LAPTOP-PH966JEJ
位置(L)...
输入要选择的对象名称(例如)(E):
检查名称(C)
高级(A)...
确定
取消

图 11-5 “选择用户或组”窗口

3）在图 11-5 所示窗口上单击“高级”按钮，弹出如图 11-6 所示的“选择用户或组”的高级选项窗口。

选择用户或组
选择此对象类型(S):
用户或内置安全主体
对象类型(O)...
查找位置(F):
LAPTOP-PH966JEJ
位置(L)...
一般性查询
名称(A):
起始为
描述(D):
起始为
列(C)...
立即查找(N)
停止(T)
禁用的帐户(B)
不过期密码(X)
自上次登录后的天数(I):
确定
取消
搜索结果(U):
名称
所在文件夹

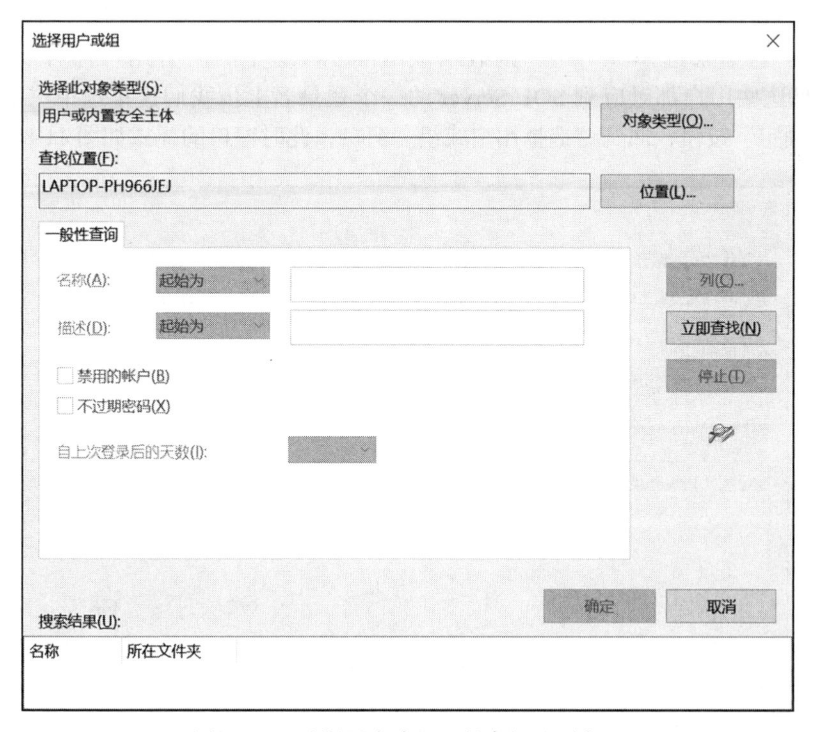

图 11-6 “选择用户或组”的高级选项窗口

4）在图 11-6 所示窗口上单击“立即查找”按钮，在下面的“名称”列表框中将列出查找的结果，如图 11-7 所示。

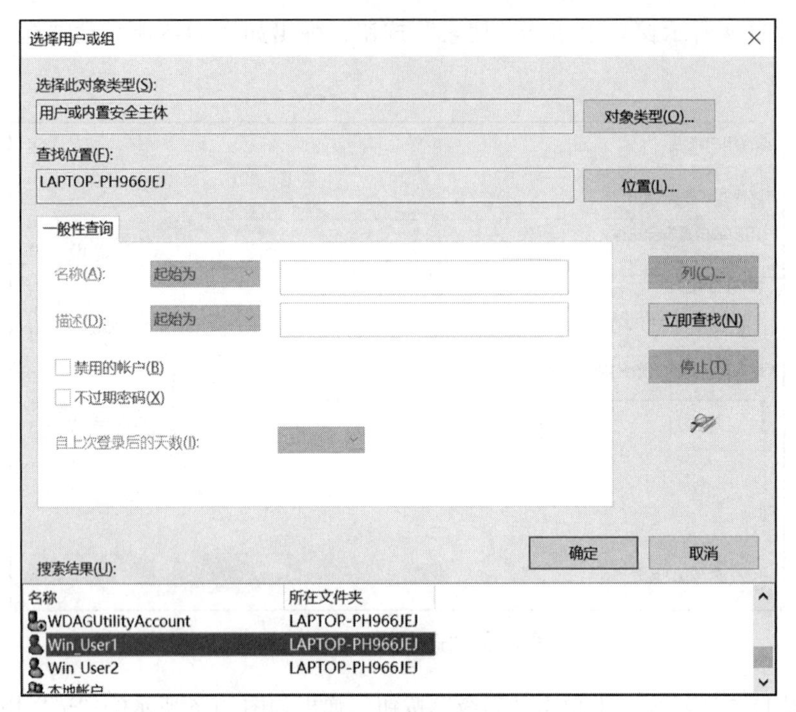

图 11-7　查询结果窗口

5）在图 11-7 所示窗口中列出了全部可用的 Windows 用户和组。在这里可以选择组，也可以选择用户。如果选择一个组，则表示该 Windows 组中的所有用户都可以登录到 SQL Server，而且这些用户都对应到 SQL Server 的一个登录名上。我们这里选中“ Win_User1”，然后单击“确定”按钮，回到“选择用户或组”窗口，此时窗口的样式如图 11-8 所示。

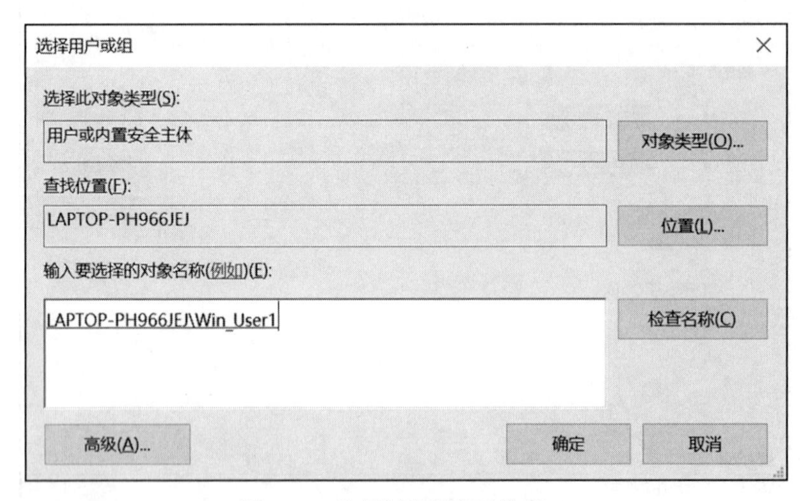

图 11-8　选择好登录名后的窗口

6）在图 11-8 所示窗口上单击“确定”按钮，回到图 11-4 所示的“登录名 - 新建”窗口，此时在此窗口的“登录名”框中会出现新建的登录名：LAPTOP-PH966JEJ\Win_User1。在此窗口上单击“确定”按钮，完成对登录名的创建。

这时如果用户用 Win_User1 登录操作系统，并连接到 SQL Server，则连接界面中的登录名应该是 LAPTOP-PH966JEJ\Win_User1。

（2）用 SSMS 工具建立 SQL Server 身份验证的登录名

通过 SSMS 工具建立 SQL Server 身份验证的登录名的具体步骤如下。

1）以系统管理员身份连接到 SSMS，在 SSMS 的对象资源管理器中，依次展开“安全性”→“登录名”节点。在“登录名”节点上右击鼠标，在弹出的菜单中选择“新建登录名”命令，弹出“登录名 - 新建”窗口（参见图 11-4）。

2）在图 11-4 所示窗口的“常规”选择页上，在“登录名”文本框中输入 SQL_User1，在身份验证模式部分选中“SQL Server 身份验证”选项，表示新建一个 SQL Server 身份验证模式的登录名。选中该选项后，其中的“密码”“确认密码”等选项均成为可用状态，在此可输入新建登录名的密码，如图 11-9 所示。

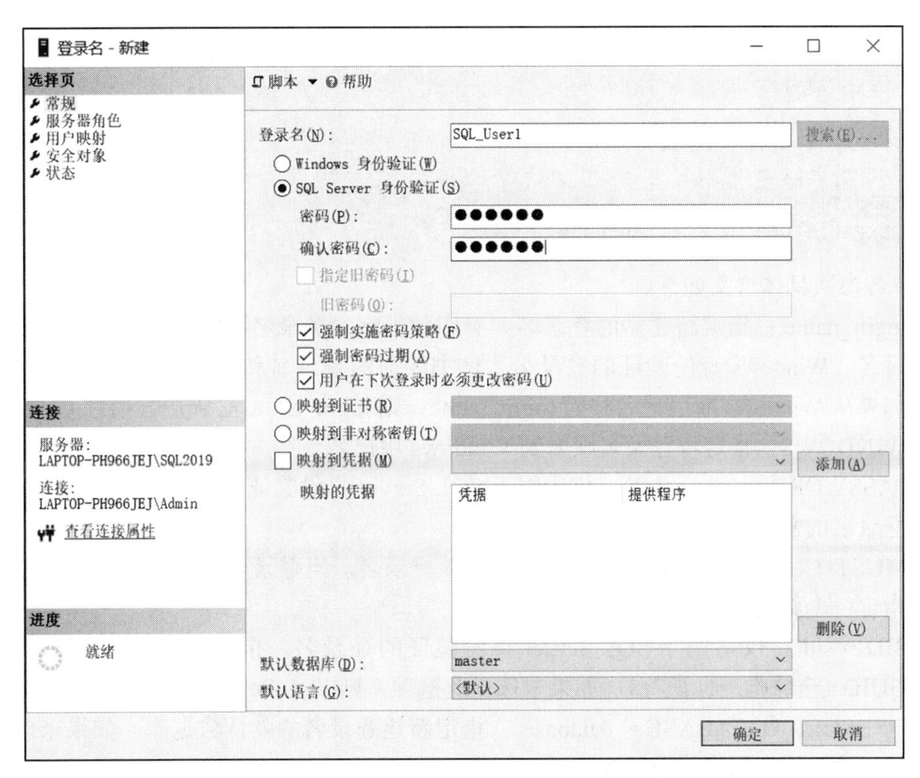

图 11-9　输入登录名并选中“SQL Server 身份验证”

图 11-9 中间几个主要复选框说明如下。

- 强制实施密码策略：表示对该登录名强制实施密码策略，这样可强制用户的密码具有一定的复杂性。在 Windows Server 2003 或更高版本环境下运行 SQL Server 2019 时，可以使用 Windows 密码策略机制（在 Windows XP 操作系统下不支持密码策略）。SQL Server 2019 可以将 Windows Server 2003 中使用的复杂性策略和过期策略应用于 SQL Server 内部使用的密码。
- 强制密码过期：对该登录名强制实施密码过期策略。必须先选中“强制实施密码策略”才能启用此复选框。
- 用户在下次登录时必须更改密码：首次使用新登录名时，SQL Server 将提示用户输入新密码。

- 默认数据库：指定该登录名初始登录到SSMS时进入的数据库。
- 默认语言：指定该登录名登录到SQL Server时使用的默认语言。一般情况下，都使用“默认值”，使该登录名使用的语言与所登录的SQL Server实例所使用的语言一致。

这里取消勾选“强制实施密码策略”复选框，然后单击“确定”按钮，完成对登录名的建立。

2. 用T-SQL语句建立登录名

建立新的登录名的T-SQL语句是CREATE LOGIN，其简化语法格式为：

```
CREATE LOGIN login_name { WITH <option_list1> | FROM <sources> }
<option_list1> ::=
  PASSWORD = 'password' [ MUST_CHANGE ] [ , <option_list2> [ ,... ] ]
<option_list2> ::=
  SID = sid
  | DEFAULT_DATABASE = database
  | DEFAULT_LANGUAGE = language
<sources> ::=
  WINDOWS [ WITH <windows_options> [ ,... ] ]
<windows_options> ::=
  DEFAULT_DATABASE = database
  | DEFAULT_LANGUAGE = language
```

其中各参数具体含义如下。

- login_name：指定新建立的登录名。有四种类型的登录名：SQL Server身份验证的登录名、Windows身份验证的登录名、证书映射的登录名和非对称密钥映射的登录名。如果从Windows域用户名映射login_name，则login_name必须用方括号[ ]括起来。
- WINDOWS：指定将登录名映射到Windows用户名。
- PASSWORD = 'password'：仅适用于SQL Server身份验证的登录名。指定正在创建的登录名的密码。
- MUST_CHANGE：仅适用于SQL Server登录名。当登录名第一次被使用时必须重新指定一个新的密码。
- SID = sid：仅适用于SQL Server身份验证的登录名。指定新SQL Server登录名的GUID（全球唯一标识符）。如果未选择此选项，则SQL Server将自动指派GUID。
- DEFAULT_DATABASE = database：指定新建登录名的默认数据库。如果未包括此选项，则默认数据库将设置为master。
- DEFAULT_LANGUAGE = language：指定新建登录名的默认语言。如果未包括此选项，则默认语言将设置为服务器的当前默认语言。即使以后服务器的默认语言发生更改，登录名的默认语言仍然保持不变。

【例1】创建SQL Server身份验证的登录名。登录名：SQL_User2，密码：a1b2c3XY。

```
CREATE LOGIN SQL_User2 WITH PASSWORD = 'a1b2c3XY';
```

【例2】创建Windows身份验证的登录名。从Windows域用户选择COMP\Win_User作为SQL Server登录名。

```
CREATE LOGIN [COMP\Win_User] FROM WINDOWS;
```

【例3】创建SQL Server身份验证的登录名。登录名：SQL_User3，密码：AD4h9fcdhx32MOP。要求该登录名首次连接服务器时必须更改密码。语句为：

```
CREATE LOGIN SQL_User3 WITH PASSWORD = 'AD4h9fcdhx32MOP' MUST_CHANGE;
```

11.2.3　删除登录名

由于一个 SQL Server 登录名可以是多个数据库中的合法用户，因此在删除登录名之前，应该先删除该登录名在各个数据库中映射的数据库用户（如果有的话），然后再删除登录名。否则会产生没有对应的登录名的孤立数据库用户。

删除登录名可以在 SSMS 工具中实现，也可以使用 T-SQL 语句实现。

1. 用 SSMS 工具实现

我们以删除 SQL_User2 登录名为例（假设系统中已有此登录名），说明删除登录名的步骤。

1）以系统管理员身份连接到 SSMS，在 SSMS 的对象资源管理器中，依次展开“安全性”→“登录名”节点。

2）在要删除的登录名（SQL_User2）上右击鼠标，从弹出的菜单中选择“删除”命令。弹出如图 11-10 所示的“删除对象”窗口。

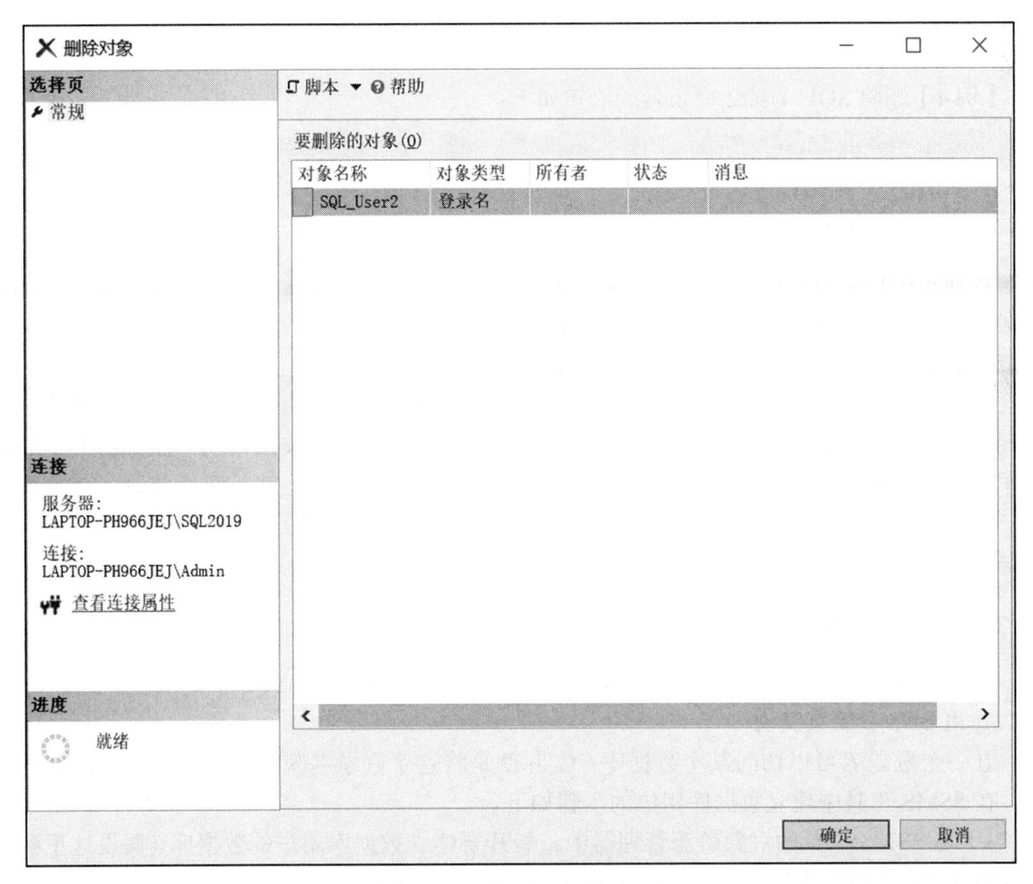

图 11-10　“删除对象”窗口

3）若确实要删除此登录名，则单击“确定”按钮，否则单击“取消”按钮。我们这里单击“确定”按钮，系统会弹出一个如图 11-11 所示的提示窗口，在此窗口上单击“确定”按钮，将删除 SQL_User2 登录名。

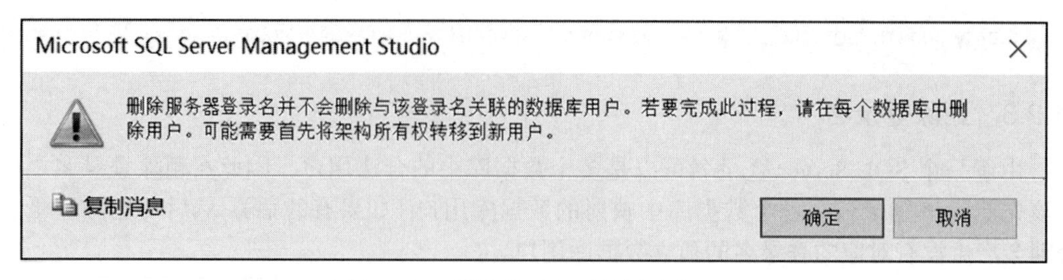

图 11-11　删除登录名时的提示窗口

2. 用 T-SQL 语句实现

删除登录名的 T-SQL 语句为 DROP LOGIN，其语法格式为：

```
DROP LOGIN login_name
```

其中 login_name 为要删除的登录名的名字。

注意：

不能删除正在使用的登录名，也不能删除拥有任何数据库对象、服务器级别对象的登录名。

【**例 4**】删除 SQL_User2 登录名。语句如下：

```
DROP LOGIN SQL_User2;
```

11.3　数据库用户

数据库用户是数据库级别上的主体。用户在具有了登录名之后，只能连接到 SQL Server 数据库服务器上，并不具有访问任何用户数据库的权限，只有成为数据库的合法用户后，才能访问该数据库。本节介绍如何管理数据库用户。

数据库用户一般都来自服务器上已有的登录名，让登录名成为某数据库用户的操作称为“映射”。一个登录名可以映射为多个数据库中的用户，这种映射关系为同一服务器上不同数据库的权限管理带来了很大的方便。管理数据库用户的过程实际上就是建立登录名与数据库用户之间的映射关系的过程。默认情况下，新建立的数据库只有一个用户——dbo，该用户是数据库的拥有者。

11.3.1　建立数据库用户

建立数据库用户的过程可以用 SSMS 工具实现，也可以使用 T-SQL 语句实现。

1. 用 SSMS 工具实现

让一个登录名可以访问某个数据库，实际就是将这个登录名映射为该数据库中的合法用户。在 SSMS 工具中建立数据库用户的步骤如下。

1）在 SSMS 工具的对象资源管理器中，展开要建立数据库用户的数据库（假设这里我们展开的是“学生数据库”）。

2）展开“安全性”节点，在“用户”节点上右击鼠标，在弹出的菜单上选择“新建用户”命令，弹出如图 11-12 所示的窗口。

3）在图 11-12 所示的窗口中，在“用户名”文本框中可以输入一个与登录名对应的数据库用户名，这个用户名可以与登录名同名，也可以不同名。在“登录”部分指定将要成为此数据库用户的登录名。可单击“登录名”文本框右边的按钮，查找某登录名。

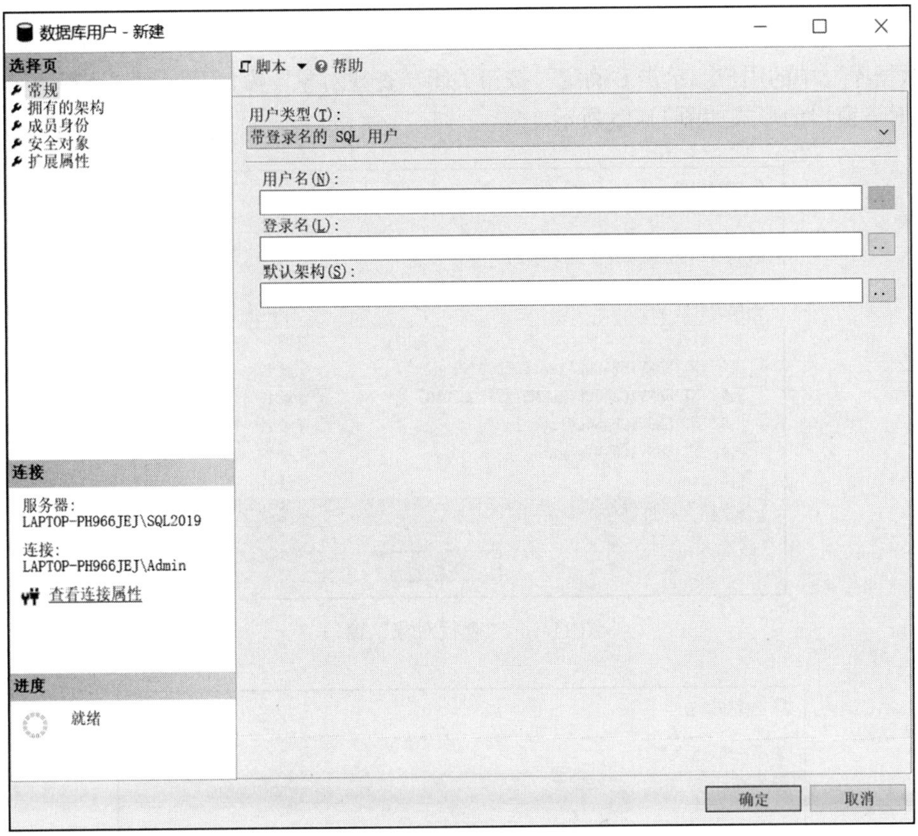

数据库用户 - 新建
选择页
常规
拥有的架构
成员身份
安全对象
扩展属性
脚本　帮助
用户类型(T):
带登录名的 SQL 用户
用户名(N):
登录名(L):
默认架构(S):
连接
服务器:
LAPTOP-PH966JEJ\SQL2019
连接:
LAPTOP-PH966JEJ\Admin
查看连接属性
进度
就绪
确定　取消

图 11-12　“数据库用户 - 新建”窗口

这里我们在“用户名”文本框中输入：SQL_User1（注意，用户名没有系统默认名，用户必须手工输入一个名字），然后单击“登录名”文本框右边的 [..] 按钮，弹出如图 11-13 所示的“选择登录名”窗口。

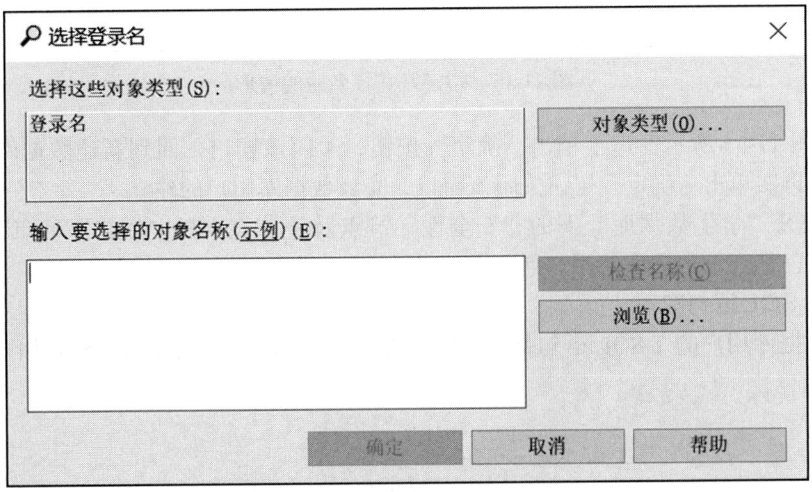

选择登录名
选择这些对象类型(S):
登录名
对象类型(O)...
输入要选择的对象名称(示例)(E):
检查名称(C)
浏览(B)...
确定　取消　帮助

图 11-13　“选择登录名”窗口

4）在图 11-13 所示窗口中，单击“浏览”按钮，弹出如图 11-14 所示的“查找对象”窗口。

5）在图 11-14 所示窗口中，勾选“[SQL_User1]”前的复选框，表示让该登录名成为“学生数据库”中的用户。单击“确定”按钮关闭“查找对象”窗口，回到“选择登录名”窗口，这时该窗口的形式如图 11-15 所示。

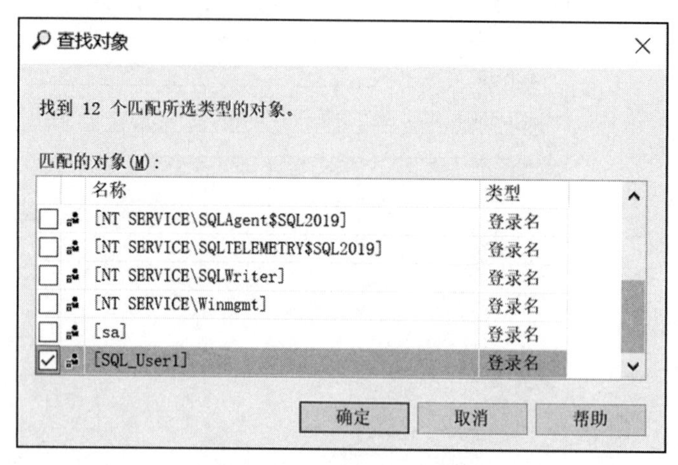

图 11-14　“查找对象”窗口

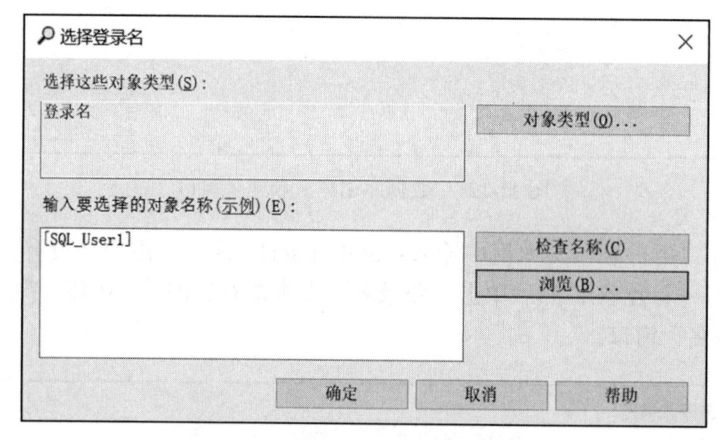

图 11-15　指定好登录名后的情形

6）在图 11-15 所示窗口上单击“确定”按钮，关闭该窗口，回到新建数据库用户窗口。在此窗口上再次单击“确定”按钮关闭该窗口，完成数据库用户的建立。

这时展开“学生数据库”下的“安全性”节点及该节点下的“用户”节点，可以看到 SQL_User1 已经在该数据库的用户列表中。

2. 用 T-SQL 语句实现

建立数据库用户的 T-SQL 语句是 CREATE USER，该语句的简化语法格式如下：

```
CREATE USER user_name
  [
    { FOR | FROM } LOGIN login_name
  ]
[ ; ]
```

其各参数说明如下。

- user_name：指定在此数据库中用于识别该用户的名称。
- LOGIN login_name ：指定要映射为数据库用户的 SQL Server 登录名。login_name 必须是服务器中有效的登录名。

注意：

如果省略 FOR LOGIN，则新的数据库用户将被映射到同名的 SQL Server 登录名。

【例 5】 让 SQL_User2 登录名（假设该登录名已存在）成为“学生数据库”的用户，并且用户名同登录名。语句如下：

```
CREATE USER SQL_User2;
```

【例 6】 本例首先创建名为 SQL_JWC 的 SQL Server 身份验证的登录名，该登录名的密码为：jKJl3$nN09jsK84，然后在“学生数据库”中创建与此登录名对应的数据库用户 JWC。语句如下：

```
CREATE LOGIN SQL_JWC
WITH PASSWORD = 'jKJl3$nN09jsK84';
GO
USE 学生数据库;
GO
CREATE USER JWC FOR LOGIN SQL_JWC;
```

注意：

一定要清楚服务器登录名与数据库用户是两个完全不同的概念。具有登录名的用户可以登录到 SQL Server 实例上，而且只能在实例级别上进行操作。而数据库用户则是登录名以什么样的身份在该数据库中进行操作的映射名，是登录名在具体数据库中的映射，这个映射名（数据库用户名）可以与登录名一样，也可以不一样。一般为了便于理解和管理，建议采用相同的名字。

11.3.2　删除数据库用户

从当前数据库中删除一个用户，实际就是解除了登录名和数据库用户之间的映射关系，但并不影响登录名的存在。删除数据库用户之后，其对应的登录名仍然存在。

删除数据库用户可以用 SSMS 工具图形化的方式实现，也可以使用 T-SQL 语句实现。

1. 用 SSMS 工具实现

我们以删除“学生数据库”中的 JWC 用户为例，说明使用 SSMS 工具删除数据库用户的步骤。

1）以系统管理员身份连接到 SSMS，在 SSMS 工具的对象资源管理器中，依次展开“数据库”→“学生数据库”→“安全性”→“用户”节点。

2）在要删除的“JWC”用户名上右击鼠标，在弹出的菜单上选择“删除”命令，弹出如图 11-16 所示的“删除对象”窗口。

3）在“删除对象”窗口中，如果确实要删除，则单击“确定”按钮，删除此用户。否则单击“取消”按钮。我们这里选择“确定”按钮，删除“JWC”用户。

2. 用 T-SQL 语句实现

删除数据库用户的 T-SQL 语句是 DROP USER，其语法格式为：

```
DROP USER user_name
```

其中 user_name 为要在此数据库中删除的用户名。

【例 7】删除 SQL_User2 用户。语句如下：

```
DROP USER SQL_User2
```

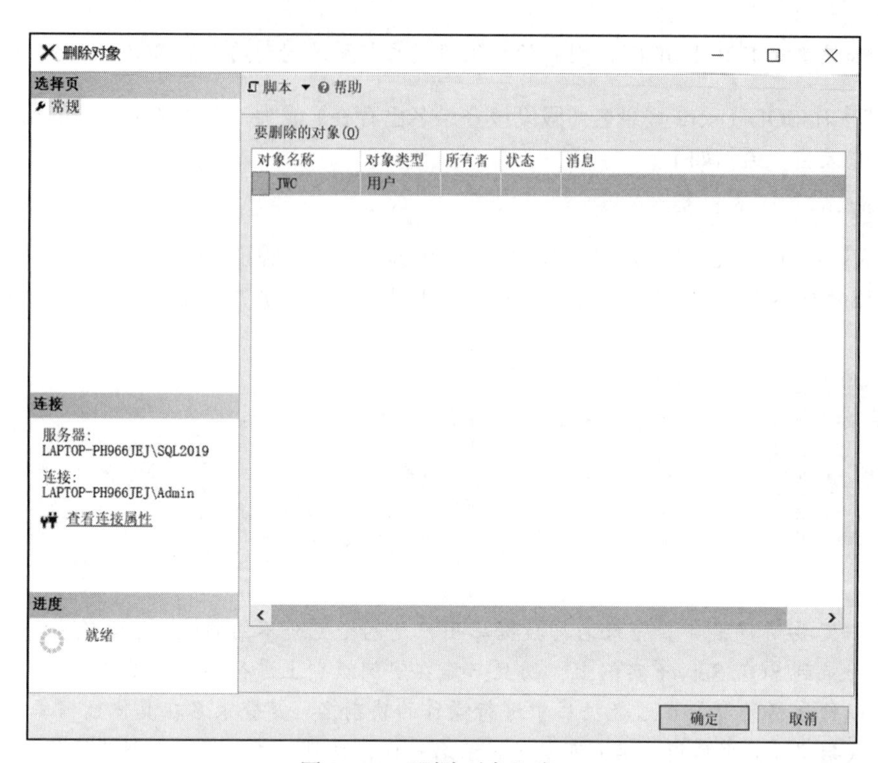

图 11-16　“删除对象”窗口

11.4　权限管理

在现实生活中，每个单位的职工都有一定的工作职能以及相应的配套权限。在数据库中也是一样，为了让数据库中的用户能够进行合适的操作，SQL Server 提供了一套完整的权限管理机制。

当某个用户成为数据库中的合法用户之后，他除了具有一些系统视图的查询权限之外，对数据库中的用户数据和对象并没有任何操作权限，因此，下一步就需要为数据库中的用户授予数据库数据及对象的操作权限。

权限按其作用的不同，可以分为系统维护权限和数据库对象及数据库数据的操作权限。在数据库中一般将用户分为系统管理员、数据库对象拥有者和普通用户三类。

11.4.1　权限种类及用户分类

1. 权限的种类

通常情况下，数据库管理系统中的权限被划分为两类。一类是对数据库系统进行维护的权限，另一类是对数据库中的对象和数据进行操作的权限。对数据库对象的操作权包括创建、删除和修改数据库对象，我们将这类权限称为语句权限；对数据库数据的操作权限包括对表、视图数据的增、删、改、查权限，我们将这类权限称为对象权限。

语句权限和对象权限是可以授权的权限，除了这两类权限外，还有一类权限是隐含权限，隐含权限是用户自动具有的权限，比如数据库拥有者自动具有其拥有的数据库的全部操作权。

（1）对象权限

对象权限是用户在已经创建好的对象上行使的权限，主要包括对表和视图数据进行 SELECT、INSERT、UPDATE 和 DELETE 的权限，其中 UPDATE 和 SELECT 可以对表或视图的单个列进行授权。

（2）语句权限

SQL Server 除了提供对对象的操作权限外，还提供了创建对象的权限，即语句权限。语句权限主要包括：CREATE TABLE 和 CREATE VIEW。

- CREATE TABLE：具有在数据库中创建表的权限。
- CREATE VIEW：具有在数据库中创建视图的权限。

（3）隐含权限

隐含权限是指数据库拥有者和数据库对象拥有者本身所具有的权限，隐含权限相当于内置权限，不需要再明确地授予这些权限。例如，数据库拥有者自动具有对数据库进行一切操作的权限。

2. 数据库用户的分类

数据库中的用户按其操作权限的不同可分为如下三类。

（1）系统管理员

系统管理员在数据库服务器上具有全部的权限，包括对服务器的配置和管理权限，也包括对全部数据库的操作权限。当用户以系统管理员身份进行操作时，系统不对其权限进行检验。每个数据库管理系统在安装好之后都有自己默认的系统管理员，SQL Server 的默认系统管理员是“sa”。在安装好之后也可以授予其他用户系统管理员的权限。

（2）数据库对象拥有者

创建数据库对象的用户即为数据库对象拥有者。数据库对象拥有者对其所拥有的对象具有全部权限。

（3）普通用户

普通用户只具有对数据库数据的增、删、改、查权限。

11.4.2　权限的管理

在以上介绍的三种权限中，隐含权限是由系统预先定义好的，这类权限无须也不能进行管理。因此，权限的管理实际上是指对对象权限和语句权限的管理。权限的管理包含如下三项内容：

- 授予权限：授予用户或角色的某种操作权。
- 收回权限：收回（或称为撤销）曾经授予给用户或角色的权限。
- 拒绝权限：拒绝某用户或角色的某种操作权限，即使用户或角色由于继承而获得这种操作权限，也不允许执行相应的操作。

1. 对象权限的管理

对对象权限的管理可以通过 SSMS 工具实现，也可以通过 T-SQL 语句实现。

（1）用 SSMS 工具实现

在“学生数据库”中，我们以授予 SQL_User1 用户具有 Student 表的 SELECT 和 INSERT

权限、Course 表的 SELECT 权限为例，说明在 SSMS 工具中授予用户对象权限的操作过程。

在授予 SQL_User1 用户权限之前，我们先做个试验。首先用 SQL_User1 用户建立一个新的数据库引擎查询（建立方法：单击工具栏中“新建查询”图标右边的“新建数据库引擎查询”图标，弹出如图 11-17 所示的“连接到数据库引擎”窗口，在此窗口的“身份验证”下拉列表框中选择“SQL Server 身份验证”，并在“登录名”框中输入 SQL_User1，并在“密码”框中输入相应的密码）。

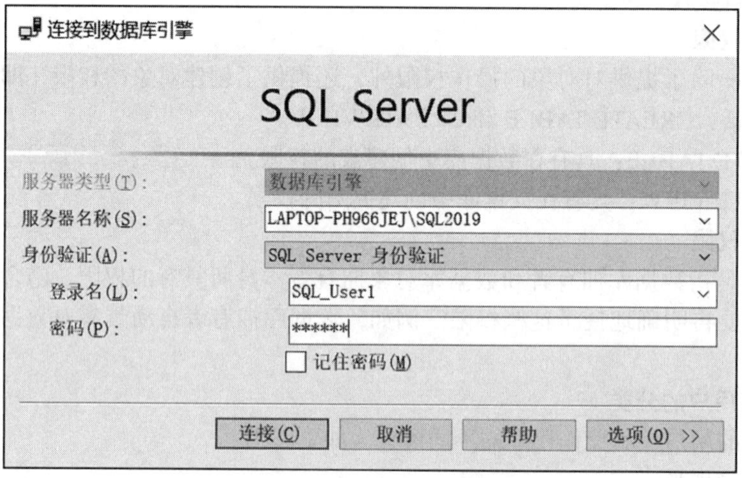

图 11-17　“连接到数据库引擎”窗口

在查询编辑器中，输入代码：

```
SELECT * FROM Student
```

执行该代码后，系统将显示信息（见图 11-18）。

```
拒绝了对对象 'Student'（数据库 '学生数据库'，架构 'dbo'）的 SELECT 权限。
```

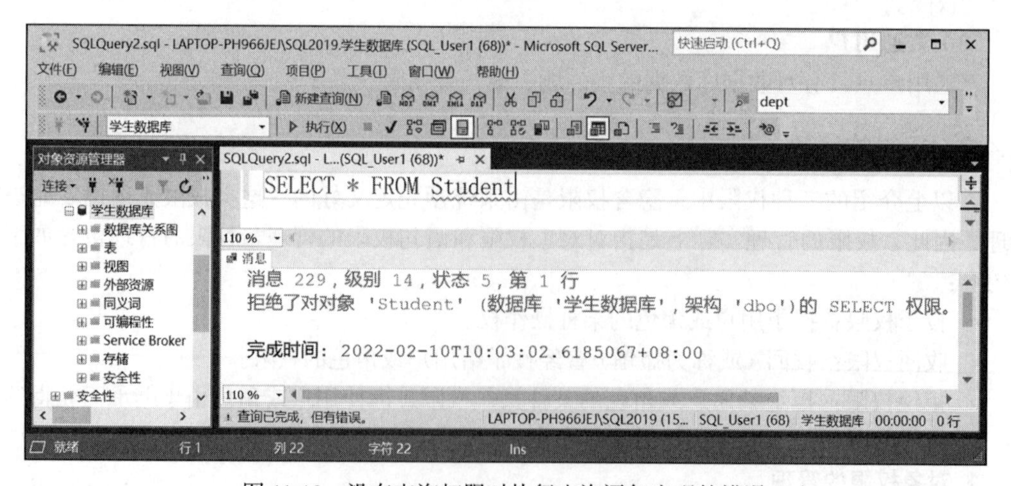

图 11-18　没有查询权限时执行查询语句出现的错误

该试验表明，数据库用户 SQL_User1 在“学生数据库”中对 Student 表中的数据没有查询权限。

下面介绍在 SSMS 工具中对数据库用户授权的方法。

1）在 SSMS 工具的对象资源管理器中，依次展开“数据库”→“学生数据库”→“安全性”→“用户”，在“ SQL_User1”用户上右击，在弹出的菜单中选择“属性”命令，弹出如图 11-19 所示的数据库用户属性窗口。

图 11-19　数据库用户属性窗口

2）在图 11-19 所示窗口中，单击“搜索”按钮，弹出如图 11-20 所示的“添加对象”窗口，在这个窗口中可以选择要添加的对象类型。默认是添加“特定对象”类。

3）在“添加对象”窗口中，我们不进行任何修改，单击“确定”按钮，弹出如图 11-21 所示的“选择对象”窗口。在这个窗口中可以通过选择对象类型来对对象进行筛选。

4）在“选择对象”窗口中，单击“对象类型”按钮，弹出如图 11-22 所示的“选择对象类型”窗口。在这个窗口中可以选择要授予权限的对象类型。

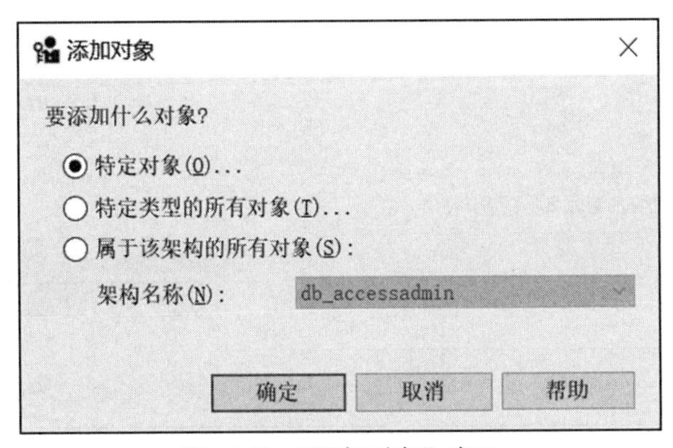

图 11-20　“添加对象”窗口

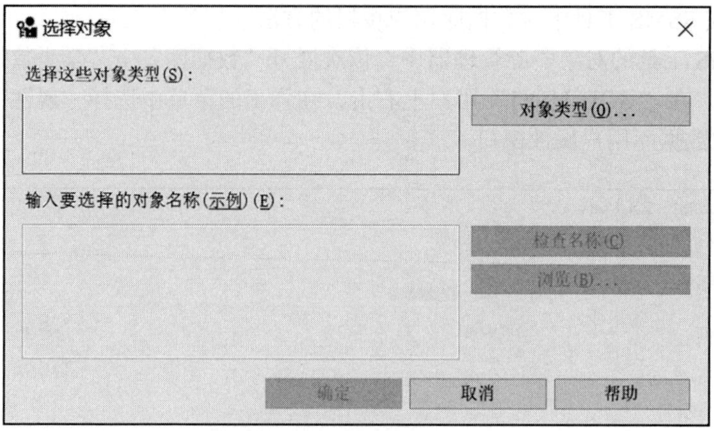

图 11-21　“选择对象”窗口

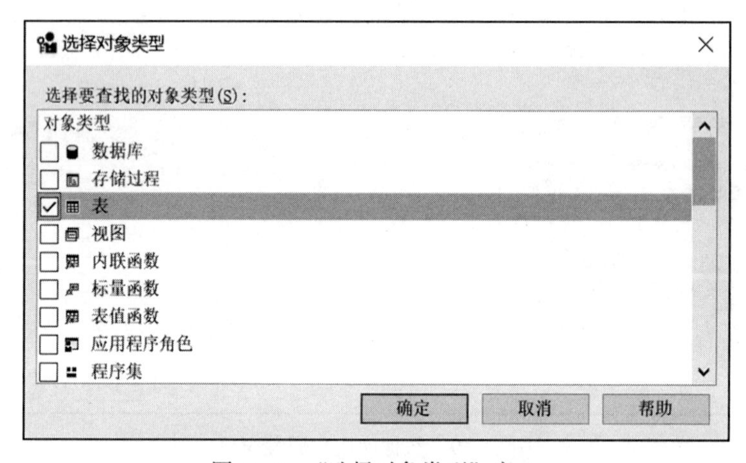

图 11-22　“选择对象类型”窗口

5）由于我们是要授予 SQL_User1 用户操作 Student 表和 Course 表的权限，因此在“选择对象类型”窗口中，勾选“表”前边的复选框（如图 11-22 所示）。单击“确定”按钮，回到“选择对象”窗口，这时在该窗口的“选择这些对象类型”列表框中会列出所选的“表”对象类型，如图 11-23 所示。

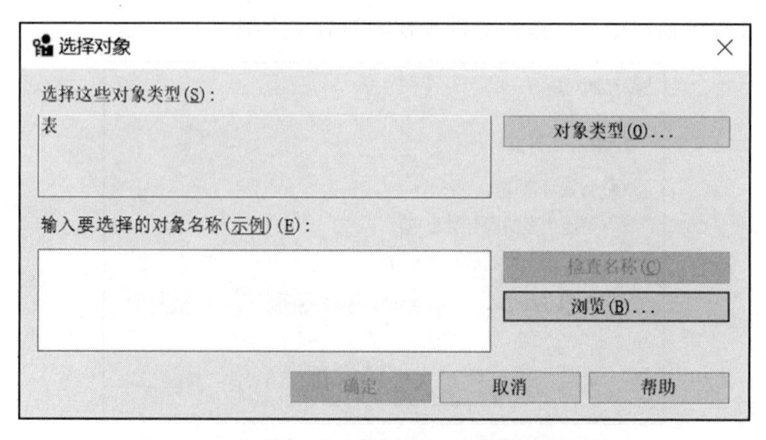

图 11-23　指定好对象类型后的“选择对象”窗口

6）在图 11-23 所示的窗口中，单击“浏览”按钮，弹出如图 11-24 所示的“查找对象”窗口。在该窗口中列出了当前可以被授权的全部表。这里我们勾选“ Student”和“ Course”表前边的复选框。

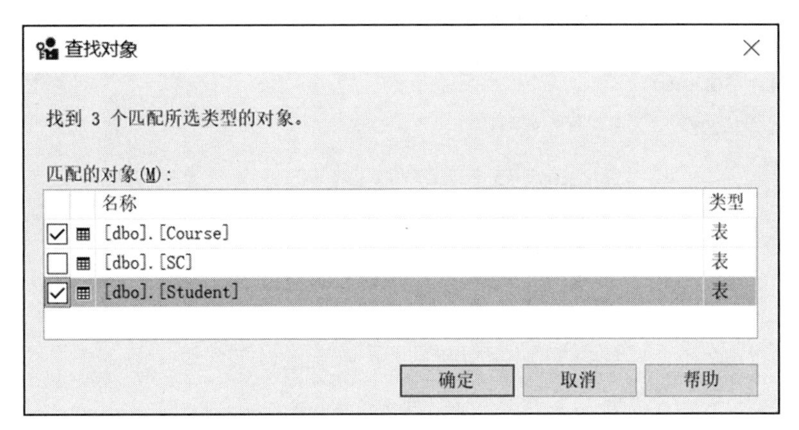

图 11-24　选择要授权的表

7）在“查找对象”窗口中指定好要授权的表之后，单击“确定”按钮，回到“选择对象”窗口，此时该窗口的形式如图 11-25 所示。

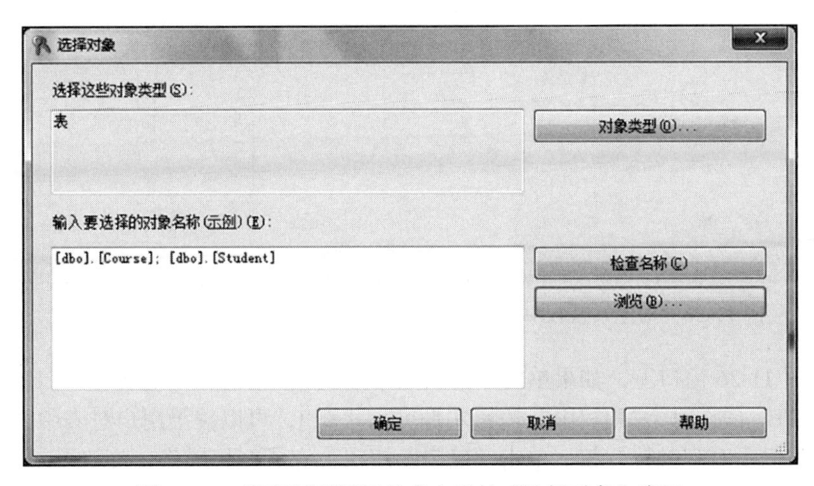

图 11-25　指定好要授权的表之后的“选择对象”窗口

8）在图 11-25 所示窗口上，单击“确定”按钮，回到数据库用户属性中的“安全对象”窗口，此时该窗口形式如图 11-26 所示。现在可以在这个窗口上对选择的对象授予相关的权限。

9）在图 11-26 所示的窗口中，不勾选权限表示用户没有此项权限，可以勾选的权限有以下三种。

- 授予：表示授予该项权限。
- 授予并允许转授：表示在授权时同时授予该权限的转授权，即该用户还可以将其获得的权限授予其他人。
- 拒绝：表示拒绝该用户获得该权限。

这里首先在“安全对象”列表框中选中“ Course”，然后在下面的权限部分勾选“选择”

（即查询）对应的“授予”复选框，表示授予该用户对Course表具有SELECT权。然后再在“安全对象”列表框中选中“Student”，并在下面的权限部分分别勾选“选择”和“插入”对应的“授予”复选框，表示授予该用户对Student表的SELECT和INSERT权限。（说明：打上钩表示授予权限，去掉钩表示收回权限。）

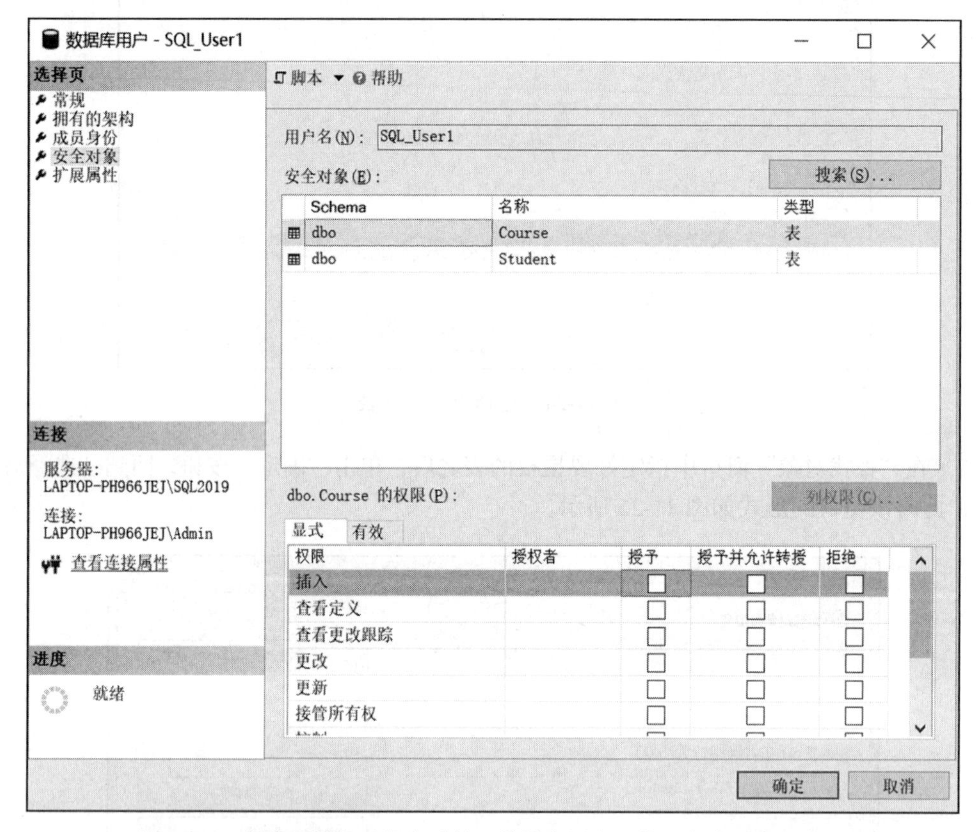

图11-26 指定好授权对象之后的“数据库用户”的“安全对象”窗口

10）在图11-26窗口上，如果单击“列权限”按钮[只有选中“选择”（SELECT）和“更新”（UPDATE）操作时，“列权限”按钮才是可用状态]，可以授予用户对表中某些列的操作权限。这里我们不对列进行授权。单击“确定”按钮，完成授权操作，关闭该窗口。

至此，完成了对数据库用户的授权。

此时，以SQL_User1身份再次执行代码：

```
SELECT * FROM Student
```

代码执行成功，并返回所需要的结果。

（2）用T-SQL语句实现

在T-SQL语句中，用于管理权限的语句有以下三条。

- GRANT：授予权限。
- REVOKE：收回或撤销权限。
- DENY：拒绝权限。

管理对象权限的语句的语法格式如下。

1）授权语句的简化语法格式如下：

```
GRANT 对象权限名 [, … ]
  ON { 表名 | 视图名 }
  TO { 数据库用户名 | 用户角色名 } [, … ]
```

2）收权语句的简化语法格式如下：

```
REVOKE 对象权限名 [, … ]
  ON { 表名 | 视图名 }
  FROM { 数据库用户名 | 用户角色名 } [, … ]
```

3）拒绝权限语句的简化语法格式如下：

```
DENY 对象权限名 [, … ]
  ON { 表名 | 视图名 }
  TO { 数据库用户名 | 用户角色名 } [, … ]
```

其中“对象权限名”可以是：INSERT、DELETE、UPDATE 和 SELECT 权限。

【例 8】为用户 user1 授予 Student 表的查询权限。

```
GRANT SELECT ON Student TO user1
```

【例 9】为用户 user1 授予 SC 表的查询权和插入权限。

```
GRANT SELECT, INSERT ON SC TO user1
```

【例 10】收回用户 user1 对 Student 表的查询权限。

```
REVOKE SELECT ON Student FROM user1
```

【例 11】拒绝 user1 用户具有 SC 表的更改权限。

```
DENY UPDATE ON SC TO user1
```

2. 语句权限的管理

同对象操作权限管理一样，对语句权限的管理也可以通过 SSMS 工具和 T-SQL 语句实现。

（1）用 SSMS 工具实现

在“学生数据库”中，我们以授予 SQL_User1 用户具有创建表的权限为例，说明在 SSMS 中授予用户语句权限的过程。

在授予 SQL_User1 用户权限之前，我们先用该用户建立一个新的数据库引擎查询，打开查询编辑器，输入如下代码：

```
CREATE Table Teachers( --创建教师表
  Tid char(6),          --教师号
  Tname varchar(10)     --教师名
)
```

执行该代码后，SSMS 的界面如图 11-27 所示，说明用户初始时并不具有创建表的权限。

使用 SSMS 工具授予用户语句权限的具体步骤如下。

1）在 SSMS 工具的对象资源管理器中，依次展开“数据库”→“学生数据库”→“安全性”→“用户”，在 SQL_User1 用户上右击鼠标，在弹出的菜单中选择“属性”命令，弹出用户属性窗口（参见图 11-19），在此窗口单击“搜索”按钮。在弹出的“添加对象”窗口（参见图 11-20）中确保选中了“特定对象”选项，单击“确定”按钮，在弹出的“选择对象”窗口（参见图 11-21）中单击“对象类型”按钮，弹出“选择对象类型”窗口。

2）在“选择对象类型”窗口中，勾选“数据库”前的复选框，如图 11-28 所示。单击“确定”按钮，回到“选择对象”窗口，此时在窗口的“选择这些对象类型”列表框中已经列出了“数据库”，如图 11-29 所示。

图 11-27　执行建表语句时出现的错误

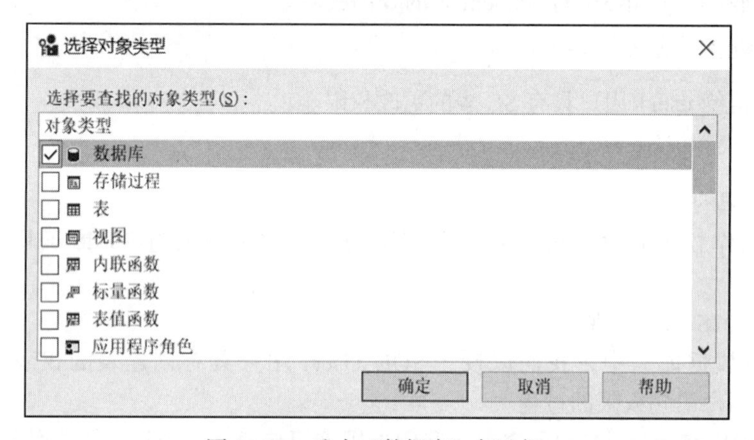

图 11-28　选中“数据库”复选框

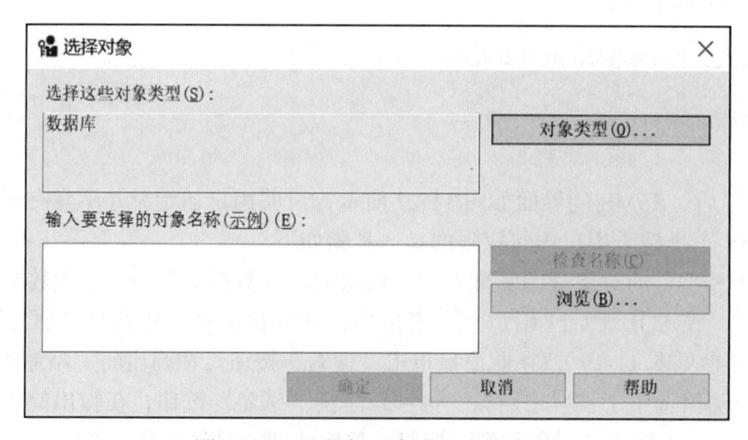

图 11-29　选择好对象类型后的窗口

3）在图 11-29 所示窗口中，单击“浏览”按钮，弹出如图 11-30 所示的“查找对象”窗口，在此窗口中可以选择要赋予的权限所在的数据库。由于我们要为 SQL_User1 授予在“学生数据库”中的建表权，因此在此窗口中勾选“[学生数据库]”前的复选框（如图 11-30 所示）。单击“确定”按钮，回到“选择对象名称”窗口，此时在该窗口的“输入要选择的对象名称”列表框中已经列出了“[学生数据库]”，如图 11-31 所示。

查找对象

找到 6 个匹配所选类型的对象。

匹配的对象(M)：

名称	类型
[master]	数据库
[model]	数据库
[msdb]	数据库
[tempdb]	数据库
[商场经营管理数据库]	数据库
☑ [学生数据库]	数据库

确定　取消　帮助

图 11-30　选中“[学生数据库]”前的复选框

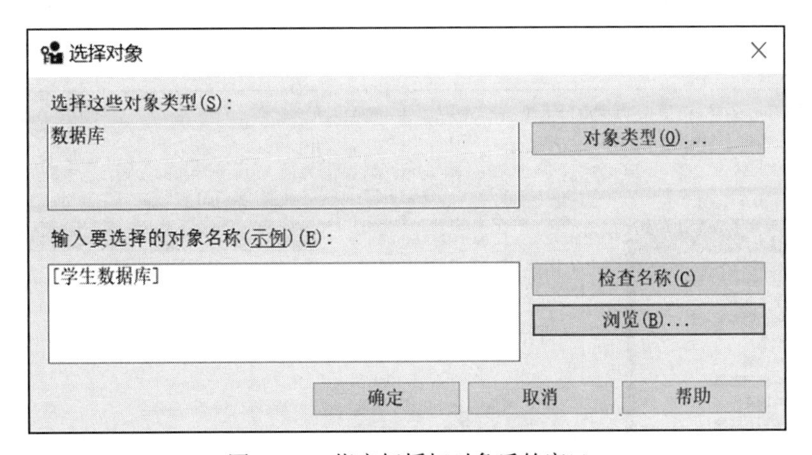

图 11-31　指定好授权对象后的窗口

4）在图 11-31 所示窗口上单击“确定”按钮，回到数据库用户属性窗口，在此窗口中可以选择合适的语句权限授予相关用户。在此窗口的“安全对象”列表框中选中“学生数据库”，然后在下边的“显式”列表框中选中“创建表”对应的“授予”复选框，如图 11-32 所示。

5）单击“确定”按钮，完成授权操作，关闭此窗口。

注意，如果此时用 SQL_User1 身份打开一个新的查询编辑器窗口，选用“学生数据库”，并执行下述建表语句，则系统会出现如图 11-33 所示的报错信息。

出现这个错误的原因是 SQL_User1 用户没有在 dbo 架构中创建对象的权限，而且也没有为 SQL_User1 用户指定默认架构，因此建表失败了。

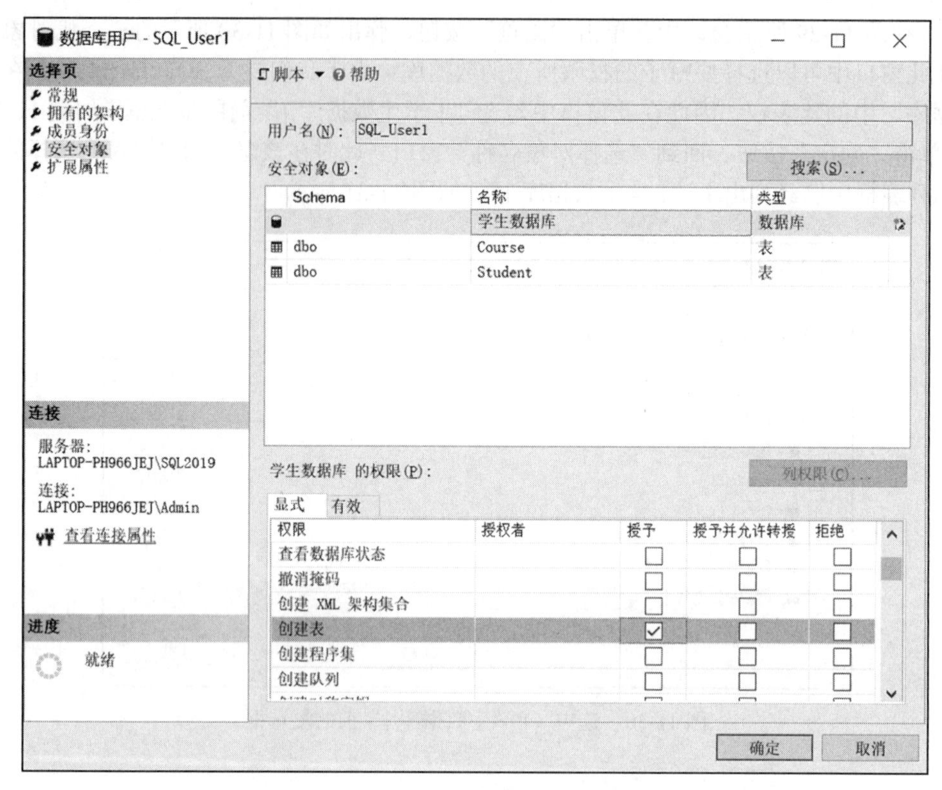

图 11-32　指定好授权对象后的窗口

图 11-33　再次执行建表语句后的提示信息

解决此问题的一个办法是让数据库系统管理员定义一个架构，并将该架构的所有权授予SQL_User1用户，然后将新建架构设为SQL_User1用户的默认架构。

示例：在“学生数据库”中创建一个名为TestSchema的架构，将该架构的所有权赋给SQL_User1用户，然后将该架构设为SQL_User1用户的默认架构。选用“学生数据库”，并用具有系统管理员权限的用户执行下列语句：

```
CREATE SCHEMA TestSchema AUTHORIZATION SQL_User1
GO
ALTER USER SQL_User1 WITH DEFAULT_SCHEMA = TestSchema
```

然后再让 SQL_User1 用户执行上述创建表的语句，这时就不会出现图 11-33 所示的错误了。

（2）用 T-SQL 语句实现

同对象权限管理一样，语句权限的管理也有 GRANT、REVOKE 和 DENY 三种。

1）授权语句的格式如下：

```
GRANT 语句权限名 [, … ]
  TO { 数据库用户名 | 用户角色名 } [, … ]
```

2）收权语句的格式如下：

```
REVOKE 语句权限名 [, … ]
  FROM { 数据库用户名 | 用户角色名 } [, … ]
```

3）拒绝权限语句的格式如下：

```
DENY 语句权限名 [, … ]
  TO { 数据库用户名 | 用户角色名 } [, … ]
```

其中语句权限包括：CREATE TABLE、CREATE VIEW 等。

【例 12】授予 user1 具有创建数据表的权限，语句为：

```
GRANT CREATE TABLE TO user1
```

【例 13】授予 user1 和 user2 具有创建数据表和视图的权限，语句如下：

```
GRANT CREATE TABLE, CREATE VIEW TO user1, user2
```

【例 14】收回 user1 创建数据表的权限，语句如下：

```
REVOKE CREATE TABLE FROM user1
```

【例 15】拒绝 user1 具有创建视图的权限，语句如下：

```
DENY CREATE VIEW TO user1
```

11.5　角色

在数据库中，为便于对用户及权限的管理，可以将一组具有相同权限的用户组织在一起，这一组具有相同权限的用户称为角色（Role）。角色类似于 Windows 操作系统安全体系中“组”的概念。在实际工作中，一般一个部门中的工作人员的权限基本都是一样的，如果让数据库管理员对每个工作人员（用户）分别授权，则是一件非常麻烦的事情。但如果把具有相同权限的用户集中在角色中进行管理，则会方便很多。

为一个角色进行授权就相当于对该角色中的所有成员进行操作。可以为有相同权限的一类用户建立一个角色，然后再为角色授予合适的权限。针对角色进行授权的另一个好处是便于进行权限维护，例如，当有新人加入工作时，只需将新人添加到该工作的角色中，当有人离开时，只需从角色中删除该用户，而无须在每个工作人员加入或离开时都反复地进行权限设置。

角色使得系统管理员只须对权限的种类进行划分，然后将不同的权限授予不同的角色，而不必关心有哪些具体的用户。而且当角色中的成员发生变化时，比如添加或删除成员，系统管理员都无须做任何关于权限的操作。

在 SQL Server 中，角色分为系统预定义的固定角色和用户根据自己的需要定义的用户角色。固定角色又根据其作用范围的不同分为服务器级别的固定角色和数据库级别的固定角色，服务器级别的固定角色是为整个服务器设置的，而数据库级别的固定角色是为具体的数据库设置的。

11.5.1　服务器级别的固定角色

服务器级别的固定角色的作用域是服务器，这些角色具有完成特定服务器级管理活动的权限。用户不能添加、删除或更改服务器级别的固定角色。可以将登录账户添加到服务器级别的固定角色中，使其成为服务器角色中的成员，从而具有服务器角色的权限。

表 11-1 列出了 SQL Server 2019 支持的服务器级别的固定角色及其具有的权限。

表 11-1　SQL Server 2019 支持的服务器级别的固定角色及其具有的权限

服务器级别的固定角色	权限
sysadmin	系统管理员角色。可以在服务器上执行任何活动
serveradmin	可以更改服务器范围的配置选项，还可以关闭服务器
securityadmin	可以管理登录名及其属性。可以用 GRANT、DENY 和 REVOKE 设置服务器级权限及数据库级权限（如果具有数据库的访问权限），还可以重置 SQL Server 登录名的密码
processadmin	可以终止在 SQL Server 实例中运行的进程
setupadmin	可以使用 T-SQL 语句添加和删除链接服务器（使用 Management Studio 时需要 sysadmin 成员资格）
bulkadmin	可以运行 BULK INSERT 语句。 Linux 上的 SQL Server 不支持 bulkadmin 角色或管理大容量操作权限。只有 sysadmin 才能对 Linux 上的 SQL Server 执行批量插入
diskadmin	该角色用于管理磁盘文件
dbcreator	可以创建、更改、删除和还原任何数据库
public	每个 SQL Server 登录名都属于 public 服务器角色。如果未向某个服务器主体授予或拒绝对某个安全对象的特定权限，则该用户将继承授予该对象的 public 角色的权限。只有在希望所有用户都具有某权限时，才在 public 上授予该权限。 注意：public 与其他角色的实现方式不同，可通过 public 固定服务器角色授予、拒绝或撤销权限

用 SSMS 工具可以将登录名添加到服务器级别的固定角色中。下面我们以将 SQL_User1 登录名添加到 sysadmin 角色中为例，说明实现步骤。

1）以系统管理员身份连接到 SSMS，在 SSMS 的对象资源管理器中，依次展开“安全性”→“登录名”节点，在“ SQL_User1”登录名上右击鼠标，在弹出的菜单中选择“属性”命令，弹出“登录属性”窗口。

2）在“登录属性”窗口中，单击左边“选择页”中的“服务器角色”选项，在右边的“服务器角色”列表框中将列出全部的服务器角色。勾选“ sysadmin”前的复选框，表示将当前登录名添加到该角色中，如图 11-34 所示。

3）单击“确定”按钮，关闭“登录属性”窗口，完成角色成员的添加。

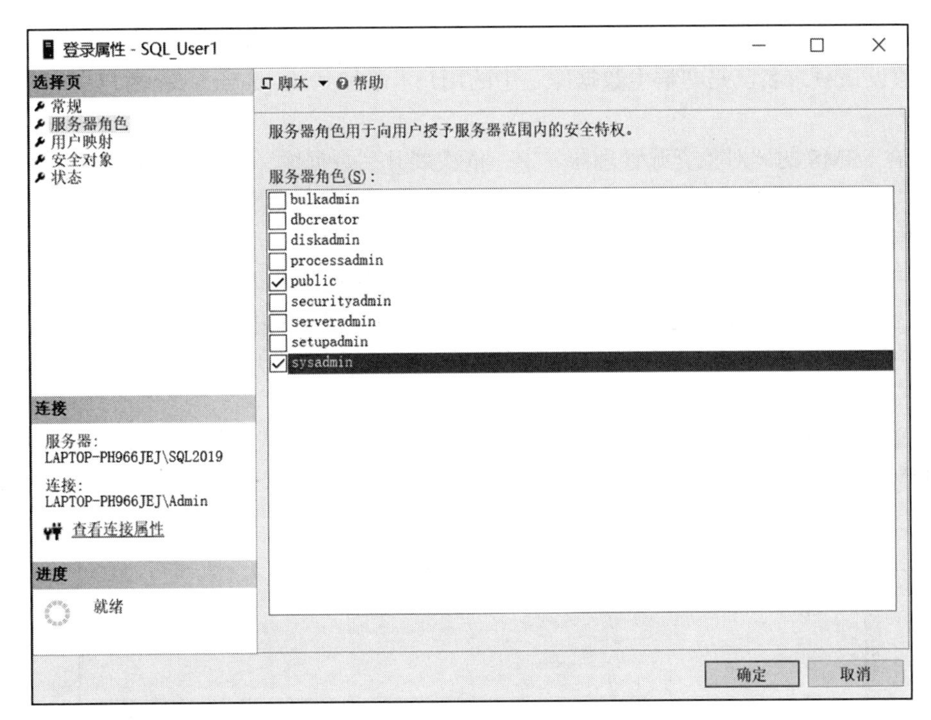

图 11-34　“登录属性”窗口

11.5.2　数据库级别的固定角色

数据库级别的固定角色是定义在数据库级别上的，它存在于每个数据库中，为管理数据库一级的权限提供了方便。用户不能添加、删除或更改数据库级别的固定角色，但可以将数据库用户添加到数据库级别的固定角色中，使其成为固定数据库角色中的成员，从而具有角色的权限。固定数据库角色中的成员来自每个数据库中的用户。

表 11-2 列出了 SQL Server 2019 支持的数据库级别的固定角色及其具有的权限。

表 11-2　SQL Server 2019 支持的数据库级别的固定角色及其具有的权限

数据库级别的固定角色	权限
db_owner	可以执行数据库的所有配置和维护活动，可以删除数据库
db_securityadmin	可以修改自定义角色的角色成员资格和管理权限
db_accessadmin	可以为 Windows 登录名、Windows 组和 SQL Server 登录名添加或删除数据库访问权限
db_backupoperator	可以备份数据库
db_ddladmin	可以在数据库中运行任何数据定义语言 (DDL) 命令
db_datawriter	可以在所有用户表中添加、删除或更改数据
db_datareader	可以从所有用户表和视图中读取所有数据
db_denydatawriter	不能添加、修改或删除数据库内用户表中的任何数据
db_denydatareader	不能读取数据库内用户表和视图中的任何数据
public	每个数据库用户都自动属于 public 数据库角色。当未向某个数据库用户授予或拒绝某安全对象的特定权限时，该用户将继承授予该对象的 public 角色的权限。不能将数据库用户从 public 角色中删除

可以将数据库用户添加到数据库级别的固定角色中。我们以在“学生数据库”中将 Win_User1（假设该登录名已是“学生数据库”中的用户）添加到 db_datareader 角色中为例，说明实现步骤。

1）在 SSMS 的“对象资源管理器”中，依次展开“数据库”→“学生数据库”→“安全性”→“用户”节点，在“Win_User1”上右击鼠标，在弹出的菜单中选择“属性”命令，弹出“数据库用户”属性窗口。

2）在“数据库用户”属性窗口中，在左边的“选择页”中选择“成员身份”，窗口形式如图 11-35 所示。该窗口右边的“数据库角色成员身份”列表框中列出了全部的数据库角色，勾选对应角色前的复选框（我们这里勾选的是“ db_datareader”），表示将当前用户添加到此角色中。

3）单击“确定”按钮，关闭“数据库用户”属性窗口，完成向数据库级的固定角色添加成员的操作。

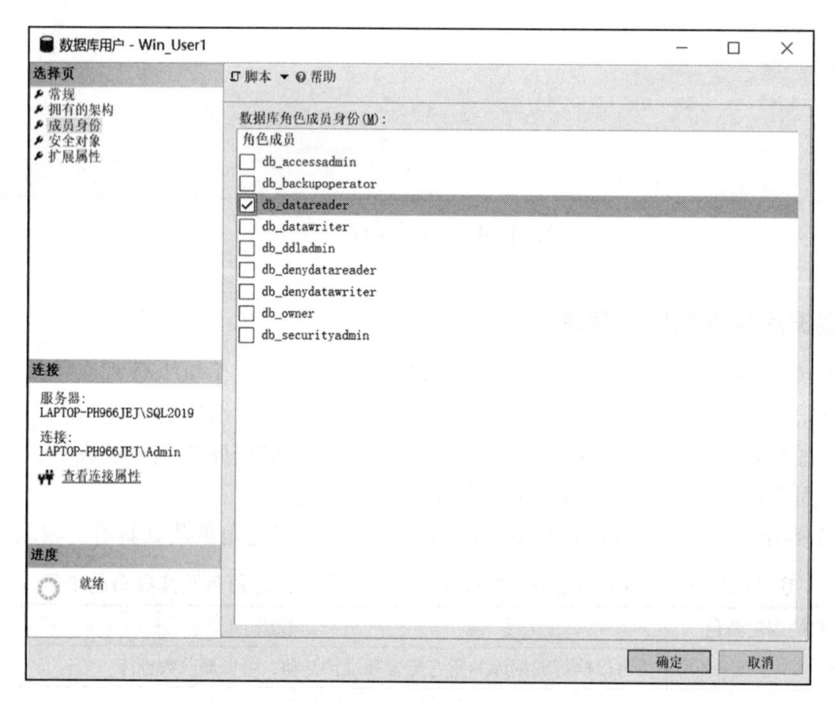

图 11-35 “数据库用户”窗口

11.5.3 用户定义的角色

1. 建立用户定义的角色

建立用户定义的角色可以在 SSMS 工具中实现，也可以用 T-SQL 语句实现。下面我们以在“学生数据库”中建立一个 Software 角色为例，说明其实现过程。

（1）用 SSMS 工具实现

使用 SSMS 工具建立用户定义的角色的步骤如下。

1）在 SSMS 的对象资源管理器中，依次展开“数据库”→“学生数据库”→“安全性”→“角色”→“数据库角色”节点，在“数据库角色”上右击鼠标，在弹出的菜单中依次选择“数据库角色 - 新建”命令，弹出“数据库角色 - 新建”窗口，如图 11-36 所示。

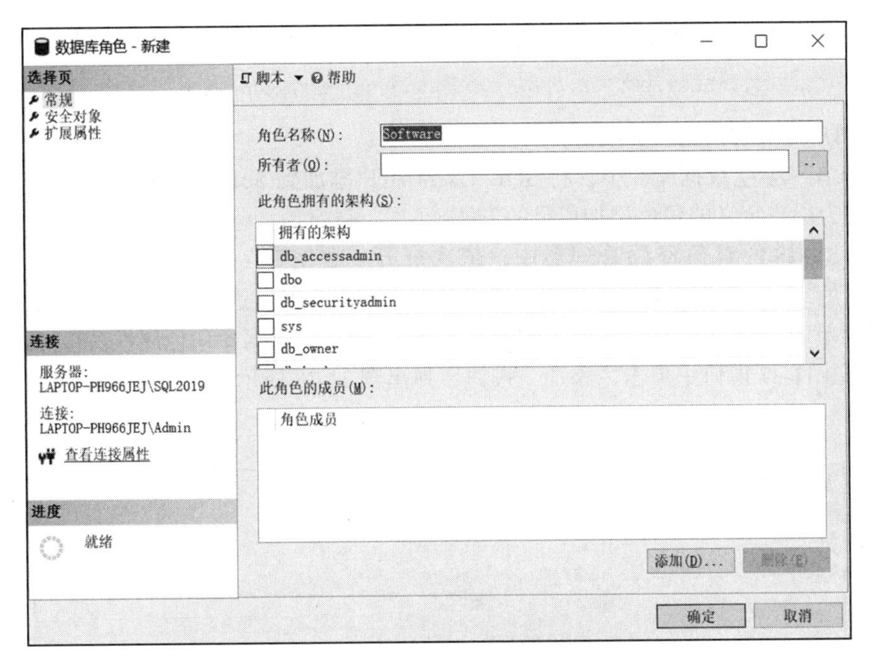

图 11-36 “数据库角色 - 新建”窗口

2）在图 11-36 所示窗口中，在“角色名称”文本框中输入新建角色的名字，我们这里输入的是 Software。

3）单击“确定”按钮，关闭新建角色窗口，完成用户自定义角色的创建。

这时在对象资源管理器的“数据库”→“学生数据库”→“安全性”→“角色”→“数据库角色”下可以看到新建的 Software 角色。

（2）用 T-SQL 语句实现

创建用户自定义角色的 T-SQL 语句是 CREATE ROLE，其语法格式为：

```
CREATE ROLE role_name [ AUTHORIZATION owner_name ]
```

其中各参数含义如下。

- role_name：待创建角色的名称。
- AUTHORIZATION owner_name ：将拥有新角色的数据库用户或角色。如果未指定用户，则执行 CREATE ROLE 的用户将拥有该角色。

【例 16】在“学生数据库”中创建用户自定义角色：CompDept，其拥有者为创建该角色的用户。

```
CREATE ROLE CompDept;
```

【例 17】在“学生数据库”中创建用户自定义角色：InfoDept，其拥有者为 SQL_User1。

```
CREATE ROLE InfoDept AUTHORIZATION SQL_User1;
```

2. 为用户定义的角色授权

为用户定义的角色授权可以在 SSMS 工具中完成，也可以使用 T-SQL 语句实现。对用户角色授权的操作和 T-SQL 语句与为数据库用户授权的方法完全一样，读者可参考 11.4 节的介绍。

【例 18】为 Software 角色授予“学生数据库”中 Student 表的查询权。

```
GRANT SELECT ON Student TO Software
```

【例 19】为 CompDept 角色授予“学生数据库”中 Student 表的增、删、改、查权。

```
GRANT SELECT,INSERT,DELETE,UPDATE ON Student TO CompDept
```

3. 为用户定义的角色添加成员

我们以在“学生数据库”中，将 SQL_User1 用户添加到 Software 角色中为例，介绍使用 SSMS 工具为用户定义的角色添加成员的方法。

1）在 SSMS 的对象资源管理器中，依次展开“数据库”→“学生数据库”→“安全性”→“角色”→“数据库角色”节点，在要添加成员的角色（这里是 Software）上右击鼠标，在弹出的菜单中选择“属性”命令，弹出如图 11-37 所示的数据库角色属性窗口。

2）在图 11-37 窗口中单击“添加”按钮，弹出图 11-38 所示的“选择数据库用户或角色”窗口。

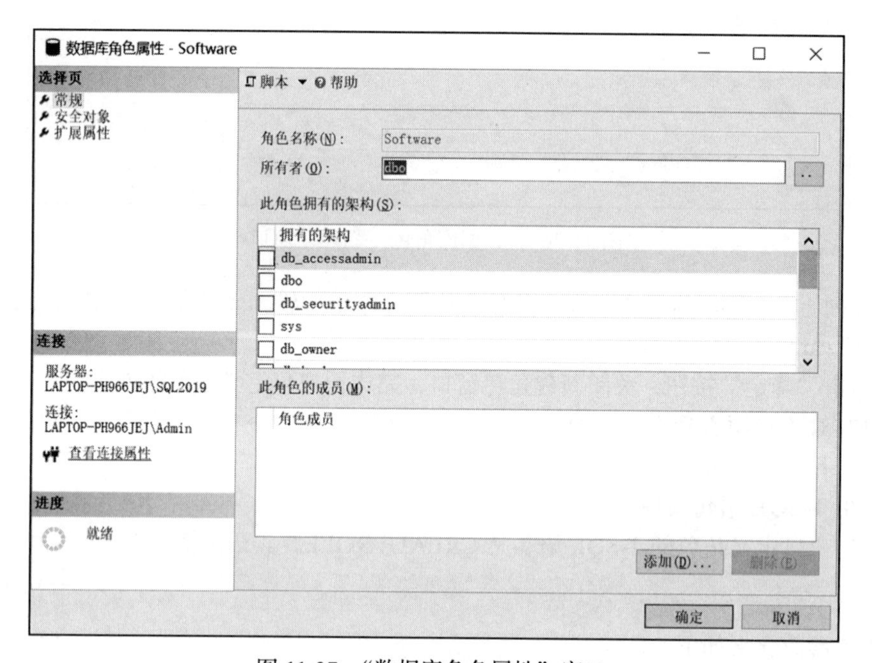

图 11-37　“数据库角色属性”窗口

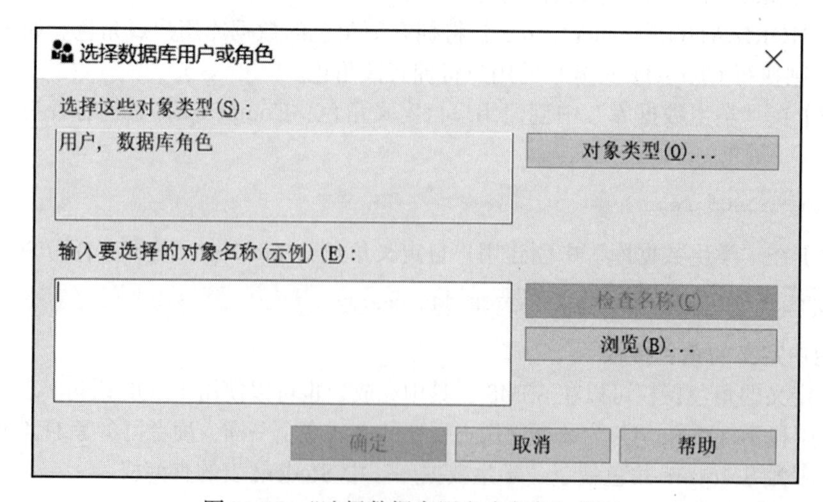

图 11-38　“选择数据库用户或角色”窗口

3）在图 11-38 所示窗口中单击“浏览”按钮，弹出如图 11-39 所示的“查找对象”窗口。

查找对象

找到 7 个匹配所选类型的对象。

匹配的对象(M)：

	名称	类型
☐	[InfoDept]	数据库角色
☐	[public]	数据库角色
☐	[Software]	数据库角色
☑	[SQL_User1]	用户
☐	[Win_User1]	用户

确定　取消　帮助

图 11-39　“查找对象”窗口

4）在图 11-39 所示窗口中，可以选择要添加到角色中的用户，我们这里勾选“ SQL_User1”前的复选框，在这里可以勾选多个用户，表示将这些用户均添加到角色中。单击“确定”按钮，回到图 11-37 所示窗口，此时在该窗口的“输入要选择的对象名称”列表框中将列出已选的用户，如图 11-40 所示。

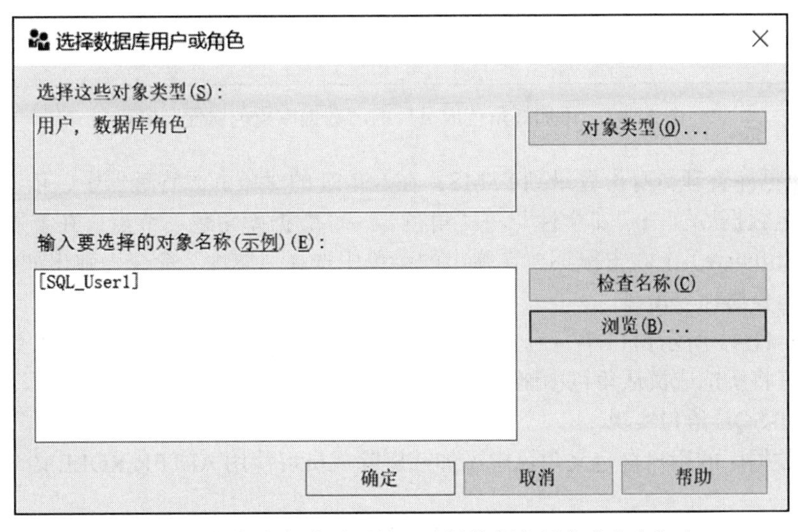

图 11-40　选择好角色成员后的“选择数据库用户或角色”窗口

5）在图 11-40 所示窗口上单击“确定”按钮，关闭此窗口，回到图 11-37 所示的“数据库角色属性”窗口，此时在该窗口的“角色成员”列表框中将列出已添加到该角色中的成员名，如图 11-41 所示。

6）在图 11-41 所示窗口中，单击“确定”按钮，完成添加角色成员的工作。

4. 删除用户定义的角色中的成员

当不希望某用户是某角色中的成员时，可将用户从角色中删除。用户可以使用 SSMS 工具或 T-SQL 语句来实现该操作。

（1）用 SSMS 工具实现

我们以从“学生数据库”的 Software 角色中删除 SQL_User1 成员为例，介绍使用 SSMS 工具删除角色成员的方法。

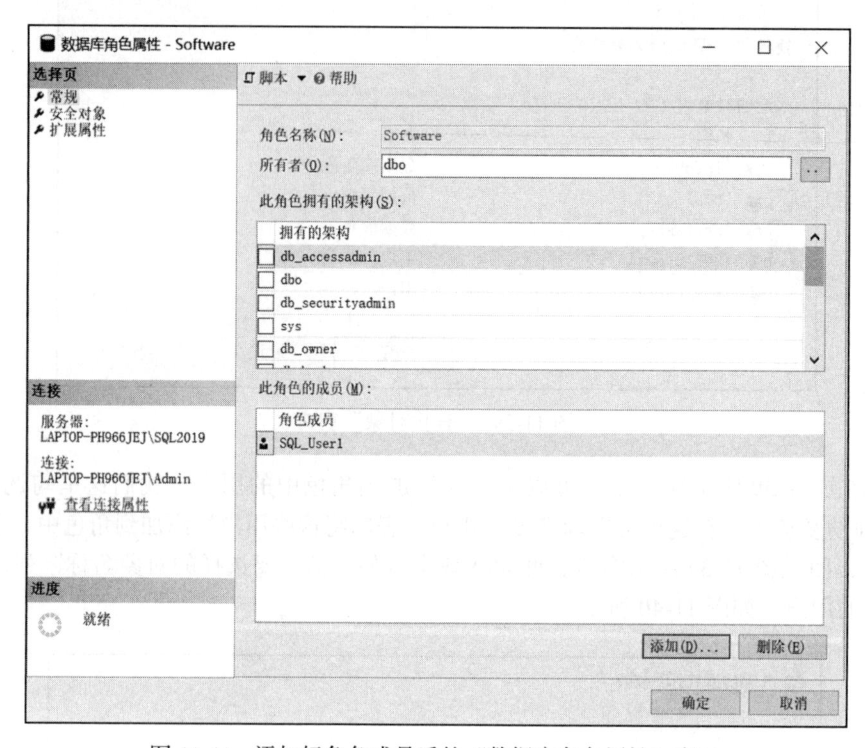

图 11-41　添加好角色成员后的“数据库角色属性”窗口

1）以数据库管理员身份登录到 SSMS，在 SSMS 的对象资源管理器中，依次展开“数据库”→“学生数据库”→“安全性”→“角色”→“数据库角色”节点，在要删除成员的角色（这里是 Software）上右击鼠标，在弹出的菜单中选择“属性”命令，弹出如图 11-41 所示的“数据库角色属性”窗口。

2）在图 11-41 所示窗口中，选中要删除的成员名（这里是 SQL_User1），然后单击“删除”按钮即可将所选成员从角色中删除。

（2）用 T-SQL 语句实现

在当前数据库的用户自定义角色中添加或删除成员可使用 ALTER ROLE 语句，该语句的语法格式为：

```
ALTER ROLE role_name
 {   ADD MEMBER database_principal
   | DROP MEMBER database_principal
  } [;]
```

各参数具体含义如下。

- role_name：指定要更改的数据库角色。
- ADD MEMBER database_principal：指定向数据库角色添加的成员。database_principal 可以是数据库用户，也可以是用户定义的数据库角色，但不能是固定的数据库角色或服务器主体。

- DROP MEMBER database_principal：指定从数据库角色中删除的成员。database_principal 可以是数据库用户，也可以是用户定义的数据库角色，但不能是固定的数据库角色或服务器主体。

需具有以下一项或多项权限或成员身份才能运行该语句：

- 对角色具有 ALTER 权限；
- 对数据库具有 ALTER ANY ROLE 权限；
- 具有 db_securityadmin 固定数据库角色的成员身份。

若要更改固定数据库角色中的成员身份还需要具有 db_owner 固定数据库角色的成员身份。

【例 20】添加成员。将“学生数据库”中 SQL_User1 用户添加到该数据库的 Software 角色中。

```
ALTER ROLE Software ADD MEMBER SQL_User1;
```

【例 21】将 SQL_User1 数据库用户添加到 db_datawriter 角色中。

```
ALTER ROLE db_datawriter ADD MEMBER SQL_User1;
```

【例 22】删除成员。在“学生数据库”中，删除 Software 角色中的 SQL_User1。

```
ALTER ROLE Software DROP MEMBER SQL_User1;
```

11.6　小结

数据库的安全管理是数据库系统中非常重要的部分，安全管理设置的好坏直接影响数据库数据的安全。因此，作为一个数据库系统管理员一定要仔细研究数据的安全性问题，并进行合适的设置。

本章介绍了数据库安全控制模型、SQL Server 2019 的安全验证过程以及权限的管理。大型数据库管理系统一般将权限的验证过程分为三步：第一步，验证用户是否具有合法的服务器登录名；第二步，验证用户是不是要访问的数据库的合法用户；第三步，验证用户在数据库中是否具有合适的操作权限。可以为用户授予的权限有两种，一种是对数据进行操作的对象权限，即对数据的增、删、改、查权限；另一种是创建对象的语句权限，如创建表和创建视图等对象的权限。

利用 SQL Server 2019 提供的 SSMS 工具和 T-SQL 语句，可以很方便地实现数据库的安全管理。

除了可以为每个数据库用户授权之外，为了简化安全管理过程，数据库管理系统还提供了角色的概念，角色用于对一组具有相同权限的用户进行管理，同一个角色中的成员具有相同的权限。因此数据库管理员只须为角色授权，就相当于给角色中的所有成员进行了授权。

习题

1. 通常情况下，数据库中的权限划分为哪几类？
2. 数据库中的用户按其操作权限可分为哪几类，每一类的权限是什么？
3. SQL Server 2019 服务器登录名的来源有几种？分别是什么？
4. 权限的管理包含哪些内容？
5. 什么是用户定义的角色，其作用是什么？

6. 写出实现下述功能的 T-SQL 语句。

（1）建立一个 Windows 身份验证的登录名，Windows 域名为 CS，登录名为 Win_Jone。

（2）建立一个 SQL Server 身份验证的登录名，登录名为 SQL_Stu，密码为 3Wcd5sTap43K。

（3）删除 Windows 身份验证的登录名，Windows 域名为 IS，登录名为 U1。

（4）删除 SQL Server 身份验证的登录名，登录名为 U2。

（5）建立一个数据库用户，用户名为 SQL_Stu，对应的登录名为 SQL Server 身份验证的 SQL_Stu。

（6）建立一个数据库用户，用户名为 Jone，对应的登录名为 Windows 身份验证的 Win_Jone，Windows 域名为 CS。

（7）授予用户 u1 具有对 Course 表数据的插入和删除权。

（8）授予用户 u1 具有对 SC 表数据的删除权。

（9）收回 u1 对 Course 表数据的删除权。

（10）拒绝用户 u1 获得对 Course 表数据的更改权。

（11）授予用户 u1 具有创建表和视图的权限。

（12）收回用户 u1 创建表的权限。

（13）建立一个新的用户定义的角色，角色名为：New_Role。

（14）为 New_Role 角色授予 SC 表数据的查询和更改权。

（15）分别将 SQL Server 身份验证的 u1 用户和 Windows 身份验证的 CS \Win_Jone 用户添加到 New_Role 角色中。

上机练习

1. 用 SSMS 工具建立 SQL Server 身份验证的登录名：log1、log2 和 log3。
2. 利用第 10 章建立的“学生数据库”以及 Student 表 Course 表和 SC 表，用 log1 建立一个新的数据库引擎查询，在“可用数据库”下拉列表框中是否能选中“学生数据库”？为什么？
3. 将 log1、log2 和 log3 均映射为“学生数据库”中的用户，用户名同登录名。
4. 在 log1 建立的数据库引擎查询中，这次在“可用数据库”下拉列表框中是否能选中“学生数据库”？为什么？
5. 在 log1 建立的数据库引擎查询中，选中“学生数据库”并执行下述语句，能否成功？为什么？

```
SELECT * FROM Course
```

6. 用系统管理员授予 log1 具有 Course 表的查询权限，授予 log2 具有 Course 表的插入权限。
7. 在 SSMS 中，用 log2 建立一个新的数据库引擎查询，执行下述语句，能否成功？为什么？

```
INSERT INTO Course VALUES('C101', '数据库基础', 4, 5)
```

再执行下述语句，能否成功？为什么？

```
SELECT * FROM Course
```

8. 在 SSMS 中，在 log1 建立的数据库引擎查询中，再次执行下述语句：

```
SELECT * FROM Course
```

这次能否成功？但如果执行下述语句：

```
INSERT INTO Course VALUES('C103', '软件工程', 4, 5)
```

能否成功？为什么？

9. 用系统管理员授予 log3 在“学生数据库”中具有建表的权限。
10. 在“学生数据库”中建立用户定义的角色：SelectRole，并授予该角色对 Student 表、Course 表和 SC 表具有查询权。
11. 新建一个 SQL Server 身份验证模式的登录名：pub_user，并让该登录名成为“学生数据库”中的用户。
12. 在 SSMS 中，用 pub_user 建立一个新的数据库引擎查询，执行下述语句，能否成功？为什么？

```
SELECT * FROM Course
```

13. 将 pub_user 用户添加到 SelectRole 角色中。
14. 在 pub_user 建立的数据库引擎查询中，再次执行下述语句，能否成功？为什么？

```
SELECT * FROM Course
```

第 12 章

备份和还原数据库

数据库中的数据是有价值的信息资源，数据库中的数据是不允许丢失或损坏的。因此，在维护数据库时，一项重要的任务就是如何保证数据库中的数据不损坏和不丢失，即使是存放数据库的物理介质损坏，也应该能够保证数据不丢失。

本章介绍的数据库备份和恢复技术就是保证数据库不损坏和数据不丢失的一种技术，主要介绍在 SQL Server 环境下如何实现数据库的备份和恢复。

12.1 备份数据库

备份数据库就是将数据库中的数据以及保证数据库系统正常运行的有关信息保存起来，以备系统出现问题时恢复使用数据库。

12.1.1 为什么要进行数据备份

备份是制作数据的副本，包括数据库结构、对象和数据。备份数据库的主要目的是防止数据丢失。可以设想一下，如果银行等大型机构的数据由于某种原因被破坏或者是丢失了，会产生什么样的后果？在现实生活中，数据的安全、可靠问题是无处不在的。

造成数据丢失的原因主要包括如下几种：

- 存储介质故障，比如磁盘损坏。
- 用户操作错误，比如误删除了数据或表。
- 服务器故障。
- 自然灾难。这种情况下应该在本地位置之外的其他区域创建一个站外备份，这样在本地位置发生自然灾难时仍可以使用数据库。

总之，有各种各样的外在因素，有可能造成数据库数据的损坏和不可用，因此备份数据库是数据库管理员非常重要的一个任务。一旦数据库出现问题，就可以利用数据库的备份恢复数据库，从而将数据恢复到正确的状态。

备份数据库的另一个用途是进行数据转移，我们可以先对一台服务器上的数据库进行备份，然后在另一台服务器上进行恢复，从而使这两台服务器上具有相同的数据库。

12.1.2　备份内容及备份时间

1. 备份内容

在一个正常运行的数据库系统中，除了用户的数据库之外，还有维护系统正常运行的系统数据库。因此，在备份数据库时，不但要备份用户的数据库，还要备份系统数据库，以保证在系统出现故障时，能够完全地恢复数据库。

2. 备份时间

不同类型的数据库对备份的要求是不同的，对于系统数据库（不包括 tempdb 数据库）一般是在进行了修改之后立即做备份比较合适。比如对 master 数据库，当执行了创建、修改或删除数据库的操作，或是执行了更改服务器或数据库的配置、建立或更改登录账户等操作后，都应该对 master 数据库进行备份。

对用户数据库则不能采用立即备份的方式，因为用户数据库中的数据是经常变化的，特别是对于联机事务处理型的应用系统，比如处理银行业务的数据库。因此，对用户数据库应该采取周期性的备份方法。至于多长时间备份一次，与数据的更改频率和用户能够允许的数据丢失量有关。如果数据修改比较少，或者用户可以忍受的数据丢失时间比较长，则可以让备份的时间间隔长一些，反之可以让备份的时间间隔短一些。

SQL Server 数据库管理系统在备份过程中允许用户操作数据库（不同的数据库管理系统在这方面的处理方式是有差别的），因此对用户数据库的备份一般都选在数据库操作相对比较少的时间进行，比如在夜间进行，这样可以尽可能减少对备份和数据库操作性能的影响。

3. 其他考虑

应将数据库和数据库的备份放置在不同的设备上。否则，如果包含数据库的设备损坏，备份也将不可用。此外，将数据库和数据库的备份放置在不同的设备上还可以提高写入备份和使用数据库时的 I/O 性能。

12.1.3　一些术语

1. 备份 [动词]

通过复制 SQL Server 数据库中的数据记录或复制其事务日志中的日志记录来创建备份 [名词]。

2. 备份 [名词]

可用于在出现故障后还原或恢复数据库的数据副本。数据库备份还可用于将数据库副本还原到新位置。

3. 备份设备

要写入数据库备份及能从中还原这些备份的磁盘或磁带设备。

4. 备份介质

已写入一个或多个备份的一个或多个磁带或磁盘文件。

5. 恢复（recover）

将数据库恢复到稳定且一致的状态。

6. 恢复（recovery）

将数据库恢复到事务一致状态的数据库启动阶段或 RESTORE WITH RECOVERY（该选项含义将在 12.3.1 节解释）阶段。

7. 还原（restore）

包括多个恢复阶段的完整过程。

12.1.4　备份设备

SQL Server 将备份数据库的场所称为备份设备，备份设备可以是磁盘也可以是磁带。备份设备在操作系统一级上实际上就是物理存在的磁带或磁盘上的文件。SQL Server 支持两种备份设备使用方式，一种是先建立备份设备，然后再将数据库备份到备份设备上；另一种是直接将数据库备份到备份设备（物理文件）上。

创建备份设备时，需要指定备份设备（逻辑备份设备）对应的操作系统文件名和文件的存放位置（物理备份设备）。在 SQL Server 中可以通过 SSMS 图形化的方式创建备份设备，也可以用 T-SQL 语句创建备份设备。

1. 用 SSMS 工具图形化的方式创建备份设备

在 SSMS 中用图形化的方式创建备份设备的步骤如下。

1）在 SSMS 的“对象资源管理器”中，展开服务器实例下的“服务器对象”节点，在“备份设备”上右击鼠标，在弹出的菜单中选择“新建备份设备”命令，弹出如图 12-1 所示的“备份设备”窗口。

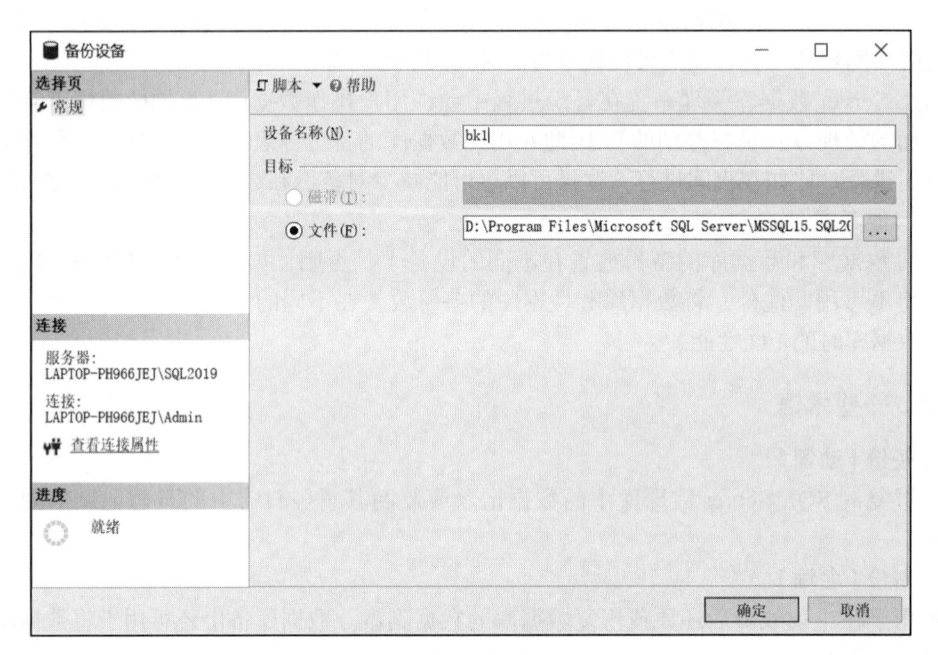

图 12-1　“备份设备”窗口

2）在图 12-1 所示的“设备名称”文本框中输入新建备份设备的名称（我们这里输入的是：bk1），单击“文件”文本框右边的[...]按钮可以修改备份设备文件的存储位置和备份文件名。备份设备的默认存储位置为 SQL Server 2019 安装文件夹中的：\Program Files\Microsoft SQL Server\MSSQL15.MSSQLSERVER\MSSQL\Backup\ 文件夹下，默认的文件扩展名为 BAK。

3）单击“确定”按钮，关闭此窗口并创建备份设备。

2. 用 T-SQL 语句创建备份设备

创建备份设备的 T-SQL 语句是 sp_addumpdevice 系统存储过程，其语法格式如下：

```
sp_addumpdevice [ @devtype = ] 'device_type'
              , [ @logicalname = ] 'logical_name'
             , [ @physicalname = ] 'physical_name'
```

其中各参数含义如下。

- [@devtype =] 'device_type'：备份设备的类型。device_type 的数据类型为 varchar(20)，无默认值，可以是下列值之一。
  - Disk：备份设备为磁盘上的文件。
  - Type：备份设备为 Windows 支持的任何磁带设备。

说明：在 SQL Server 的未来版本中将不再支持磁带备份设备。因此应避免在新的开发工作中使用该功能。

- [@logicalname =] 'logical_name'：备份设备的逻辑名称，该参数没有默认值，且不能为 NULL。
- [@physicalname =] 'physical_name'：备份设备的物理文件名。物理名称必须遵从操作系统文件名规则或网络设备的通用命名约定，并且必须包含完整路径。physical_name 的数据类型为 nvarchar (260)，无默认值，且不能为 NULL。

sp_addumpdevice 系统存储过程返回 0（成功）或 1（失败）。

【例 1】建立一个名为 bk2 的磁盘备份设备，其物理存储位置及文件名为 D:\dump\bk2.bak。

```
EXEC sp_addumpdevice 'disk', 'bk2', 'D:\dump\bk2.bak'
```

12.2　SQL Server 支持的恢复模式和备份类型

12.2.1　恢复模式

1. 三种恢复模式

SQL Server 数据库的恢复模式决定了数据库支持的备份类型和还原方案。恢复模式旨在控制事务日志的维护，“恢复模式”是一种数据库属性，它控制如何记录事务，事务日志是否需要（以及允许）备份，以及可以使用哪些类型的还原操作。SQL Server 支持三种恢复模式：简单恢复模式、完整恢复模式和大容量日志恢复模式。默认情况下，数据库使用的是完整恢复模式。数据库可以随时切换为其他恢复模式。

表 12-1 说明了这三种恢复模式的区别。

表 12-1　三种恢复模式的比较

恢复模式	说明	工作丢失的风险	能否恢复到时点
简单	无日志备份。 自动回收日志空间以减少空间需求，实际上不再需要管理事务日志空间	最新备份之后的更改不受保护。在发生灾难时，这些更改必须重做	只能恢复到备份的结尾处
完整	需要日志备份。 数据文件丢失或损坏不会导致丢失工作。 可以恢复到任意时点（例如应用程序或用户错误之前）	正常情况下没有风险。 如果日志尾部损坏，则必须重做自最新日志备份之后所做的更改	如果备份在接近特定的时点完成，则可以恢复到该时点
大容量日志	需要日志备份。 是完整恢复模式的附加模式，允许执行高性能的大容量复制操作。 通过使用最小方式记录大多数大容量操作，减少日志空间使用量	如果在最新日志备份后发生日志损坏或执行大容量日志记录操作，则必须重做自上次备份之后所做的更改；否则不丢失任何工作	可以恢复到任何备份的结尾。不支持时点恢复

（1）简单恢复模式

简单恢复模式可以最大限度地减少事务日志的管理开销，因为这种恢复模式不备份事务日志。但如果数据库损坏，则简单恢复模式将面临极大的工作丢失风险。在这种恢复模式下，数据只能恢复到最新备份状态。因此，在简单恢复模式下，备份间隔应尽可能短，以防止数据大量丢失。

通常，对于用户数据库，简单恢复模式只用于测试和开发数据库，或用于主要包含只读数据的数据库（如数据仓库），这种模式并不适合生产系统，因为对生产系统而言，丢失最新的更改是无法接受的。

（2）完整恢复模式

完整恢复模式完整地记录所有的事务，并将事务日志记录保留到对其备份完毕为止。如果能够在出现故障后备份日志尾部，则可以使用完整恢复模式将数据库恢复到故障点。

（3）大容量日志恢复模式

大容量日志恢复模式只对大容量操作进行最小记录，使事务日志不会被大容量加载操作所填充。但最小记录是有限定的。例如，如果被大容量加载的表已经有数据了，并且有一个聚集索引，则即使使用大容量日志恢复模式，系统也会将该大容量加载完整地记录下来。

大容量日志恢复模式保护大容量操作不受介质故障的危害，提供最佳性能并占用最小日志空间。

大容量日志恢复模式一般只作为完整恢复模式的附加模式。对于某些大规模大容量操作（如大容量导入或索引创建），暂时切换到大容量日志恢复模式可提高这些操作的性能，并可减少日志空间使用量。与完整恢复模式相同，大容量日志恢复模式也将事务日志记录保留到对其备份完毕为止。由于大容量日志恢复模式不支持时点恢复，因此必须在增大日志备份与增加工作丢失风险之间进行权衡。

数据库的最佳恢复模式取决于用户业务需求。若要免去事务日志管理工作并简化备份和还原，可使用简单恢复模式。若要在管理开销一定的情况下使工作丢失的可能性降到最低，可使用完整恢复模式。

2. 查看和更改恢复模式

在 SQL Server 2019 中，查看和更改恢复模式可以在 SSMS 工具中用图形化的方式实现。下面我们以查看“学生数据库”的恢复模式为例，说明在 SSMS 工具中如何用图形化的方式查看和更改恢复模式。

1）在 SSMS 的“对象资源管理器”中，展开“数据库”节点，在“学生数据库”上右击鼠标，在弹出的快捷菜单中选择“属性”命令，打开“数据库属性”窗口。

2）在“数据库属性”窗口的“选择页”窗格中，单击“选项”，在右边窗格的“恢复模式”下拉列表框中可以看到当前选择的恢复模式。通过从该下拉列表中选择不同的模式可以更改此数据库的恢复模式，可以选择“完整”“大容量日志”或“简单”，如图 12-2 所示。默认的选项是“完整”恢复模式。

也可以使用 ALTER DATABASE 语句更改或设置数据库的恢复模式，其基本语法格式如下：

```
ALTER DATABASE database_name  SET
  RECOVERY { FULL | BULK_LOGGED | SIMPLE  }
```

其中 FULL 为完整恢复模式，BULK_LOGGED 为大容量日志恢复模式，SIMPLE 为简单恢复模式。

【例 2】将 test 数据库的恢复模式设置为完整恢复模式。

```
ALTER DATABASE test SET RECOVERY FULL
```

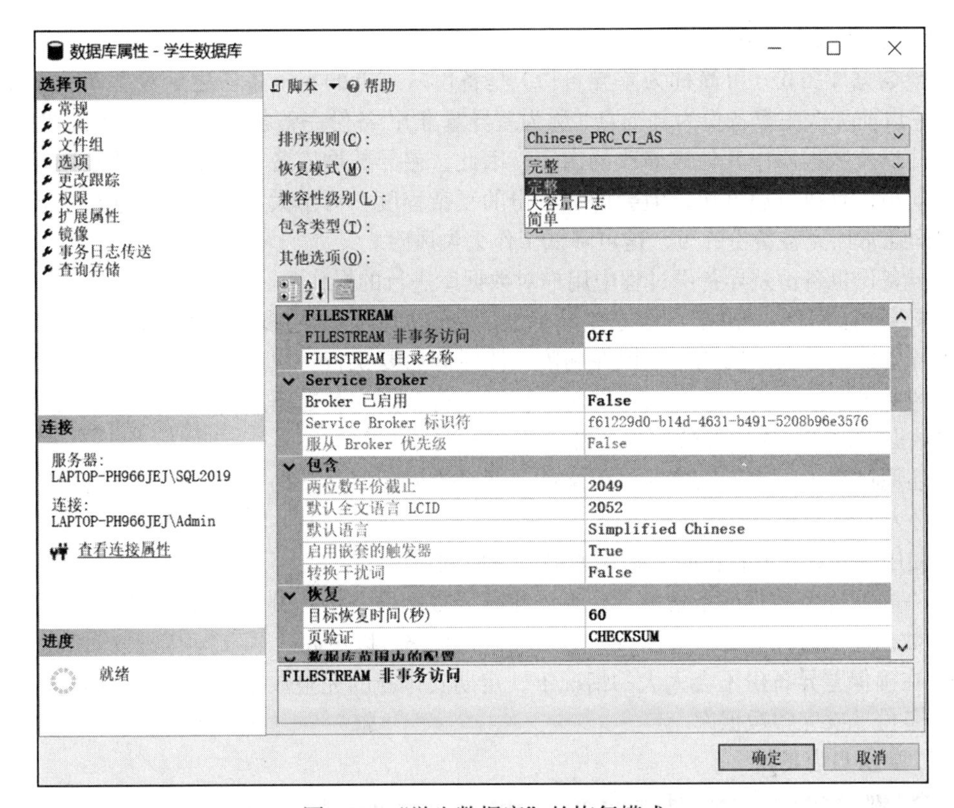

图 12-2　“学生数据库”的恢复模式

12.2.2　备份类型及备份策略

SQL Server 2019 支持的备份类型包括数据库备份、文件备份以及事务日志备份等几种方式。下面我们主要介绍数据库备份和事务日志备份。

1. 主要备份类型

（1）数据库备份。

对数据库备份，SQL Server 支持完整数据库备份和差异数据库备份两种类型。

1）完整数据库备份。

完整数据库备份（可简称为完整备份）将备份特定数据库中的所有数据，以及可以恢复这些数据的足够的日志。

完整数据库备份是所有备份方法中最基本也是最重要的备份，是备份的基础，对数据库进行的第一次备份必须是完整备份。完整数据库备份会备份数据库中的全部信息，是恢复的基线。完整备份不仅备份数据库的数据文件、日志文件，而且还备份文件的存储位置信息以及数据库中的全部对象。

当数据库比较大时，完整数据库备份需要消耗比较长的时间和资源。SQL Server 支持动态备份方式，即在备份数据库的过程中，允许用户对数据库进行操作，包括对数据进行增、删、改等。因此，备份并不影响用户对数据库的操作，而且在备份数据库时还能将在备份过程中所发生的操作也全部备份下来。例如，假设在上午 10:00 开始对某数据库进行完整数据库备份，到 11:00 备份结束，则用户在 10:00～11:00 之间对该数据库所进行的更改操作均被备份下来。

2）差异数据库备份。

差异数据库备份（可简称为差异备份）是备份从最近的完整备份之后数据库的全部变化内容，它以前一次完整备份为基准点（称为差异基准），备份完整备份之后变化了的数据文件、日志文件以及数据库中其他被修改的内容。因此，差异数据库备份通常比完整数据库备份占用的空间小，且执行速度快，但会增加备份的复杂程度。对于大型数据库，进行差异备份的间隔时间通常比完整备份的短，这可降低工作丢失风险。

差异备份也备份差异备份过程中用户对数据库进行的操作。

差异备份的大小取决于自建立差异基准后更改的数据量的多少。通常，差异基准越旧，新的差异备份就越大。因此，建议在间隔一段时间后要执行一次新的完整备份，以便为数据建立新的差异基准。例如，可以每周对数据库进行一次完整数据库备份，然后在该周内每隔一天对数据库进行一次差异数据库备份。

在还原过程中，在还原差异备份之前，通常应先还原最新的完整备份，然后再还原以该完整备份为差异基准的最新差异备份。

在使用差异数据库备份时，建议遵循以下原则：

- 在每次完整数据库备份后，定期安排差异数据库备份。例如，可以每天执行一次差异数据库备份，对于活动性较高的系统，此频率可以更高。
- 在确保差异备份不会太大的情况下，定期安排新的完整数据库备份。例如，可以每周备份一次完整数据库。

（2）事务日志备份

事务日志备份（可简称为日志备份）仅用于完整恢复模式和大容量日志恢复模式。

事务日志备份并不备份数据库中的数据，它只备份日志记录，而且只备份从上次备份之后到当前备份时间新增加的日志内容。

使用事务日志备份，可以将数据库恢复到故障点或特定的某个时间点。一般情况下，事务日志备份比完整备份和差异备份使用的资源少，因此，可以更频繁地使用事务日志备份，以减少数据丢失的风险。

只有当启动事务日志备份序列时，完整备份或差异备份才必须与事务日志备份同步。每个事务日志备份的序列都必须在执行完整备份或差异备份之后启动。

连续的日志备份序列称为“日志链”。日志链从数据库的完整备份开始。通常，仅当第一次进行完整数据库备份，或者将数据库恢复模式从简单恢复模式切换到完整恢复模式或大容量日志恢复模式之后，才会开始一个新的日志链。若要将数据库还原到故障点，必须保证日志链是完整的。也就是说，事务日志备份的连续序列必须能够延续到故障点。

注意：

简单恢复模式不支持事务日志备份。

2. 设计备份策略

建立备份的目的是可以恢复已损坏的数据库。但是，备份和还原的策略必须根据特定环境进行定义，并且必须使用可用资源。因此，在设计良好的备份策略时，除了要考虑特定业务要求，还应尽量提高数据的可用性并尽量减少数据的丢失。

常用的备份策略有如下几种。

（1）仅使用完整数据库备份

仅使用完整数据库备份策略适合数据库不是很大，而且数据更改不是很频繁的情况。完整备份一般可以几天进行一次或几周进行一次。

当对数据库数据的修改不是很频繁，数据库比较小，且允许一定量的数据丢失时，仅使用完整数据库备份是一种比较好的策略。

在简单恢复模式下，在完整备份完成之后，如果数据库系统出现故障，则数据库可能会丢失一些工作，而且每次更新都会增加丢失工作的风险，这种情况将一直持续到下一次完整备份。图 12-3 所示为只采用完整备份策略并且在每日 0:00 进行一次的备份示意图。如果系统在周三出现故障，则数据库只能恢复到周二 0:00 时刻的状态。

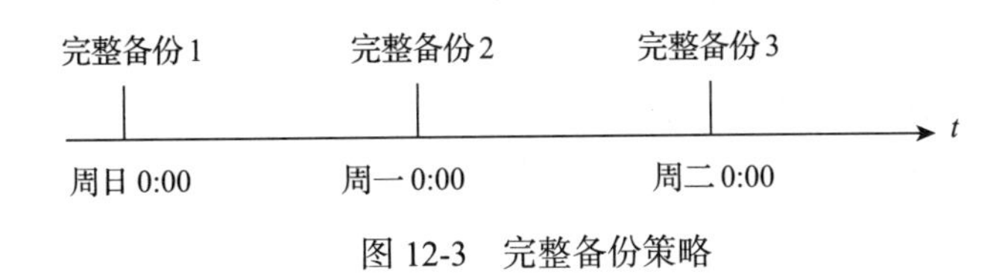

图 12-3　完整备份策略

（2）完整数据库备份 + 日志备份

如果用户不允许丢失太多的数据，而且又不希望经常进行完整备份（因为完整备份花费的时间比较长），则可以将恢复模式设置为完整恢复模式或大容量日志恢复模式，这样就可以在完整备份中间加入若干次日志备份。例如，可以每天 0:00 进行一次完整备份，然后每隔几小时进行一次日志备份。

图 12-4 显示了在完整恢复模式下采用完整数据库备份 + 日志备份的策略。在此图中，已完成了一个完整备份和三个例行日志备份：日志备份 1、日志备份 2 和日志备份 3。假设在日志备份 3 后的某个时刻数据库出现问题。在利用已有备份还原数据库前，可先对日志进行一次尾部备份（从上次备份到数据库故障点之间的日志称为日志尾部），然后再还原数据库，这样可以将数据库恢复到故障点，从而恢复出所有数据。

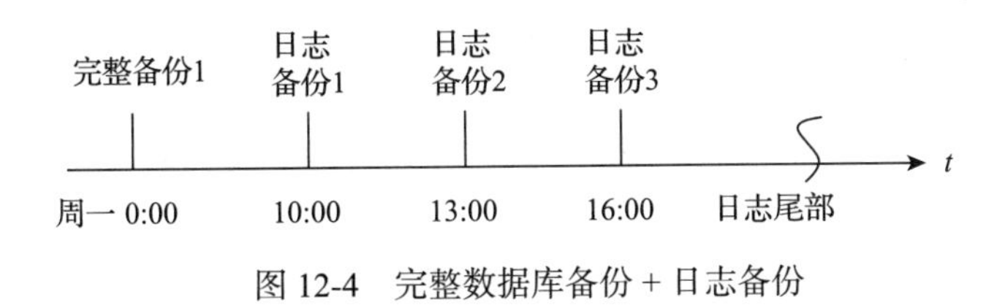

图 12-4　完整数据库备份 + 日志备份

（3）完整数据库备份 + 差异数据库备份 + 日志备份

如果进行一次完整备份的时间比较长，而数据更改又比较频繁，则可以采取第三种备份策略，即完整备份 + 差异备份 + 日志备份的策略，如图 12-5 所示。在两次完整备份中间进行若干次差异备份，比如每周周日 0:00 进行一次完整备份，然后每天 0:00 进行一次差异备份，然后再在两次差异备份之间进行若干次日志备份。这种备份策略的优点是备份和恢复的速度都比较快，而且当系统出现故障时，丢失的数据也非常少。

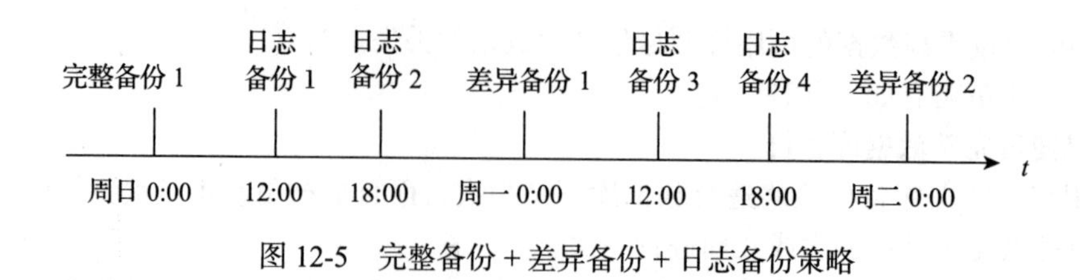

图 12-5　完整备份 + 差异备份 + 日志备份策略

如果系统在周二的差异备份 2 之前出现故障，则应首先尝试备份日志尾部，然后再按顺序恢复完整备份 1、差异备份 1、日志备份 3 和日志备份 4，最后再恢复备份的尾部日志。如果尾部日志备份成功，则数据库可以还原到故障点。

12.2.3　实现备份

在 SQL Server 中，可以在 SSMS 工具中用图形化的方式实现备份，也可以使用 T-SQL 语句实现备份。下面我们分别介绍这两种方法。

1. 使用 SSMS 图形化的方式备份数据库

我们以用备份设备 bk1 对“学生数据库”进行一次完整备份为例，说明使用 SSMS 图形化的方式备份数据库的实现过程。

1）在 SSMS 的“对象管理器”中，展开“数据库”节点，在“学生数据库”上右击鼠标，在弹出的菜单中选择“任务”→“备份”命令，弹出如图 12-6 所示的窗口。

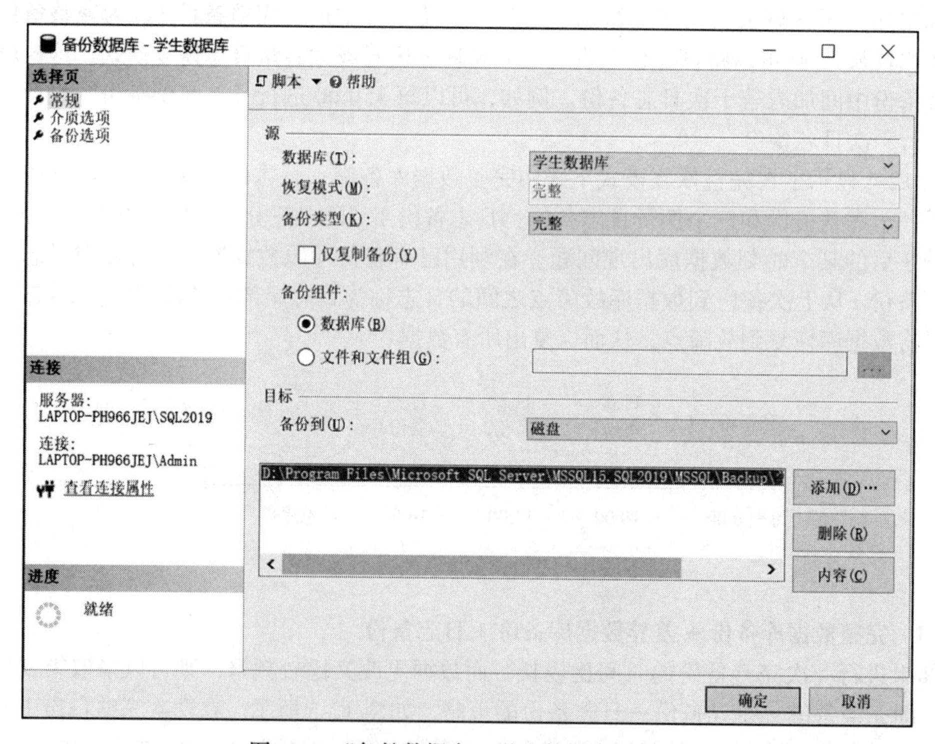

图 12-6　“备份数据库 - 学生数据库”窗口

2）在图 12-6 所示窗口中，在“数据库”下拉列表框中可以选择要备份的数据库（这里选择“学生数据库”）；在“备份类型”下拉列表框中可以选择备份的类型，这里选择的是“完整”；在“备份到”下边的列表框中显示了数据库的备份位置，默认情况下，系统将数据库用

文件的方式备份到 \Microsoft SQL Server\MSSQL15.SQL2019\MSSQL\Backup\ 文件夹下，默认备份文件名为：数据库名 .bak。如果不想将数据库按默认方式备份，可以先单击“删除”按钮，删除此默认文件备份设备，然后再单击“添加”按钮，更改数据库的备份方式和备份位置。我们这里单击“删除”按钮，先删除系统的默认备份方式和备份文件存放位置。

3）单击“添加”按钮，弹出图 12-7 所示的“选择备份目标”窗口。在这个窗口中如果选中“文件名”单选按钮，则表示要将数据库直接备份到物理文件上，单击文件名文本框右边的 ... 按钮可以修改文件存储位置和文件名。如果选中“备份设备”单选按钮，则表示要将数据库备份到备份设备上。这时可从下拉列表框中选择一个已经创建好的备份设备名（如图 12-8 所示，选择的是 bk1 设备）。我们这里选中“备份设备”，然后选中 bk1 备份设备。

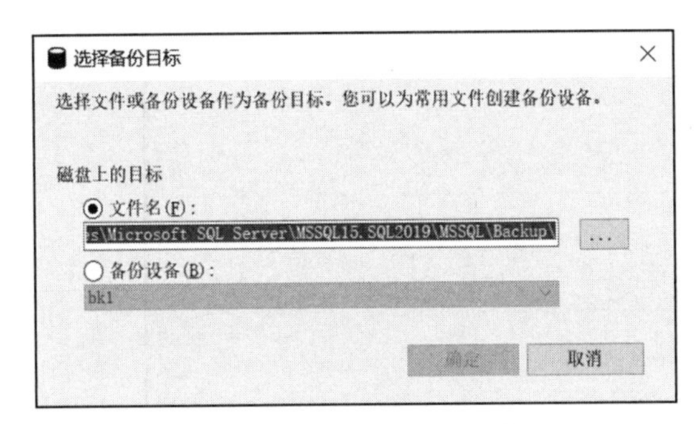

图 12-7　“选择备份目标”窗口

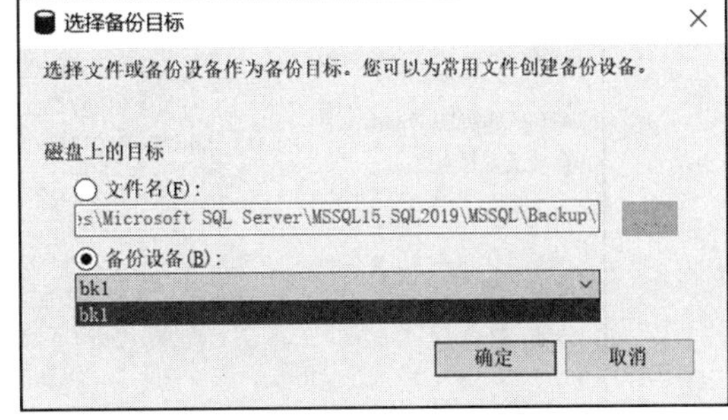

图 12-8　选择 bk1 备份设备

4）单击“确定”按钮回到图 12-6 所示的窗口。该窗口中“备份到”下边的列表框列出的 bk1 是数据库将要备份的设备，如图 12-9 所示。

5）单击图 12-9 窗口左边“选择页”中的“介质选项”，窗口形式如图 12-10 所示。

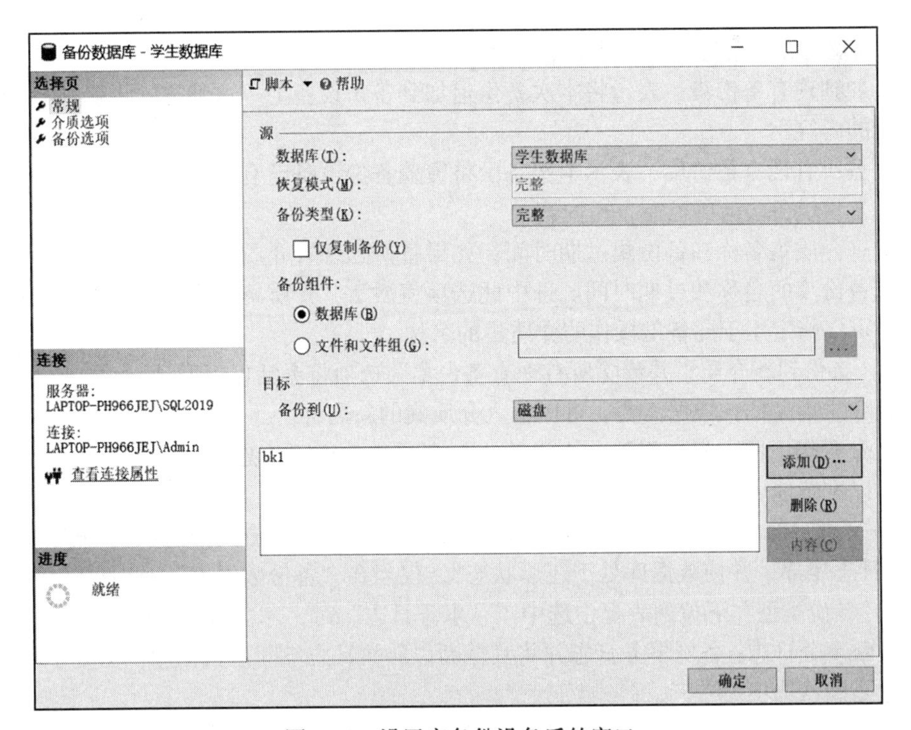

图 12-9　设置完备份设备后的窗口

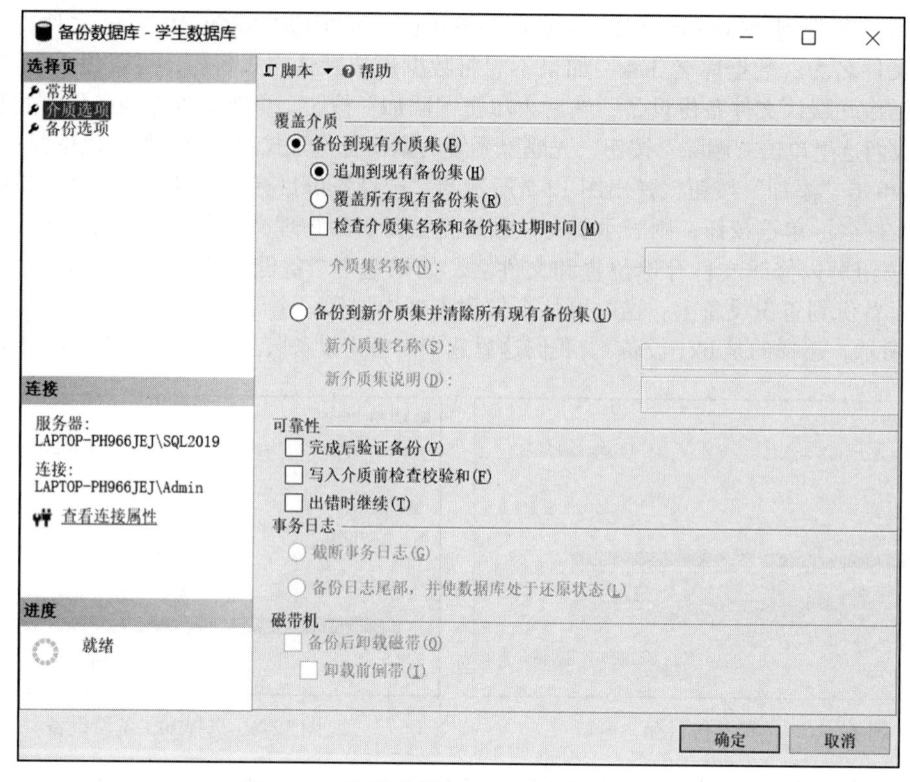

图 12-10　备份数据库的“介质选项”窗口

在“覆盖介质”中有两个选项，分别为“备份到现有介质集”和“备份到新介质集并清除所有现有备份集”。

备份到现有介质集选项又包括如下三个选项。

- 追加到现有备份集：表示将本次备份追加到备份设备上，这种方式不影响备份设备已有的内容。
- 覆盖所有现有备份集：表示本次备份将覆盖备份设备已有的全部内容。这种方式会删除备份设备之前的已有备份内容。
- 检查介质集名称和备份集过期时间：如果备份到现有介质集，还可以要求备份操作验证备份集的名称和过期时间。选中此选项将激活“介质集名称”文本框，在该文本框中可以指定用于此备份操作的介质集的名称。

单击“备份到新介质集并清除所有现有备份集”选项将激活以下两项。

- 新介质集名称：根据需要，可以输入介质集的新名称。
- 新介质集说明：根据需要，可以输入新介质集的说明信息，说明信息应该足够具体，可以准确地表述内容。

“事务日志”部分的选项可以控制事务日志备份的行为，共有两个选项：“截断事务日志”和“备份日志尾部，并使数据库处于还原状态”，仅当在“备份数据库”对话框的“常规”选项中，在“备份类型”下拉列表框中选中了“事务日志”时，才会激活这两个选项。

- 截断事务日志：备份事务日志并将其截断以释放日志空间。数据库仍然处于联机状态。这是默认选项。
- 备份日志尾部，并使数据库处于还原状态：备份日志尾部并将数据库保留在还原状态。

此选项创建日志尾部备份，通常用于在准备还原数据库时备份尚未备份的日志（活动日志）。在数据库完全还原之前，用户将无法使用该数据库。

此选项等效于在 BACKUP 语句 (T-SQL) 中指定“WITH NO_TRUNCATE, NORECOVERY”。

我们这里在“覆盖介质”中选择第一个选项“追加到现有备份集”，单击“确定”按钮，开始备份数据库，备份完成后系统会给出一个如图 12-11 所示的提示窗口，表示备份已成功完成。

图 12-11　备份成功完成的提示窗口

如果要进行日志尾部备份，则在图 12-6 所示窗口的“备份类型”下拉列表框中选择“事务日志”，然后单击左边“选择页”中的“介质选项”，窗口形式如图 12-12 所示。

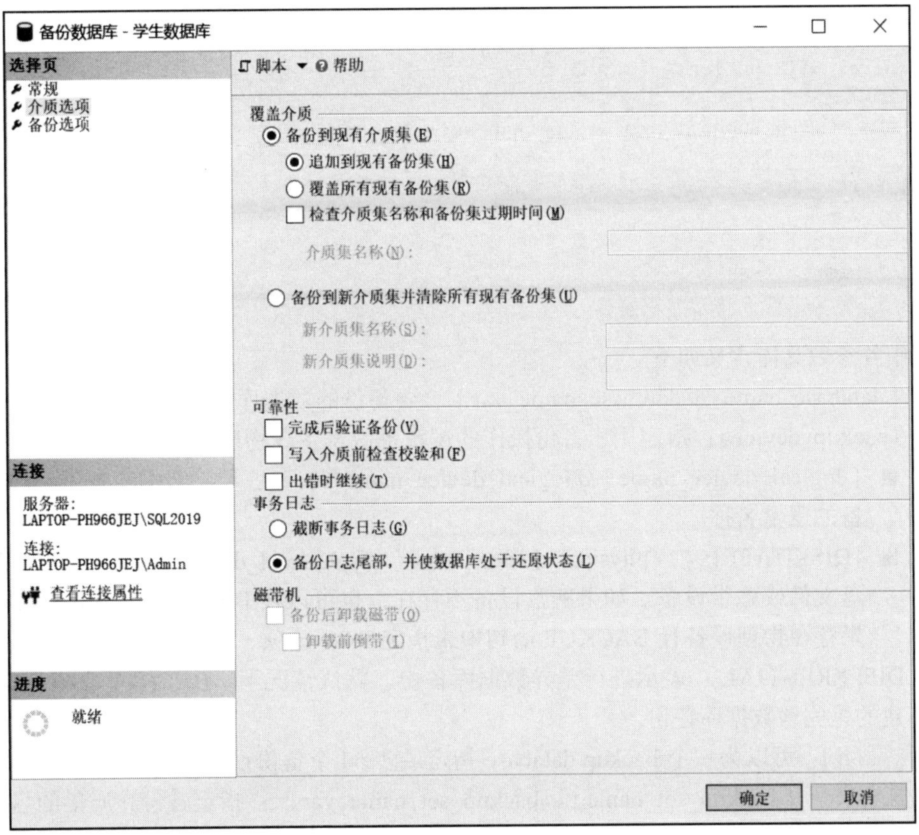

图 12-12　进行日志尾部备份的窗口

在该窗口“事务日志”部分，选中“备份日志尾部，并使数据库处于还原状态”选项，然后单击“确定”按钮，即可实现尾部日志的备份。

注意在进行尾部日志备份之前，在数据库引擎查询窗口的“可用数据库”下拉列表框中不能选中要进行尾部日志备份的数据库，否则备份将失败。

进行完数据库尾部日志备份后，“学生数据库”将处于正在还原状态，这种状态的数据库是不允许用户访问的，其在 SSMS 中的显示形式是“学生数据库（正在还原 ...)”，如图 12-13 所示。

图 12-13　正在还原的数据库状态

2. 用 T-SQL 语句备份数据库

备份数据库使用的是 BACKUP 语句，该语句分为备份数据库和备份日志两种语法格式。

备份数据库的 BACKUP 语句的基本语法格式为：

```
BACKUP DATABASE { database_name | @database_name_var }
  TO <backup_device> [ ,...n ]
  [ WITH { DIFFERENTIAL | <general_WITH_options> [ ,...n ] } ]
[;]
<backup_device>::=
  {
    { logical_device_name | @logical_device_name_var }
  | { DISK | TAPE } =
    { 'physical_device_name' | @physical_device_name_var }
  }
<general_WITH_options> [ ,...n ]::=
--备份集选项
  NAME = { backup_set_name | @backup_set_name_var }
  | { EXPIREDATE =  { 'date' | @date_var }
  | RETAINDAYS = { days | @days_var } }
--媒体集选项
  { NOINIT | INIT }
  | { NOSKIP | SKIP }
  | { NOFORMAT | FORMAT }
```

其中各参数具体含义如下。

- { database_name | @database_name_var }：要备份的数据库名。
- <backup_device>：指定用于备份操作的逻辑备份设备或物理备份设备。
  - ■ { logical_device_name | @logical_device_name_var }：要将数据库备份到的备份设备的逻辑名称。
  - ■ {DISK|TAPE}={ ‘physical_device_name’ |@physical_device_name_var}：指定磁盘文件或磁带设备。如果磁盘设备不存在，也可以在 BACKUP 语句中指定它。如果存在物理设备且 BACKUP 语句中未指定 INIT 选项，则备份将追加到该设备。
- DIFFERENTIAL：表示进行差异数据库备份。默认情况下，BACKUP DATABASE 创建的是完整数据库备份。
- [, ... n]：可以为一个 backup database 指定最多 64 个备份设备名称。
- NAME = { backup_set_name | @backup_set_name_var }：指定备份介质集的名称。名称最长可达 128 个字符。如果未指定 NAME，它将为空。
- { EXPIREDATE = 'date' | RETAINDAYS = days }：指定允许覆盖该备份的备份集的日期。如果同时使用这两个选项，则 RETAINDAYS 的优先级别高于 EXPIREDATE。
  - ■ EXPIREDATE = { 'date' | @date_var }：指定备份集到期和允许被覆盖的日期。

■ RETAINDAYS = { days | @days_var }：指定必须经过多少天才可以覆盖该备份媒体集。

- { NOINIT | INIT }：控制备份操作是追加到还是覆盖备份媒体中的现有备份集。默认为追加（NOINIT）。
  ■ NOINIT：表示将此次备份内容追加到指定的媒体集上，以保留原有的备份集。
  ■ INIT：指定覆盖媒体集上的所有备份内容，但是保留媒体标头。
- { NOSKIP | SKIP }：控制备份操作是否在覆盖媒体中的备份集之前检查它们的过期日期和时间。
  ■ NOSKIP：指示 BACKUP 语句在覆盖媒体上的所有备份集之前先检查它们的过期日期。这是默认行为。
  ■ SKIP：不进行备份集的过期和名称检查。
- { NOFORMAT | FORMAT }：指定是否应该在用于此备份操作的卷上写入媒体标头，以覆盖现有的媒体标头和备份集。
  ■ NOFORMAT：指定备份操作在用于此备份操作的媒体卷上保留现有的媒体标头和备份集。这是默认行为。
  ■ FORMAT：指定创建新的媒体集。FORMAT 将使备份操作在用于备份操作的所有媒体卷上写入新的媒体标头。媒体卷的现有内容将变为无效。

注意：

使用 FORMAT 时要谨慎，因为格式化媒体集的任何一个卷都将使整个媒体集不可用。

备份日志的 BACKUP 语句的基本语法格式为：

```
BACKUP LOG { database_name | @database_name_var }
  TO <backup_device> [ ,...n ]
  [ WITH { <general_WITH_options> | <log_specific_optionspec> } [ ,...n ] ]
[;]
<log_specific_optionspec> ::=
{ NORECOVERY | STANDBY = standby_file_name }
 | NO_TRUNCATE
```

其中各参数的具体含义如下。

- NORECOVERY：备份日志的尾部并使数据库处于 RESTORING（正在还原）状态。当执行 RESTORE 操作前保存日志尾部时，NORECOVERY 很有用。
- STANDBY = standby_file_name：备份日志的尾部并使数据库处于只读和 STANDBY 状态。使用 STANDBY 选项等同于 BACKUP LOG WITH NORECOVERY 后跟 RESTORE WITH STANDBY。
- NO_TRUNCATE：指定不截断日志，并使数据库引擎不用考虑数据库的状态而执行备份。因此，使用 NO_TRUNCATE 执行的备份可能具有不完整的元数据。该选项允许在数据库损坏时备份日志。

其他参数的含义同备份数据库语句的选项。

【例 3】 对“学生数据库”进行一次完整数据库备份，备份到 MyBK_1 备份设备上（假设此备份设备已创建好），并覆盖掉该备份设备上已有的备份内容。

```
BACKUP DATABASE 学生数据库 TO MyBK_1 WITH INIT
```

【例4】对“学生数据库”进行一次差异数据库备份，也备份到MyBK_1备份设备上，并保留该备份设备上已有的备份内容。

```
BACKUP DATABASE 学生数据库 TO MyBK_1 WITH DIFFERENTIAL, NOINIT
```

【例5】对“学生数据库”进行一次事务日志备份，直接备份到D:\LogData文件夹（假设此文件夹已存在）下的Students_log.bak文件上。

```
BACKUP LOG 学生数据库 TO DISK = 'D:\LogData\Students_log.bak'
```

【例6】将数据库同时备份到多个设备（介质集）上。将“学生数据库”数据库完整备份到D:\Data\Students1.bak和D:\Data\Students2.bak两个磁盘文件中。

```
BACKUP DATABASE 学生数据库
TO DISK='D:\Data\Students1.bak',
  DISK='D:\Data\Students2.bak'
WITH FORMAT
```

12.3 还原数据库

当数据库系统出现故障或异常损坏时，可以利用已有的数据库备份对数据库进行还原。

12.3.1 还原数据库的顺序

1. 还原前的准备

在对数据库进行还原操作之前，如果数据库没有毁坏，则应先对数据库的访问进行一些必要的限制。因为在还原数据库的过程中，不允许用户访问数据库。如果还原有用户正在访问的数据库，则在还原数据库时会失败。图12-14所示为在使用“学生数据库”时对该数据库进行还原显示的失败信息。在此图中单击左下角“进度”部分的“还原数据库‘学生数据库’”部分，将弹出如图12-15所示的错误提示信息。

简单的不访问数据库的方式是在SSMS的数据库引擎查询窗口中，在“可用数据库”下拉列表框中不选中要还原的数据库。

2. 还原的顺序

在还原数据库之前，如果数据库的日志文件没有损坏，则为尽可能减少数据丢失，可在还原之前对数据库进行一次尾部日志备份，这样可将数据的损失减少到最小。

备份数据库是按一定的顺序进行的，还原数据库也有一定的顺序。还原数据库的顺序如下：

1）恢复最近的完整数据库备份。因为最近的完整数据库备份包含了数据库最近的全部信息。

2）恢复完整数据库备份之后的最近的差异数据库备份（如果有的话）。因为差异备份是相对完整备份之后对数据库所做的全部修改。

3）从最后一次还原的完整或差异备份后创建的第一个事务日志备份开始，按日志备份的先后顺序恢复所有日志备份。由于日志备份记录的是自上次备份之后新增加的日志内容，因此，必须按顺序恢复自最近的完整备份或差异备份之后进行的全部日志备份。

示例：表12-2所示为对某个数据库的备份操作序列。

图 12-14　还原有用户访问的数据库时出现失败

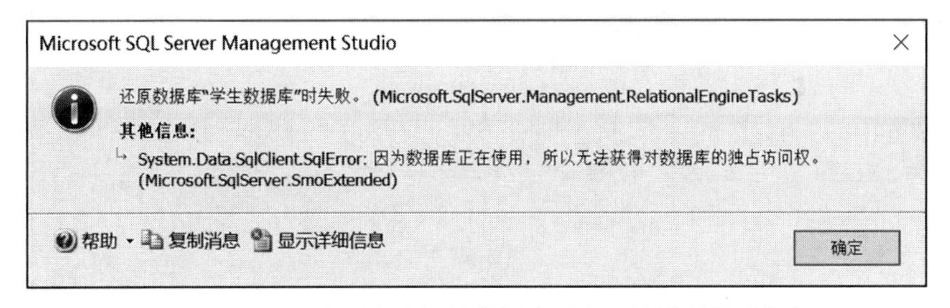

图 12-15　还原有用户访问的数据库时出现的错误提示信息

表 12-2　数据库备份操作序列

时间	事件
8:00	进行完整数据库备份
12:00	进行事务日志备份
16:00	进行事务日志备份
18:00	进行完整数据库备份
20:00	进行事务日志备份
21:45	出现故障

如果要将数据库还原到 21:45（故障点）的状态，可以采用以下还原过程：

首先进行一次尾部日志备份；然后恢复下午 18:00 进行的完整数据库备份；之后恢复晚上 20:00 进行的日志备份；最后再恢复尾部日志备份。

12.3.2　实现还原

还原数据库可以在 SSMS 工具中用图形化的方式实现，也可以使用 T-SQL 语句实现。

1. 在 SSMS 工具中用图形化的方式实现还原

还原数据库有两种情况，一种情况是数据库还存在，但其中的某些数据或其他内容出现了损坏，即在服务器上还存在该数据库；另一种情况是数据库已经完全被损坏或者被删除，即在服务器中已经不存在该数据库了。

下面我们以利用“学生数据库”的备份进行还原为例，分两种情况说明用 SSMS 工具实现还原数据库的过程，一种情况是数据库在服务器中仍然存在，另一种是数据库在服务器中已不存在。

（1）数据库在服务器中仍然存在

在这种情况下，由于数据库基本上没有损坏，因此在进行实际还原前，应该首先对“学生数据库”进行一次日志尾部备份，以减少数据的损失。

对“学生数据库”进行日志尾部备份的方法如下：

1）在“学生数据库”上右击鼠标，在弹出的菜单中选择“任务”→“备份”命令，在弹出的“备份数据库”窗口中，在“备份类型”下拉列表框中选择“事务日志”。

2）在左边的“选择页”列表框中选中“介质选项”，然后在此窗口的“事务日志”部分选中“备份日志尾部，并使数据库处于还原状态”，如图 12-16 所示。

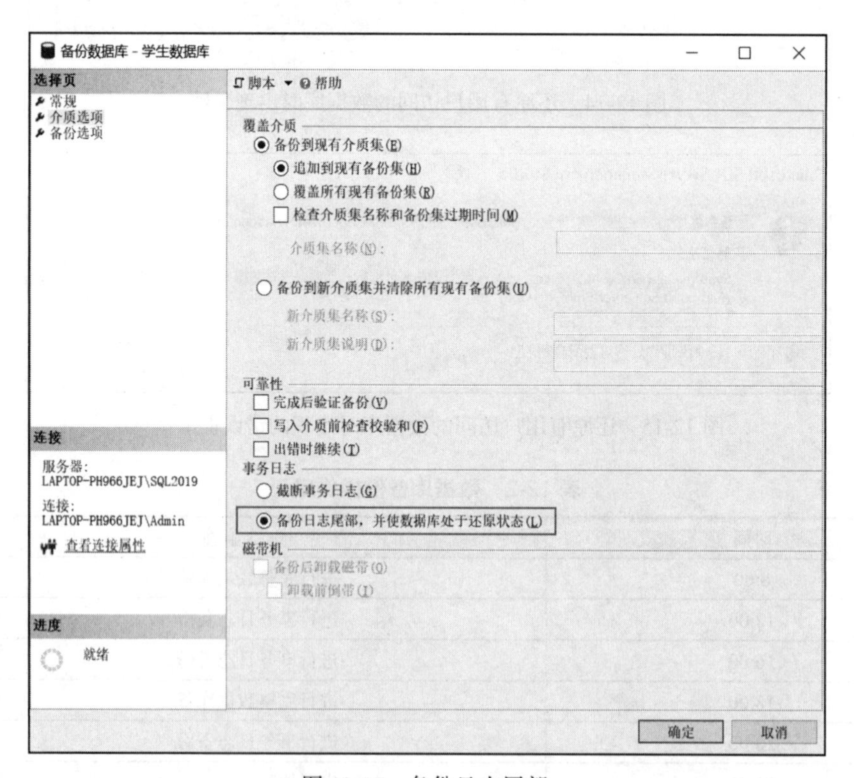

图 12-16　备份日志尾部

3）单击“确定”按钮，开始对数据库进行日志尾部备份。

日志尾部备份完成后，在“对象资源管理器”中可看到“学生数据库”名字后面有“正在还原”提示（参见图 12-13）。

完成了日志尾部备份后，接下来还原“学生数据库”，步骤如下：

1）以系统管理员身份连接到 SSMS，在对象资源管理器中，在“学生数据库”上右击鼠标，在弹出的菜单中依次选择“任务”→“还原”→“数据库”命令，弹出如图 12-17 所示的“还原数据库－学生数据库”窗口。

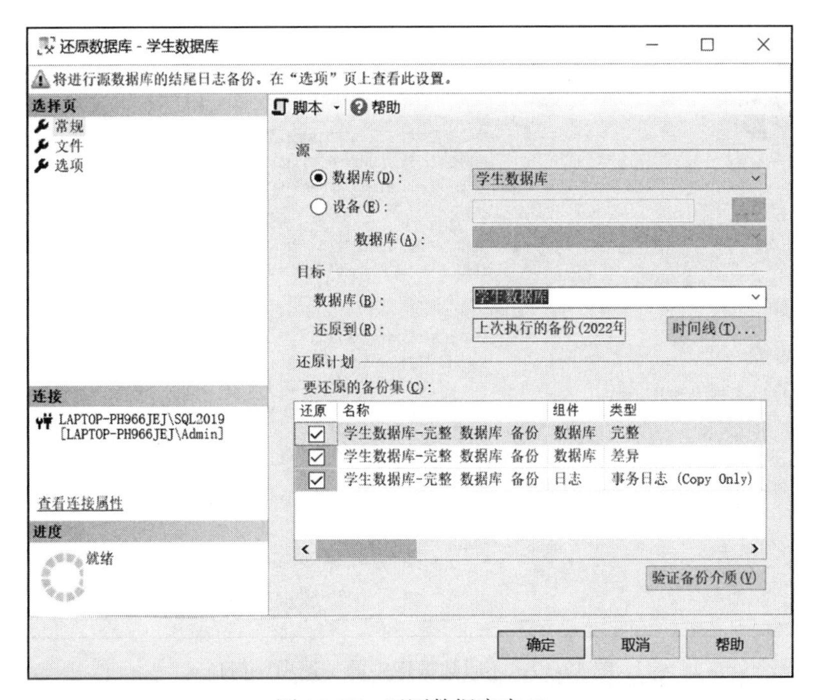

图 12-17　还原数据库窗口

2）在图 12-17 所示窗口中，在“源”部分有两个选项：“数据库”和“设备”。

- 如果选中“数据库”，则可从其对应的下拉列表框中选择要从哪个数据库的备份进行恢复。
- 如果选中“设备”，则可通过单击右侧的 ... 按钮，从弹出的“选择备份设备”窗口（如图 12-18 所示）中指定备份所在的备份设备或备份所在的文件。

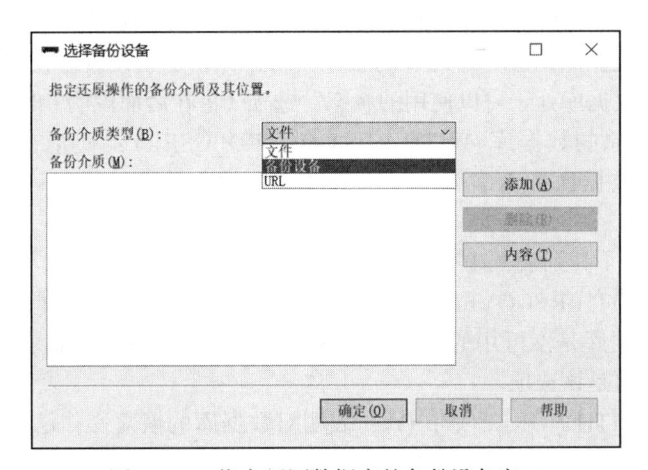

图 12-18　指定还原数据库的备份设备窗口

我们这里选中“数据库”，并从下拉列表框中选择“学生数据库”。选择好“学生数据库”

后，在窗口下面的“要还原的备份集”列表框中会列出该数据库的全部备份，利用这些备份可以还原数据库。

3）单击图 12-17 窗口中“选择页”部分的“选项”选项，窗口形式如图 12-19 所示。

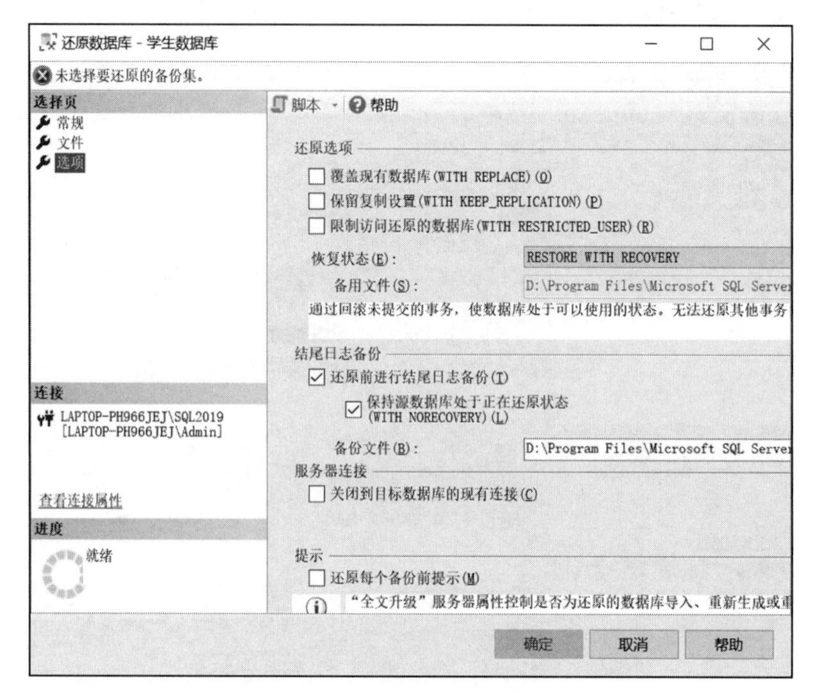

图 12-19　还原数据库中的“选项”窗口

在图 12-19 所示窗口中，“还原选项”部分各选项的含义如下。

- 覆盖现有数据库 (WITH REPLACE)：如果服务器中有与被恢复的数据库同名的数据库，则选中该选项将覆盖掉服务器中现有的同名数据库。如果服务器中存在与被恢复数据库同名的数据库，并且也没有对被恢复的数据库进行日志尾部备份，则在恢复数据库时，必须选中该选项，否则会出现一个报错窗口。
- 保留复制设置 (WITH KEEP_REPLICATION)：用于复制数据库。将已发布的数据库还原到创建该数据库的服务器之外的服务器时，保留复制设置。仅在选择“回滚未提交的事务，使数据库处于可以使用的状态”选项（将在后面说明）时，此选项才可用。
- 限制访问还原的数据库 (WITH RESTRICTED_USER)：使正在还原的数据库仅供 db_owner（数据库拥有者）、dbcreator（数据库创建者）或 sysadmin（系统管理员）的成员使用。

在“恢复状态”下拉列表框中有三个选项（如图 12-20 所示），各选项的含义如下。

- RESTORE WITH RECOVERY：表明对数据库的恢复操作还没有全部完成。使用此选项恢复的数据库是不可用的，但可以继续恢复后续的备份。如果没有指明恢复选项，则默认的选项是该选项。
- RESTORE WITH NORECOVERY：表明对数据库的恢复操作已全部完成。使用此选项恢复的数据库是可用的。一般是在恢复数据库的最后一个备份时使用此选项。
- RESTORE WITH STANDBY：使数据库处于备用状态，在该状态下只能对数据库进行有限的只读访问。

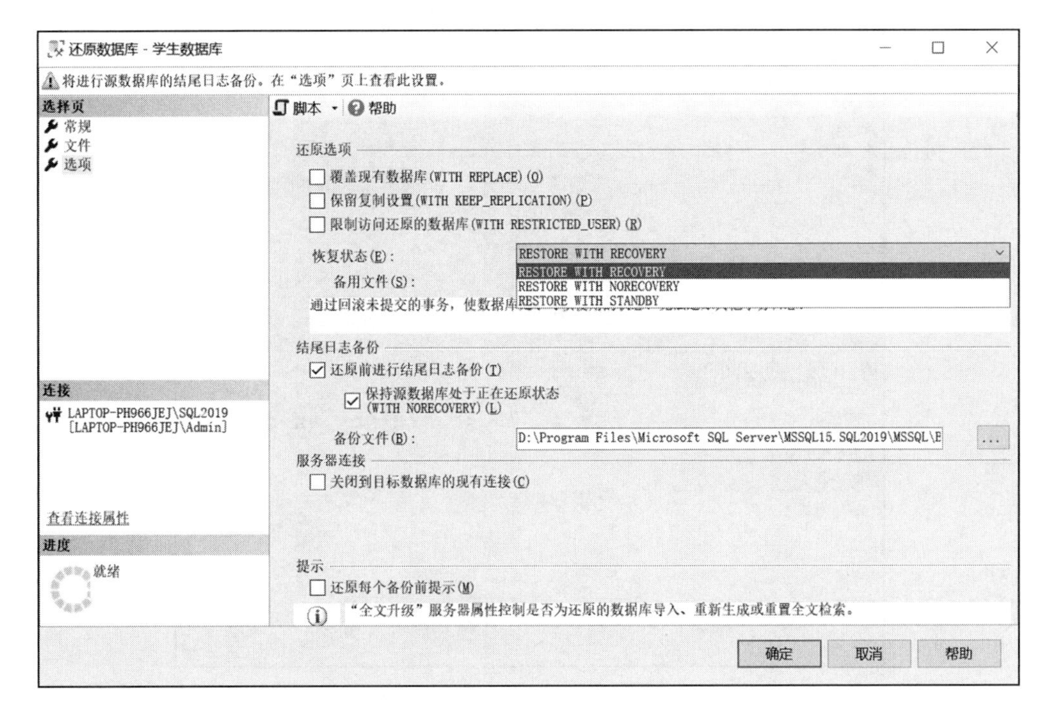

图 12-20　“恢复状态”下拉列表框中的三个选项

4）我们在此页不做任何选择，单击“确定”按钮完成对“学生数据库”的还原操作。

注意：

不能对正在使用的数据库进行还原操作。

（2）数据库在服务器中已不存在

为进行这个实验，我们首先执行下述语句，删除“学生数据库”：

```
DROP DATABASE 学生数据库
```

然后利用“学生数据库”的备份对其进行还原，具体步骤如下。

1）以系统管理员身份连接到 SSMS，在对象资源管理器中，在“数据库”处右击鼠标，在弹出的菜单中选择“还原数据库”命令，弹出如图 12-21 所示的“还原数据库”窗口。

2）在图 12-21 所示窗口中，在“源”部分选中“设备”选项，然后单击其右边的[...]按钮，在弹出“选择备份设备”窗口中，在“备份介质类型”下拉列表框中选择“备份设备”，如图 12-22 所示。然后单击“添加”按钮，弹出如图 12-23 所示的窗口。

3）在“选择备份设备”窗口的“备份设备”下拉列表框中，指定包含备份内容的备份设备，这里指定 bk1，单击“确定”按钮，关闭“选择备份设备”窗口，回到“指定设备”窗口中，此时该窗口的“备份位置”列表框中会列出指定的备份设备（bk1）。

4）在“指定设备”窗口上再次单击“确定”按钮，回到“还原数据库”窗口，此时该窗口的“要还原的备份集”列表框中列出了该指定设备上进行的所有备份，如图 12-24 所示。

5）单击“确定”按钮，开始还原数据库。还原成功后，在弹出的提示窗口中单击“确定”按钮关闭提示窗口。

此时在 SSMS 的对象资源管理器中就可以看到已还原好的“学生数据库”了。通过查看“学生数据库”中的内容，可以看到还原操作恢复了“学生数据库”中的全部内容。

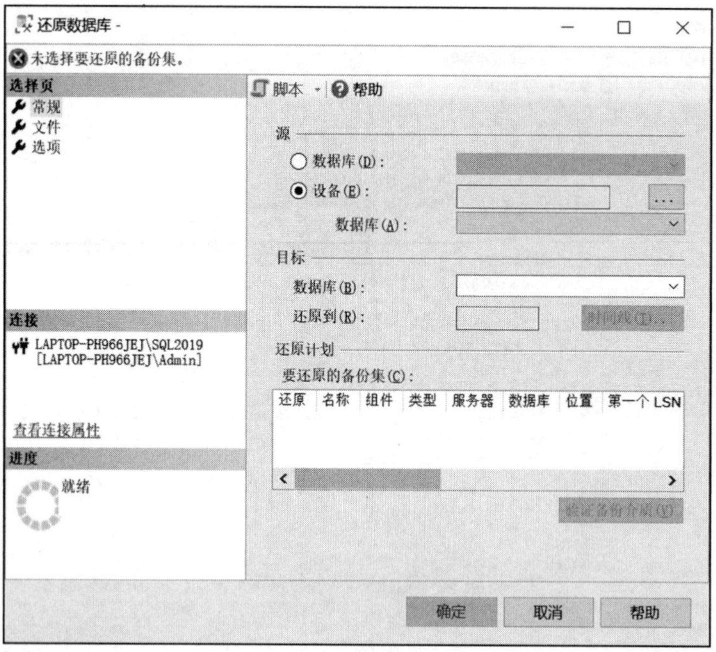

图 12-21　“还原数据库”窗口

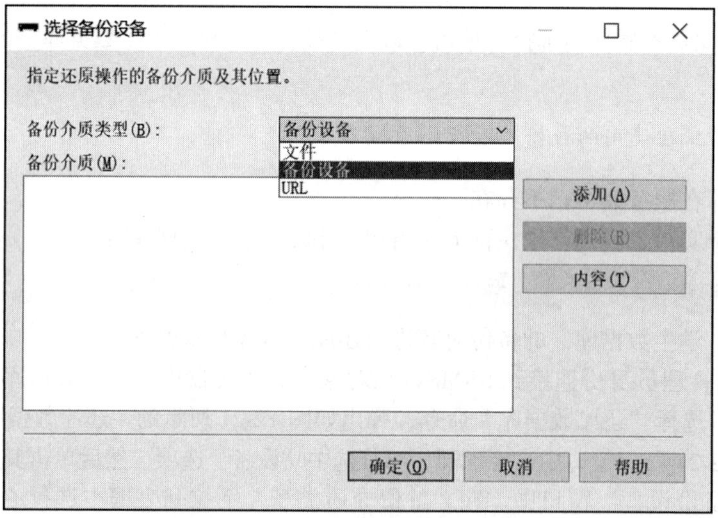

图 12-22　“选择备份设备”窗口

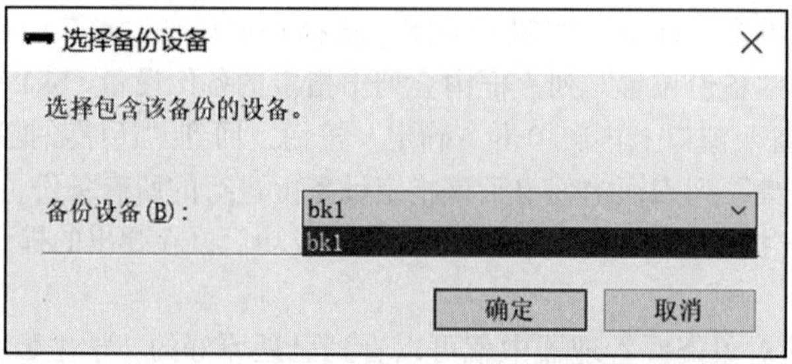

图 12-23　选择包含备份内容的备份设备

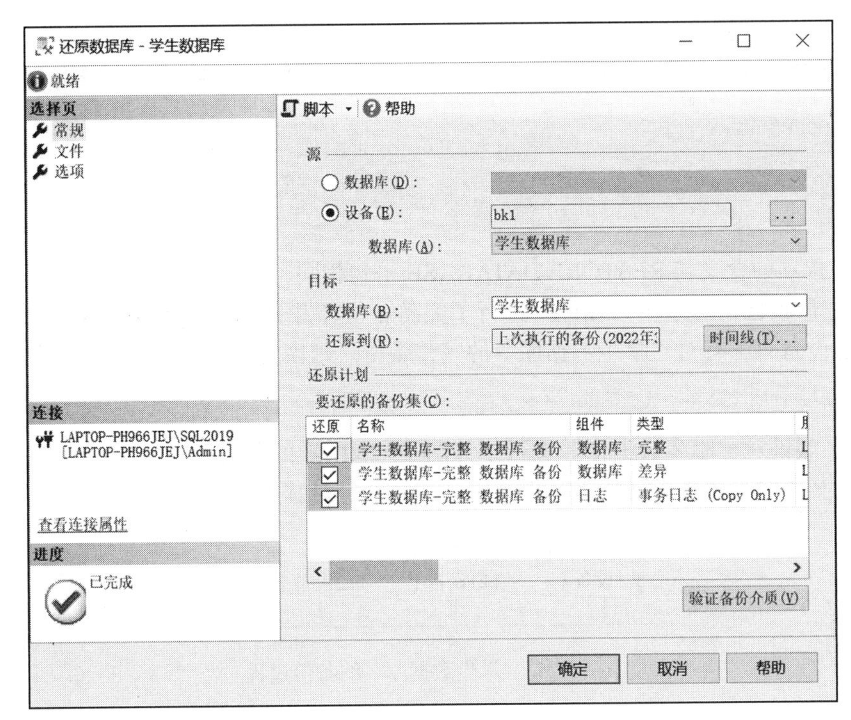

图 12-24　选中要还原的备份集

2. 用 T-SQL 语句还原数据库

还原数据库和事务日志的 T-SQL 语句分别是 RESTORE DATABASE 和 RESTORE LOG。还原数据库的 RESTORE 语句的简单语法格式为：

```
RESTORE DATABASE 数据库名
[FROM 备份设备名 [ ,...n ] ]
[ WITH FILE = 文件号
[ , ] NORECOVERY
[ , ] RECOVERY
[ , ] STANDBY
][;]
```

其中各参数的具体含义如下。

- FILE = 文件号：标识要还原的备份，文件号为 1 表示备份设备上的第一个备份，文件号为 2 表示备份设备上的第二个备份。
- NORECOVERY：表明对数据库的恢复操作还没有完成。使用此选项恢复的数据库是不可用的，但可以继续恢复后续的备份。如果没有指明该恢复选项，则默认的选项是 RECOVERY。这个选项等同于图 12-20 上的“恢复状态”中的“RESTORE WITH NORECOVERY”选项。
- RECOVERY：表明对数据库的恢复操作已经完成。使用此选项恢复的数据库是可用的。一般是在恢复数据库的最后一个备份时使用此选项。这个选项等同于图 12-20 上的“恢复状态”中的“RESTORE WITH RECOVERY”选项。
- STANDBY：使数据库处于备用状态，在该状态下只能对数据库进行有限的只读访问。这个选项等同于图 12-20 上的“恢复状态”中的“RESTORE WITH STANDBY”选项。

还原日志的 RESTORE 语句与还原数据库的语句基本相同，其基本语法格式为：

```
RESTORE LOG 数据库名
FROM 备份设备名
[ WITH FILE = 文件号
[ , ] NORECOVERY
[ , ] RECOVERY
[ , ] STANDBY
][;]
```

其中各选项的含义与 RESTORE DATABASE 语句相同。

【例 7】假设已对“学生数据库”进行了完整备份，并且是备份到 MyBK_1 备份设备上，假设此备份设备只含有对“学生数据库”的完整备份。则恢复“学生数据库”的语句为：

```
RESTORE DATABASE 学生数据库 FROM MyBK_1
```

【例 8】假设对“学生数据库”进行了如图 12-25 所示的备份过程，在最后一个日志备份完成之后的某个时刻系统出现故障，现利用已有的备份对其进行恢复。

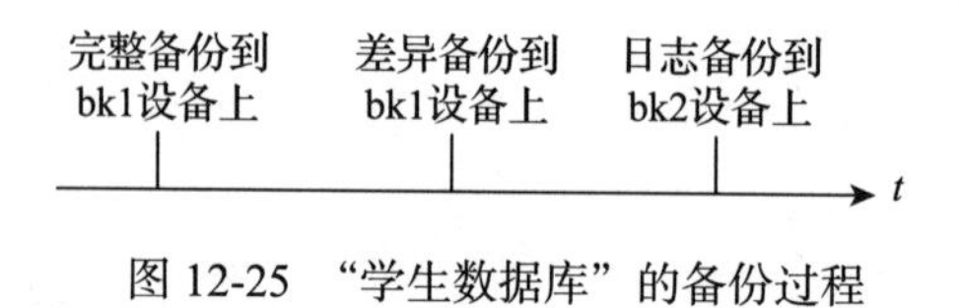

图 12-25　“学生数据库”的备份过程

恢复过程的语句如下所示。

1）首先恢复完整备份：

```
RESTORE DATABASE 学生数据库 FROM bk1
WITH FILE=1, NORECOVERY
```

2）然后恢复差异备份：

```
RESTORE DATABASE 学生数据库 FROM bk1
WITH FILE=2, NORECOVERY
```

3）最后恢复日志备份：

```
RESTORE LOG 学生数据库 FROM bk2
```

12.4　小结

本章介绍了维护数据库时很重要的工作：备份和恢复数据库。在 SQL Server 2019 中，常用的数据库备份方式有三种，即完整数据库备份、差异数据库备份和事务日志备份。完整备份是将数据库的全部内容均备份下来，对数据库进行的第一个备份必须是完整备份；差异备份是备份数据库中相对完整备份之后对数据库的修改部分；日志备份是备份自前一次备份之后新增的日志内容，而且日志备份要求数据库的恢复模式不能是“简单”模型，因为“简单”恢复模式下，系统会自动清空不活动的日志。完整备份和差异备份均对日志进行备份。数据库的恢复过程是先从完整备份开始，然后恢复最近的差异备份，最后再按备份的顺序恢复后续的日志备份。在恢复数据库的过程中，如果是手工逐个恢复数据库的备份，则在恢复最后一个备份之前，应保持数据库为不可用状态。SQL Server 2019 支持在备份的同时允许用户访问数据库，但在恢复数据库过程中是不允许用户访问数据库的。

数据库的备份介质可以是磁盘，也可以是磁带，但通常都使用磁盘。在备份数据库时可以将数据库备份到备份设备上，也可以直接备份到磁盘文件上。

习题

1. 在确定用户数据库的备份周期时应考虑哪些因素？
2. 对用户数据库和系统数据库分别应该采取什么备份策略？
3. SQL Server 的备份设备是一个独立的物理设备吗？
4. 在创建备份设备时需要指定备份设备的大小吗？
5. SQL Server 2019 提供了几种备份数据库方式？
6. 日志备份对数据库恢复模式有什么要求？
7. 第一次对数据库进行备份时，必须使用哪种备份方式？
8. 差异备份备份的是哪个时间段的哪些内容？
9. 日志备份备份的是哪个时间段的哪些内容？
10. 差异备份备份数据库日志吗？
11. 恢复数据库的顺序是什么？
12. SQL Server 在备份数据库时允许用户访问数据库吗？
13. SQL Server 在恢复数据库时允许用户访问数据库吗？

上机练习

分别采用 SSMS 工具和 T-SQL 语句，利用第 10 章上机练习建立的 Students 数据库和关系表，完成下列各题。

1. 利用 SSMS 工具按顺序完成下列操作。

（1）创建永久备份设备：backup1 和 backup2。

（2）对 Students 数据库进行一次完整备份，并以追加的方式备份到 backup1 设备上。

（3）执行下述语句，删除 Students 数据库中的 Teaching 表。

```
DROP TABLE Teaching
```

（4）利用 backup1 设备上对 Students 数据库进行的完整备份，恢复出 Students 数据库。

（5）查看 Teaching 表是否被恢复出来了。

2. 利用 SSMS 工具按顺序完成下列操作。

（1）对 Students 数据库进行一次完整备份，并以覆盖的方式备份到 backup1 设备上，覆盖掉 backup1 设备上已有的备份内容。

（2）执行下述语句在 Course 表中插入一行新记录：

```
INSERT INTO Course VALUES('C201', '离散数学',3,'必修')
```

（3）将 Students 数据库以覆盖的方式差异备份到 backup2 设备上。

（4）执行下述语句删除新插入的记录：

```
DELETE FROM Course WHERE Cno = 'C201'
```

（5）利用 backup1 和 backup2 备份设备对 Students 数据库的备份，恢复 Students 数据库。完全恢复完成后，在 Course 表中有新插入的记录吗？为什么？

3. 利用 SSMS 工具按顺序完成下列操作。

（1）将 Students 数据库的恢复模式改为“完整”的。

（2）对 Students 数据库进行一次完整备份，并以覆盖的方式备份到 backup1 设备上。

（3）执行下述语句向 Course 表中插入一行新记录：

```
INSERT INTO Course VALUES('C202', '编译原理', 5, '必修')
```

（4）对 Students 数据库进行一次差异备份，并以追加的方式备份到 backup1 设备上。

（5）执行下述语句删除新插入的记录：

```
DELETE FROM Course WHERE Cno = 'C202'
```

（6）对 Students 数据库进行一次日志备份，并以覆盖的方式备份到 backup2 设备上。

（7）利用 backup1 和 backup2 备份设备恢复 Students 数据库，恢复完成后，在 Course 表中有新插入的记录吗？为什么？

4. 用备份和恢复数据库的 T-SQL 语句，按顺序完成下列操作。

（1）新建备份设备 back1 和 back2，它们均存放在 D:\BACKUP 文件夹下（假设此文件夹已存在），对应的物理文件名分别为 back1.bak 和 back2.bak。

（2）对 Students 数据库进行一次完整备份，以覆盖的方式备份到 back1 上。

（3）删除 SC 表。

（4）对 Students 数据库进行一次差异备份，以追加的方式备份到 back1 上。

（5）删除 Students 数据库。

（6）利用 back1 备份设备上对 Students 数据库进行的完整备份恢复该数据库，并在恢复完成之后使数据库成为可用状态。

（7）在 SSMS 工具的对象资源管理器中查看是否有 Students 数据库？为什么？如果有，展开此数据库中的“表”节点，查看是否有 SC 表？为什么？

（8）再次利用 back1 备份设备恢复 Students 数据库，首先恢复完整备份并使恢复后的数据库成为正在恢复状态，然后再恢复差异备份并使恢复后的数据库成为可用状态。

（9）在 SSMS 工具的对象资源管理器中展开 Students 数据库和其下的“表”节点，这次是否有 Teaching 表？为什么？

（10）对 Students 数据库进行一次完整备份，直接备份到 D:\BACKUP 文件夹下，备份文件名为 students.bak。

（11）对 Students 数据库进行一次事务日志备份，以追加的方式备份到 back2 设备上。

第三篇

数据挖掘与数据库技术的发展

本篇将介绍数据仓库与数据挖掘以及数据库技术的发展，包括如下两章：

- 第 13 章　数据仓库与数据挖掘
- 第 14 章　数据库技术的发展

第 13 章

数据仓库与数据挖掘

在市场经济的激烈竞争中，企业必须把业务经营同市场需求联系起来，在此基础上做出科学、正确的决策，以求生存。为此，企业纷纷建立起自己的数据库系统，由计算机管理代替手工操作，以此来收集、存储、管理业务操作数据。改善办公环境，提高操作人员的工作效率，实现工商企业的自动化，使得数据库和联机事务处理（OLTP）成为过去十几年来最热门的信息领域之一。

然而，传统的数据库与 OLTP 平台是面向业务操作设计的，用户可以在一个 OLTP 平台上安装数个应用系统。就应用范围而言，它们的数据很可能不正确甚至互相抵触，而且传统的数据库技术以单一的数据资源即数据库为中心，进行事务处理、批处理、决策分析等各种数据处理工作，难以实现对数据分析的需求，因而并不能很好地支持决策。

为了充分满足分析数据的需求，企业需要新的技术来弥补原有数据库系统的不足，数据仓库（Data Warehousing，DW）应运而生。它包括分析所需的数据以及处理数据所需的应用程序，建立数据仓库的目的是建立一种体系化的数据存储环境，把分析决策所需的大量数据从传统的操作环境中分离出来，使分散的、不一致的操作数据转换成集成的、统一的信息。企业内不同单位的成员都可以在此单一的环境之下，通过运用其中的数据与信息，发现全新的视野和新的问题、新的分析与想法，进而发展出制度化的决策系统，并获取更多经营效益。

作为决策支持系统（Decision-making Support System，DSS）的辅助技术，数据仓库系统包括三大部分内容：

- 数据仓库技术。
- 联机分析处理（On-Line Analytical Processing，OLAP）技术。
- 数据挖掘（Data Mining，DM）技术。

数据仓库可以合并和组织数据，以便对其进行分析并用来支持业务决策。数据仓库通常包含历史数据，这些数据经常是从各种完全不同的来源（如 OLTP 系统、文本文件或电子表格）收集的。数据仓库可以组合这些数据，对其进行清理使其准确一致，并进行组织使其便于高效查询。

13.1 数据仓库技术

数据仓库是进行联机分析处理和数据挖掘的基础，它从数据分析的角度将联机事务中的数据经过清理、转换并加载到数据仓库中，这些数据在数据仓库中被合理地组织和维护，以满足联机分析处理和数据挖掘的要求。

13.1.1　数据仓库的概念及特点

对于数据仓库的概念，每个研究人员都有自己的理解，还没有形成统一的定义，但不同定义中共同指出了数据仓库的几个主要特点。

1. 面向主题

主题是一种抽象，它是在较高层次上将企业信息系统中的数据综合、归类并进行分析利用，是针对企业中某一宏观分析领域所涉及的分析对象及某一决策问题而设置的。面向主题的数据组织方式就是完整、统一地刻画各个分析对象所涉及的企业的各项数据，以及数据之间的联系。

目前，数据仓库主要基于关系数据库实现，每个主题由一组相关的关系表或逻辑视图来具体实现。主题中的所有表都通过一个公共键联系起来，数据可以存储在不同的介质上，而且相同的数据可以既有综合级又有细节级。

2. 集成的数据

数据仓库中存储的数据是从原来分散的各个子系统中提取出来的，但并不是原有数据的简单拷贝，而是经过统一、综合这样的过程获得的。这样做的主要原因如下：

- 源数据不适合分析处理，在进入数据仓库之前必须经过综合、清理等过程，去掉分析处理不需要的数据项，增加一些可能涉及的外部数据。
- 数据仓库每个主题所对应的源数据在原分散数据库中有许多重复或不一致的地方，因而必须对数据进行统一，消除不一致和错误的地方，以保证数据的质量。否则，对不准确甚至不正确的数据分析得出的结果将不能用于指导企业做出科学的决策。

对源数据的集成是数据仓库建设中最关键、最复杂的一步，主要包括编码转换、度量单位转换和字段转换等。为了方便支持分析数据处理，还需要对数据结构进行重组，增加一些数据冗余。

3. 数据不可更新

从数据的使用方式上看，数据仓库的数据不可更新，这是指当数据被存放到数据仓库之后，最终用户对数据仓库中的数据只能进行查询、分析操作，而不能修改其中存储的数据。

4. 数据随时间不断变化

数据仓库的数据不可更新，但并不是说，数据从进入数据仓库以后就永远不变。从数据的内容上看，数据仓库存储的是企业当前的和历史的数据。因而每隔一段固定的时间间隔后，操作型数据库系统产生的数据需要经过抽取、转换过程以后集成到数据仓库中。也就是说，数据仓库中的数据随时间变化而定期地更新。

关于数据仓库的结构信息、维护信息被保存在数据仓库的元数据中，数据仓库维护工作由系统根据元数据中的定义自动进行，或由系统管理员定期维护，用户不必关心数据仓库如何被更新的细节。

5. 使用数据仓库是为了更好地支持政策制定

建立数据仓库的目的是将企业多年来已经收集到的数据按照统一的企业级视图组织和存储，对这些数据进行分析，从中得出有关企业经营好坏、客户需求、竞争对手情况和未来发展趋势等有用信息，帮助企业及时、准确地把握机会，以求在激烈的竞争中获得更大效益。

13.1.2　数据仓库的体系结构

数据仓库通常采用三层体系结构，如图 13-1 所示。底层为数据仓库服务器，中间层为 OLAP 服务器，顶层为前端工具。

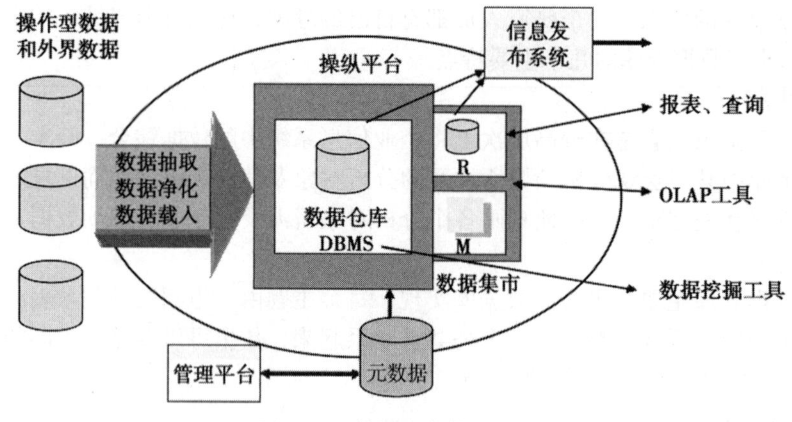

图 13-1　数据仓库体系结构

数据仓库从操作型数据库中抽取数据，抽取过程产生的结构称为“自然演化体系结构”（又称蜘蛛网），它产生的数据缺乏可信性，存在生产率低下、从数据到信息转化的不可行等问题。因而需要转变体系结构，体系化的数据仓库环境应该建造在变化的体系结构上。

体系结构设计环境的核心是原始数据和导出数据。原始数据又称为操作型数据，导出数据又称为决策支持数据（DSS 数据）、分析型数据。表 13-1 显示了原始数据与导出数据之间的一些区别。

表 13-1　操作型数据与分析型数据的区别

原始数据 / 操作型数据	导出数据 / DSS 数据
面向应用，支持日常操作	面向主题，支持管理需求
数据详细，处理细节问题	综合性强，或经过提炼
存取的瞬间是准确值	代表过去的数据
可更新	不可更新
重复运行	启发式运行
事务处理驱动	分析处理驱动
非冗余性	时常有冗余
处理需求事先可知，系统可按预计的工作量进行优化	处理需求事先不知道
对性能要求高	对性能要求宽松
用户不必理解数据库，只是输入数据即可	用户需要理解数据库，以从数据中得出有意义的结论

以上比较说明原始数据与导出数据之间存在着本质区别，不应该保存在一起。一个好的操作型数据库不能很好地支持分析决策，一个好的分析型数据库也不能高效地为业务处理服务，因此，应将它们分开，分别组织操作型数据环境和分析型数据环境。

13.1.3　数据仓库的分类

按照数据仓库的规模与应用层面来区分，数据仓库大致可分为下列几种：

- 标准数据仓库。
- 数据集市。
- 多层数据仓库。
- 联合式数据仓库。

标准数据仓库是企业最常使用的数据仓库，它依据管理决策的需求将数据加以整理分析，再将其转换到数据仓库之中。这类数据仓库是以整个企业为着眼点而建构出来的，所以其数据都与整个企业的数据有关，用户可以从中得到整个组织运作的统计分析信息。

数据集市是针对某一主题或是某个部门而构建的数据仓库，一般而言，它的规模会比标准数据仓库小，且只存储与部门或主题相关的数据，是数据体系结构中的部门级数据仓库。

数据集市通常用于为单位的职能部门提供信息。例如，为销售部门、库存和发货部门、财务部门、高级管理部门等提供有用信息。数据集市还可用于将数据仓库数据分段以反映按地理划分的业务，其中的每个地区都是相对自治的。例如，大型服务单位可能将地区运作中心视为单独的业务单元，每个这样的单元都有自己的数据集市以补充主数据仓库。

多层数据仓库是标准数据仓库与数据集市组合应用在整个架构之中，有一个最上层的数据仓库提供者，它将数据提供给下层的数据集市。多层数据仓库使数据仓库系统走向分散之路，其优点是拥有统一的全企业性数据源，创建部门使用的数据集市就比较省时省事，而且各数据集市的工作人员可以分散整体性的工作开销。图 13-2 显示了多层数据仓库的架构。

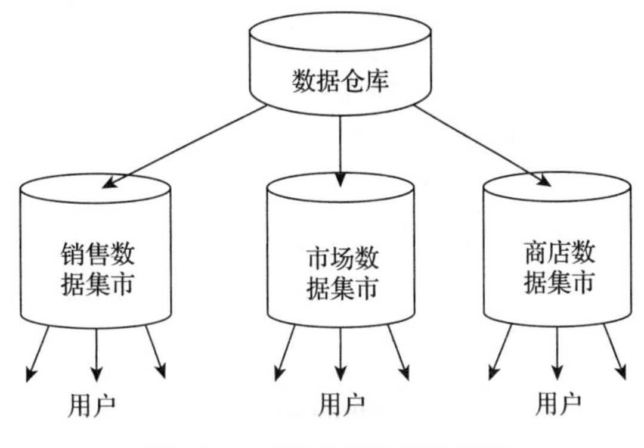

图 13-2　多层数据仓库的架构

联合式数据仓库是在整体系统中包含了多重的数据仓库或数据集市系统，也可以包括多层的数据仓库，但在整个系统中只有一个数据仓库数据的提供者，这种数据仓库系统适合大型企业使用。

13.1.4　数据仓库的开发

开发企业的数据仓库是一项庞大的工程，有两种方法可以实现。一种方法是自顶向下的开发，即从全面设计整个企业的数据仓库模型开始。这是一种系统的解决方法，并能最大限度地减少集成问题，但它的费用高，开发时间长，并且缺乏灵活性，因为要使整个企业的数据仓库模型达成一致是很困难的。另一种方法是自底向上的开发，从设计和实现各个独立的数据集市开始。这种方法费用低，灵活性高，并能快速地回报投资。但将分散的数据集市集成起来形成一个一致的企业数据仓库可能会比较困难。

对于数据仓库系统的开发，一般推荐采用增量递进方式，如图 13-3 所示。

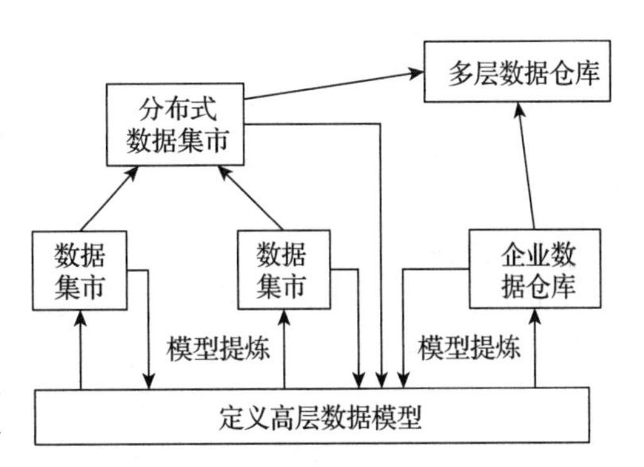

图 13-3　推荐的数据仓库开发方法

用增量递进的方式开发数据仓库系统，要求在一个合理的时间内定义一个高层次的企业数据模型，在不同的主题和可能的应用之间，提供企业范围的、一致的、集成的数据视图。尽管在企业数据仓库和部门集市的开发中，还须对高层数据模型进行进一步的提炼，但这个高层模型将极大地减少以后的集成问题。其次，基于上述企业数据模型，可以并行地实现各自独立的数据集市和企业数据仓库，然后还可以构造一个多层数据集市，对不同的数据集市进行集成。最后，可以构造一个多层数据仓库。在这个多层数据仓库中，企业数据仓库是所有数据仓库数据的全权管理者，数据分布在各个相关的数据集市中。

13.1.5　数据仓库的数据模式

典型的数据仓库具有为数据分析而设计的模式，供 OLAP 工具进行联机分析处理。因此，数据通常是多维的，包括维属性和度量属性，维属性是分析数据的维度，度量属性是要分析的数据，一般是数值型的。包含统计分析数据的表称为事实数据表，通常比较大。例如“销售情况表”记录零售商店的销售信息，其中每个元组对应一个商品的销售记录，这就是事实数据表。“销售情况表”的维度可以包括销售的商品、销售日期、销售地点，购买商品的顾客等信息；度量属性可以包括销售商品的数量和销售金额。

数据仓库常用的架构一般有星形架构和雪花形架构两种。它们的中心都是一个事实数据表，用以捕获衡量单位业务运作的数据。

1. 星形架构

在星形架构中维度表只与事实表关联，维度表彼此之间没有任何联系。每个维度表都有一个且只有一个列作为主键，该主键连接到事实数据表中，由多个列组成主键中的一个列，如图 13-4 所示。

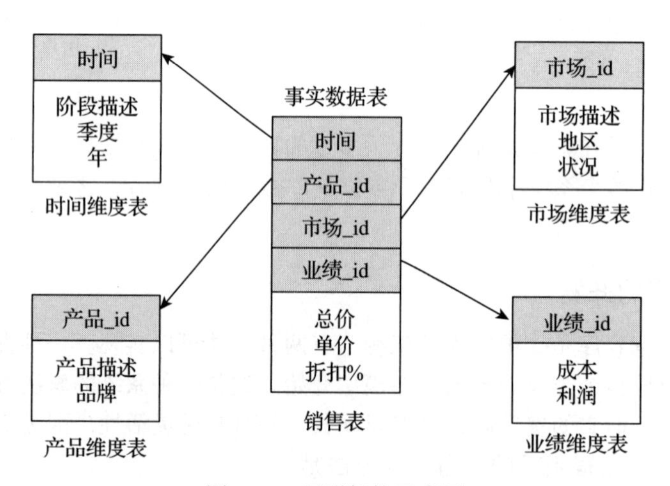

图 13-4　星形架构示意图

在大多数设计中，星形架构是最佳选择，因为它包含的用于信息检索的连接最少，并且更易于管理。

2. 雪花形架构

星形架构用来描述合并在一起使用的维度数据，在星形架构中维度表只与事实数据表相关联，它是反规范化后的结果。若将经常一起使用的维度加以规范化，这就是所谓的雪花形架构。在雪花形架构中，一个或多个维度表可以分解为多个表，这些表可以连接到主维度表而不是事实数据表，如图 13-5 所示。

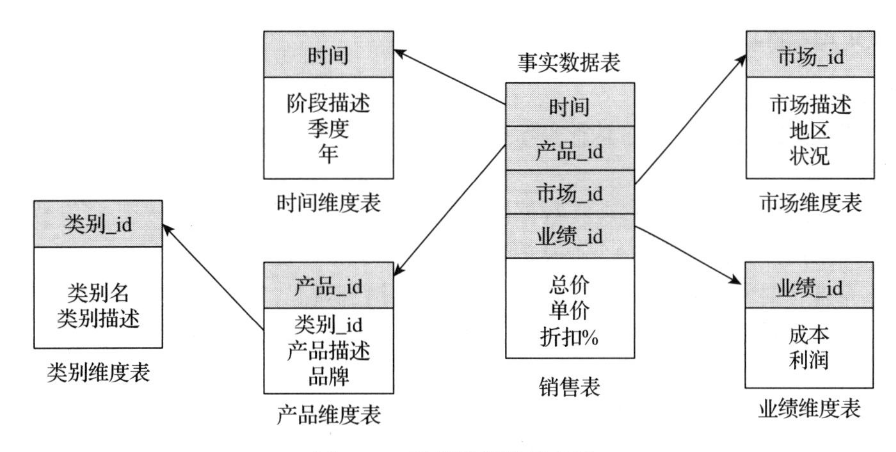

图 13-5　雪花形架构示意图

13.2　联机分析处理

数据仓库是进行决策分析的基础，因此需要有强有力的工具来辅助管理决策者进行分析和决策。

在实际决策过程中，决策者需要的数据往往不是某一指标单一的值，他们希望能从多个角度观察某一指标或多个指标的值，并且找出这些指标之间的关系。比如，决策者可能想知道“东部地区和西部地区今年 6 月和去年 6 月在销售总额上的对比情况，并且销售额按 10 万～20 万、20 万～30 万、30 万～40 万，以及 40 万以上分组”。决策所需的数据总是与一些统计指标（如销售总额）、观察角度（如销售区域、时间）以及级别（如地区、统计值区间划分）的统计（或合并）有关，我们将这些观察数据的角度称为维。可以说决策数据是多维数据，多维数据分析是决策的主要依据。但传统的关系数据库系统及查询工具对于管理和应用这样复杂的数据显得力不从心。

联机分析处理（OLAP）是专门为支持复杂的分析操作而设计的，它侧重于决策人员和高层管理人员的决策支持，可以应分析人员的要求快速、灵活地进行大数据量的复杂查询，并且以一种直观易懂的形式将查询结果提供给决策人员，以便他们准确掌握企业（公司）的经营状况，了解市场需求，制定正确方案，增加效益。

OLAP 是以数据库或数据仓库为基础，其最终的数据来源与 OLTP 一样均来自底层的数据库系统，但二者面向的用户不同，数据的特点与处理也明显不同。

OLAP 与 OLTP 是两类不同的应用，OLTP 面向的是操作人员和底层管理人员，OLAP 面向的是决策人员和高层管理人员；OLTP 是对基本数据的查询和增、删、改操作处理，它以数据库为基础；而 OLAP 更适合以数据仓库为基础的数据分析处理。OLAP 所依赖的历史的、导出的及经综合提炼的数据均来自 OLTP 所依赖的底层数据库。OLAP 数据较之 OLTP 数据要多一步数据多维化或综合处理的操作。例如，对一些统计数据，应首先进行预综合处理，建立不同级别的统计数据，从而满足快速统计分析和查询的要求。除了数据及处理上的不同之外，OLAP 的前端产品和界面风格及数据访问方式也与 OLTP 不同，OLAP 多采用便于非数据处理专业人员理解的方式（如多维报表、统计图形），查询及数据输出更直观灵活，用户可以方便地进行逐层细化及切片、切块、旋转等操作。而 OLTP 多为操作人员经常用到的固定表格，其查询及数据显示也比较固定、规范。

13.2.1　OLAP 的基本概念

1. 度量属性

度量属性是决策者所关心的具有实际意义的数量。例如，销售量、库存量等。

2. 维度

维度（或简称为维）是人们观察数据的角度。例如，企业常常关心产品销售数据随着时间推移而产生的变化情况，这时企业从时间的角度来观察产品的销售，所以时间就是一个维（时间维）。企业也时常关心自己的产品在不同地区的销售情况，所以地理分布也是一个维（地理维）。图 13-6 所示的多维分析示例中有三个维度：时间、商品类别和地区。

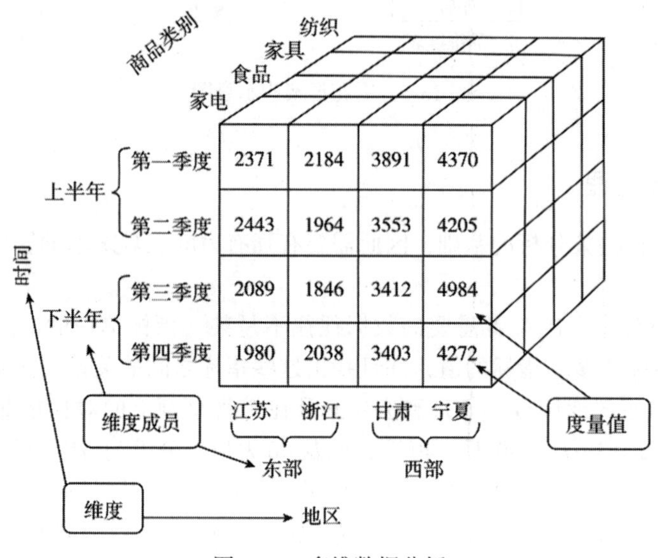

图 13-6　多维数据分析

3. 维的层次

人们观察数据的角度（即某个维）还可以存在细节程度不同的多个描述方面，我们称这多个描述方面为维的层次。一个维往往具有多个层次，如描述时间维时，可以从日期、月份、季度、年等不同层次来描述，那么日期、月份、季度、年等就是时间维的层次；同样，城市、地区、国家就构成了地理维的多个层次。

4. 维度成员

维度的一个取值称为该维的一个维度成员。如果一个维是多层次的，那么该维的维度成员是在不同维层次的取值的组合。例如，考虑时间维具有日期、月份、年这 3 个层次，分别在日期、月份、年上各取一个值组合起来，就得到了时间维的一个维度成员，即“某年某月某日”。一个维度成员并不一定在每个维层次上都要取值，例如图 13-6 中的上半年、下半年等就是时间维的维度成员。

5. 多维数组

一个多维数组可以表示为：(维 1，维 2，…，维 n，变量)。例如，图 13-6 所示的商品的销售数据是按地理位置、时间和商品类别组织起来的三维立方体，加上变量“销售数量”，就组成了一个多维（地区，时间，商品类别，销售量）数组。

6. 数据单元（单元格）

多维数组的取值称为数据单元。当多维数组的各个维都选中一个维度成员，这些维度成员的组合就唯一确定了度量属性的一个值。那么数据单元就可以表示为:(维 1 维度成员，维 2 维度成员,…，维 n 维度成员，变量的值)。例如，在图 13-6 的地区、时间和商品类别维上各取维度成员“江苏”“第二季度”和“家电”，就唯一确定了度量属性“销售量”的一个值(图中为 2443)，则该数据单元可表示为:(江苏，第二季度，家电，2443)。

OLAP 支持管理决策人员对数据进行深入观察，多维分析。多维分析是指对以多维形式组织起来的数据采取切片、切块、旋转等各种分析动作，以求剖析数据，使分析者、决策者能从多个角度、多个侧面观察数据库中的数据，从而深入地了解包含在数据中的信息、内涵。

13.2.2　联机分析处理系统基本的分析功能

1. 上卷

上卷（roll-up）是在数据立方体中执行聚集操作，通过在维层次中上升或通过消除某个或某些维来观察更概括的数据。例如，图 13-7 所示的数据立方体经过沿着地点维的概念层次上卷，由城市上升到地区，就得到了图 13-8 所示的立方体。现在销售量不是按照城市分组求值了，而是按照地区分组求值。

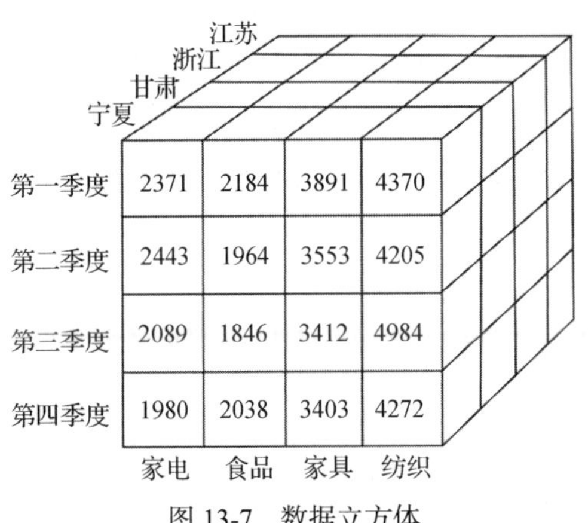

图 13-7　数据立方体

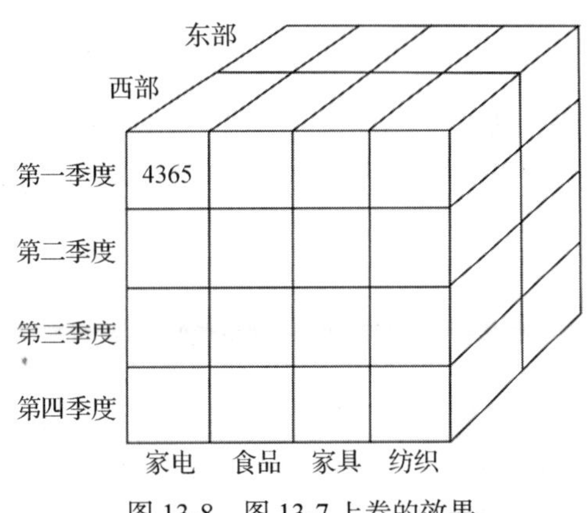

图 13-8　图 13-7 上卷的效果

也可以通过消除一个或多个维来观察更加概括的数据。例如，图 13-9 所示的二维立方体就是通过从图 13-7 的三维立方体中消除了地点维后得到的结果，这是将所有地点的销售数据都累计在一起。

图 13-9　图 13-5 消除地点维后的结果

2. 下钻

下钻（drill-down）是通过在维层次中下降或通过引入某个或某些维来更细致地观察数据。

例如，对图 13-7 所示的数据立方体沿时间维进行下钻，由季度下降到月，就得到了如图 13-10 所示的数据立方体。现在的销售数量不是按季度计算，而是按月进行计算。

3. 切片

切片（slice）是在给定的数据立方体的一个维上进行的选择操作，切片的结果是得到了一个二维的平面数据。

例如，在图 13-7 所示的数据立方体上，使用条件“时间=第一季度”进行选择，就相当于在原来的立方体中切出一片，结果如图 13-11 所示。

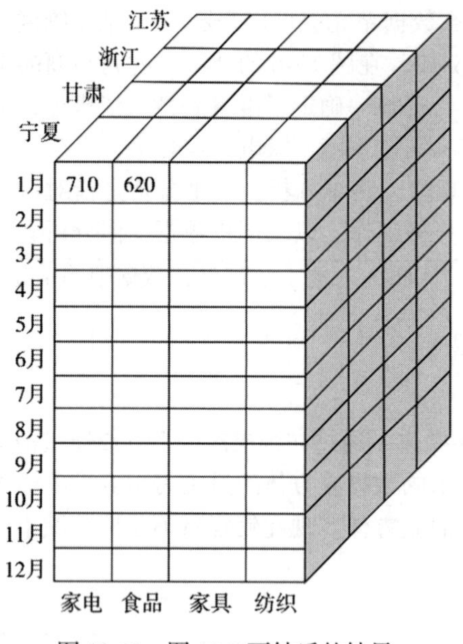

图 13-10　图 13-7 下钻后的结果

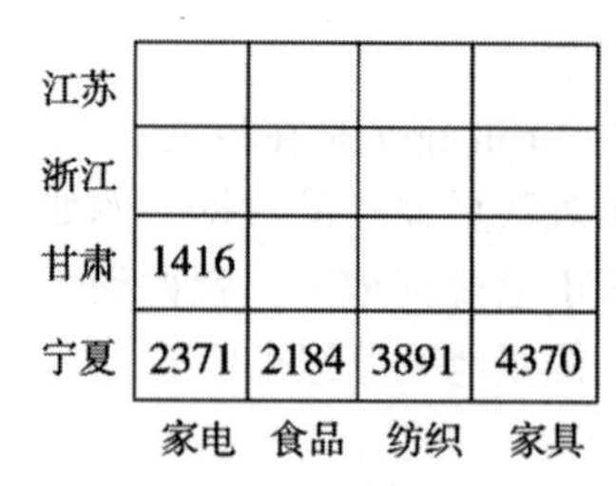

	家电	食品	纺织	家具
江苏				
浙江				
甘肃	1416			
宁夏	2371	2184	3891	4370

图 13-11　图 13-7 切片后的结果

4. 切块

切块（dice）是在给定的数据立方体的两个或多个维上进行的选择操作，切块的结果得到了一个子立方体。

例如，在图 13-7 所示的数据立方体上，使用条件：

```
    (地区 = "江苏" or "浙江")
And (时间 = "第一季度" or "第二季度")
And (商品类型 = "家电" or "食品")
```

进行选择，相当于在原立方体中切出一小块，结果如图 13-12 所示。

5. 转轴

转轴（pivot or rotate）就是改变维的方向，将一个三维立方体转变为一系列二维平面。

例如，图 13-13 所示的是图 13-11 的二维切片的“商品类别轴”和“地点轴”交换位置的结果。

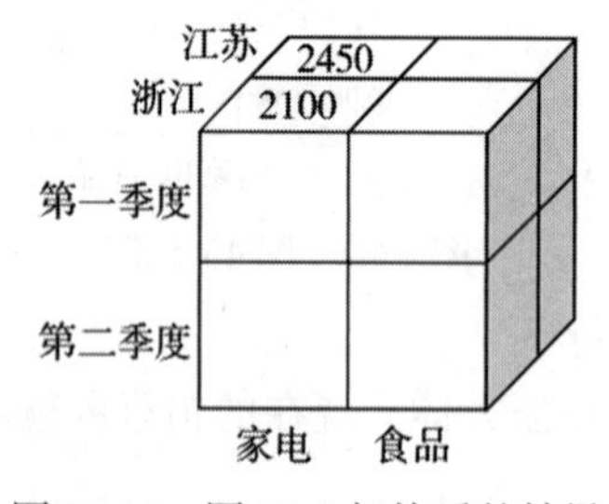

图 13-12　图 13-7 切块后的结果

	江苏	浙江	甘肃	宁夏
家电			1416	2371
食品				2184
纺织				3891
家具				4370

图 13-13　图 13-11 转轴后的结果

13.3　数据挖掘

数据挖掘（Data Mining）可定义为从大型数据库中抽取有效的、事先未知的、易于理解的、可操作的、对商业决策有用的信息的过程，即数据挖掘能帮助最终用户从大型数据库中提取有用的商业信息。数据挖掘与统计学子领域“试探性数据分析”及人工智能子领域“知识发现”和“机器学习”有关。

数据挖掘包含一系列技术，旨在从收集的数据中寻找有用但是尚未被发现的信息。数据挖掘通过分析大量的未知数据，来识别可能对业务有用的隐藏信息。因此，数据挖掘的目标是为决策制定创建模型，通过分析过去的活动来预测将来的行为。数据挖掘支持 William Frawley 和 Gregory Piatetsky-Shapiro 定义的知识发现，即从数据中提取隐含的、以前未知但潜在有用的重要信息。数据挖掘应用能调节数据仓库的数据准备和集成能力，还能帮助企业取得持续的竞争优势。

13.3.1　数据挖掘过程

数据挖掘能够帮助人们从数据仓库中提取有意义的新信息，而这些信息不可能仅仅通过查询或处理数据及元数据得到。

有一个很普通却很能说明数据挖掘如何产生效益的例子：美国加州某个超级连锁店通过数据挖掘技术发现，在下班后前来购买婴儿尿布的顾客多数是男性，他们往往会同时购买啤酒。于是这个连锁店的经理当机立断地重新布置了货架，把啤酒类商品布置在婴儿尿布货架附近，并在两者之间放上土豆片之类的佐酒小食品，同时把男士们需要的日常生活用品也就近布置。这样一来，上述几种商品的销量马上成倍增长。通过上面的例子可以看出，数据挖掘能为决策者提供重要且有价值的信息或知识，从而产生不可估量的效益。

在数据库知识发现和数据挖掘过程中，可以从数据库或数据仓库的相关数据集合中抽取知识或规律，并从不同的角度进行分析和研究，所发现的知识可以运用到信息管理、查询处理、决策支持、过程控制等许多领域。现在，数据库知识发现与数据挖掘已经成为一个非常重要和非常活跃的研究领域，它吸引了来自数据库系统、知识库系统、人工智能、机器学习、统计学、空间信息处理、数据可视化等许多领域的研究人员进行跨学科、跨领域的综合研究。数据挖掘的过程如图 13-14 所示。

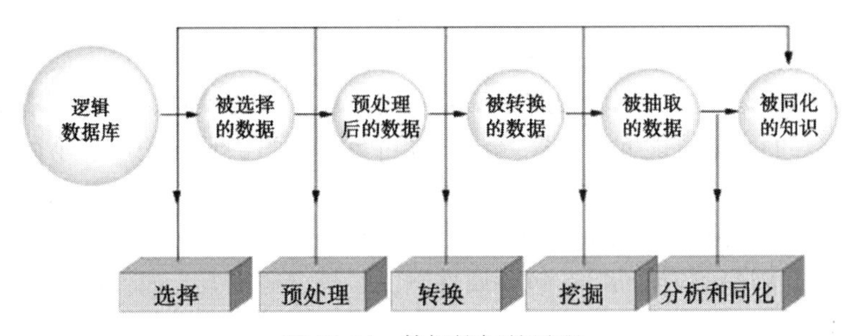

图 13-14　数据挖掘的过程

在进行数据挖掘过程之前需要先确定业务对象，清晰地定义出业务问题，认清数据挖掘的目的。挖掘的最后结果是不可预测的，但要探索的问题应是有预见的，如果只是为了数据挖掘而进行数据挖掘则带有盲目性，是不会成功的。

1. 数据准备

1）数据选择：搜索所有与业务对象有关的内部和外部数据信息，并从中选择出适用于数据挖掘应用的数据。

2）数据预处理：研究数据的质量，为进一步的数据分析做准备，并确定将要进行的挖掘操作的类型。

3）数据转换：将数据转换成一个分析模型，这个分析模型是针对数据挖掘算法建立的。建立一个真正适合数据挖掘算法的分析模型是数据挖掘成功的关键。

2. 数据挖掘

对所得到的经过转换的数据进行挖掘，除了选择合适的挖掘算法外，其余一切工作都能自动地完成。

3. 结果分析

解释并评估结果。其使用的分析方法一般应视数据挖掘操作而定，通常会用到可视化技术。

4. 知识的同化

将分析所得到的知识集成到业务信息系统的组织结构中去。

13.3.2 数据挖掘和知识发现

随着 DMKD（Data Mining and Knowledge Discovery，数据挖掘和知识发现）研究逐步走向深入，数据挖掘和知识发现的研究已经形成了三根强大的技术支柱：数据库、人工智能和数理统计。因此，KDD（Knowledge Discovery in Database，数据库中的知识发现）大会程序委员会曾经由这三个学科的权威人物同时担任主席。目前 DMKD 的主要研究内容包括基础理论、发现算法、数据仓库、可视化技术、定性定量互换模型、知识表示方法、发现知识的维护和再利用、半结构化和非结构化数据中的知识发现以及网上数据挖掘等。

数据挖掘所发现的知识最常见的有以下五类。

1. 广义知识

广义（Generalization）知识是指类别特征的概括性描述知识。根据数据的微观特性发现其表征的、带有普遍性的、较高层次概念的、中观和宏观的知识，反映同类事物共同性质，是对数据的概括、精炼和抽象。

广义知识的发现方法和实现技术有很多，如数据立方体、面向属性的归约等。数据立方体还有其他一些别名，如“多维数据库”“实现视图”“OLAP”等。这些方法的基本思想是实现某些常用的代价较高的聚集函数的计算，诸如计数、求和、平均、最大值等，并将这些聚集数据存储在多维数据库中。既然很多聚集函数需要经常重复计算，那么在多维数据立方体中存放预先计算好的结果将能保证快速响应，并可灵活地提供不同角度和不同抽象层次上的数据视图。另一种广义知识的发现方法是西蒙菲莎大学提出的面向属性的归约方法。这种方法以类 SQL 语言表示数据挖掘查询，收集数据库中的相关数据集，然后在相关数据集上应用一系列数据推广技术进行数据推广，包括属性删除、概念树提升、属性阈值控制、计数及其他聚集函数传播等。

2. 关联知识

关联（Association）知识是反映一个事件和其他事件之间依赖或关联的知识。如果两项或多项属性之间存在关联，那么其中一项的属性值就可以依据其他属性值进行预测。最为著名的关联规则发现方法是 Rakesh Agrawal 等人提出的 Apriori 算法。关联规则的发现可分为两步：第一步是迭代识别所有的频繁项目集，要求频繁项目集的支持率不低于用户设定的最低值；第二步是从频繁项目集中构造可信度不低于用户设定的最低值的规则。识别或发现所有频繁项目集是关联规则发现算法的核心，也是计算量最大的部分。

3. 分类知识

分类（Classification & Clustering）知识是反映同类事物共同性质的特征型知识和不同事

物之间的差异型特征知识。最为典型的分类方法是基于决策树的分类方法，该方法从实例集中构造决策树，是一种有指导的学习方法。该方法先根据训练子集（又称为窗口）形成决策树。如果该树不能对所有对象给出正确的分类，那么选择一些例外加入到窗口中，重复该过程一直到形成正确的决策集。最终结果是一棵树，其叶节点是类名，中间节点是带有分枝的属性，该分枝对应该属性的某一个可能的值。最为典型的决策树学习系统是 ID3，它采用自顶向下不回溯策略，能保证找到一棵简单的树。算法 C4.5 和 C5.0 都是 ID3 的扩展，它们将分类领域从类别属性扩展到数值型属性。

数据分类还有统计、粗糙集（Rough Set）等方法。线性回归和线性辨别分析是典型的统计模型。为降低决策树生成代价，人们还提出了一种区间分类器。最近也有人研究使用神经网络方法在数据库中进行分类和规则提取。

4. 预测型知识

预测型（Prediction）知识是根据时间序列型数据，由历史的和当前的数据去推测未来的数据，也可以认为是以时间为关键属性的关联知识。

目前，时间序列预测方法有经典的统计方法、神经网络和机器学习等。1968 年 Box 和 Jenkins 提出了一套比较完善的时间序列建模理论和分析方法，这些经典的数学方法通过建立随机模型，如自回归模型、自回归滑动平均模型、求和自回归滑动平均模型和季节调整模型等，进行时间序列的预测。由于大量的时间序列是非平稳的，其特征参数和数据分布随着时间的推移而发生变化。因此，仅仅通过对某段历史数据的训练，建立单一的神经网络预测模型，还无法完成准确的预测。为此，人们提出了基于统计学和基于精确性的再训练方法，当发现现存预测模型不再适用于当前数据时，对模型重新训练，获得新的权重参数，建立新的模型。也有许多系统借助并行算法的计算优势进行时间序列预测。

5. 偏差型知识

偏差型（Deviation）知识是对差异和极端特例的描述，揭示事物偏离常规的异常现象，如标准类外的特例，数据聚类外的离群值等。所有这些知识都可以在不同的概念层次上被发现，并随着概念层次的提升，从微观到中观、再到宏观，以满足不同用户不同层次决策的需要。

13.3.3　数据挖掘的常用技术和目标

1. 常用技术

目前数据挖掘的常用技术有如下几种。

- 人工神经网络：仿照生理神经网络结构的非线性预测模型，通过学习进行模式识别。
- 决策树：代表着决策集的树形结构。
- 遗传算法：基于进化理论，并采用遗传结合、遗传变异以及自然选择等设计方法的优化技术。
- 近邻算法：将数据集合中每一个记录进行分类的方法。
- 规则推导：从统计意义上对数据中的“IF-Then”规则进行寻找和推导。

2. 目标

数据挖掘用于实现特定的目标，这些目标可以分为以下几个主要类别。

- 预测：数据挖掘预测数据特定属性的未来行为。可以显示数据的某个属性在将来会如何变化。例如，基于对顾客购买行为的分析，数据挖掘可以预测有一定折扣或优惠时顾客会购买哪些商品，在一个给定的时间段销售量是多少，什么市场和销售策略能产生更多利润，基于地震波模型预测地震的可能性，等等。

- 识别：数据挖掘可以基于数据模型识别一个事件、项目或活动的存在。例如，识别一个人或一组人访问数据库某一部分的权限，识别试图破坏系统的入侵者，基于DNA序列中的某个特征序列识别基因的存在，等等。
- 分类：数据挖掘可以划分数据，从而根据参数组合识别不同的分类和类别。例如，超市的顾客可以被分类为：寻找折扣的顾客，忠诚并且常来的顾客，只买特定品牌商品的顾客，不经常来的顾客，等等。这种分类可以在数据挖掘活动之后，用于对顾客购买行为的各种分析。
- 优化：数据挖掘可以优化对有限资源的使用，如时间、空间、资金或材料，在给定的约束条件内最大化产出值，如销售量或利润。

13.3.4　数据挖掘工具

有各种不同类型的数据挖掘工具和方法来实现知识提取。多数数据挖掘工具使用开放式数据库连接（ODBC）。ODBC是访问数据库的一个工业标准，它支持访问大多数流行数据库程序中的数据，例如，Access、Informix、Oracle和SQL Server。多数工具在Microsoft的Windows环境中运行，一些工具在UNIX操作系统下运行。挖掘工具可以基于一些标准划分为不同类型，下列是其中的一些标准：

- 产品类型。
- 产品特征。
- 目的或目标。
- 在信息传递过程中，硬件和软件的作用。

1. 基于产品类型的数据挖掘工具

数据挖掘产品可以划分为如下几个通用的类型：

- 查询管理者和报表作者。
- 电子表格。
- 多维数据库。
- 统计分析工具。
- 人工智能工具。
- 高级分析工具。
- 图像显示工具。

2. 基于产品特征的数据挖掘工具

数据挖掘产品都具有一些操作型特征，例如：

- 数据识别能力。
- 多种形式的输出，例如，打印输出、绿色屏幕输出、标准图形输出、增强的图形输出等。
- 格式化能力，例如，行数据格式、列表、电子表格形式、多维数据库、可视化等。
- 计算工具，例如，柱状操作、交叉表能力、电子表格、多维电子表格、规则驱动的计算或触发驱动的计算等。
- 规范管理，允许最终用户编写并管理他们自己的规范。
- 施行管理。

3. 基于目标的数据挖掘工具

所有应用开发程序和数据挖掘工具都可以归入以下三个操作类别：

- 数据收集和检索。
- 操作监测。
- 探测和发现。

由于数据收集和检索是联机事务处理或操作型系统中经常使用的操作，因此很少应用数据挖掘工具。

探测和发现过程用于发现如何使业务更有效的新方法。其他数据挖掘工具，如统计分析、人工智能、神经网络、高级统计分析、高级可视化产品等，都属于这个类别。数据挖掘工具最适用于探测和发现过程。

13.3.5 数据挖掘应用

数据挖掘技术可以应用于商业环境中的各种决策制定过程，数据挖掘应用主要包括如下方面。

1. 市场营销

- 基于购买模型分析顾客行为。
- 识别顾客流失模型以及通过预防行为使顾客未流失的情况。
- 广告、仓库位置等营销战略的确定。
- 顾客、产品、仓库的划分。
- 目录设计、仓库布局、广告活动。
- 通过适当聚集和为前端销售、服务人员发送信息，提供优先销售和顾客服务。
- 鉴定市场高于或低于平均增长。
- 识别同时被购买的产品，或购买某种产品类别的顾客特征。
- 市场容量分析。

2. 财务

- 客户信誉价值分析。
- 账户应收款项划分。
- 金融投资，如股票、共有基金、债券等的业绩分析。
- 风险评估和欺诈检测。

3. 制造业

- 优化资源，例如人力、机器、材料、能量等。
- 优化制造过程设计。
- 产品设计。
- 发现生产问题的起因。
- 识别产品和服务的使用模型。

4. 银行业务

- 检测欺诈性信用卡使用的模型。
- 识别忠实顾客。
- 预测可能改变他们的信用卡从属关系的客户。
- 确定客户群体的信用卡消费。

5. 医疗保健

- 发现放射线图像的模型。
- 分析药物的副作用。

- 描述患者行为特征，预测手术效果。
- 标识对不同疾病的成功药物疗法。

6. 保险

- 索赔分析。
- 预测哪些顾客会购买新的保险产品。

13.3.6 数据挖掘的前景

随着KDD在学术界和工业界的影响越来越大，国际KDD组委会于1995年把专题讨论会更名为国际会议，在加拿大蒙特利尔市召开了第一届KDD国际学术会议，以后每年召开一次。近年来，KDD在研究和应用方面发展迅速，尤其是在商业和银行领域的应用比研究的发展速度还要快。

目前，国外针对数据挖掘发展趋势的研究主要有：对知识发现方法的研究进一步发展，如近年来注重对Bayes（贝叶斯）方法以及Boosting方法的研究和提高；传统的统计学回归法在KDD中的应用；KDD与数据库的紧密结合。在应用方面，KDD商业软件工具不断产生和完善，注重建立解决问题的整体系统，而不是孤立的过程。用户主要集中在大型银行、保险公司、电信公司和销售业。国外很多计算机公司非常重视数据挖掘的开发应用，IBM和微软都成立了相应的研究中心进行这方面的工作，此外，一些公司的相关软件也开始在国内销售。

国内从事数据挖掘研究的人员分布在大学、部分研究所或公司。所涉及的研究领域很多，一般集中于学习算法的研究、数据挖掘的实际应用以及有关数据挖掘理论方面的研究。目前进行的大多数研究项目是由政府资助进行的，如国家自然科学基金、863计划等，但还没有关于国内数据挖掘产品的报道。

一份最近的Gartner报告中列举了在今后3～5年内对工业将产生重要影响的五项关键技术，其中KDD和人工智能排名第一。同时，这份报告将并行计算机体系结构研究和KDD列入今后5年内公司应该投资的10个新技术领域。

可以看出，数据挖掘的研究和应用受到了学术界和实业界越来越多的重视。进行数据挖掘的开发并不需要太多的积累，国内软件厂家如果进入该领域，将处于和国外公司实力相差不很多的起跑线上，并且，现在关于数据挖掘的一些研究成果可以在网上免费获取，这更是一个可以利用的条件。我们希望数据挖掘能够引起国内实业界更多的重视，同时也希望能够有更多的国内软件厂商进入该领域，一起促进数据挖掘技术在中国的应用。

就目前来看，将来的几个热点包括电子商务网站的数据挖掘、生物信息或基因的数据挖掘，以及文本的数据挖掘。下面就这几个方面加以简单介绍。

1. 电子商务网站的数据挖掘

随着Web技术的发展，各类电子商务网站风起云涌，建立起一个电子商务网站并不困难，困难的是如何让电子商务网站有效益。要想有效益就必须吸引客户，增加能带来效益的客户的忠诚度。电子商务业务的竞争比传统的业务竞争更加激烈，原因有很多，其中一个因素是客户从一个电子商务网站转换到竞争对手那边，只需点击几下鼠标即可。网站的内容和层次、用词、标题、奖励方案、服务等任何一个地方都有可能成为吸引客户、同时也可能成为失去客户的因素。电子商务网站每天都可能有上百万次的在线交易，生成大量的记录文件（Log file）和登记表，如何对这些数据进行分析和挖掘，充分了解客户的喜好、购买模式，设计出满足不同客户群体需求的个性化网站，进而增加其竞争力，几乎变得势在必行。若想在竞争中生存进而获胜，就要比竞争对手更了解客户。

在对网站进行数据挖掘时，所需要的数据主要来自两个部分：一个部分是客户的背景信息，此部分信息主要来自客户的登记表；另外一部分数据主要来自浏览者的点击流（Click-stream)，此部分数据主要用于考察客户的行为表现。但出于隐私的考虑，客户大多不肯把背景信息填写在登记表上，这会给数据分析和数据挖掘带来不便。在这种情况之下，就不得不从用户的表现数据中来推测其背景信息，进而再加以利用。

就分析和建立模型的技术和算法而言，网站的数据挖掘和原来的数据挖掘差别并不是特别大，很多方法和分析思想都可以运用。所不同的是网站的数据格式有很大一部分来自点击流，这有别于传统的数据库格式。因而对电子商务网站进行数据挖掘所做的主要工作是数据准备。目前，有很多厂商正在致力于开发专门用于网站挖掘的软件。

2. 生物信息或基因的数据挖掘

生物信息或基因数据挖掘则完全属于另外一个领域，在商业上很难讲有多大的价值，但对于人类却受益匪浅。例如，基因的组合千变万化，得某种病的人的基因和正常人的基因到底差别多大？能否找出其中不同的地方，进而对其不同之处加以改变，使之成为正常基因？这都需要数据挖掘技术的支持。

对于生物信息或基因的数据挖掘和通常的数据挖掘相比，无论在数据的复杂程度、数据量还是在分析和建立模型的算法方面，都要复杂得多。从分析算法上讲，更需要一些先进的且表现优异的算法。现在很多厂商正在致力于这方面的研究。但就技术和软件而言，还远没有达到成熟的地步。

3. 文本的数据挖掘

人们很关心的另外一个话题是文本数据挖掘。举个例子，在客户服务中心，把同客户的谈话转化为文本数据，再对这些数据进行挖掘，进而了解客户对服务的满意程度和客户的需求以及客户之间的相互关系等信息。从这个例子可以看出，无论是在数据结构还是在分析处理方法方面，文本数据挖掘和前面谈到的数据挖掘相差很大。文本数据挖掘并不是一件容易的事情，尤其是在分析方法方面，还有很多需要研究的专题。目前市场上有一些类似的软件，但大部分方法只是把文本移来移去，或简单地计算一下某些词汇的出现频率，并不具备真正的分析功能。

随着计算机计算能力的发展和业务复杂性的提高，数据的类型会越来越多、越来越复杂，数据挖掘将发挥出越来越大的作用。

13.4　小结

数据仓库是在企业管理和决策中面向主题的、集成的、与时间相关的、不可修改的数据集合，这些也正是其区别于传统操作型数据库的特性所在。联机分析处理（OLAP）又称为多维数据分析，它的多维性、分析性、快速性和信息性成为分析海量历史数据的有力工具。数据仓库作为数据组织的一种形式给 OLAP 分析提供了后台基础，而 OLAP 技术使数据仓库能够快速响应重复而复杂的分析查询，从而使数据仓库能有效地用于联机分析。数据挖掘可以对数据进行深度分析，它可以从海量数据中挖掘出潜在的、有价值的信息，以指导人们正确决策。

第 14 章

数据库技术的发展

了解数据库技术的发展过程及其发展方向，分析各种新型数据库技术的特点，对数据库技术的应用和研究都具有重要的意义。数据库技术从 20 世纪 60 年代中期产生到现在其发展速度之快，应用范围之广是其他技术所不及的。数据库技术已从第一代的层次、网状数据库系统，第二代的关系数据库系统，发展到第三代以面向对象模型为主要特征的数据库系统。数据库技术与网络技术、人工智能技术、面向对象技术以及并行计算技术等相互渗透，成为当前数据库技术发展的主要特征。

本章首先以数据模型为主线，介绍数据库技术发展的 3 个主要阶段，然后介绍面向对象技术与数据库技术的结合，最后介绍数据库技术的主要研究和发展方向以及 NoSQL 数据库。

14.1 概述

本节简单介绍传统数据库技术的发展历程以及新的数据库技术的发展方向。

14.1.1 传统数据库技术的发展历程

围绕着数据结构和数据模型的演变，传统数据库技术的发展主要经历了 3 个阶段。

- 层次数据库。
- 网状数据库。
- 关系数据库。

下面简要介绍这三种技术的特点。

1. 层次数据库

层次数据模型是数据库系统中最早出现的数据模型。现实世界中的很多事物是按照层次关系组织起来的，比如一般单位的人事系统、学校的组织结构（其层次结构的示意图如图 14-1 所示）等，层次数据模型就是模拟现实世界中的层次组织，按照层次存取数据。其中最基本的数据关系是层次关系，它代表两个记录之间的一对多的关系，也叫作双亲子女关系。一个数据库系统中有且仅有一个记录无双亲，称为根节点，其他记录有且仅有一个双亲。在层次模型中，从一个节点到其双亲的映射是唯一的，所以对于每一个记录（根节点除外）来说，只需指出它的双亲，就可以表示出层次模型的树状整体结构。

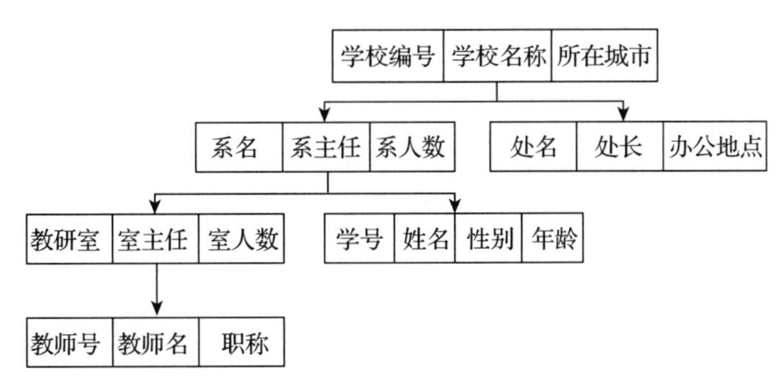

图 14-1　层次结构示意图

比较著名的层次数据库管理系统当属 IBM 公司的 IMS（Information Management System），这是 IBM 公司在 1968 年推出的第一个大型商用数据库管理系统。

2. 网状数据库

在现实世界中，事物之间的关系更多的是非层次结构的，比如高速公路交通网。用层次数据模型表示现实世界中的联系有很多的限制，如果去掉层次模型中的限制，即允许每个节点可以有多个父节点，便构成了网状模型。网状模型用图形结构表示实体和实体之间的联系。

网状数据模型的典型代表是 CODASYL 系统，它是 CODASYL 组织的标准建议的具体实现，按系（set）组织数据。所谓系可以理解为命名了的联系，它由一个父记录型和一个或若干个子记录型组成。图 14-2 为网状结构的示意图，其中包含四个系，S-G 系由学生和选课记录构成，C-G 系由课程和选课记录构成，C-C 系由课程和授课记录构成，T-C 系由教师和授课记录构成。

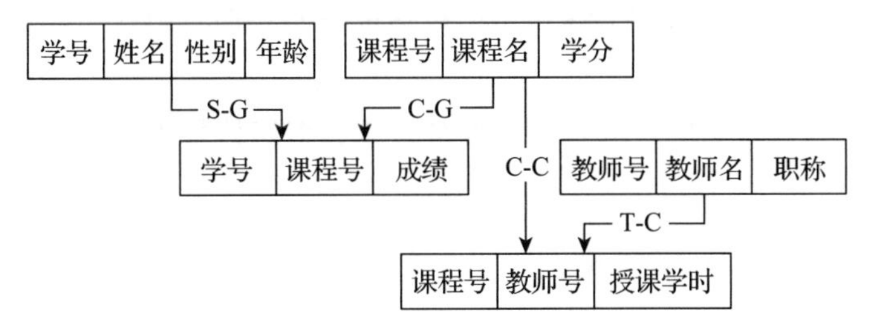

图 14-2　网状结构示意图

3. 关系数据库

关系数据模型是以集合论中的关系概念为基础发展起来的。在关系模型中，无论是实体还是实体间的联系均由单一的结构类型——关系来表示。在实际的关系数据库中，关系也称为表，一个关系数据库由若干张表组成。

14.1.2　新一代数据库管理系统

关系数据库管理系统能够很好地支持格式化数据，满足商业处理的需求，在商业数据处理领域取得了巨大的成功。近年来，随着数据库技术的发展，数据库应用已经不仅局限在商业数据处理的范畴，新的数据库应用领域包括计算机辅助设计（CAD）、计算机辅助软件工程（CASE）、多媒体数据库、办公信息系统（OIS）、超文本数据库等。这些新领域中的应用在某些方面超出了关系数据模型所能支持的范畴，关系模型已经不足以对这些新应用领域进行数据建模。20 世纪 80 年代以来发展起来的面向对象的建模方法能够满足这些新的应用领域的需求。因此，将面向对象技术与数据库技术结合起来是数据库技术发展的一个重要方向，这样的数据库管理系统称为第三代数据库系统，或新一代数据库。

由 Stonebraker 等组成的高级数据库管理系统功能委员会于 1990 年发表了题为“第三代数据库系统宣言”的文章，在这篇文章中提出了第三代数据库系统的三条原则：支持更加丰富的对象结构和规则；包含第二代数据库管理系统；对其他子系统（如工具和多数据库中间件产品）开放。

14.2 面向对象技术与数据库技术的结合

长期以来，关系数据库技术经历了理论研究、原型系统开发和系统实用化等多个阶段，当前的各种主流数据库也经历了多次的优化和改进，不断发展形成的产品分别应用于各自的传统优势领域。早期关系数据库产品的致命弱点是系统效率低，如今在众多研究成果的支持下，不仅实现了查询优化，保证了数据的完整性、安全性，而且还解决了并发控制和故障恢复等一系列技术问题，从而使产品最终能够为用户所接受。不仅如此，许多系统还对海量数据的管理、复杂数据类型的处理以及长事务的处理等都提供了良好支持，其灵活的结构在支持多种应用方面具有很好的适应性，系统的稳定性、可靠性也经过长时间、多领域应用的考验而得到了较好保证。同时，数据库产品质量的提高相应促进了数据库应用的普及。

尽管关系数据库以其完备的理论基础、简洁的数据模型、透明的查询语言和方便的操作方法等优点受到了众多用户的一致好评，但随着数据库系统的日益普及和人们要求的不断提高，关系数据库也暴露出了一些局限性。首先，关系模型过于简单，不利于表达复杂的数据结构；其次，关系模型支持的数据类型有限，无法包容更多的数据类型。于是，关系数据库受到了来自诸多方面的严峻挑战，它已经无法适应现代信息系统应用开发的要求，这和当年其出现时为应用所带来的巨大方便与深远影响形成了鲜明的对比。如果说过去是数据库技术的发展带动了应用的发展，那么今天则是应用反过来推动了数据库技术的进一步变革。毫无疑问，这些挑战来自面向对象技术、网络技术、多媒体技术以及移动计算技术的飞速进步。

14.2.1 新的数据库应用和数据类型

在信息管理领域之外，还有很多新的应用领域迫切需要使用数据库，如计算机辅助设计（CAD)、多媒体技术（音频、视频文件的存储和处理）等，这些应用往往需要存储大量的、复杂类型的数据，同时面向对象的概念和技术也强烈地引发了数据库对复杂数据类型的支持，从而推动了面向对象数据库的发展。

1. 面向对象数据库支持的数据类型

1）用户定义的抽象数据类型（Abstract Data Type，ADT)：可以存储声音、图像、视频等数据，甚至还包括这些数据的处理函数（如产生这些数据的压缩版或低分辨率的图像等)。

2）构造类型：利用构造器从原子数据类型构造出集合、数组、元组等新的数据类型。

3）继承：随着数据类型数量的增长，可以概括出不同数据类型之间的共同点，例如，压缩的图像和低分辨率的图像都是图像，它们在图像的描述和操作上有很多相同的特征，从而可以利用面向对象的继承思想来提高应用的设计质量。

2. 新的数据库应用和数据类型的特征

（1）大数据项

新的数据库应用中的数据项可能会以兆、千兆等计算，比如视频数据。

（2）结构复杂

很多新的数据库应用的结构相当复杂，可能包括程序模块、图形、图像、文档、数字媒体流等。

（3）操作特殊

针对特殊数据类型，可能存在许多特殊的操作方式，如旋转、播放、排版等。

3. 关系数据库存在的局限性

（1）表达能力有限

关系数据库的基本结构是二维表，这是一种平面结构，无法表达嵌套的信息结构。而在 CAD 等系统中，嵌套大量存在，如机器由很多部件构成，每个部件又由多个零件构成。当然，嵌套的平面化可以通过模式分解和连接运算实现，但是在关系数据库中连接的运算效率十分低下。

（2）类型有限

关系数据库的类型是系统内置的，用户只能使用固定的几种。新的应用需要灵活的类型机制，数据库管理系统应该能够支持用户定义适合自己应用的数据类型。

（3）结构与行为分离

关系数据库中存储的只是实体的数据，而实体的行为则交由应用程序来编码实现。现实世界中的实体除了数据结构之外，同时还有其自身的行为。如学生应该具有选课的行为。实体的行为也是实体的属性，应当同实体紧密结合，由应用程序来维护是不合适的。

14.2.2　面向对象数据模型

面向对象数据库系统支持面向对象数据模型。也就是说，一个面向对象的数据库系统是一个持久的、可共享的对象库的存储者和管理者，而一个对象库是由一个面向对象模型所定义的对象的集合体。

面向对象数据库是数据库技术与面向对象程序设计技术相结合的产物，面向对象的方法是面向对象数据库模型和面向对象数据库的基础。面向对象思想的核心概念包括如下内容。

1. 对象与类

对象类似于 E-R 模型中的实体。因此，在面向对象系统中，一切概念上的实体（客观存在的事物或抽象的事件）都可以抽象或模拟为对象。与 E-R 模型中的实体不同的是，对象不仅有数据特征，还有状态和行为特征，比如仓库的编号、所在城市、面积等可以看作仓库的数据特征，仓库是否可用可以看作仓库的状态特征，而商品的出库和入库可以看作仓库的行为特征。因此，对象应当具有以下特征。

- 每一个对象必须能够通过某种方式（如名称）区别于其他对象。
- 用特征或属性来描述对象。
- 有一组操作，每一个操作决定对象的一种行为。

在现实世界中，很多客观存在的对象都具有相同的特征。比如学生是一个客观存在的对象，不管是男学生还是女学生，不管是计算机专业还是数学专业，这些学生都用相同的特征进行描述，用性别来描述男或女，用专业来描述计算机或数学等。因此把具有相同数据特征和行为特征的所有对象称为一个对象类，简称为类。由此看来，对象是类的一个实例，类是类型的概念，对象是值的概念。类似于传统的程序设计语言用类型说明变量，在面向对象系统中用类创建对象。在面向对象程序设计中，类是一个模板，而对象是用模板创建的一个实例。

例如，学生“李勇”是一个对象。

```
对象名：李勇
对象的属性：
  学号：2211101
  年龄：21
  性别：男
  专业：计算机
对象的操作：
  选修课程
  参加考试
  学籍处理
  参加活动
```

而所有像“李勇”这样的学生对象就可以构成一个学生类。

面向对象中的类和传统的数据类型有相似之处，但也存在着重要差别。首先，类型只描述数据结构，而类将数据结构和操作作为一个整体描述；其次，类型通常是静态的概念，而类却可以用方法表现出其动态性；再次，类型在常规程序设计语言中的作用主要体现在保证程序的正确性方面，而类的作用则在于作为一种重要的模拟手段，以统一的方式构造现实世界模型；最后，类型与程序代码和代码共享无关，而类却提供了软件重用和代码共享的机制。

面向对象的方法更接近人们的思维习惯，因为面向对象中的对象（或类）都源于现实世界，它的数据特征和操作行为是一个有机的整体。

2. 对象之间的交互

现实世界中，各个对象之间不是相互独立的，它们存在着各种各样的联系，也正是由于它们之间的相互联系和作用，才构成了现实世界的各种系统。

对象的属性和操作对外部是透明的，对象之间的通信是通过消息传递实现的。对象可以通过接收来自其他对象的消息而执行某些操作（方法），同时这个对象可以向多个对象发送消息。由此看来，消息的传递类似于传统程序设计语言的过程调用和参数传递。

一般来说，把发送消息的对象称为发送者或请求者，而把接收消息的对象称为接收者或响应者。对象之间的联系只能通过消息的传递来进行，接收者只有在接收到消息后才会激活某种操作，从而根据消息做出响应，完成某种功能的操作。

面向对象中的消息具有如下性质。

- 一个对象可以接收来自不同对象的相同形式的消息，从而做出相同的响应。
- 一个对象可以接收来自其他对象不同形式的多个消息，从而做出不同的响应。
- 相同形式的消息可以传递给不同的对象，从而得到不同的响应。
- 如果消息的发送不考虑具体的对象，则对象可以响应消息，也可以不响应消息。

在面向对象方法中，通过在对象间传递消息，使接收者做出某种响应，从而完成具体的操作功能。实际上，由发送者向接收者发送一条消息，就是要求调用特定的方法完成某种操作。所调用的方法可能会引起对象状态的改变，还可能产生新的消息，从而导致调用当前对象或其他对象中的方法。

3. 类的确定和划分

如何确定和划分类，是面向对象方法中的关键，需要做细致的需求分析，并且没有统一的方法和固定的标准，往往依赖于设计人员的知识、经验和对实际问题的把握程度。具有相同特征的对象构成类，所以设计类时的一个基本原则就是把握事物的共性，将有相同属性、相同操作的对象确定为一个类。

例如，在设计学籍管理系统时，面临的对象或实体是学生、老师、课程等，这时很容易把它们都确定为各自的类。但是当学生包括本科生、硕士、博士时，应该如何划分学生类呢？是设计一个学生类，还是设计一个本科生类和一个研究生类，或者设计一个本科生类、一个硕士类和一个博士类，这就取决于设计人员对需求的理解以及实际的经验。

无论如何，类都是现实世界中所有管理对象的一个映射，所以在充分理解需求、综合地归纳共性之后，自然就明白如何设计和划分类了。

另外要注意的是，并不是所有的事情都可以确定为类，不能把面向对象程序设计中的函数和过程调用简单地组合成类，类不是函数的集合，所以要清楚哪些事物不能划分为类。

在面向对象思想中，类有三个重要的特性，即封装性、继承性和多态性。

（1）封装性

封装的概念在现实生活中无处不在。比如个人计算机，它包含了很多功能和操作，其原理和内部构造极其复杂。但对于普通用户来说，不需要关心它的功能是如何实现的，只需要知道如何操作就可以。也就是说，个人计算机将其功能的实现封装在机器内部了。

这里可以把个人计算机看作一个类的实例，即对象。用户是另一个对象。用户通过单击鼠标、敲击键盘等操作给计算机传递消息，计算机就会对相应的操作请求做出响应。

把现实生活中的这种例子用在面向对象方法中，就很容易理解封装的概念。类包括了数据和操作，它们是被“封装”在类定义中的。用户通过类的接口（即可以在该对象类上执行的操作的说明）进行操作。对用户来讲“功能”是可见的，而实现部分是封装在类定义中的，用户是看不见的。消息传递是对象之间联系的唯一方式，这保证了对象之间的高度独立性，这种特性有利于保证软件的质量。

（2）继承性

在面向对象系统中，允许使用一个已有的类来定义一个新类，或者用几个已有类来定义一个新类，又或者用一个已有类来定义多个新类。新的类包含已有类的所有属性和方法，我们把这种特性称为继承性。

已有的类通常称为父类或超类，而新定义的类被称为子类或派生类。子类除了继承父类的所有性质之外，还可以定义自己的属性和方法。图 14-3 说明了类的继承概念。在这里教职工类是教师类和机关干部类的父类，或者说教师类和机关干部类是教职工类的子类；而教师类和机关干部类是中高层干部的父类，或者说中高层干部类是教师类和机关干部类的子类。

子类不仅继承了父类的所有属性和方法，而且还可以定义属于自己的新属性和方法。例如，教师类继承了教职工类的姓名、性别等属性，同时还继承了按姓名查找等方法。此外，在教师类中还定义了新的属性——职称、专业等，同时除了可以引用按姓名查找的方法外，还新定义了按职称查找的方法。

通过上面的分析，可以总结类的继承性包含以下 3 个基本含义。

- 如果类 B 继承类 A，则类 B 的对象具备类 A 的对象的全部功能。
- 如果类 B 继承类 A，则类 B 对象的内部结构包含类 A 对象的内部结构。
- 如果类 B 继承类 A，则类 A 中实现其对象功能的代码可以被类 B 引用。

继承性表达了类之间的相互关系，父类和子类之间具有如下明显的特性：

- 类之间有共享特征，子类可以共享父类中的数据和程序代码。
- 类之间有数据差别或功能差别，在子类中可以定义新的属性和新的方法，也可以屏蔽父类中的部分属性和方法。

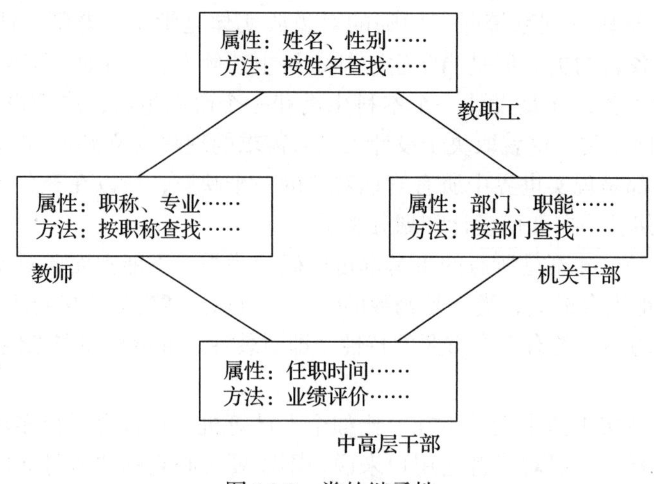

图 14-3　类的继承性

面向对象方法提供的继承机制，避免了公用程序代码的重复开发，而且还增强了一致性，简化了模块之间的联系。因此继承性有以下两个主要优点：

- 它是一个强有力的建模工具，可以以自然的、符合人们思维规律的方式给现实世界一个简明准确的描述。
- 它有助于软件可重用性的实现。

（3）多态性

多态性在现实生活中也是无处不在的。比如在个人计算机中播放影音文件，同样是播放命令，如果播放的文件是音频格式，则只播放音乐；如果是视频格式，则会播放出声音和影像。这时可以认为，对同一个对象发送同一条指令，由于参数（播放文件的格式）的不同所以会产生两种不同的结果。

多态性也是面向对象程序设计中的一个重要概念，它的含义如下。

- 同一个函数根据不同的引用对象可以完成不同的功能。
- 同一个函数即便引用同一个对象，但由于传递的参数不同也可以完成不同的功能。

在面向对象方法中，多态性可以为整个应用和所有对象内部提供一个一致的接口，没有必要为相同的动作命名和编写不同的函数，它完全可以根据引用对象的不同、传递消息的不同来完成不同的功能。这样做与现实世界中的管理和运作方法相吻合。

4. 对象标识符

在面向对象数据库中，对象由对象标识符唯一标识。

对象标识符是内置的，它不像在文件系统中用文件名标识一个文件，也不像在关系数据库中用关键字标识一个元组。对象标识符在创建对象时由数据库管理系统自动生成，并在整个生命周期中唯一标识一个对象。

14.2.3　面向对象数据库的优点

用面向对象语言开发的系统有许多优点，但也缺乏持续性，具有在多用户间不能共享对象、有限的版本控制以及缺少对其他数据访问的缺陷，这些缺陷可以用面向对象数据库加以弥补。

在用面向对象语言设计的系统中，对象在一个程序运行期间建立，在程序运行结束时撤销。可存储一个程序运行期间的对象的数据库具有很好的灵活性和安全性。这种存储对象的能力还可以在分布式环境中共享。面向对象数据库只允许将活动的对象装入内存，从而使对虚存的需求达到最小，这在大型系统中特别有用。面向对象数据库还可以实现对其他数据资源的访问，特别是混合关系数据库管理系统，它既可以访问关系表，也可以访问其他对象类型。

面向对象数据库提供了优于层次数据库、网状数据库和关系数据库的模型，它能够支持其他模型不能处理的复杂应用，增加了程序的可设计性和性能，提高了导航访问能力，简化了并发控制。

面向对象数据库不仅能存储复杂的数据结构，而且还能存储较大的数据结构，即使具有大量的对象也不会降低其性能。

由于对象含有对对象的直接引用，因此，使用这些直接引用可有效地装配复杂的数据集，从而在很大程度上改进导航访问能力。

面向对象数据库还能简化并发控制，很好地支持完整性。与关系数据库相比，面向对象数据库更符合用户的直觉，特别是对非数字领域而言，面向对象提供了较为自然和完整的模型。

14.2.4　对象关系数据库与对象数据库

目前，对象数据库沿着两个方向发展：对象关系数据库系统和对象数据库系统。

对象关系数据库系统是对关系数据库的扩充，它以关系数据库为基础，扩展了对面向对象概念的支持，从而具有面向对象的功能，支持更广泛的应用，并且可以在关系型和面向对象方法之间架起一座桥梁。

对象数据库系统是不同于关系数据库系统的另一种选择，其目标是针对那些以复杂对象扮演核心角色的应用领域。这种方法一方面是试图设计全新的数据模型，另一方面在很大程度上受到面向对象程序设计语言的影响。所以，从另一个角度也可以把它理解为是把数据库管理系统的功能加入到编程语言环境中。

这里要注意三个术语及其英文缩写：关系数据库管理系统（RDBMS）、对象关系数据库管理系统（ORDBMS）和面向对象数据库管理系统（OODBMS）。

ORDBMS 是针对 RDBMS 的发展。SQL-99 增加了对面向对象概念的支持，它是基于 ORDBMS 的，提供了对很多复杂数据类型特征的支持。

很多数据库厂商（如 IBM、Oracle 等）正在其产品中增加 ORDBMS 的功能，而且利用目前关系数据库设计和实现的技术可以很好地处理扩展的对象特征。理解这些扩展对数据库用户和设计者也是很重要的。

14.3　数据库技术面临的挑战

20 世纪 60 年代，由于计算机的主要应用领域从科学计算转移到了数据事务处理，数据库技术应运而生，数据管理技术出现一次飞跃。E.F.Codd 提出的关系数据库模型在数据库技术和理论方面产生了深远的影响。经过大批数据库专家数十年的不懈努力，数据库领域在理论和实践上取得了令人瞩目的成就，它标志着数据库技术逐渐成熟，数据管理技术出现了又一次飞跃。然而，人类前进的步伐是不会停止的，数据库技术正面临着新的挑战。

1. 信息爆炸可能产生大量垃圾

随着社会信息化进程的加快，信息量剧增，大量的信息来不及组织和处理。例如，美国宇航局近年来从空间收集了大量的数据，美国“陆地”卫星每两周就可以拍摄一次整个地球表面的情况，该卫星运行近20年来的95%的信息还没有人看过。现在还没有这样的数据库可供存储和检索如此大量的数据。再如，美国国会通过了一项30亿美元的预算，准备构造全人类基因组的DNA排列图谱。每个基因组的DNA排列长达几十亿个元素，每个元素又是一个复杂机构的数据单元。如何表示、访问和处理这样的图谱结构数据是数据库面临的难题。如今这样的数据并不罕见，传统的数据库技术受到了挑战。

2. 数据类型的多样化和一体化要求

传统的数据库技术基本上是面向记录的，以字符表示的格式化数据为主，这远远不能满足多种多样的信息类型需求。新的数据库系统应能支持各种静态和动态的数据，如图形、图像、语音、文本、视频、动画、音乐等。

在许多计算机应用（如地图、地质图、空间或平面布置图、机器人控制、人工视觉、无人驾驶、医学图像等）中，常涉及许多空间属性，如方向、位置、距离是否覆盖或重叠等。目前，这类数据的表示和处理都由应用程序解决，数据库给予的直接支持还很少。随着这类应用的增多、数据量的扩大和共享程度的提高，有必要由数据库系统来管理，这就需要发展相应的数据模型、数据语言和访问方法。

更为重要的是，人们对信息的使用常常是综合的，图形、图像、语音、文本、数据之间常常发生交叉调用，需要多种综合手段（图标、声音、表格、命令、语言）来进行存储、检索、管理，这是计算机系统和信息系统逐步走向多媒体化的自然要求。对数据库系统来说，要解决多媒体数据的管理问题。数据库管理系统虽然以支持多媒体数据作为其研制的主要目标之一，但是投入实际应用还有相当大的困难，尤其在性能上还很难满足多媒体数据一体化处理的要求。目前，多媒体数据基本上靠嵌入在关系模式中的文件系统或记录来支持，但数据量大、数据结构复杂、共享的要求高，仅靠文件系统显然是很难适应的。研制实用化的多媒体数据库对关系数据模型和单一数据类型提出严峻的挑战。

3. 当前的数据库技术还不能处理不确定或不精确的模糊信息

目前，一般数据库的数据，除空值外都是确定的，而且被认为是现实世界的真实反映。但是实际生活中要求在数据库中能表示、处理不确定和不精确的数据。例如，有些数据不知道确定值，只知道它属于某一集合或某一范围；也有些数据是随机性的，只知道它的不同值出现的概率；还有些数据是模糊的，它的值只是它的“可能”值，或者只能用自然语言表达。推而广之，一个元组、一个关系，甚至整个数据库都可能是模糊的。要支持这类数据，必须对确定数据模型做相应的扩展，甚至要对数据库理论进行一场革命。人们对数据库查询的要求也不再是简单的有解（完全符合查询条件的结果）和无解，而可能是模糊解或不确定解，也可能要求提供模糊查询结果。

4. 数据库安全

数据库系统的发展方向是在大范围内集成，向广大用户提供方便的服务。近年来，便携式计算机大量涌现，因特网扩展延伸，用户能够通过计算机网络随时随地访问数据库，这就出现了严重的数据库安全和保密问题。不解决这个问题，上述目标将无法实现。现有的数据库安全措施远不能满足这个要求。在数据库安全模型、访问控制、授权、审计跟踪、数据加密、密钥管理、并发控制等方面都还没有形成明确的主流技术策略。例如，不管是按数据对象分别给用户授权，还是按数据级和用户密级决定能否访问，都不能可靠地防止泄密。比较可靠的办法是数据加密。数据库管理系统的安全机制还涉及对操作系统安全的要求。

5. 对数据库理解和知识获取的要求

目前，粗略地说，全世界平均每天诞生100个数据库，每5年信息量就翻一番。正如奈斯比特在《大趋势》一书中所描述的："我们正在被信息所淹没，但我们却由于缺乏知识而感到饥饿。"但是，我们对数据库的使用还停留在操作员查询一级，只能利用数据库查询已经存放在库中的一些具体的特定数据。即使这样，查询前用户还必须熟悉有关的数据模式及其语义，为了了解这方面的内容常常要向数据库管理员（DBA）请教。这样做无法解决语义的歧义问题，更不能为决策者理解数据库的整体特性服务。高层决策者常常希望把自己的数据库作为知识源，从中提取一些中观的、宏观的知识，希望数据库具有推理、类比、联想、预测能力，甚至能从中得到意想不到的发现，希望数据库能主动而不是被动地提供服务。如商品数据库能根据销售量主动提出调整价格的建议，或者提醒采购库存量已经很少的货物。

14.4　数据库技术的研究方向

近年来，计算机软硬件（特别是硬件的发展）为迎接上述挑战提供了技术基础。大规模并行处理技术、光纤传输和高速网、高性能微处理器芯片、人工智能和逻辑程序设计、多媒体技术的发展和推广、面向对象程序设计、开放系统和标准化等都促进了数据库技术的发展。在数据库技术方面也形成了一些新的主攻方向，如分布式数据库系统、面向对象的数据库系统、多媒体数据库、数据库的知识发现等。

14.4.1　分布式数据库系统

由于通用操作系统对数据库管理系统性能的限制，以及硬件价格的下降和高速网的发展，使用专用数据库服务器已变得越来越合理。专用数据库服务器的操作系统是面向数据库的，因此可以减少许多不必要的开销，可以支持大量的实时事务处理。为了提高服务器的性能，可以采用磁盘组和大规模并行处理技术，让多个数据库服务器连网，也可以构成分布式数据库系统。

分布式数据库系统有两种：一种是物理上分布，但逻辑上却是集中的，这种分布式数据库只适用于规模不大的单位或部门；另一种是在物理上和逻辑上都是分布的，也就是所谓联邦式分布数据库系统。由于组成联邦的各个子数据库系统是相对"自治"的，因此这种系统可以容纳多种不同用途的、差异较大的数据库。无全局数据模式概念，比较适用于大范围内数据库的集成。

构成联邦式分布数据库系统的成员可以是集中式数据库、数据库服务器、逻辑集中式分布数据库，也可以是另一个联邦式分布数据库系统，也就是联邦中还可以有联邦。从这个意义上说，联邦式分布数据库系统结构是分布式数据库系统的普遍结构。20 世纪 90 年代，分布式数据库系统被普遍使用。形形色色的分布式数据库系统都可以看成上述普遍结构的一个实例。

14.4.2　面向对象的数据库管理系统

数据库管理系统历来是数据库技术的凝聚点，也是数据库技术研究的排头兵，要迎接上述挑战，在现有数据库管理系统的基础上进行改进几乎是不可能的，但现在还没有到研制新一代数据库管理系统产品的时候，在此之前还需要新一轮的基础研究。

当前，在数据库管理系统方面，最活跃的研究是面向对象数据库系统。1984 年班西仑（Bancilhon）等人发表的"面向对象的数据库系统宣言"是一个重要标志。他们提出了将数据与操作方法一体化为对象、将数据和过程一起封装的概念。现已出现一些借鉴了面向对象程序设计思想和成果的数据库管理系统，这些可以看成在数据库管理系统中革新数据模型的重要尝试和实践。在数据模型方面，对象、封装、类层次、子类、继承等概念和功能已初步形成；在数据库管理方面，提出了持久性对象、长的事务处理、版本管理、方案进化、一致性维护和分散环境的适应性问题；在数据库访问界面上，提出了消息扫描、持久性程序设计语言、计算完备性等概念。

14.4.3 多媒体数据库

从本质上说，多媒体数据库要解决三个难题。第一是信息媒体的多样化，不仅仅是数值数据和字符数据，还要包括图形、图像、语音、视频、动画、音乐数据等，形成超文本。当前市场上各种多媒体卡（视频卡、语音卡等）侧重于解决实时处理和信息压缩两个问题，并没有解决多媒体数据的存储组织、使用和管理，这就需要提出与之相关的一整套新的理论，此前作为关系数据库基石的关系代数理论已经远远无法满足要求了。第二是要解决多媒体数据集成或表现集成，实现多媒体数据之间的交叉调用和融合的问题。集成粒度越细，多媒体一体化表现就越强，应用的价值也就越大。如果输入和输出的媒体形式是一样的，只能称之为记录和重放。第三是多媒体数据与人之间的实时交互性。没有交互性就没有多媒体，要改变传统数据库查询的被动性，而以多媒体方式主动表现。显然，像 SQL 这样的查询语言是远远不够的。例如，能从数据库检索出某人的照片、声音及文字材料，对其音容笑貌有个综合描述，也许还只是多媒体数据库的初级应用。通过交互特性使用户介入多媒体数据库中某个特定条件（范围）的信息过程中，甚至进入一个虚拟的现实世界，这才是多媒体数据库交互式应用的高级阶段。

14.4.4 数据库中的知识发现

人工智能和数据库技术相结合是很重要的发展趋势，各种各样的智能数据库、演绎数据库和专家系统，促进了数据库中的知识发现（KDD）研究。特别是从 1989 年开始，国际上已形成了一个朝气蓬勃的主攻方向，用数据库作为知识源，把逻辑学、统计学、机器学习、模糊学、数据分析、可视化计算等学科成果综合到一起，进行从数据库中发现知识的研究，使得数据库不仅能查询存放在其中的数据，而且上升到对数据库中数据的整体特征的认识，获得一些与数据库数据相吻合的中观或宏观的知识。这不仅有利于数据库自身的增长和管理，而且大大提高了数据库的利用率，使之有可能成为决策支持系统的基础。例如，通过一个商品数据库发现有利于价格调整的知识；通过一个公安局刑事犯罪数据库，提出对新案件的侦破建议等。KDD 方法绕过了专家系统中知识获取的瓶颈，充分利用了现有的数据库技术成果，形成了用数据库作为知识源的一整套新的策略和方法。在这个领域，目前讨论的热点集中在数据仓库和数据挖掘上。

14.4.5 专用数据库系统

对于地理、气象、科学、统计、工程等应用领域而言，需要数据库适用于不同的环境，解决不同的问题，在这些领域应用的数据管理完全不同于商业事务管理，并且日益显示出其重要性和迫切性。工程数据库、科学与统计数据库等近年来得到了很大的发展，这是由于常规的商用数据库系统不能有效地支持这些应用，而常规数据库的研究出发点又不是专业数据库必须支持的。由于这些领域的数据各具特色，必须研究和开发专用数据库系统。在这些方面目前已经取得了很大的进展。

正是计算机科学、数据库技术、网络、人工智能、多媒体技术等的发展和彼此渗透结合，才不断扩展了数据库新的研究和应用领域。上述的几个研究方向不是孤立的，它们彼此促进，互相渗透。人们期待着 21 世纪在信息处理技术上出现新的重大突破，数据管理技术实现第三次飞跃。

14.5 NoSQL 数据库

14.5.1 NoSQL 数据库概述

NoSQL 数据库泛指非关系型数据库。随着互联网 Web 2.0 网站的兴起，传统的关系数据库在应付 Web 2.0 网站（特别是超大规模和高并发的 SNS 类型的 Web 2.0 纯动态网站）时已经显得力不从心，暴露了很多难以克服的问题，而非关系型数据库则由于其本身的特点得到了非常迅速的发展。

对于 NoSQL 并没有一个明确的范围和定义，但是它们普遍存在下面一些共同特征。

- 无须预定义模式：无须事先定义数据模式、预定义表结构。数据中的每条记录都可能有不同的属性和格式。当插入数据时，无须预先定义它们的模式。
- 无共享架构：相对于将所有数据存储在区域网络中的全共享架构，NoSQL 往往将数据划分后存储在各个本地服务器上。因为从本地磁盘读取数据的性能往往优于通过网络传输读取数据的性能，从而可以提高系统的整体性能。
- 弹性可扩展：在系统运行的时候，可以动态增加或者删除节点。不需要停机维护，数据可以自动迁移。
- 分区：相对于将数据存放于同一个节点，NoSQL 数据库要将数据进行分区，将记录分散在多个节点上，并且通常分区的同时还要复制。这样既提高了并行性能，又能保证没有单点失效的问题。
- 异步复制：与 RAID 存储系统不同的是，NoSQL 中的复制往往是基于日志的异步复制。这样，数据就可以尽快地写入一个节点，而不会被网络传输引起迟延。缺点是并不总是能保证一致性，这样的方式在出现故障的时候可能会丢失少量的数据。
- BASE：相对于事务严格的 ACID 性，NoSQL 数据库保证的是 BASE 特性。这里 BASE 是三个术语的缩写：BA 表示基本可用（Basically Available），S 表示软状态（Soft state），E 表示最终一致（Eventually consistent）。

NoSQL 数据库并没有一个统一的架构，两种 NoSQL 数据库之间的不同甚至远远超过两种关系型数据库之间的不同。可以说，NoSQL 数据库各有所长，某个成功的 NoSQL 数据库必然特别适用于某些场合或者某些应用，在这些场合中会远远胜过关系型数据库和其他的 NoSQL 数据库。

14.5.2 NoSQL 数据库常见分类

由于 NoSQL 数据库没有明确的定义，因此无法对 NoSQL 进行精确分类。在现阶段，常用的 NoSQL 数据库根据其存储特点及存储内容可以分为以下 4 类。

1. 键值 (Key-Value) 存储数据库

这一类数据库主要会用到一个散列表，这个表中有一个特定的键和一个指针指向特定的数据。键值模型对于 IT 系统来说优势在于简单、易部署。但是如果 DBA 只对部分值进行查询或更新，键值存储数据库就显得效率低下了。常见的键值存储数据库包括 Tokyo Cabinet/Tyrant、Redis、Voldemort 和 Oracle BDB 等。

2. 列存储数据库

这一类数据库通常是用来应对分布式存储的海量数据。键仍然存在，但是它们的特点是指向了多个列。这些列是由列族来安排的，如 Cassandra、HBase、Riak。

3. 文档型数据库

文档型数据库的灵感来自 Lotus Notes 办公软件，而且它同键值存储数据库相类似。该类型的数据模型是版本化的文档、半结构化的文档以特定的格式存储，比如 JSON。文档型数据库可以看作键值存储数据库的升级版。文档型数据库比键值存储数据库的查询效率更高，常见的文档型数据库有 CouchDB、MongoDB。

4. 图形数据库

图形 (Graph) 结构的数据库同其他行列以及刚性结构的 SQL 数据库不同，它使用灵活的图形模型，并且能够扩展到多个服务器上。

14.5.3 NoSQL 数据库发展现状及挑战

随着互联网业务的不断发展，现阶段 NoSQL 数据库的使用越来越多，不同种类的 NoSQL 数据库层出不穷。由于 NoSQL 数据库本身是针对某类特定问题提出的，因此在实际使用中，仅仅依靠 NoSQL 数据库可能很难完成用户的所有需求，于是就出现了 NoSQL 数据库和传统关系数据库同时使用的情况。

归结起来，NoSQL 数据库仍然存在如下一些挑战：

- 已有键值存储数据库产品大多是面向特定应用自治构建的，缺乏通用性。
- 已有产品支持的功能有限（不支持事务特性），导致其应用具有一定的局限性。
- 已有一些研究成果和改进的 NoSQL 数据存储系统，但它们都是针对不同应用需求而提出的相应解决方案，如支持组内事务特性、弹性事务等，很少从全局考虑系统的通用性，也没有形成系列化的研究成果。
- 缺乏类似关系数据库所具有的强有力的理论、技术（如成熟的基于启发式的优化策略、两段封锁协议等）、标准规范（如 SQL 语言）的支持。
- 缺乏足够的安全措施，很多数据库都需采用网络控制等方式进行安全控制。但随着 NoSQL 的发展，越来越多的人开始意识到安全的重要性，部分 NoSQL 产品逐渐开始提供一些安全方面的支持。

14.6 小结

数据的组织模型经历了从层次到网状再到关系和最新的面向对象的发展历程，数据模型每一次的变化都为数据的访问和操作带来了新的特点和功能。关系数据模型的产生使人们可以不再需要知道数据的物理组织方式，并可以逻辑地访问数据。面向对象数据模型的产生突破了关系模型中数据必须是简单二维表的平面结构的局限，使数据模型的表达能力更强，更能满足人们对数据的需求。

随着信息量的不断增加，计算机技术的不断发展，数据库技术也面临着很多新的挑战，同时也产生了很多新的研究方向，比如分布式数据库、多媒体数据库、非关系型数据库等。

附录

数据库分析与设计示例

本附录通过一个具体的示例来说明数据库应用系统的设计和实现过程，以使读者更好地理解数据库及其应用开发。

本附录的内容可作为本门课程的综合练习。

需求说明

现要实现一个简化的教学管理系统，在此教学管理系统中只涉及对学生、课程和教师的管理，此系统要求能够记录学生的选课情况、教师的授课情况，以及学生、课程和教师的基本信息。该系统的业务要求如下。

1）一门课程可以由多名教师讲授。

2）一名教师可以讲授多门课程，但在同一个学期对一门课程只能讲授一次。

3）一名学生可以选修多门课程，但对同一门课程只能修一次。

4）一门课程可以被多名学生选修。

5）对学生选课情况，要记录下学生在哪个学年哪个学期选了哪些课程，并记录下课程的考试成绩。考试成绩的取值在 0～100 分之间。学年用年份表示，学期取值为：{1, 2}，1 表示上半年学期，2 表示下半年学期。

6）一个学生对一门课程最多有 3 次考试机会，第一次为正常考试，以后两次为补考。

7）教师授课时，要记录下教师在每个学年和学期对每一门课程的授课时数、授课类别，其中授课类别为：主讲、辅导和带实验。假设一名教师一次最多只能担任一门课程的主讲、辅导、带实验三项工作中的某一项工作。

该系统的基本信息如下。

1）学生基本信息：学号，姓名，性别，所在系，专业，班号。

2）课程基本信息：课程号，课程名，学分，开课学期，课程性质，考试性质，授课时数，实践时数。其中课程性质为：必修、选修；考试性质为：考试、考查；学分为 1~8 范围的整数；开课学期为 1～12 范围的整数；授课时数为小于等于 68 的正整数。

3）教师基本信息：教师号，教师名，性别，职称，学历，出生日期，所在部门。其中学历为：本科、硕士、博士、博士后；职称为：助教、讲师、副教授、教授。

除上述要求外，该系统还需要产生如下报表。

1）学生选课情况报表：每个学期开学初以班为单位生成一份该学年和学期某班学生的选课情况表，内容包括班号、学号、姓名、课程名。

2）学生考试成绩报表：每个学期结束时以班为单位生成一份该学年和学期某班学生的考试成绩表，内容包括班号、学号、姓名、课程名、考试成绩。

3）学生累计修课总学分报表：可随时为每个学生生成其累计修课的总学分，内容包括学号、姓名、班号、总学分。说明：只有考试成绩及格的课程才可获得学分。

4）教师授课报表：每个学期在确定好教师授课任务后以部门为单位生成一份该学年和学期某部门的教师授课情况表，内容包括所在部门、教师名、授课课程名、授课类别、授课时数。

数据库结构设计

1. 概念结构设计

概念结构设计是根据需求分析的结果产生概念结构设计的 E-R 模型。由于这个系统比较简单，因此这里采用自顶向下的设计方法。自顶向下设计的关键是要确定系统的核心活动。所谓核心活动就是系统中的其他活动都要围绕这个活动展开或与此活动密切相关。确定了核心活动之后，系统就有了可扩展的余地。对于这个教学管理系统，其核心活动是课程，学生与课程之间是通过学生选课发生联系的，教师与课程之间是通过教师授课发生联系的。至此，此系统包含的实体如下。

- 课程：用于描述课程的基本信息，由课程号标识。
- 学生：用于描述学生的基本信息，由学号标识。
- 教师：用于描述教师的基本信息，由教师号标识。

由于一名学生可以选修多门课程，并且一门课程可以被多个学生选修。因此，学生和课程之间的联系种类是多对多。又由于一门课程可由多名教师讲授，而且一名教师可以讲授多门课程，因此，教师和课程之间联系的种类也是多对多。

本系统的基本 E-R 模型如图 1 所示。

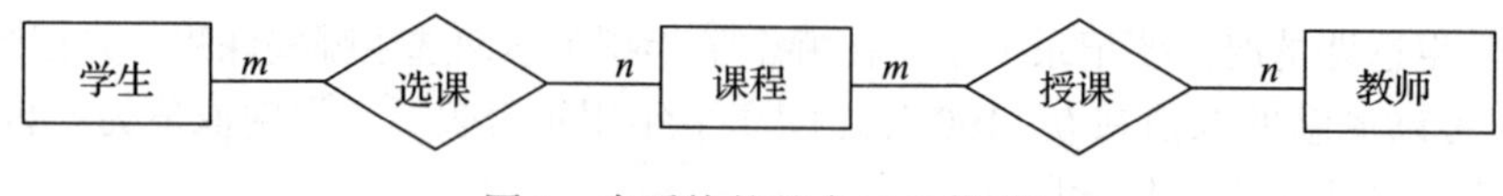

图 1　本系统的基本 E-R 模型

如果实体的属性比较多，在构建 E-R 模型时不一定要把所有的属性都标识在 E-R 模型上，可以另外用文字说明，这样也使 E-R 模型简明清晰，便于分析。

根据需求分析的结果，该 E-R 模型中各实体所包含的属性如下。

- 学生：学号，姓名，性别，所在系，专业，班号。
- 课程：课程号，课程名，学分，开课学期，课程性质，考试性质，授课时数，实践时数。
- 教师：教师号，教师名，性别，职称，学历，出生日期，所在部门。

各联系本身应具有的属性如下。

- 选课：选课学年，选课学期，考试成绩，考试次数。其中考试次数的取值范围为：1～3，“1”表示正常考试，“2”“3”表示补考。

- 授课：授课学年，授课学期，授课类别，授课时数。

2. 逻辑结构设计

（1）设计关系模式

有了系统基本的E-R模型之后，下一步就可以进行数据库的逻辑结构设计了，也就是设计数据库的关系模式。设计关系模式主要是从E-R模型出发，将其直接转换为关系模式。根据第8章介绍的转换规则，这个E-R模型转换出的关系模式如下，其中主键用下划线标识：

- 学生（学号，姓名，性别，所在系，专业，班号）
- 课程（课程号，课程名，学分，开课学期，课程性质，考试性质，授课时数，实践时数）
- 教师（教师号，教师名，性别，职称，学历，出生日期，所在部门）
- 选课（学号，课程号，考试次数，选课学年，选课学期，考试成绩），其中学号为引用“学生”关系模式的外键，课程号为引用“课程”关系模式的外键。
- 授课（课程号，教师号，学年，学期，授课类别，授课时数），其中课程号为引用“课程”关系模式的外键，教师号为引用“教师”关系模式的外键。

1）确定各关系模式是不是第三范式的。

在将E-R图转换为关系模式之后，首先需要分析各关系模式是否符合第三范式的要求，如果不符合，则需要将这些关系模式分解为符合第三范式要求的。

经过分析发现，“学生”“课程”“教师”和“授课”四个关系模式中，都不存在部分依赖和传递依赖关系，因此都属于第三范式。

现在分析“选课”关系模式，根据需求分析中的要求：一个学生对同一门课程只能修一次，因此该关系模式存在下列函数依赖：

- （学号，课程号）→选课学年
- （学号，课程号）→选课学期
- （学号，课程号，考试次数）→考试成绩

由于选课学年和选课学期对主键都是部分函数依赖关系，因此需要对该关系模式进行进一步的分解，分解为如下两个关系模式：

- 选课（学号，课程号，选课学年，选课学期）
- 成绩（学号，课程号，考试次数，考试成绩）

至此，这两个关系模式都符合第三范式的要求。

2）确定信息的完整性。

确定好关系模式的结构之后，接下来需要分析一下这些关系模式是否满足生成报表的信息需求。

该教学管理系统要产生：学生考试情况、学生考试成绩、学生累计修课总学分和教师授课四个报表，分别分析如下。

- “学生选课情况报表”，内容包括：班号、学号、姓名、课程名。其中的“班号”“学号”“姓名”可由“学生”关系模式得到，“课程名”可由“课程”关系模式得到，因此可以满足学生选课情况表报表的要求。
- “学生考试成绩报表”，内容包括：班号、学号、姓名、课程名、考试成绩，这些信息可从“学生”“课程”和“成绩”三个关系模式得到。
- “学生累计修课总学分报表”，内容包括：学号、姓名、班号、总学分。其中“学号”“姓名”“班号”可从“学生”关系模式得到，而“总学分”信息在所有关系模式中都

没有，但这个信息可以根据学生选的课程，从“课程”关系模式中的“学分”累计得到。

- “教师授课报表”，内容包括：所在部门、教师名、授课课程名、授课类别、授课时数。其中“所在部门”和“教师名”可从“教师”关系模式得到，“授课类别”和“授课时数”可从“授课”关系模式得到，“授课课程名”可根据“授课”关系模式中的课程号，再到“课程”关系模式中得到。

因此，所设计的关系模式满足所有报表的信息要求。

至此，关系模式设计完毕。

下面给出创建这些关系表的SQL语句示例，其中的数据类型可根据实际情况调整，为方便理解，表名、列名均用中文表示。

```
CREATE TABLE 学生 (
  学号  char(8) PRIMARY KEY,
  姓名  char(8),
  性别  char(2) CHECK (性别 IN ('男','女')),
  所在系 char(20),
  专业  char (20),
  班号  char(6)
)
CREATE TABLE 课程 (
  课程号  char(8) PRIMARY KEY,
  课程名  varchar(30) NOT NULL,
  学分   tinyint CHECK(学分 BETWEEN 1 AND 8),
  开课学期 tinyint CHECK(开课学期 BETWEEN 1 AND 12),
  课程性质 char(4) CHECK(课程性质 IN('必修','选修')),
  考试性质 char(4) CHECK(考试性质 IN('考试','考查')),
  授课时数 tinyint CHECK(授课时数 <= 68),
  实践时数 tinyint ,
)
CREATE TABLE 教师 (
  教师号  char(10) PRIMARY KEY,
  教师名  char(8) NOT NULL,
  性别   char(2) CHECK (性别 IN ('男','女')),
  职称   char(6) CHECK(职称 IN ('助教','讲师','副教授','教授')),
  学历   char(6) CHECK(学历 IN ('本科','硕士','博士','博士后')),
  出生日期 smalldatetime,
  所在部门 char(20)
)
CREATE TABLE 选课 (
  学号   char(8) NOT NULL,
  课程号  char(8) NOT NULL,
  选课学年 char(4) CHECK(选课学年 LIKE '[1-9][0-9][0-9][0-9]'),
  选课学期 tinyint CHECK(选课学期 = 1 OR 选课学期 = 2),
  PRIMARY KEY(学号,课程号),
  FOREIGN KEY(学号) REFERENCES 学生 (学号),
  FOREIGN KEY(课程号) REFERENCES 课程 (课程号)
)
CREATE TABLE 成绩 (
  学号   char(8) NOT NULL,
  课程号  char(8) NOT NULL,
  考试次数 tinyint CHECK(考试次数 BETWEEN 1 AND 3),
  考试成绩 tinyint CHECK(考试成绩 BETWEEN 0 AND 100),
```

```
  PRIMARY KEY(学号,课程号,考试次数),
  FOREIGN KEY(学号) REFERENCES 学生(学号),
  FOREIGN KEY(课程号) REFERENCES 课程(课程号)
)

CREATE TABLE 授课(
  课程号  char(8) NOT NULL,
  教师号  char(10) NOT NULL,
  授课学年 char(4) CHECK(选课学年 LIKE '[1-9][0-9][0-9][0-9]'),
  授课学期 tinyint CHECK(选课学期= 1 OR 选课学期= 2),
  授课类别 char(6) CHECK(授课类别 IN('主讲','辅导','带实验')),
  授课时数 tinyint,
  PRIMARY KEY(课程号,教师号,授课学年,授课学期),
  FOREIGN KEY(课程号) REFERENCES 课程(课程号),
  FOREIGN KEY(教师号) REFERENCES 教师(教师号)
)
```

(2)设计外模式

在数据库应用系统中，用户需要产生大量的报表，而报表的内容均来自数据库中的关系模式。我们可以将报表看成满足不同用户需求的外模式，而且在实际实现中，报表也常常用外模式来定义。在设计关系模式阶段我们已经确定了教学管理系统所包含的全部关系模式的结构，并且这些关系模式能够满足生成报表的需求。因此在设计外模式阶段，我们具体确定生成各报表的方法。

1)学生选课情况报表。

由于要求每个学期开学初以班为单位生成一份该学年和学期某班学生的选课情况表，因此，用定义视图的方法就不太合适。因为视图没有设置参数的功能，而该报表的内容是某个指定学年和学期的，是动态条件的查询，而视图本身并不支持动态条件的查询。因此，我们将该报表直接用查询语句的形式生成，将动态查询条件作为查询语句中的数据筛选条件。

例如，假设要为 J201001 班生成 2022 学年第 1 学期学生选课情况报表，则语句如下：

```
SELECT 班号,学生表.学号,姓名,课程名
  FROM 学生表 JOIN 选课表 ON 学生表.学号=选课表.学号
  JOIN 课程表 ON 课程表.课程号=选课表.课程号
  WHERE 班号= 'J201001' AND 选课学年= '2022' AND 选课学期= 1
```

2)学生考试成绩报表。

该报表要求每个学期结束时以班为单位生成，并且是生成指定学年和学期中指定班学生的考试成绩表，因此，同学生选课情况报表一样也不适合用视图来定义，也应该直接用查询语句来生成。

例如，假设要为 J201001 班学生生成 2022 学年第 1 学期考试成绩报表，则语句如下：

```
SELECT 班号,学生表.学号,姓名,课程名,考试成绩
  FROM 学生表 JOIN 成绩表 ON 学生表.学号=成绩表.学号
  JOIN 课程表 ON 课程表.课程号=成绩表.课程号
  JOIN 选课表 ON 课程表.课程号=选课表.课程号
  WHERE 班号= 'J201001' AND 选课学年= '2022' AND 选课学期= 1
```

3)学生累计修课总学分报表。

该报表是为全体学生生成的，而且是统计每个学生全部课程的累计总学分，没有动态查询条件，因此可以将该报表用视图形式实现。

由于该报表的“总学分”需要根据每个学生的学号累计得到，因此需要用到分组子句，若将查询语句写为：

```
SELECT 学生表.学号，姓名，班号，总学分 = SUM(学分)
  FROM 学生表 JOIN 选课表 ON 学生表.学号 = 选课表.学号
  JOIN 课程表 ON 课程表.课程号 = 选课表.课程号
  WHERE 考试成绩 >= 60
GROUP BY 学生表.学号
```

则是错误的，因为我们在第4章已经介绍过，当使用分组语句时，在查询列表中只能是分组依据列和聚合函数，因此该语句无法执行。为此，我们可以分两步来实现该报表。

- 定义统计每个学生的修课总学分的视图，语句如下：

```
CREATE VIEW v_总学分(学号，总学分)
AS
SELECT 学生表.学号， SUM(学分)
  FROM 学生表 JOIN 成绩表 ON 学生表.学号=成绩表.学号
  JOIN 课程表 ON 课程表.课程号=成绩表.课程号
  WHERE 考试成绩 >= 60
  GROUP BY 学生表.学号
```

- 利用上一步生成的视图，再定义生成该报表的视图，语句如下：

```
CREATE VIEW v_总学分报表
AS
SELECT 学生表.学号，姓名，班号，总学分
  FROM 学生表 JOIN v_总学分 ON 学生表.学号 = v_总学分.学号
```

4）教师授课报表。

同生成学生选课报表和学生考试成绩报表一样，该报表也应该使用查询语句动态生成满足不同参数要求的报表。

例如，假设要生成2022学年第1学期计算机系每位教师的授课情况表，则语句如下：

```
SELECT 所在部门，教师名，授课课程名=课程名，授课类别，授课表.授课时数
  FROM 教师表 JOIN 授课表 ON 教师表.教师号=授课表.教师号
  JOIN 课程表 ON 课程表.课程号=授课表.课程号
WHERE 所在部门= '计算机系' AND 授课学年= '2022' AND 授课学期= 1
```

数据库行为设计

对于数据库应用系统来说，最常用的功能是安全控制功能，数据的增、删、改、查功能。本系统也应包含这些基本的操作。

1. 安全控制功能

任何数据库应用系统都需要安全控制功能，这个教学管理系统也不例外。假设将系统的用户分为如下几类。

- 系统管理员：具有系统的全部操作权限。
- 教务部门：具有对学生基本信息、课程基本信息和教师授课信息的维护权。
- 人事部门：具有对教师基本信息的维护权。
- 各个系：具有对学生的选课信息的维护权。
- 普通用户：具有对数据的查询权。

在实现时，可将每一类用户定义为一个角色，这样在授权时只需对角色授权，而无需对每个具体的用户授权。

2. 数据操作功能

数据操作功能包括对这些数据的录入、删除、修改、查询功能，具体如下。

1）数据录入。包括对这 6 张表的数据的录入。只有具有相应权限的用户才能录入相应表中的数据。

2）数据删除。包括对这 6 张表的数据的删除。只有具有相应权限的用户才能删除相应表中的数据。数据的删除要注意表之间的关联，比如当某个学生退学时，在删除“学生表”中的数据之前，应先删除该学生在“选课表”和“成绩表”中的信息，然后在学生表中删除该学生，以保证不违反参照完整性约束。另外，在实际执行删除操作之前应该提醒用户是否真的要删除数据，以免发生误操作。

3）数据修改。当某些数据发生变化或某些数据录入不正确时，应该允许用户对数据库中的数据进行修改。修改数据的操作一般是先根据一定的条件查询出要修改的记录，然后对其中的某些记录进行修改，修改完成后再写回数据库中。同数据的录入与删除一样，只有具有相应权限的用户才能修改相应表中的数据。

4）数据查询。在数据库应用系统中，数据查询是最常用的功能。数据查询应根据用户提出的条件进行查询，在设计系统时应首先征求用户的查询需求，然后根据这些查询需求整理出系统应具有的查询功能。一般允许所有使用数据库的人都具有查询数据的权限。本系统提出的查询需求主要包括：

- 根据系、专业、班等信息查询学生的基本信息。
- 根据学期查询课程的基本信息。
- 根据部门查询教师的基本信息。
- 根据学号查询学生在当前学期和学年的选课情况。
- 根据学号查询学生在当前学期和学年的考试情况。
- 根据课程查询当前学期和学年学生的选课及考试情况。
- 根据部门、职称查询教师的授课情况。
- 统计每个部门的各种职称的教师人数。
- 统计当前学期和学年每门课程的选课人数。
- 按班统计当前学期和学年每名学生的考试平均成绩。
- 按班统计每个班考试平均成绩最高的前三名学生。